U0868617

战略性新兴领域“十四五”高等教育系列教材

深度学习

方勇纯　许　静　张敬林　李　欢　郭　宪　编著

机　械　工　业　出　版　社

本书主要介绍深度学习方面的基本理论和方法，包括基础性内容、提高性内容和应用三部分。其中，第一部分基础性内容是深度学习最核心的部分，具体包括深度学习基础、全连接网络、卷积神经网络、循环神经网络以及优化算法。第二部分是提高性内容，主要阐述最新发展的一些技术，可供课时充足的专业进行学习。这部分主要包括生成对抗网络与扩散模型、图神经网络、Transformer 与 Mamba 架构以及强化学习。第三部分是应用部分，具体包括计算机视觉、自然语言处理以及大语言模型。

本书可作为普通高等院校人工智能、智能科学与技术、计算机、自动化等专业深度学习课程的教材和参考书，也可供从事深度学习等方面工作的研究生和工程技术人员参考使用。

本书配有以下教学资源：电子课件、教学大纲、习题答案、教学视频，欢迎选用本书作教材的教师登录 www. cmpedu. com 注册后下载，或发邮件至 jinacmp@ 163. com 索取。

图书在版编目（CIP）数据

深度学习 / 方勇纯等编著. -- 北京 ：机械工业出版社，2024. 12. --（战略性新兴领域“十四五”高等教育系列教材）. -- ISBN 978-7-111-77610-9

Ⅰ. TP181

中国国家版本馆 CIP 数据核字第 2024AH9979 号

机械工业出版社（北京市百万庄大街 22 号　邮政编码 100037）

策划编辑：吉　玲　　　责任编辑：吉　玲

责任校对：龚思文　张　征　　　封面设计：张　静

责任印制：任维东

北京中兴印刷有限公司印刷

2024 年 12 月第 1 版第 1 次印刷

184mm×260mm · 17. 75 印张 · 435 千字

标准书号：ISBN 978-7-111-77610-9

定价：59. 80 元

电话服务　　　网络服务

客服电话：010-88361066　　　机　工　官　网：www. cmpbook. com

010-88379833　　　机　工　官　博：weibo. com/cmp1952

010-68326294　　　金　书　网：www. golden-book. com

　机工教育服务网：www. cmpedu. com

前言

PREFACE

近年来，以深度学习为代表的新一代人工智能技术得到了快速发展，并在诸多领域展现出明显的优势。作为辐射性非常强的高科技、应用性学科，人工智能技术可以很好地服务于国家与区域经济建设，在这种情况下，发展人工智能技术也成为一些国家和地区的战略性选择，因此，对人才培养等提出了很高的要求。为了加快智能类人才培养，2018 年 4 月，教育部制定《高等学校人工智能创新行动计划》，力图为我国新一代人工智能发展提供战略支撑。近期建设目标主要包括建设“人工智能+X”复合特色专业和相应的人工智能学院、研究院或交叉研究中心。

深度学习是智能科学与技术、人工智能等专业的必修课程，对于计算机科学与技术、自动化等专业而言，深度学习也是一门非常重要的专业选修课程。因此，近年来，全国不少高校都开设了深度学习方面的课程，急需编写合适的教材用于课堂教学。目前，深度学习方面的一些书籍主要是翻译自国外的教材和专著，或者是一些网上的学习心得，相比教材，它们更适合作为学习参考书和资料。因此，对于深度学习教学而言，编写一本与课时数相匹配，且非常适合本科生知识体系的教材尤为迫切，这也是当前全国智能类相关专业教师的迫切需求。可以预见，本书的出版将会很好地服务于我国智能类本科人才培养，因此它具有很好的市场前景。

本书作者基于多年建设智能类专业的实践经验，考虑人工智能、智能科学与技术等专业本科生的知识特点和人才培养目标，力求提供一本适合深度学习课程的教材。为方便教学，本教材在内容编排上，重点讨论深度学习方法及其最新进展，并尝试通过一些例子来阐述其具体应用。此外，考虑到不同专业对于深度学习课程有不同的学习要求，特别是部分专业仅仅将其作为专业选修课，教学时数等非常受限制，在编排教材内容时作者进行了针对性考虑。教材主要涵盖基础性内容、提高性内容和应用三部分。其中，第一部分基础性内容可供所有学习者使用，是深度学习最核心的部分，具体包括深度学习基础、全连接网络、卷积神经网络、循环神经网络以及优化算法。第二部分是提高性内容，主要阐述最新发展的一些技术，可供课时充足的专业学习。这部分内容主要包括生成对抗网络与扩散模型、图神经网络、Transformer 与 Mamba 架构以及强化学习。第三部分是应用部分，具体包括计算机视觉、自然语言处理以及大语言模型。

参与编写本书的作者既包括教学经验非常丰富的智能类专业负责人、学术带头人，也包括从事深度学习课程教学和学术研究的高校教师，他们在深度学习领域具有非常丰富的人才培养和实践经验，为成功编写本书奠定了非常好的基础。本书可作为普通高等院校人工智能、智能科学与技术、计算机等专业深度学习课程的教材和参考书，也可供从事深度学习等方面工作的研究生和工程技术人员参考使用。

由于编著者水平和经验所限，书中难免存在不当之处，恳请广大读者批评指正。

作者

目录
CONTENTS

第 1 章　深度学习基础

导　读

本章首先从深度学习领域的典型应用实例出发，介绍深度学习在众多领域的显著应用成果，例如文本对话、图像及视频生成、古卷轴破译等。随后介绍机器学习的基本概念，梳理使用机器学习技术解决实际问题的完整流程。最后，介绍深度学习中常用的数学基础知识，包括微积分基础，线性代数基础以及概率统计基础。

本章知识点

- 深度学习技术在众多领域中的应用实例
- 机器学习基本概念及使用流程
- 深度学习中常用的数学基础知识

1.1　深度学习应用举例

随着计算能力的革新，深度学习蓬勃发展，在众多领域取得了显著的应用成果。在计算机视觉领域，深度学习技术被广泛应用于人脸识别、目标分类、自动驾驶等场景。在自然语言处理领域，深度学习在文本对话，机器翻译等场景也有显著应用。深度学习也在 AI for Science 中发挥了重要作用。总的来说，随着技术的不断进步，深度学习在生活助手、城市服务、智能交通、医疗、金融等众多领域中扮演着越来越重要的角色。

1.1.1　ChatGPT

ChatGPT（Chat Generative Pre-trained Transformer）是 OpenAI 公司开发的一款人工智能聊天机器人程序。它是基于 Transformer 结构的一种大型深度学习模型，在众多语言处理任务中表现出色。它能够理解用户的不同指令，并根据上下文信息生成合理的回复，从而适用于不同的对话语境和场景。ChatGPT 在很多领域都有广泛的应用潜力，以下是一些例子：

（1）**学习辅助**　ChatGPT 可以作为一个学习辅助工具，为用户讲解专业知识，帮助用户理解复杂的概念或解决实际问题。具体的一个应用实例如图 1-1 所示。

（2）**创意写作**　ChatGPT 可以用来生成有创意的文本内容，例如诗歌，小说等。具体应用实例如图 1-2 所示。

请为我讲解深度学习训练的基本流程。

深度学习训练的基本流程通常包括以下几个关键步骤:

1. 数据准备：收集、整理和准备训练数据集。数据应该包含输入特征和对应的标签或目标值。数据通常会被分为训练集、验证集和测试集。

2. 模型选择：选择适合问题的深度学习模型架构，如卷积神经网络(CNN)、循环神经网络(RNN) 或变换器(Transformer)等。

3. 模型构建：根据选择的模型架构，在代码中构建相应的深度学习模型。可以使用深度学习框架(如TensorFlow、PyTorch等)来简化这一过程。

4. 损失函数选择：选择适合任务的损失函数，用于衡量模型预测结果与真实标签之间的差距。常见的损失函数包括均方误差(MSE)、交叉熵损失等。

5. 优化器选择：选择合适的优化器来更新模型的权重，以最小化损失函数。常见的优化器包括随机梯度下降(SGD)、Adam等。

6. 模型训练：使用训练数据集对模型进行训练。训练过程中，模型根据损失函数和优化器进行权重更新，不断优化模型的预测能力。

7. 模型评估：使用验证集对训练的模型进行评估，衡量模型在未见过的数据上的性能。可以使用各种指标来评估模型，如准确率、精确率、召回率等。

8. 调参优化：根据模型在验证集上的表现，调整模型的超参数(如学习率、批量大小等)以优化模型性能。

9. 模型测试：使用测试集对最终确定的模型进行测试，评估模型在真实场景下的表现。

10. 模型部署：将训练好的模型部署到生产环境中，用于实际应用。

以上是深度学习训练的基本流程，具体的步骤和方法会根据具体的问题和数据集而有所不同。

图 1-1　ChatGPT 应用实例一：学习辅助

请为我生成两首七言绝句，来描绘当今深度学习领域的发展。

当今深度学习道，神经网络智能高。
数据海洋波澜涌，模型演化势如潮。

算法竞赛赋新意，技术革新势不凡。
智能应用涉多端，人工智能势日强。

图 1-2　ChatGPT 应用实例二：创意写作

（3）**个性化智能助手**　ChatGPT 可以用作个人智能助手，帮助用户组织和规划日常生活，例如生成一周内的美食食谱/健身食谱，作为旅游导游生成目的地的旅行计划。具体应用实例如图 1-3 所示。

请帮我生成一份在天津游玩三天的详细的旅行计划，请列出相应的建议游玩时间。我希望能够品尝当地美食，欣赏当地特色风景，并且，请帮我考虑月份的影响，我在哪个月份去游玩体验最佳

天津的气候属于暖温带季风气候，春秋两季温和且风景宜人，尤其是九月和十月，是游玩天津的最佳时间。以下是一份基于这个时间段的详细的天津三天游行程:

第一天：历史文化之旅

09:00-11:00：参观天津之眼，这是天津的标志性建筑，也是全球唯一建在桥上的摩天轮。从摩天轮上可以俯瞰整个天津城市的美景。

11:30-13:30：在南市食品街品尝天津当地的美食，如狗不理包子、耳朵眼炸糕、锅巴菜等。

图 1-3　ChatGPT 应用实例三：个性化智能助手

14:00-17:00：游览五大道地区，这里有许多历史悠久的外国建筑，同时也是天津的文化中心。

18:00-21:00：在意式风情区漫步，这里有许多特色餐厅和咖啡店，可以品尝到各种美食。

第二天：自然风光之旅

09:00-11:00：参观天津海河景区，乘坐游船欣赏沿途的风景，感受天津的“水上城市”风情。

11:30-13:30：在海河边上的餐厅享用午餐，品尝天津特色的海鲜。

14:00-17:00：游览天津水上公园，这是天津最大的公园，有湖泊、花园和动物园等多种设施。

18:00-21:00：在滨江道购物街品尝天津特色小吃和购物。

第三天：现代风貌之旅

09:00-11:00：参观天津滨海新区，这是天津的现代化地区，有许多现代建筑和商业中心。

11:30-13:30：在滨海新区的餐厅享用午餐，品尝当地美食。

14:00-17:00：参观天津博物馆，了解天津的历史和文化。

18:00-21:00：在天津音乐厅欣赏一场音乐会，结束这次的天津之旅。

这只是一个建议的行程，实际的行程可能需要根据当地的天气和交通情况进行调整。希望这个行程可以帮助你在天津度过一个愉快的旅程！

图 1-3　ChatGPT 应用实例三：个性化智能助手（续）

（4）**虚拟角色扮演**　ChatGPT 可以扮演生活中的各种职业或者经典书籍或影视剧中的角色，从而为用户提供沉浸式的交互体验。具体应用实例如图 1-4 所示。

请你现在扮演福尔摩斯，请使用他平时说话的语气和习惯与我对话。

当然，我很愿意尝试扮演福尔摩斯，我的朋友。请告诉我，你有什么问题需要我解答，或者是有什么案件需要我来破解吗？

福尔摩斯先生，最近生活怎么样，在忙什么案子？

在这个虚拟世界里，我的生活总是充满了各种案件和谜团。最近，我正忙于破解一桩涉及珍贵艺术品失窃的案子。盗窃者似乎犯案后留下了一些微弱的痕迹，但这正是我擅长的领域，我相信很快就能找到关键线索。破案对我来说绝非难事，只需遵循观察、推理和实证，事实终将浮现于表面。您是否也对这个案子感兴趣，或者有什么问题需要我帮助解答？

他留下了什么痕迹，你觉得这些和嫌疑人之间有什么关联？

在这起案件中，盗窃者留下了一些微弱的痕迹，其中包括一只掉落的手套和几滴油漆。这些痕迹或许初看起来毫不起眼，但对我来说却包含着重要信息。

手套可能提供了关于盗窃者身份的线索。首先，手套的大小和材质可以揭示嫌疑人可能的年龄和性别。其次，手套的品牌或者特殊设计可能与某位特定人士相关联。此外，手套的状态和样式也可能暗示盗窃者的行为习惯或者所处的工作环境。

油漆的痕迹同样至关重要。油漆的特殊成分以及颜色可以与某种特定的工业用途或者特定品牌相关联。通过分析这些信息，我们或许能够推断出盗窃者可能的职业背景或者日常生活中常接触的环境。

结合手套和油漆的痕迹，我开始推测这位盗窃者可能是某种工匠或者工业领域的从业者。他或她可能擅长使用特定类型的工具，并且在作案时留下了这些不经意的线索。但是，这仅仅是我的初步推测，我仍需要更多的证据和观察来进一步确认我的猜测。现在，请随意问我更多关于这案件或其他事情的问题。

图 1-4　ChatGPT 应用实例四：虚拟角色扮演

1.1.2 图像及视频生成

图像和视频信息是日常生活中接触到的最丰富的信息来源，包括海报、广告、短视频、电影等。深度学习技术在图像和视频领域的辅助创作与生成具有广阔的应用前景。随着计算机算力的发展，人们构建了大规模的数据集和参数量很大的模型，随着 Diffusion 模型的提出，文生图和文生视频应用得到了全新的发展。目前，可以使用 Diffusion 模型生成各种有趣且充满想象力的图片，其应用实例如图 1-5 所示。

图 1-5 图片生成实例

深度学习技术也可以进一步从生成图像拓展到生成视频。利用文本描述来生成相应的视频序列并不是一件容易的事情，因为这需要更多的数据和算力，同时需要考虑每一帧之间的连续性。OpenAI 公司发布的 Sora，一个具有里程碑意义的文生视频大模型，标志着文生视频新时代的到来。图 1-6 是 Sora 官方网站生成的一些视频的截图，可以看到，Sora 模型的视频生成能力十分强大，它不仅可以模拟现实生活中的场景，还可以生成幻想风格的视频。

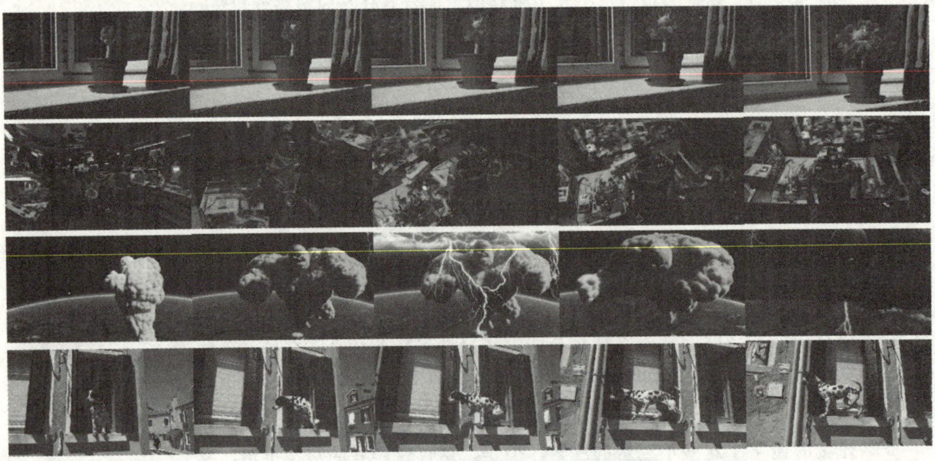

图 1-6 Sora 生成的视频截图实例

图 1-6 彩图

除了二维空间中图片和视频的生成，深度学习模型还可以生成三维的物体素材。具体来说，使用单张图像作为输入，训练后的网络可以生成多个不同视角的图像，并且得到重建之后的三维模型。文献［2］给出了两个简单应用示例，如图 1-7 所示，其中最左侧为输入图像，第一行是生成的不同视角的图像，第二行是生成的法相图，两者融合之后可以得到物体的三维模型。

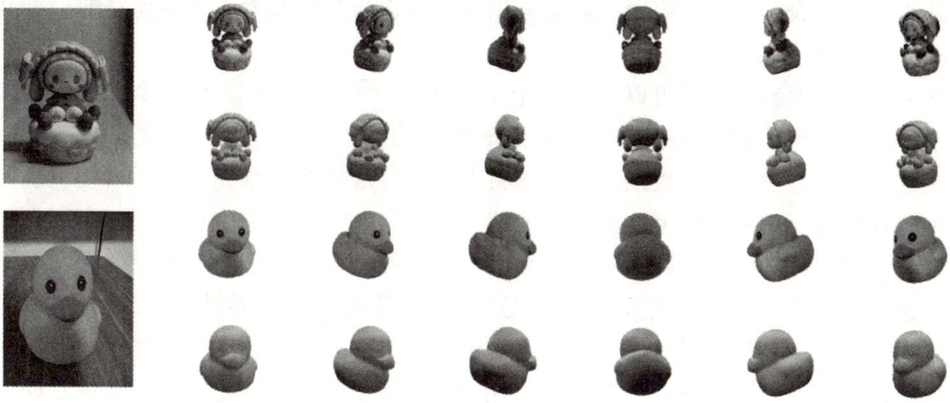

图 1-7　三维模型生成的两个示例

总的来说，深度学习在图像、视频、三维模型生成领域的发展，为人们提供了大量生动且多样化的素材，为内容创作等相关领域带来了巨大的发展机遇。

1.1.3　古卷轴破译

除了在大语言模型以及图像、视频和三维模型生成中的成功应用，深度学习技术在基础科学研究中也扮演着重要角色。AI for Science 领域的出现是为了研究如何更好地将 AI 领域的工具和进展应用到基础科学的研究之中。在这个领域的研究中，已经涌现出了很多杰出的成果，例如，使用深度学习模型对地球的气候进行建模和分析，对蛋白质和分子的新结构进行研究等。

除了上述成果，深度学习技术在看似不相关的人文社科领域也有很多成功应用。最典型的一个例子就是对于赫库兰尼姆（Hercu laneum）卷轴文字的破译。赫库兰尼姆卷轴是收藏在赫库兰尼姆城图书馆的古代卷轴，在两千年前的苏威火山喷发时化为了焦炭。如图 1-8 所示，严重碳化的卷轴无法直接展开，尝试物理展开卷轴会导致卷轴的毁坏。并且，即使成功展开，上面的字迹也难以辨认。因此，维苏威火山挑战赛（Vesuvius Challenge）于 2023 年开展，希望能够邀请全球优秀的研究人员利用新的智能技术破译古老卷轴中的文字。

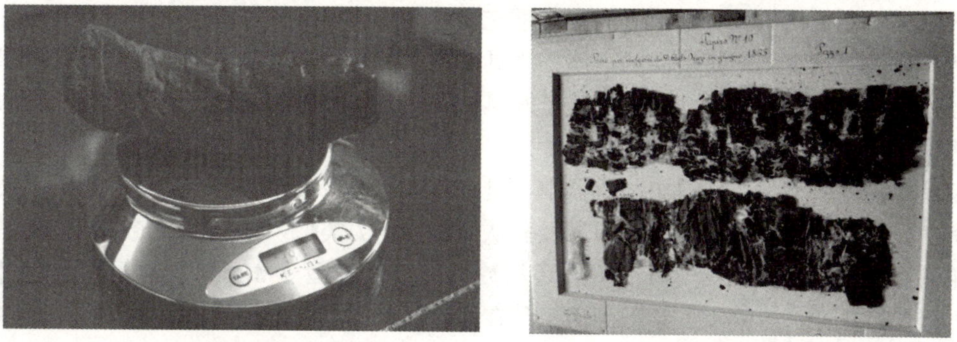

a）赫库兰尼姆卷轴　　b）尝试物理展开卷轴的结果

图 1-8　碳化的赫库兰尼姆卷轴

这一看似不可能完成的任务，在深度学习技术的加持下取得了突破性的进展。参赛人员 Youssef Nader，Luke Farritor 和 Julian Schilliger 成功地使用深度学习技术破译了 4 页卷轴，每页有 140 个字符。这次破译的卷轴内容大约占全部卷轴的 5%，但是这一成果说明破解全部卷轴也并非无法完成的任务。该团队成员凭借这一成果成功地获得了该项比赛的一等奖，该成果也登上了 *Nature* 的头版。

具体来说，卷轴破解技术可以分为三个主要步骤，首先使用 X 光成像技术对卷轴进行断层扫描，得到其断层成像数据。通过对扫描数据的分割和拼接，得到卷轴的三维重建结果。有了这一结果之后，可以使用坐标映射将卷轴进行虚拟展开操作，方便后续识别任务的实现。展开卷轴后，如何识别上面的字迹依然十分困难。为了解决这一问题，参赛人员设计了一个轻量级的神经网络。该网络的核心是通过输入卷轴区域的特征，预测该区域中是否存在墨迹。通过这种方式，参赛人员成功的识别出了沉寂 2000 年的卷轴上记载的文字。

这一成果的意义不仅在于该卷轴的破译，更在于其引入的新思路和新技术，将数据驱动的深度学习模型和考古学相结合，解决了以往无法解决的考古学难题。我国考古发现中也存在很多无法阅读的古卷，这些技术也赋予了这些文字重焕新生的可能。

随着深度学习技术的发展，人工智能领域和其他领域之间的壁垒也在不断地消解。深度学习技术不再是一个孤立的领域，而是逐渐成为各个领域中的一个重要工具。不同领域的研究人员都将受益于深度学习技术的发展，使用先进的技术助力其在专业领域的研究。生物化学领域可以使用深度学习技术来发现新的蛋白质结构和药物，物理领域可以借助深度学习技术分析和预测复杂的物理现象，人文学科也可以借助深度学习技术来更好地助力研究。今后深度学习技术也必将在更多的专业领域中展现出强大的能力，AI For Science 领域也必将迎来更为蓬勃的发展。

1.2 机器学习基础

1.2.1 机器学习简介与基本概念

“机器学习（Machine Learning）”一词最早是由阿瑟·萨缪尔（Arthur Samuel）于 1956 年在标志着人工智能学科诞生的达特茅斯会议（Dartmouth Summer Research Project on Artificial Intelligence）上提出的，定义为“不显式编程地赋予计算机能力的研究领域”。早期的计算机学者们认为计算机不可能完成事先没有显式编程的任务，然而萨缪尔开发的西洋跳棋程序证明了这个认知是错误的。该程序具有自学习能力，可以通过收集到的大量棋局数据来逐渐学会辨识在不同局面下，哪些是好棋，哪些是坏棋，从而提升它的棋艺。很快，通过程序的不断学习，它不但赢下了作者萨缪尔，还战胜了当时全美顶尖的跳棋选手。

从跳棋程序的例子可以看出，机器学习是一种学习算法，致力于利用经验提升系统对某种任务的处理能力，这和人类通过积累经验从而提升能力类似。计算机系统中的经验是以数据的形式存储的，所以机器学习本质上是从数据上产生**模型**（Model）。学习算法通过提供给它的经验数据来产生模型，学习到的模型在面对经验中没有出现的情况时，也能提供相应的判断或预测。

下面是一个简单的机器学习问题，假设需要预测某个城市某个片区的商品房房价，这对长期从事房地产经营、投资的人来说并不困难，那么怎样通过计算机程序来准确地预测房价呢？

首先，要预测房价，必须知晓房屋的一系列信息，比如房屋总面积、使用面积、房间数量、附加设施数量（车库、阳台等）、建筑年份、附近公共设施数量（地铁、公交等）、教育资源等等，人类预测者通过已有经验，按照这些信息，得出预测的房价。为了给学习算法提供数据，假设收集了一批房屋数据，例如（总面积 = 120m^2，使用面积 = 100m^2、房间数量 = 3 个、附加设施数量 = 2 个、建筑年份 = 2018 年、公共设施数量 = 2 个），（总面积 = 150m^2，使用面积 = 125m^2、房间数量 = 4 个、附加设施数量 = 2 个、建筑年份 = 2012 年、公共设施数量 = 1 个），（总面积 = 100m^2，使用面积 = 80m^2、房间数量 = 2 个、附加设施数量 = 1 个、建筑年份 = 2010 年、公共设施数量 = 2 个），…，每对括号是一条信息记录。在机器学习问题中，所有这些数据构成的集合称为**数据集**（Data Set），其中每条记录是关于对象（商品房）的描述，称为**样本**（Sample）；而数据中的每一项反映对象某方面的性质，例如总面积、使用面积、房间数量等，称为**属性**（Attribute）或**特征**（Feature）；属性上的取值，例如 120m^2，3 个，2018 年等，称为**属性值**（Attribute Value），属性值张成的空间称为**属性空间**（Attribute Space）、**样本空间**（Sample Space）或者**输入空间**（Input Space）。每一个样本在样本空间内都对应一个坐标向量，因此样本也称为**特征向量**。

用数学语言描述，$D=\{\boldsymbol{x}_1,\boldsymbol{x}_2,\cdots,\boldsymbol{x}_n\}$ 表示包含 n 个样本的数据集，每个样本由 d 个属性描述，记为 $\boldsymbol{x}_i=(\boldsymbol{x}_{i,1},\boldsymbol{x}_{i,2},\cdots,\boldsymbol{x}_{i,d})$，表示 d 维样本空间中的一个向量，其中 $\boldsymbol{x}_{i,j}$ 是 $\boldsymbol{x}_i$ 在第 j 个属性上的取值。根据以上定义，收集的房屋数据集包括 3 个样本，每个样本由 6 个属性描述，所以每个样本是 6 维样本空间中的一个向量。

从数据中进行学习，获得模型的过程称为**训练**（Training）。在训练中使用的数据叫作训练数据，其中每个样本称为一个训练样本，训练样本组成的集合称为**训练集**（Training Set）。通过学习来发现数据间的某种潜在规律，这种规律称为**假设**（Hypothesis）；训练过程就是将学得的规律一步步逼近**真实**（Ground Truth）的过程。在预测房价时，要学习的规律是由各项数据到房价的映射关系，最终形成房价预测模型，该系统输入为房屋的各项属性，输出为其预测房价。

在训练过程中，仅有房屋本身的这些属性数据是不够的，还需要有实际房价作为训练样本的结果信息。类似于我们通过做练习题来学习数学知识，要根据参考答案来验证自己所学是否正确，有没有偏差和误解。对于学习算法来说，训练样本的结果信息就是“参考答案”。当然，并非全部的学习算法都需要结果信息，我们会在之后讨论这个问题。这里的实际房价，比如 1 万/m^2，0.8 万/m^2 等等，称为**标记**（Label），拥有标记信息的样本被称为**样例**（Example），对于样本 $\boldsymbol{x}_i$，其对应的标记为 $\boldsymbol{y}_i$，所有标记 $\boldsymbol{y}_i$ 构成**标记空间**（Label Space）或**输出空间**（Output Space）。

以上是基于房价预测这样一个简单的机器学习问题，对术语和问题表示方法的介绍。在此基础上要完成模型训练，还需要进行数据的准备与预处理、构建机器学习模型、模型训练与评估以及模型测试与泛化，我们将在后续各个小节分别介绍。

1.2.2　机器学习问题分类

为了让读者对机器学习问题有更深入的了解，这里首先对机器学习任务进行分类并列举更多的实际问题。机器学习任务可以分为三类：**监督学习**（Supervised Learning）、**无监督学习**（Unsupervised Learning）和**强化学习**（Reinforcement Learning）。

1.2.2.1 监督学习

监督学习的训练数据具有标记信息，比如之前提到的房价预测中的真实房价就是标记信息，这类任务的目标是生成一个模型，将输入映射到输出。根据预测值的类型不同，可以将监督学习任务进一步分为**分类**（Classification）和**回归**（Regression）。

分类任务预测的是离散值，训练一个分类器来输出预测的类别，得出“是”或者“不是”这样的判断。分类任务有很多实际应用例子，比如根据人身体的各项指标数据判断是否患有某项疾病，标记设置为 1（患病）或 0（不患病），这称为二分类任务，其中一个类别称为正类，另一个类别称为反类；又比如图像处理中经典的手写数字识别问题，是一个多分类问题，标记为 0~9 这 10 个类别，为此学者们还收集并整理了美国国家标准与技术研究所数据库（Mixed National Institute of Standards Technology database）大型手写数字数据集用于手写数字识别问题的训练和测试。

回归任务预测的是连续值，训练一个回归函数来输出一个数值，这类问题也很常见，比如上面举例提到的预测房价，或者预测用户对一部电影的评分等，都是围绕“有多少”这一问题进行预测的。

监督学习的应用非常广泛，以下是一些例子：

（1）**图像识别** 在计算机中，一张彩色图像实际上是由每个像素点处的 RGB 三通道数值来表示的。我们可以训练预测模型，学习通道数值之间的某种规律，通过这些 RGB 通道数值来判断图像中是否存在某个物体，或者进行其他判断和预测，这就是机器学习用于图像识别的基本思路。例如一张大小为 64×64 像素的 RGB 图像，它能提供的样本是一个 64×64×3 的矩阵，其中每个位置存储对应通道的数值，输出可以是一个离散值，比如图片中是否包含某种动物，也可以是一个连续值，比如图片中某个物品的边界像素点坐标等。

（2）**自然语言处理** 自然语言处理研究如何让计算机程序理解、处理和生成人类语言，常见的应用有机器翻译、问答系统、语音识别、文本转语音等。值得注意的是，自然语言处理要求模型对连续的输入有记忆功能。在房价预测和图像识别的例子中，输入和输出都是固定大小的，而且输入的样本之间没有直接关系。但对于连续的输入，如文字序列、视频等，为了更好地理解后续输入，需要记忆并参考先前的输入，比如在文字序列中只给出句子中的一个单词我们很难推断它的后续内容是什么，但如果给出前面的句子片段，那么推断后续内容就会容易很多。

（3）**推荐系统** 在浏览购物、视频、新闻等网站或应用时，模型会根据用户的喜好来进行个性化推荐，比如给视频网站电影爱好者和体育赛事爱好者推荐的视频可能会有很大的不同。通过用户提供的一些显式的喜好数据，比如视频点赞或评论，以及一些隐式的反馈数据，比如用户看视频时的浏览时间、是否快进等习惯，收集到足够的样本数据，通过学习算法，可以预测出该用户对所有视频感兴趣的程度，从而推荐得分最高的视频。

1.2.2.2 无监督学习

无监督学习的训练数据没有标记信息，即没有“参考答案”，没有一个十分具体的学习目标。无监督学习过程一般用于了解数据内部潜在的规律，而这些规律我们事先并不知道。无监督学习的代表是聚类，这里给出一些无监督学习的例子：

（1）**聚类**（Clustering） 聚类问题解决在没有标签的情况下的分类问题，比如收集视频网站的用户数据，进行聚类后会对有类似行为的用户进行划分，形成若干簇（Cluster），这些簇对应一些潜在的类别，比如“喜欢看短视频的用户”“喜欢在视频下方评论的用户”“看视频时经常暂停的用户”等。同样，对一组没有标记的照片，聚类能将其分类为如“风景”“动物”“人类”等类别。

（2）**主成分分析**（Principle Component Analysis，PCA）　该方法解决使用少量参数来准确捕捉数据相关属性的问题。例如在面部识别技术中，PCA 被用于去除冗余信息，提取最重要的脸部特征信息；在金融领域可以分析和识别股票市场或投资组合中的风险因素，通过对市场数据进行主成分分析，可以识别出影响资产价格变动的主要因素，帮助规避或者减小风险。

1.2.2.3　强化学习

强化学习不同于上述两类学习任务，它使得**智能体**（Agent）能够在**环境**（Environment）中通过试错的方式学习如何最大化某种累积奖励。如图 1-9 所示，环境是智能体存在并与之交互的世界，在每个交互时间点，智能体从环境获得一些**观察数据**（Observation），接着选择一个**动作**（Action）并执行。环境会由于智能体的动作而产生变化，当然，环境也可能自行发生变化。智能体还会从环境中获得**奖励**（Reward），奖励一般是一个标量，用于表示当前时间的**状态**（State）的好坏程度，这个好坏程度由设定的奖励函数决定。智能体的最终目标是最大化累计奖励，这个累计奖励称为**回报**（Return）。通过不断地试错训练，最终智能体会学习到一个好的**策略**（Policy），在每一步所对应状态下按这个策略选择动作，就可以最大化回报。

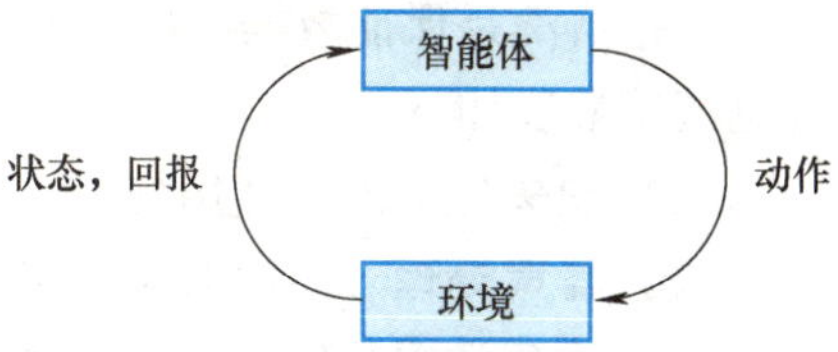

图 1-9　强化学习基本框架

强化学习框架也可以用于解决监督学习问题，比如对于一个分类问题，可以生成一个智能体，将智能体的动作设定为不同的分类结果，环境设定为包含标记的样例，根据智能体的动作来给出奖励值，这个奖励值的设定可以和监督学习问题中的损失函数一样，即分类正确则奖励值高，否则奖励值低。

强化学习方法在多个领域取得了显著成果包括：

AlphaGo 和 AlphaZero　由 DeepMind 开发的围棋程序，它们使用深度学习和强化学习方法来学习如何下围棋。2016 年，AlphaGo 战胜了世界围棋冠军李世石，这是人工智能领域的一个重大突破。后续问世的 AlphaZero 是一个更为先进的系统，能够在没有任何人类数据的情况下，仅通过自我对弈来学习围棋、国际象棋和日本将棋，并在这些领域达到超越顶尖人类水平的表现。

OpenAI Five　由 OpenAI 开发的一个强化学习系统，专门用于玩多人在线战斗竞技场游戏 DOTA 2。这个系统通过大量的自我对弈来学习如何进行团队协作和对抗。2018 年，OpenAI Five 在对抗 DOTA 2 世界顶级玩家的比赛中展示了它的能力，虽然没有最终赢得比赛，但展示了强化学习在复杂策略游戏中的潜力。

自动驾驶　强化学习也被应用于自动驾驶汽车问题，例如，谷歌的 Waymo 使用强化学习来优化自动驾驶算法。通过模拟和实际道路测试，自动驾驶系统能够学习如何在复杂的交通环境中做出决策，提高驾驶的安全性和效率。虽然这个应用领域仍处于发展阶段，但强化学习在提高算法的适应性和鲁棒性方面展现出巨大潜力。

1.2.3 数据准备和预处理

在机器学习和深度学习领域，数据准备和预处理是构建高质量训练数据集的关键。数据和特征将决定机器学习的上限。数据准备与预处理主要包括以下几个方面：

1.2.3.1 数据收集

数据的质量和数量直接影响模型训练效果和最终性能，收集数据的常用渠道有网络爬虫、数据库和 API 接口等。在数据收集时，需要注意数据的代表性和多样性，来保证模型在未知数据上的表现，即泛化能力；同时，要定期收集新数据并更新数据，来维持模型性能。

1.2.3.2 数据清洗

数据清洗是保证数据质量的关键步骤，用于处理缺失值、异常值、噪声、重复数据等。常见清洗方法如下：

(1) **缺失值处理** 使用均值、中位数、最小值、最大值等方法填充缺失值。

(2) **噪声处理** 使用滤波、平滑等方法减小噪声影响。

(3) **重复数据处理** 使用行列比较、基于哈希函数、基于统计特征等方法对数据中的重复数据进行识别与分析，判断其是否合理，再进行去重。

(4) **异常值检查** 利用基于统计变异指标分析、3σ 原则、箱线图分析等方法检查异常值，再将异常值删除或看作缺失值来处理。

1.2.3.3 特征工程

特征工程是使得数据和特征在机器学习算法上发挥更好作用的过程，从房价预测问题不难看出，其中的特征存在一个明显问题，即各个特征具有不同的量纲，如“m^2” “年” “个”等。为了消除特征之间量纲不同导致的取值范围差异的影响，需要进行标准化处理，将数据按比例缩放，使其落入一个特定的区域。

除了标准化处理外，特征选择也是机器学习中的一个重要步骤，它通过减少数据的维度，最终找到一个特征子集，在不丧失预测性能的同时，减少过拟合，简化模型结构，提高模型精度，减少训练时间。简单来说就是通过分析数据去掉某些对输出结果没有影响的特征。主要方法有以下：

过滤法 按照特征的统计指标对各个特征进行评分，设定评分阈值，删除阈值之下的特征。过滤法计算效率高，但可能忽略特征之间的相互作用。

包装法 通过训练模型来评估特征的重要性。例如，**递归特征消除**（Recursive Feature Elimination，RFE）是一种常见的包装法，它通过反复构建模型，根据预测效果评分，排除表现最差的特征来选择特征。包装法通常可以找到更好的特征子集，但计算成本高。

嵌入法 先使用某些机器学习算法和模型进行训练，得到各个特征的权值系数，根据权值系数从大到小来选择特征（类似于过滤法，但通过训练来确定特征的优劣）。

1.2.3.4 数据集划分

在机器学习中，为了确保模型具有良好的泛化能力，即在未见过的数据上也能表现出良好的预测能力，通常需要将收集到的数据集划分为三个部分：训练集、验证集和测试集。

训练集（Training Set） 这部分数据用于模型的训练过程，模型尝试从这些数据中学习特征与目标之间的关系。训练集越大，模型学习的机会就越多。通常情况下，训练集占总数据集的 60%~80%。

验证集（Validation Set）　模型在训练集上学习后，需要在一个独立的数据集上评估其性能，这就是验证集的作用。验证集用于模型选择（比如决定哪个模型更好）和模型超参数调整（比如神经网络中的层数、神经元的数量等）。验证集可以帮助监控模型在训练过程中是否出现过拟合现象，即模型在训练集上表现很好，但在未知数据上表现不佳。验证集通常占总数据集的 10%~20%。

测试集（Test Set）　最后，当模型经过多轮训练和在验证集上的评估后，我们会在测试集上进行最后一轮评估。测试集是模型在整个训练过程中未曾见过的数据，因此它能够提供关于模型泛化能力的最真实反馈。测试集上的结果被视为模型在实际操作中的性能指标。测试集通常也占总数据集的 10%~20%。

数据集划分有以下常用方法：

留出法（Hold-Out）　直接将数据集划分为三个互斥的集合，分别作为训练集、验证集和测试集。留出法简单方便，但是训练结果可能受到数据划分的影响。

交叉验证法（Cross-Validation）　主要用于小型数据集，或者模型训练时间允许的情况。最常见的是 k 折交叉验证，将数据集分为 k 个子集，然后进行 k 次训练和验证，每次选择一个子集作为验证集，剩余的 $k-1$ 个子集作为训练集，最后将 k 次的结果平均，得到最终模型。这种方法可以有效利用有限的数据，但计算成本较高。

自助法（Bootstrap Method）　通过有放回的随机抽样来创建训练集，剩下未被抽到的样本作为验证集。自助法在数据集较小、难以有效划分时很有用，同时它能从初始数据中产生多个不同的训练集。然而，自助法产生的数据集改变了初始数据集的分布，会引入估计偏差。因此，在数据量足够时，留出法和交叉验证法更适用。

1.2.4　构建机器学习模型

1.2.4.1　模型类型选择

在数据准备完成后，需要选择合适的学习算法。机器学习技术发展至今出现了许多学习算法，这里列举一些常用的学习算法模型。

线型回归（Linear Regression）　给定由 d 个特征（属性）描述的样本 $\boldsymbol{x}=(\boldsymbol{x}_1,\boldsymbol{x}_2,\cdots,\boldsymbol{x}_d)$，其中 $\boldsymbol{x}_i$ 是样本在第 i 个属性上的取值。这里不刻意区分不同的样本，所以使用向量 $\boldsymbol{x}$ 泛指样本。线型回归的目标是学习一个线性模型来尽可能准确地预测输出标记，即

$$f(\boldsymbol{x})=\boldsymbol{w}_1\boldsymbol{x}_1+\boldsymbol{w}_2\boldsymbol{x}_2+\cdots+\boldsymbol{w}_d\boldsymbol{x}_d+b$$

由向量形式可以表示为

$$f(\boldsymbol{x})=\boldsymbol{w}^{\mathrm{T}}\boldsymbol{x}+b$$

当得到 $\boldsymbol{w}$ 和 b 之后，模型训练完成。前面提到的房价预测问题就可以使用线性回归。

决策树（Decision Tree）　决策树是一类常见的分类算法，它基于树结构进行分类决策，如图 1-10 所示，这与人类进行决策时的处理机制相似。

一般来说，决策树包含一个根结点，若干内部结点和若干叶结点，叶结点对应决策结果，其他每个结点对应一个特征测试，每个结点包含的样本集合根据特征测试的结果被划分到子结点中；根结点包含样本全集。决策树的核心思想是分而治之。

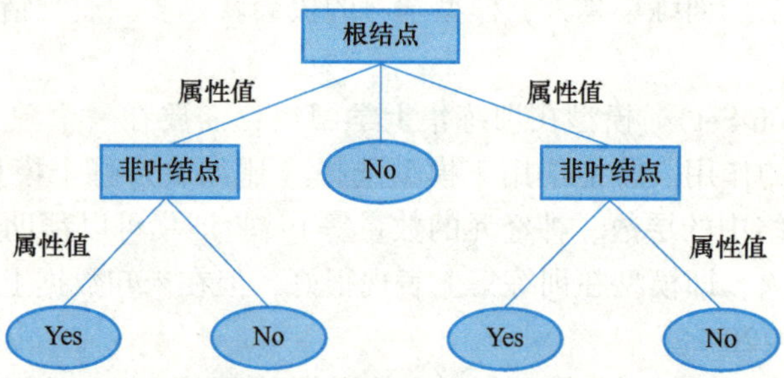

图 1-10 决策树结构示意图

神经网络（Neural Networks） 神经网络最基本的组成元素是神经元，与生物神经元类似，每个神经元与其他神经元相连，当产生兴奋（即电信号）时，会向相连的神经元发送化学物质，从而改变相连神经元内的电位；如果神经元的电位达到一个阈值，它就会被激活，即产生兴奋，并向其他神经元发送化学物质。神经网络中的神经元接收来自 n 个神经元的信号，这些信号加权之后得到总输入值，然后通过激活函数产生该神经元的输出。将许多这样的神经元按一定的层次结构连接起来，就得到了神经网络。本书后续章节将介绍不同结构的神经网络。

1.2.4.2 模型配置

训练机器学习模型时，配置超参数是必不可少的。**超参数**（Hyperparameter）是用于管理机器学习模型的外部配置变量，与在学习过程中自动获得和更新的内部参数不同，超参数需要在训练前进行手动配置，比如神经网络中节点和层的数量、决策树中分支的数量等。超参数会决定模型架构和模型复杂性。超参数调优可以手动进行，也可以使用自动算法完成。较常用的超参数自动调优算法包括贝叶斯优化、网格搜索和随机搜索等，其本质也是一个迭代优化过程。深度学习领域常说的“调参”，就是指调试超参数。

1.2.4.3 损失函数选择

为了在训练中使得模型输出逐步逼近真实输出，需要设定一个性能度量，来衡量模型得到的预测值与对应样本标记值之间的差别大小。这个性能度量通过损失函数来计算，常用的损失函数有均方误差、交叉熵误差等。

均方误差（Mean Square Error，MSE） 给定数据集 $D=\{(\boldsymbol{x}_1,\boldsymbol{y}_1),(\boldsymbol{x}_2,\boldsymbol{y}_2),\cdots,(\boldsymbol{x}_n,\boldsymbol{y}_n)\}$，其中 $\boldsymbol{x}_i=(\boldsymbol{x}_{i,1},\boldsymbol{x}_{i,2},\cdots,\boldsymbol{x}_{i,d})$ 表示一个样本数据，$\boldsymbol{y}_i\in\mathbb{R}$ 表示该样本的标记，线性回归试图学得

$$f(\boldsymbol{x}_i)=\boldsymbol{w}_1\boldsymbol{x}_{i,1}+\boldsymbol{w}_2\boldsymbol{x}_{i,2}+\cdots+\boldsymbol{w}_d\boldsymbol{x}_{i,d}+b,\quad f(\boldsymbol{x}_i)\cong\boldsymbol{y}_i$$

为了衡量 $f(\boldsymbol{x}_i)$ 与 $\boldsymbol{y}_i$ 之间的差别，引入均方误差作为性能度量：

$$L(\boldsymbol{x},\boldsymbol{y})=\frac{1}{n}\sum_{i=1}^{n}(f(\boldsymbol{x}_i)-\boldsymbol{y}_i)^2$$

基于均方误差最小化来进行线性回归模型训练的方法称为“最小二乘法（Least Square Method）”。最小二乘法的核心思想就是找到一条直线，使得全部样本到直线的欧氏距离（Euclidean Distance）之和最小。

交叉熵误差（Cross-Entropy Error） 通常用于分类问题，用于衡量模型预测的概率分布与真实标记的概率分布之间的差异。对于二分类问题，交叉熵损失函数表示为

$$L(\boldsymbol{y},\boldsymbol{p})=-\frac{1}{n}\sum_{i=1}^{n}\left[\boldsymbol{y}_i\log(\boldsymbol{p}_i)+(1-\boldsymbol{y}_i)\log(1-\boldsymbol{p}_i)\right]$$

其中 n 是样本数量，$\boldsymbol{y}_i$ 是第 i 个样本的标记（1 或 0），$\boldsymbol{p}_i$ 是模型预测该样本类别为 1 的概率。预测的概率分布越接近真实的标签分布，交叉熵损失就越小。对于多分类问题，交叉熵损失函数会推广到多个类别，形式上会有所不同，但基本原理相同，即最小化模型输出的概率分布与真实分布之间的差异。由于它直接针对概率分布进行优化，这种损失函数特别适合输出概率的模型，如逻辑回归和深度神经网络。

我们将在第 2.3 节介绍更多的损失函数。

1.2.5　模型训练与评估

1.2.5.1　训练过程

介绍完上述基础概念之后，我们介绍如何使用训练数据来训练模型。

首先，通过数据准备与预处理，将训练数据分为特征（输入）和标记（输出）。每个样例（包含标记的样本）都包含一组特征和一个或多个标记。

接着，选择一个机器学习模型，该模型定义了特征和目标变量之间可能的关系。模型的具体形式取决于选择的学习算法及超参数配置。例如，线性回归模型、决策树模型、深度神经网络等。

下一步，定义损失函数，衡量模型预测输出与真实输出之间的差异。例如，在回归任务中，常用的损失函数是均方误差，在分类任务中，常用的损失函数是交叉熵损失。

接下来，使用优化算法（如随机梯度下降法）来最小化损失函数。优化算法通过不断调整模型的参数，使得在训练数据上的损失函数值最小。这个过程就像是在一个山谷中寻找最低点，每次都沿着最陡峭的方向（即梯度方向）走一步，直到到达梯度几乎为 0 的最低点。

最后，当模型的性能满足要求，或者模型的性能不再显著提高时，模型的训练就已完成，可以用于对新的、未见过的数据进行预测。

1.2.5.2　过拟合与欠拟合

经过训练得到一个可以用于预测的模型，为了评估这个模型，通常把模型的实际预测输出与样本的真实输出（标记）之间的差异称为**误差**（Error），模型在训练集上的误差称为**训练误差**（Training Error）或**经验误差**（Empirical Error），在新样本上的误差称为**泛化误差**（Generalization Error）。我们最希望的效果是模型的泛化误差小，但在训练阶段，能做到的仅仅是使得训练误差最小化。如果我们获得了一个在训练集上表现很好的模型，对所有训练样本都能做到零误差，这是不是一个完美的模型呢？答案往往是否定的，这就需要涉及**过拟合**（Overfitting）这个概念。

一个表现很好的模型应该是从训练样本中尽可能多地学出适用于所有潜在样本的普遍规律。而过拟合是指由于模型把训练样本学得过于“好”，从而把训练样本自身的一些特点当作了所有潜在样本都会具有的一般性质，这会导致模型泛化性变差。与过拟合相对的是**欠拟合**（Underfitting），它指的是模型对训练样本的一般性质都还没有学到，即经验误差较大。一个具体的例子是训练模型进行图像识别，判断图片中的物体是不是树叶。一个过拟合的模型可能会认为边缘不是锯齿状的树叶就不是树叶，这是因为它把训练集中的树叶“具有锯齿边缘”这一特点学习到并认为这是树叶的普遍特性。相对应的，一个欠拟合模型可能将一棵大树当成树叶，因为它学习到的树叶的普遍特征不足，所以它片面地认为具有“绿色”这一特征的物体就是树叶。

最常见的导致过拟合的原因是学习能力过于强，把训练样本包含的不具有一般性的特点都学到了；而欠拟合通常是由于学习能力低下导致的。克服欠拟合可以通过增加训练轮数、模型参数量等方法解决；而过拟合问题的解决比较麻烦，是机器学习的一个关键障碍，过拟合是无法彻底避免的，各种防止过拟合的措施只能尽量缓解其影响，我们将在第 1.2.6 节具体讨论。

1.2.5.3 模型评估

在进行模型评估时，对于分类问题，常常将分类错误的样本数占样本总数的比例称为**错误率**（Error Rate），例如在 n 个样本中有 a 个样本分类结果错误，则错误率为$\frac{a}{n}$；同时将$1-\frac{a}{n}$称为**精度**。对样例集 D，错误率定义为

$$E(f;D)=\frac{1}{n}\sum_{i=1}^{n}\Pi(f(\boldsymbol{x}_i)\neq\boldsymbol{y}_i)$$

其中，Π 表示计数函数：$\Pi(\text{true})=1$，$\Pi(\text{false})=0$。精度定义为

$$A(f;D)=1-E(f;D)$$

错误率和精度可以进行性能度量，但是不能满足所有需求。比如在医疗诊断问题中，错误地把健康人诊断为患者与错误地把患者诊断为健康人，两者造成的后果差别很大，前者只会增加进一步检查的麻烦，而后者可能耽误治疗的最佳时机。由于不同的实际问题需求，还需要用到**查准率**（Precision）和**查全率**（Recall）这样的性能度量。

对于二分类问题，通过样例的真实标记和模型预测的标记组合，可以分为真正例（True Positive）、假正例（False Positive）、真反例（True Negative）、假反例（False Negative）四种，如表 1-1 所示，分别记为 TP、FP、TN、FN。

表 1-1 分类结果混淆矩阵

真实	预测结果	
	正例	反例
正例	TP 真正例	FN 假反例
反例	FP 假正例	TN 真反例

定义查准率 P 和查全率 R 为

$$P=\frac{\text{TP}}{\text{TP}+\text{FP}}$$

$$R=\frac{\text{TP}}{\text{TP}+\text{FN}}$$

需要注意的是查准率与查全率是矛盾的，查准率高则查全率往往偏低，反之亦然。

如何通过查准率和查全率比较模型间的优劣呢？一种常见的方法是使用 F_1 度量：

$$F_1=\frac{2\times P\times R}{P+R}=\frac{2\times \mathrm{TP}}{\text{样例总数}+\mathrm{TP}-\mathrm{TN}}$$

F_1 度量的一般形式 F_β 能表达出对查准率或查全率的不同偏好，它的定义为

$$F_\beta=\frac{(1+\beta^2)\times P\times R}{(\beta^2\times P)+R}$$

其中，β 是用于度量查全率相对于查准率的重要性的正数，$\beta=1$ 时 F_β 退化为 F_1；$\beta>1$ 时更注重查全率；$\beta<1$ 时更注重查准率。更多评估指标见 10.2.2 节。

上述评估指标都是基于模型在某个具体问题上的预测结果得出的。脱离具体问题，讨论“哪种学习算法训练得到的模型效果更好”是无意义的。因为如果一个模型 A 在某些问题上比模型 B 表现更好，那么必然存在另一些问题，模型 B 表现比模型 A 更好。这是著名的**没有免费午餐定理**（No Free Lunch Theorem），也就是说，在所有问题出现的机会相同，所有问题同等重要的前提下，任何学习算法得出的模型的期望性能是相同的。在实际情形中，我们只关注目前需要解决的重要问题，将学习得到的模型作为解决方案，而不关心这个方案在别的问题上的表现。总结来说，要谈论算法模型的相对优劣，必须要针对具体的学习问题。

1.2.6 模型泛化能力

模型**泛化**能力指的是模型对未见过的新数据的处理能力，这些未见过的数据和训练数据是独立同分布的。我们希望模型不仅在训练数据上表现良好，同时也能在新的、未见过的数据上保持这种良好的表现。如第 1.2.5 节的介绍，如果一个模型在训练数据上表现得很好，但在测试数据上表现得很差，那么通常会说这个模型**过拟合**了。相反，如果模型在训练数据上的表现就很差，则称这个模型为**欠拟合**。

为了提高模型的泛化能力，通常会使用**正则化**（Regularization）技术。

L_1 和 L_2 正则化　最常见的正则化技术，也称为**套索回归**（Lasso Regression，L_1）和**岭回归**（Ridge Regression，L_2）。这两种技术都是在模型的损失函数中添加一个额外的项，该项与模型权重的大小有关。L_1 正则化会使得一些权重参数变为 0，从而得到一个稀疏的模型，可以用于特征选择。L_2 正则化会使得权重参数接近 0，但不会完全等于 0，可以防止模型过拟合。

早停（Early Stop）　在训练机器学习模型时，通过观察验证集的性能，当性能开始下降时，就停止训练，这种方法可以防止模型在训练集上过拟合。

丢弃（Dropout）　在神经网络中常用的正则化技术。在训练过程中，Dropout 会随机选择一部分神经元并将其输出设置为 0。以此防止模型过度依赖某些特定的神经元，从而提高模型的泛化能力。

数据增强（Data Augmentation）　通过修改已有训练样本来增加训练数据的方法。例如，在图像分类任务中，可以通过旋转、缩放、剪裁等方式来创建新的训练图像。这种方法可以帮助模型学习到更多的特征，从而提高其泛化能力。

1.3 微积分基础

微积分是深度学习的重要数学基础，在深度学习的训练过程中，需要不断更新参数、优

化模型，使模型的预测值更接近真实值。通常情况下，我们选择对于模型参数可微的损失函数来衡量模型的好坏，当模型参数变化时，我们就能知道该变化对损失函数的影响，以便更好地调整模型参数。

1.3.1 微分与导数

首先介绍导数的概念，一个函数在某一点的导数描述了这个函数在这一点附近的变化率，也称为函数在该点的切线斜率。假设函数 $f(x)$ 在某一区间内有定义，x_0 及 $x_0+\Delta x$ 在该区间内，则定义函数 $f(x)$ 在 x_0 点处的**导数** $f'(x_0)$ 为

$$f'(x_0)=\lim_{\Delta x\to 0}\frac{f(x_0+\Delta x)-f(x_0)}{\Delta x}$$

如果 $f'(x_0)$ 存在，则称函数 $f(x)$ 在 x_0 处是可微的。如果 $f(x)$ 在该区间内的每一处都是可微的，则称此函数在该区间是可微的。

微分是与导数相关的一个概念，它描述了当函数自变量发生改变时所引起的函数值的变化量。根据前文导数的定义，如果函数 $y=f(x)$ 在 x_0 点处的导数 $f'(x_0)$ 存在，则由自变量变化量 Δx 而引起的函数值变化量 Δy 表达式为

$$\Delta y=f(x_0+\Delta x)-f(x_0)=f'(x_0)\Delta x+o(\Delta x)$$

其中，$o(\Delta x)$ 表示当 $\Delta x\to 0$ 时 Δx 的高阶无穷小项，即 $\lim\limits_{\Delta x\to 0}\frac{o(\Delta x)}{\Delta x}=0$。定义 y 在点 x_0 的**微分** $\mathrm{d}y$ 为

$$\mathrm{d}y=f'(x_0)\Delta x$$

也就是说，微分 $\mathrm{d}y$ 是增量 Δy 的线性主部，两者之间仅相差一个关于 Δx 的高阶无穷小量。

1.3.2 函数近似与泰勒展开

在上一小节，我们简要阐述了微分与导数的定义与关系。具体而言，导数是函数在某点的切线斜率，而微分是利用该切线来近似代替原函数的曲线部分。由前文可知

$$f(x+\Delta x)=f(x)+\Delta y\approx f(x)+\mathrm{d}y=f(x)+f'(x)\Delta x$$

因此，当函数值 $f(x+\Delta x)$ 难以计算时，可以通过该函数在 x 点处的函数值与微分来近似求得，当近似点越靠近目标点时，近似值越接近真实值。这一过程也称为函数近似。

泰勒展开是一种常见的函数近似方法，其本质是利用幂函数来近似任意函数。假设 $f(x)$ 在 x_0 处有 n 阶导数，则泰勒公式为

$$f(x)=f(x_0)+\frac{f'(x_0)}{1!}(x-x_0)+\frac{f''(x_0)}{2!}(x-x_0)^2+\cdots+\frac{f^{(n)}(x_0)}{n!}(x-x_0)^n+o((x-x_0)^n)$$

其中，$o((x-x_0)^n)$ 称为泰勒余项，n 越大，近似效果越好。

1.3.3 多元函数及其偏导数

在深度学习中，函数往往含有多个变量，因此我们需要了解多元函数的概念以及对其求导的方法。**多元函数**是自变量具有多个分量的函数，假设一个函数 y 拥有 n 个自变量，其一般形式为 $y=f(\boldsymbol{x}_1,\boldsymbol{x}_2,\cdots,\boldsymbol{x}_n)$，其中 $\boldsymbol{x}_1,\boldsymbol{x}_2,\cdots,\boldsymbol{x}_n$ 分别代表自变量的各个分量，且各个分量拥有各自的定义域。

多元函数 y 关于某一分量 $\boldsymbol{x}_i$ 的导数称为**偏导数**，记为$\frac{\partial y}{\partial \boldsymbol{x}_i}$，具体定义如下：

$$\frac{\partial y}{\partial \boldsymbol{x}_i}=\lim_{\Delta x \to 0}\frac{f(\boldsymbol{x}_1,\cdots,\boldsymbol{x}_{i-1},\boldsymbol{x}_i+\Delta x,\boldsymbol{x}_{i+1},\cdots,\boldsymbol{x}_n)-f(\boldsymbol{x}_1,\cdots,\boldsymbol{x}_i,\cdots,\boldsymbol{x}_n)}{\Delta x}$$

除 $\boldsymbol{x}_i$ 外其余分量均可视为常数，即在求偏导的过程中，保持分量 $\boldsymbol{x}_1,\cdots,\boldsymbol{x}_{i-1},\boldsymbol{x}_{i+1},\cdots,\boldsymbol{x}_n$ 恒定不变，仅求该函数关于分量 $\boldsymbol{x}_i$ 的导数即可。

1.3.4　复合函数及链式法则

前文介绍了一元函数、多元函数的导数、偏导数求解方法，然而在深度学习中，函数通常是以嵌套的形式出现的，例如，当 $y=f(u)$，且 $u=g(x)$时，y 与 x 的关系表示为 $y=f(g(x))$，将这类函数称为**复合函数**。

对于复合函数求导，通常利用链式法则。假设函数 $y=f(u)$和 $u=g(x)$均可微，则有

$$\frac{\mathrm{d}y}{\mathrm{d}x}=\frac{\mathrm{d}y}{\mathrm{d}u}\frac{\mathrm{d}u}{\mathrm{d}x}$$

这一公式可以推广至任意有限个函数复合的情形：

$$\frac{\mathrm{d}y}{\mathrm{d}x}=\frac{\mathrm{d}y}{\mathrm{d}u_1}\frac{\mathrm{d}u_1}{\mathrm{d}u_2}\cdots\frac{\mathrm{d}u_n}{\mathrm{d}x}$$

因其像锁链一样环环相扣，故称作**链式法则**。类似地，链式法则对多元复合函数也成立。假设有一可微多元函数 $y=f(\boldsymbol{u}_1,\boldsymbol{u}_2,\cdots,\boldsymbol{u}_m)$，对于任意可微函数 $\boldsymbol{u}_i,i=1,2,\cdots,m$，都有变量 $\boldsymbol{x}_1$，$\boldsymbol{x}_2,\cdots,\boldsymbol{x}_n$，则同样可以利用链式法则求得多元复合函数 y 对任意自变量 $\boldsymbol{x}_j$ 的偏导数：

$$\frac{\partial y}{\partial \boldsymbol{x}_j}=\frac{\partial f}{\partial \boldsymbol{u}_1}\frac{\partial \boldsymbol{u}_1}{\partial \boldsymbol{x}_j}+\cdots+\frac{\partial f}{\partial \boldsymbol{u}_m}\frac{\partial \boldsymbol{u}_m}{\partial \boldsymbol{x}_j}$$

1.4　线性代数基础

线性代数作为深度学习的基础，在数据表征、算法优化中都扮演着至关重要的角色，下面简要介绍线性代数的相关基础内容。

1.4.1　向量

向量是线性代数中最基本的概念，定义含有 n 个元素的向量 $\boldsymbol{v}$ 为

$$\boldsymbol{v}=\begin{pmatrix}\boldsymbol{v}_1\\ \boldsymbol{v}_2\\ \vdots\\ \boldsymbol{v}_n\end{pmatrix}$$

其中，$\boldsymbol{v}_1,\boldsymbol{v}_2,\cdots,\boldsymbol{v}_n$ 称为向量中的元素或分量。向量通常用粗体、小写字母表示。通常用维度来表示向量的长度，因此向量 $\boldsymbol{v}$ 是一个 n 维向量，数学表示为 $\boldsymbol{v}\in\mathbb{R}^n$。

在深度学习中，通常使用向量来表示数据样本。例如，分别记录一天当中 0 时、6 时、12 时、18 时的气温为 8℃、11℃、16℃、17℃，则可以用一个四维的向量 $\boldsymbol{t}$ 来表示该组数据：

$$\boldsymbol{t}=\begin{pmatrix}8\\11\\16\\17\end{pmatrix}$$

下面简要介绍向量的基本运算：

向量加法 两个长度相等的向量相加，就是它们的元素分别相加，即

$$\boldsymbol{u}+\boldsymbol{v}=\begin{pmatrix}\boldsymbol{u}_1+\boldsymbol{v}_1\\\boldsymbol{u}_2+\boldsymbol{v}_2\\\vdots\\\boldsymbol{u}_n+\boldsymbol{v}_n\end{pmatrix}$$

向量数乘 实数与向量相乘，就是实数与向量的每个元素相乘，即

$$k\boldsymbol{v}=\begin{pmatrix}k\boldsymbol{v}_1\\k\boldsymbol{v}_2\\\vdots\\k\boldsymbol{v}_n\end{pmatrix}$$

向量转置 将 n 行 1 列的列向量变成 1 行 n 列的行向量，即

$$\boldsymbol{v}^{\mathrm{T}}=\begin{pmatrix}\boldsymbol{v}_1\\\boldsymbol{v}_2\\\vdots\\\boldsymbol{v}_n\end{pmatrix}^{\mathrm{T}}=(\boldsymbol{v}_1,\boldsymbol{v}_2,\cdots,\boldsymbol{v}_n)$$

1.4.2 矩阵

定义 m 行 n 列的标量组成的矩阵 $\boldsymbol{A}$ 为

$$\boldsymbol{A}=\begin{pmatrix}\boldsymbol{A}_{1,1} & \boldsymbol{A}_{1,2} & \cdots & \boldsymbol{A}_{1,n}\\\boldsymbol{A}_{2,1} & \boldsymbol{A}_{2,2} & \cdots & \boldsymbol{A}_{2,n}\\\vdots & \vdots & & \vdots\\\boldsymbol{A}_{m,1} & \boldsymbol{A}_{m,2} & \cdots & \boldsymbol{A}_{m,n}\end{pmatrix}$$

其中，$\boldsymbol{A}_{i,j}$ 为矩阵第 i 行、第 j 列的元素。矩阵通常用粗体、大写字母表示，用 $m\times n$ 来定义矩阵 $\boldsymbol{A}$ 的形状，数学表示为 $\boldsymbol{A}\in\mathbb{R}^{m\times n}$。为了区分，有时会将矩阵每一行的元素用“,”隔开，例如

$$\boldsymbol{A}=\begin{pmatrix}\boldsymbol{A}_{1,1}, & \boldsymbol{A}_{1,2}, & \cdots & \boldsymbol{A}_{1,n}\\\boldsymbol{A}_{2,1}, & \boldsymbol{A}_{2,2}, & \cdots & \boldsymbol{A}_{2,n}\\\vdots & \vdots & & \vdots\\\boldsymbol{A}_{m,1}, & \boldsymbol{A}_{m,2}, & \cdots & \boldsymbol{A}_{m,n}\end{pmatrix}$$

如果 $m=n$，称矩阵 $\boldsymbol{A}$ 为方阵或 n 阶矩阵。

下面介绍矩阵的基本运算：

矩阵加法 两个形状相同的矩阵相加，就是它们对应位置的元素相加，即

$$\boldsymbol{A}+\boldsymbol{B}=\begin{pmatrix}\boldsymbol{A}_{1,1}+\boldsymbol{B}_{1,1} & \boldsymbol{A}_{1,2}+\boldsymbol{B}_{1,2} & \cdots & \boldsymbol{A}_{1,n}+\boldsymbol{B}_{1,n}\\ \boldsymbol{A}_{2,1}+\boldsymbol{B}_{2,1} & \boldsymbol{A}_{2,2}+\boldsymbol{B}_{2,2} & \cdots & \boldsymbol{A}_{2,n}+\boldsymbol{B}_{2,n}\\ \vdots & \vdots & & \vdots\\ \boldsymbol{A}_{m,1}+\boldsymbol{B}_{m,1} & \boldsymbol{A}_{m,2}+\boldsymbol{B}_{m,2} & \cdots & \boldsymbol{A}_{m,n}+\boldsymbol{B}_{m,n}\end{pmatrix}$$

矩阵减法　与矩阵加法类似，要求两个矩阵形状相同，逐元素进行减法运算，即

$$\boldsymbol{A}-\boldsymbol{B}=\begin{pmatrix}\boldsymbol{A}_{1,1}-\boldsymbol{B}_{1,1} & \boldsymbol{A}_{1,2}-\boldsymbol{B}_{1,2} & \cdots & \boldsymbol{A}_{1,n}-\boldsymbol{B}_{1,n}\\ \boldsymbol{A}_{2,1}-\boldsymbol{B}_{2,1} & \boldsymbol{A}_{2,2}-\boldsymbol{B}_{2,2} & \cdots & \boldsymbol{A}_{2,n}-\boldsymbol{B}_{2,n}\\ \vdots & \vdots & & \vdots\\ \boldsymbol{A}_{m,1}-\boldsymbol{B}_{m,1} & \boldsymbol{A}_{m,2}-\boldsymbol{B}_{m,2} & \cdots & \boldsymbol{A}_{m,n}-\boldsymbol{B}_{m,n}\end{pmatrix}$$

矩阵数乘　实数与矩阵相乘，就是实数与矩阵中每个元素相乘，即

$$k\boldsymbol{A}=\begin{pmatrix}k\boldsymbol{A}_{1,1} & k\boldsymbol{A}_{1,2} & \cdots & k\boldsymbol{A}_{1,n}\\ k\boldsymbol{A}_{2,1} & k\boldsymbol{A}_{2,2} & \cdots & k\boldsymbol{A}_{2,n}\\ \vdots & \vdots & & \vdots\\ k\boldsymbol{A}_{m,1} & k\boldsymbol{A}_{m,2} & \cdots & k\boldsymbol{A}_{m,n}\end{pmatrix}$$

向量矩阵相乘　假设 $\boldsymbol{A}$ 为 $m\times n$ 矩阵，$\boldsymbol{v}$ 为 n 维列向量，$\boldsymbol{u}$ 为 m 维行向量。那么称 m 维列向量 $\boldsymbol{c}$ 为矩阵 $\boldsymbol{A}$ 与列向量 $\boldsymbol{v}$ 的乘积，记作 $\boldsymbol{c}=\boldsymbol{A}\boldsymbol{v}$，为 $\boldsymbol{A}$ 左乘向量 $\boldsymbol{v}$；称 n 维行向量 $\boldsymbol{d}$ 为矩阵 $\boldsymbol{A}$ 与行向量 $\boldsymbol{u}$ 的乘积，记作 $\boldsymbol{d}=\boldsymbol{u}\boldsymbol{A}$，为 $\boldsymbol{A}$ 右乘向量 $\boldsymbol{u}$。例如，给定

$$\boldsymbol{A}=\begin{pmatrix}\boldsymbol{A}_{1,1} & \boldsymbol{A}_{1,2} & \boldsymbol{A}_{1,3}\\ \boldsymbol{A}_{2,1} & \boldsymbol{A}_{2,2} & \boldsymbol{A}_{2,3}\end{pmatrix},\ \boldsymbol{v}=\begin{pmatrix}\boldsymbol{v}_1\\ \boldsymbol{v}_2\\ \boldsymbol{v}_3\end{pmatrix},\ \boldsymbol{u}=(\boldsymbol{u}_1,\boldsymbol{u}_2)$$

则有

$$\boldsymbol{c}=\boldsymbol{A}\boldsymbol{v}=\begin{pmatrix}\boldsymbol{A}_{1,1}\boldsymbol{v}_1+\boldsymbol{A}_{1,2}\boldsymbol{v}_2+\boldsymbol{A}_{1,3}\boldsymbol{v}_3\\ \boldsymbol{A}_{2,1}\boldsymbol{v}_1+\boldsymbol{A}_{2,2}\boldsymbol{v}_2+\boldsymbol{A}_{2,3}\boldsymbol{v}_3\end{pmatrix}$$

$$\boldsymbol{d}=\boldsymbol{u}\boldsymbol{A}=(\boldsymbol{A}_{1,1}\boldsymbol{u}_1+\boldsymbol{A}_{2,1}\boldsymbol{u}_2,\boldsymbol{A}_{1,2}\boldsymbol{u}_1+\boldsymbol{A}_{2,2}\boldsymbol{u}_2,\boldsymbol{A}_{1,3}\boldsymbol{u}_1+\boldsymbol{A}_{2,3}\boldsymbol{u}_2)$$

矩阵乘法　矩阵乘法要求乘号左边矩阵的列数与右边矩阵的行数相等，得到的新矩阵的行数与左边矩阵相同，列数与右边矩阵相同，即矩阵 $\boldsymbol{A}\in\mathbb{R}^{m\times n}$ 与矩阵 $\boldsymbol{B}\in\mathbb{R}^{n\times p}$ 相乘，得到的新矩阵 $\boldsymbol{C}=\boldsymbol{A}\boldsymbol{B}\in\mathbb{R}^{m\times p}$。新矩阵的每个元素 $\boldsymbol{C}_{i,j}$ 是左边矩阵第 i 行元素与右边矩阵第 j 列元素的对应乘积之和。例如，给定

$$\boldsymbol{A}=\begin{pmatrix}\boldsymbol{A}_{1,1} & \boldsymbol{A}_{1,2} & \boldsymbol{A}_{1,3}\\ \boldsymbol{A}_{2,1} & \boldsymbol{A}_{2,2} & \boldsymbol{A}_{2,3}\end{pmatrix},\ \boldsymbol{B}=\begin{pmatrix}\boldsymbol{B}_{1,1} & \boldsymbol{B}_{1,2}\\ \boldsymbol{B}_{2,1} & \boldsymbol{B}_{2,2}\\ \boldsymbol{B}_{3,1} & \boldsymbol{B}_{3,2}\end{pmatrix}$$

则有

$$\boldsymbol{C}=\boldsymbol{A}\boldsymbol{B}=\begin{pmatrix}\boldsymbol{A}_{1,1}\boldsymbol{B}_{1,1}+\boldsymbol{A}_{1,2}\boldsymbol{B}_{2,1}+\boldsymbol{A}_{1,3}\boldsymbol{B}_{3,1} & \boldsymbol{A}_{1,1}\boldsymbol{B}_{1,2}+\boldsymbol{A}_{1,2}\boldsymbol{B}_{2,2}+\boldsymbol{A}_{1,3}\boldsymbol{B}_{3,2}\\ \boldsymbol{A}_{2,1}\boldsymbol{B}_{1,1}+\boldsymbol{A}_{2,2}\boldsymbol{B}_{2,1}+\boldsymbol{A}_{2,3}\boldsymbol{B}_{3,1} & \boldsymbol{A}_{2,1}\boldsymbol{B}_{1,2}+\boldsymbol{A}_{2,2}\boldsymbol{B}_{2,2}+\boldsymbol{A}_{2,3}\boldsymbol{B}_{3,2}\end{pmatrix}$$

矩阵幂　若矩阵 $\boldsymbol{A}$ 为方阵，则 $\boldsymbol{A}^k$ 为矩阵 $\boldsymbol{A}$ 的 k 次幂，即 $\boldsymbol{A}^k=\underbrace{\boldsymbol{A}\boldsymbol{A}\cdots\boldsymbol{A}}_{k个}$，并且满足性质 $\boldsymbol{A}^{k+l}=\boldsymbol{A}^k\boldsymbol{A}^l$，$(\boldsymbol{A}^k)^l=\boldsymbol{A}^{kl}$。

矩阵转置 将矩阵 $\boldsymbol{A}$ 的行列互换，得到的新矩阵称为矩阵 $\boldsymbol{A}$ 的转置矩阵，记作 $\boldsymbol{A}^{\mathrm{T}}$。例如：

$$\boldsymbol{A}=\begin{pmatrix}\boldsymbol{A}_{1,1} & \boldsymbol{A}_{1,2} & \boldsymbol{A}_{1,3}\\ \boldsymbol{A}_{2,1} & \boldsymbol{A}_{2,2} & \boldsymbol{A}_{2,3}\end{pmatrix},\ \boldsymbol{A}^{\mathrm{T}}=\begin{pmatrix}\boldsymbol{A}_{1,1} & \boldsymbol{A}_{2,1}\\ \boldsymbol{A}_{1,2} & \boldsymbol{A}_{2,2}\\ \boldsymbol{A}_{1,3} & \boldsymbol{A}_{2,3}\end{pmatrix}$$

矩阵转置有如下性质：

$$(\boldsymbol{A}^{\mathrm{T}})^{\mathrm{T}}=\boldsymbol{A},\ (\boldsymbol{A}+\boldsymbol{B})^{\mathrm{T}}=\boldsymbol{A}^{\mathrm{T}}+\boldsymbol{B}^{\mathrm{T}},(\boldsymbol{A}\boldsymbol{B})^{\mathrm{T}}=\boldsymbol{B}^{\mathrm{T}}\boldsymbol{A}^{\mathrm{T}}$$

逆矩阵 若矩阵 $\boldsymbol{A}$ 是 n 阶方阵，且存在另一个 n 阶方阵 $\boldsymbol{B}$，使得 $\boldsymbol{AB}=\boldsymbol{I}$，$\boldsymbol{BA}=\boldsymbol{I}$，其中 $\boldsymbol{I}$ 是 $n\times n$ 的单位矩阵（即对角线元素为 1，其余位置元素为 0 的矩阵），则称 $\boldsymbol{B}$ 是 $\boldsymbol{A}$ 的逆矩阵，记为 $\boldsymbol{A}^{-1}$。

对称矩阵 若矩 $\boldsymbol{A}$ 满足 $\boldsymbol{A}=\boldsymbol{A}^{\mathrm{T}}$，则称 $\boldsymbol{A}$ 为对称矩阵。例如下述矩阵是一个对称矩阵：

$$\boldsymbol{A}=\begin{pmatrix}1 & 3 & 2 & 6\\ 3 & 5 & 8 & 7\\ 2 & 8 & 9 & 4\\ 6 & 7 & 4 & 0\end{pmatrix}$$

正交矩阵 若 $\boldsymbol{A}$ 是 n 阶实对称矩阵（即元素为实数的对称矩阵）且满足 $\boldsymbol{AA}^{\mathrm{T}}=\boldsymbol{I}$，$\boldsymbol{A}^{\mathrm{T}}\boldsymbol{A}=\boldsymbol{I}$，则称 $\boldsymbol{A}$ 为正交矩阵。

1.4.3 梯度

对于多元函数 $y=f(\boldsymbol{x}_1,\boldsymbol{x}_2,\cdots,\boldsymbol{x}_n)$，对其自变量的所有分量分别求偏导数，并把求得的偏导数写为（列）向量形式，称作该多元函数 y 的**梯度**，记作 ∇y。具体而言，将多元函数 y 的自变量写成 n 维列向量形式 $\boldsymbol{x}=(\boldsymbol{x}_1,\boldsymbol{x}_2,\cdots,\boldsymbol{x}_n)^{\mathrm{T}}$，则梯度 $\nabla y(\boldsymbol{x})$ 是一个包含 n 个偏导数的列向量：

$$\nabla y(\boldsymbol{x})=\left(\frac{\partial y(\boldsymbol{x})}{\partial \boldsymbol{x}_1},\frac{\partial y(\boldsymbol{x})}{\partial \boldsymbol{x}_2},\cdots,\frac{\partial y(\boldsymbol{x})}{\partial \boldsymbol{x}_n}\right)^{\mathrm{T}}$$

1.4.4 特征分解与奇异值分解

矩阵分解是将矩阵拆解为数个矩阵的乘积，最常见的有特征分解和奇异值分解等。

1.4.4.1 特征分解

特征分解（Eigendecomposition）是将一个方阵分解为特征向量和特征值的过程。假设矩阵 $\boldsymbol{A}$ 为 n 阶方阵，如果存在数 λ 和 n 维向量 $\boldsymbol{v}$ 满足如下关系：

$$\boldsymbol{A}\boldsymbol{v}=\lambda\boldsymbol{v},\boldsymbol{v}\neq\boldsymbol{0}$$

则称 λ 是 $\boldsymbol{A}$ 的特征值，$\boldsymbol{v}$ 是对应于 λ 的特征向量。若 $\boldsymbol{A}$ 有 n 个线性无关的特征向量 $\{\boldsymbol{v}_1,\boldsymbol{v}_2,\cdots,\boldsymbol{v}_n\}$，对应的特征值为 $\{\lambda_1,\lambda_2,\cdots,\lambda_n\}$，将特征向量组成矩阵 $\boldsymbol{V}=(\boldsymbol{v}_1,\boldsymbol{v}_2,\cdots,\boldsymbol{v}_n)$，特征值组成对角矩阵 $\boldsymbol{L}$，则称下式为 $\boldsymbol{A}$ 的特征分解：

$$\boldsymbol{A}=\boldsymbol{VLV}^{-1}$$

若 $\boldsymbol{A}$ 是实对称矩阵，则 $\boldsymbol{A}$ 的特征分解一定存在，且不同特征值对应的特征向量正交，即 $\boldsymbol{V}$ 是一个正交矩阵。

1.4.4.2　奇异值分解

奇异值分解（Singular Value Decomposition，SVD）与特征分解最大不同之处在于，它并不要求矩阵 $\boldsymbol{A}$ 为方阵。假设矩阵 $\boldsymbol{A}$ 是一个 $m\times n$ 的矩阵，则 SVD 分解为

$$\boldsymbol{A}=\boldsymbol{UEV}^{\mathrm{T}}$$

其中，$\boldsymbol{U}$ 是 $m\times m$ 的正交矩阵，$\boldsymbol{V}$ 是 $n\times n$ 的正交矩阵，$\boldsymbol{E}$ 是 $m\times n$ 的对角矩阵，其主对角线上的每个元素 σ_i 称为奇异值，其余元素均为零。SVD 分解与特征分解的关系为若 $\boldsymbol{A}$ 的 SVD 分解为 $\boldsymbol{A}=\boldsymbol{UEV}^{\mathrm{T}}$，则 $\boldsymbol{A}^{\mathrm{T}}\boldsymbol{A}=\boldsymbol{VLV}^{-1}$ 为 $\boldsymbol{A}^{\mathrm{T}}\boldsymbol{A}$ 的特征分解，$\boldsymbol{AA}^{\mathrm{T}}=\boldsymbol{ULU}^{-1}$ 为 $\boldsymbol{AA}^{\mathrm{T}}$ 的特征分解，其中 $\boldsymbol{L}$ 的对角元素 $\lambda_i=\sigma_i^2$。

1.5　概率统计基础

概率统计在机器学习和深度学习领域都有广泛应用，是学习这两个学科的基础。

1.5.1　随机变量

随机变量是可以随机取不同值的变量，它可以是离散或者连续的。离散随机变量具有有限个状态，这些状态不一定是整数，可以只是一些被命名的状态而没有数值。连续随机变量伴随着实数值。随机变量通常用大写字母表示，使用小写字母表示随机变量能够取到的值，例如，x_1 和 x_2 都是随机变量 X 可能的取值，向量值变量的可能取值记为 $\boldsymbol{x}$。

1.5.2　概率分布

概率分布用来描述随机变量在每一个可能状态的可能性大小。狭义地讲，它是指“随机变量的概率分布函数”。连续型和离散型随机变量的概率分布描述方式是不同的。

1.5.2.1　离散型随机变量的概率质量函数

离散型变量的概率分布可以用**概率质量函数**来描述。通常用大写字母 P 来表示概率质量函数，用 $X\sim P(X)$ 表示随机变量 X 遵循的分布，随机变量 X 取值 x 的概率表示为 $P(X=x)$，通常简记为 $P(x)$。

如果一个函数 P 是随机变量 X 的概率质量函数，必须满足以下三个条件：（1）P 的定义域必须是 X 所有可能状态的集合；（2）$\forall x$，$0\leqslant P(x)\leqslant 1$，而且不可能发生的事件的概率为 0，一定发生的事件的概率为 1；（3）具有归一化性质，即 $\sum\limits_{x\in X}P(x)=1$。

常见的离散概率分布族有伯努利分布、二项分布、泊松分布、离散均匀分布等。以离散均匀分布为例，其定义为对于随机变量 X，共有 k 个可能状态，它的概率质量函数为 $P(X=x_i)=\dfrac{1}{k}$，同时 $\sum\limits_{i=1}^{k}P(X=x_i)=\sum\limits_{i=1}^{k}\dfrac{1}{k}=\dfrac{k}{k}=1$。

1.5.2.2　连续型随机变量的概率密度函数

连续型随机变量的概率分布可以用**概率密度函数**来描述。通常用小写字母 p 表示随机变量 X 的概率密度函数，用 $X\sim p(X)$ 表示随机变量 X 遵循的分布。其必须满足以下条件：（1）p 的定义域必须是 X 所有可能状态的集合；（2）$\forall x$，$p(x)\geqslant 0$；（3）$\int p(x)\mathrm{d}x=1$。

常见的连续概率分布族有均匀分布、正态分布、伽马分布、指数分布等。以正态分布为例，如果连续型随机变量的概率密度函数为

$$f(x)=\frac{1}{\sigma\sqrt{2\pi}}\mathrm{e}^{\left(-\frac{1}{2}\left(\frac{x-\mu}{\sigma}\right)^2\right)}$$

其中，e 是自然底数，μ 和 $\sigma(\sigma>0)$ 是常数，则称 X 服从参数为 μ 和 σ 的正态分布或者高斯分布，记为 $X\sim N(\mu,\sigma^2)$。

1.5.2.3 联合概率分布

概率分布可以同时作用于多个随机变量，这种多个变量的概率分布称为**联合概率分布**。例如，$P(X=x,Y=y)$ 表示 $X=x$ 和 $Y=y$ 同时发生的概率，离散与连续情形分别简写为 $P(x,y)$ 和 $p(x,y)$。

1.5.2.4 边缘概率分布

类似联合概率分布，可以使用**边缘概率分布**表示仅与单个随机变量有关的概率。对离散随机变量 X 和 Y，已知联合概率 $P(x,y)$，可以依据下面的求和法则计算边缘概率质量函数：

$$P(X=x)=\sum_y P(X=x,Y=y),\ \forall x$$

连续随机变量的边缘概率密度函数则用积分代替求和：$p(x)=\int p(x,y)\mathrm{d}y$。

1.5.3 期望与方差

在概率分布中，期望和方差（或标准差）是一个分布的重要特征。

1.5.3.1 期望

在概率论和统计学中，**期望**又称数学期望、均值，反映随机变量平均取值的大小。

(1) 如果 X 是离散型随机变量，输出值为 $x_1,x_2,\cdots,x_{n-2},x_{n-1},\cdots$，与输出值对应的概率分别为 $p_1,p_2,\cdots,p_{n-2},p_{n-1},\cdots$（概率和为 1）。若级数 $\sum_i p_i x_i$ 绝对收敛，那么期望值 $E(X)$ 是一个无限数列的和，即 $E(X)=\sum_i p_i x_i$。

(2) 如果 X 是连续型随机变量，且存在一个相应的概率密度函数 $f(x)$，若积分 $\int_{-\infty}^{\infty} xf(x)\mathrm{d}x$ 绝对收敛，那么 X 的期望值定义为 $E(X)=\int_{-\infty}^{\infty} xf(x)\mathrm{d}x$。

1.5.3.2 方差

在概率论和统计学中，**方差**又称变异数、变方，描述的是一个随机变量的离散程度，即该变量与其期望值的距离，是随机变量与其总体均值或样本均值差的平方的期望值。方差的平方根称为该随机变量的**标准差**。

方差常用的符号表示有 σ^2、$\mathrm{Var}(X)$ 以及 $\mathbb{V}(X)$。数学定义如下：设 X 为服从分布 F 的随机变量，令 μ 表示随机变量 X 的期望值 $E(X)$，则随机变量 X 的方差定义为

$$V(X)=E[(X-\mu)^2]=E[(X-E(X))^2]$$

方差的表达式可以展开如下：

$$\begin{aligned}V(X)&=E[(X-E(X))^2]=E[X^2-2XE(X)+E(X)^2]\\&=E(X^2)-2E(X)E(X)+E(X)^2=E(X^2)-E(X)^2\end{aligned}$$

也就是说，X 的方差等于 X 平方的均值减去 X 均值的平方。

1.5.4　条件概率与贝叶斯法则

本节将介绍条件概率，给出关于条件概率常用的贝叶斯公式。

1.5.4.1　条件概率定义

设 A 与 B 为样本空间 Ω 中的两个事件，其中 $P(B)>0$。那么在事件 B 发生的条件下，事件 A 发生的**条件概率**，记为 $P(A|B)$，具体定义如下：

$$P(A|B)=\frac{P(A\cap B)}{P(B)}$$

其中，$P(A\cap B)$ 表示事件 A 和 B 同时发生的概率。下面给出离散型随机变量的条件概率。将给定 $X=x$ 时，$Y=y$ 发生的条件概率记为 $P(Y=y|X=x)$，计算公式如下：

$$P(Y=y|X=x)=\frac{P(Y=y,X=x)}{P(X=x)}$$

条件概率只在 $P(X=x)>0$ 时有定义，即不能计算以从未发生的事件为条件的条件概率。类似地，连续型随机变量的条件概率密度函数定义为 $p(y|x)=\frac{p(x,y)}{p(x)}$。

1.5.4.2　条件概率实用计算公式——贝叶斯法则

假设 A 与 B 为随机事件，且 $P(B)$ 不为零。事件 A 在 B 已发生的条件下发生的概率，与 B 在 A 已发生的条件下发生的概率有确定的关系，具体表示为如下关系（常被称为**贝叶斯法则、公式**）：

$$P(A|B)=\frac{P(A)P(B|A)}{P(B)}$$

其中，$P(A|B)$ 称为事件 A 的**后验概率**，实际上是已知 B 发生后 A 的条件概率。$P(A)$ 称为 A 的**先验概率**（或**边缘概率**），其不考虑任何有关 B 的因素。$P(B|A)$ 是 A 发生后 B 的条件概率，称为“**似然**”或“**似然率**”。

作为一个普遍性原理，贝叶斯公式对于所有概率都是有效的。贝叶斯公式的一个用途是通过已知的三个概率推出第四个概率。对连续随机变量，可将概率质量函数 $P(\cdot)$ 替换成概率密度函数 $p(\cdot)$。

1.5.5　极大似然估计

估计条件概率的一种常用策略是先假定数据具有某种特定的概率分布，再基于样本对概率分布的参数进行估计。例如，对于分类任务，记样本 $\boldsymbol{x}$ 关于类别 c 的条件概率为 $P(\boldsymbol{x}|\mathrm{c})$，设 $P(\boldsymbol{x}|\mathrm{c})$ 具有确定的分布并且被参数 θ_c 唯一决定，则参数估计任务是指利用训练数据集 D 估计参数 θ_c。为明确起见，将 $P(\boldsymbol{x}|\mathrm{c})$ 记为 $P(\boldsymbol{x}|\theta_c)$。本节介绍根据数据采样来估计概率分布参数的经典方法——极大似然估计。

令 D_c 表示训练集 D 中第 c 类样本组成的集合，假设这些样本是独立同分布的，则参数 θ_c 对于数据集 D_c 的似然为 $P(D_c|\theta_c)=\prod_{\boldsymbol{x}\in D_c}P(\boldsymbol{x}|\theta_c)$。对 θ_c 进行极大似然估计，就是去寻找能最大化似然 $P(D_c|\theta_c)$ 的参数值 θ_c。直观上看，极大似然估计是试图在 θ_c 所有可能的取值

中，找到一个能使数据出现的“可能性”最大的值。为避免连乘操作造成下溢问题，通常使用**对数似然函数**：

$$L(\theta_c)=\log P(D_c\mid\theta_c)=\sum_{x\in D_c}\log P(\boldsymbol{x}\mid\theta_c)$$

此时参数 θ_c 的极大似然估计 $\hat{\theta}_c$ 为

$$\hat{\theta}_c=\underset{\theta_c}{\operatorname{argmax}}L(\theta_c)$$

这样，极大似然估计问题就归结为求极大值的问题了。

本章小结

本章主要介绍近年来深度学习的代表性应用，包括 ChatGPT、Sora 以及登上 *Nature* 头条的古卷轴破译，然后介绍机器学习的基本概念及应用流程，最后介绍深度学习中常用的微积分、线性代数、概率论等基础知识。

作为本书第 1 章，本章旨在为读者提供基础性知识并激发读者学习深度学习的热情。深度学习在近年来飞速发展，各种颠覆性的应用层出不穷，不管是对于深度学习使用者还是从业者，都可以在深度学习浪潮中找到属于自己的浪花，并有希望成为时代的弄潮儿。

思考题与习题

1. 请思考深度学习在哪些领域还存在一些有代表性的应用实例。

2. 考虑一个多元函数 $y=3u_1^5+u_1u_2+2u_2^2$，其中 $u_1=-x_1^2+5x_1x_2+x_2^2$，$u_2=4x_1^2-4x_1x_2-3x_2^2$，请分别计算$\frac{\partial y}{\partial x_1}$和$\frac{\partial y}{\partial x_2}$。

3. 使用 MATLAB 或 Python 对方阵 $\boldsymbol{A}=\begin{pmatrix}3&2\\2&5\end{pmatrix}$进行特征分解，对矩阵 $\boldsymbol{A}=\begin{pmatrix}1&2&1\\4&2&3\end{pmatrix}$进行 SVD 分解，验证是否满足第 1.4.4 节介绍的若干性质。

4. 二项分布、泊松分布、伽马分布、指数分布等常见概率分布的期望与方差表达式是什么？

参考文献

［1］HO J，JAIN A，ABBEEL P．Denoising diffusion probabilistic models［C］．Advances in Neural Information Processing Systems（NeurIPS），2020.

［2］LONG X，GUO Y C，LIN C，et al．Wonder3d：Single image to 3d using cross-domain diffusion［J］．ArXiv：2310．15008，2023.

［3］SILVER D，HUANG A，MADDISON C，et al．Mastering the game of Go with deep neural networks and tree search［J］．Nature，2016，529：484-489.

第 2 章　全连接网络

导　读

本章以全连接网络为例介绍深度学习的基础知识，首先介绍神经网络的基本结构，然后介绍 ReLU、GeLU 等常用的激活函数和均方误差、交叉熵损失等常用的损失函数，以及反向传播的数学原理和基于计算图的实现。最后，以求解异或问题为例展示如何设计并训练一个全连接神经网络。

本章知识点

- 全连接网络的基本结构
- 常用的激活函数和损失函数
- 反向传播的原理与计算图实现
- 设计并训练一个神经网络求解异或问题

2.1　网络结构

全连接网络，也称为多层感知机，由多层神经元组成。每一层都与上一层相连接，接收相应的输入；同时，每一层也与下一层相连接，将该层的输出传递给下一层。如图 2-1 所示，典型的全连接网络包含输入层、隐藏层、输出层。输入层接收原始输入数据，并将其传递给下一层。隐藏层位于输入层和输出层之间，是网络的核心组成部分。每个隐藏层由多个

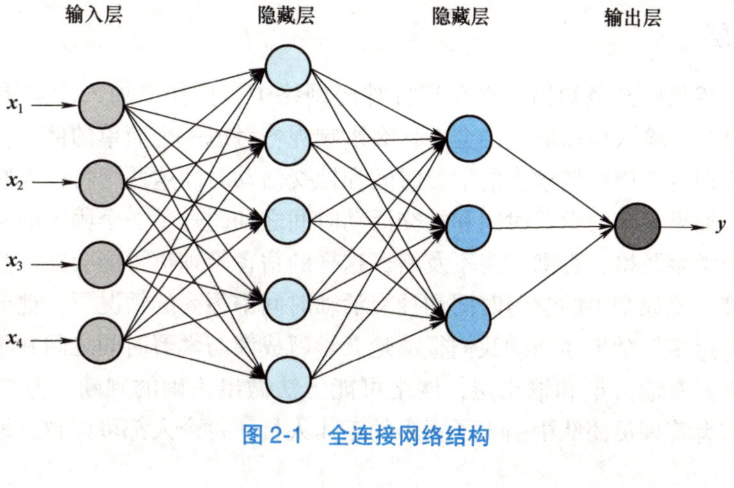

图 2-1　全连接网络结构

神经元组成，每个神经元接收上一层的信息作为输入，并通过加权求和与激活函数产生输出。输出层接收最后一个隐藏层的信息，并产生最终的网络输出。输出层的神经元数量通常取决于任务的类型，例如对于分类任务，输出层神经元数量通常为类别数。

2.1.1 生物神经结构

在讨论人工神经网络之前，让我们先快速看一看生物神经元。生物神经元是动物神经系统的结构和功能单元，据统计，人脑中含有 1400 亿个神经元，每个神经元与约 $10^3 \sim 10^5$ 个其他神经元连接，这构成了庞大又复杂的网络，即生物神经网络。如图 2-2 所示，每个生物神经元由细胞体和多个延伸分支组成，后者又分为树突和轴突。轴突的长度可能比细胞体长几倍，或者长几万倍，轴突在其末端分裂成许多分支，这些分支的顶端是称为突触的微小结构，与其他神经元的树突或细胞体相连。

当生物神经元接收到刺激时，产生电信号并将其沿着轴突传导至突触。在突触处，神经元释放化学物质，这些化学物质影响相邻神经元的电位，从而改变它们的状态。如果某个神经元的电位超过了一个特定的阈值，那么它就会被激活，并向其他神经元发送化学物质，进一步传递信息。基于生物神经元的这种工作原理，Frank Rosenblatt 于 1958 年提出了如图 2-3 所示的人工神经元模型。在该模型中，人工神经元具有一个或多个输入，模拟了生物神经元接收来自其他神经元的信号。这些输入被加权求和，模拟了细胞体对神经信号的积累。然后，对加权和进行激活函数计算，模拟了细胞体的兴奋或抑制过程。最后，输出活性值传递到下一个人工神经元，模拟了生物神经元通过轴突将信号传递给其他神经元的过程。基于这种人工神经元模型的多层神经网络能够模拟和学习复杂的非线性关系，成为人工智能领域的重要基础，也成了全连接网络的基本组成单元。

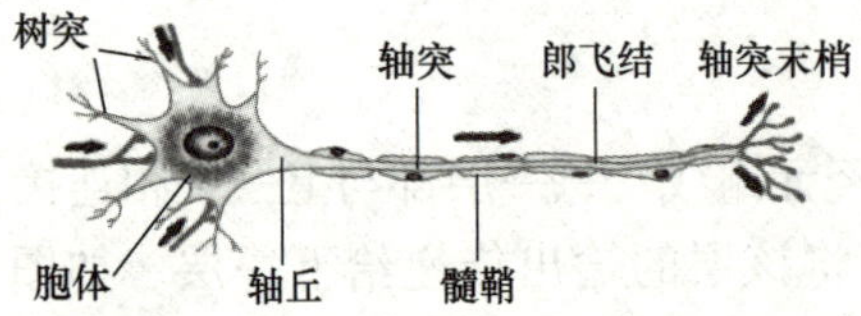

图 2-2 生物神经元结构

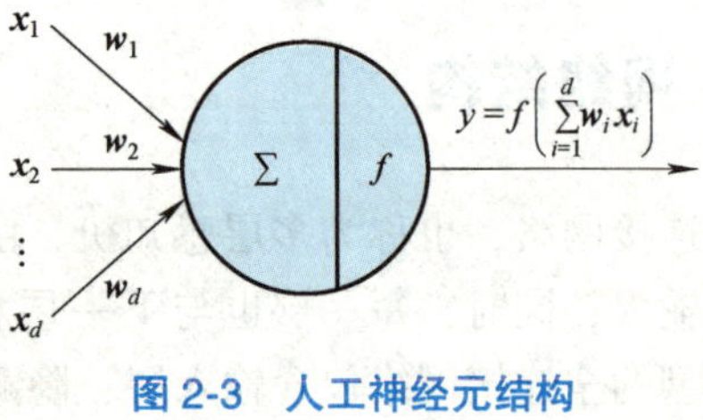

图 2-3 人工神经元结构

2.1.2 隐藏层

从前面的介绍我们已经知道，在全连接神经网络中，往往要加入隐藏层来增强网络的表达能力。如果只有输入层和输出层会有什么影响呢？考虑一个简单的例子：假设有一个学生宿舍，宿舍管理员希望根据学生的学习时间和社交活动时间这两个特征来判断该学生学习成绩是否及格。如果学生的学习时间和社交活动时间之和超过了一个固定的阈值，那么宿舍管理员认为这个学生及格，否则认为不及格。这样的宿舍管理员可能会在一些简单的情况下做出正确的决策，比如学生的学习时间和社交活动时间都很高的情况下，他会判断这个学生及格。但是，有过多年学生经历的我们很清楚，学习成绩与学习时间之间并不是简单的正比关系。这时如果只有输入层和输出层，网络可能无法做出正确的判断。但如果引入了隐藏层，就像是在宿舍管理员团队中引入了更多的工作人员，每个人都可以独立地观察学生的不同特征并做出自己的判断，然后通过多人共同协作来做出更加准确的决策。这样，即使面对复杂的情况，也能够做出正确的判断。

如图 2-1 所示的全连接神经网络包含 4 个输入神经元和 1 个输出神经元，并且包含两个隐藏层。第一个隐藏层包含 5 个神经元，第二个隐藏层包含 3 个神经元。在该网络中，输入层不涉及任何计算。因此这是一个 3 层的全连接网络，只需实现隐藏层与输出层的计算即可。将向量 $\boldsymbol{x}\in\mathbb{R}^{d_0}$ 作为输入向量，记第一个隐藏层的输出为 $\boldsymbol{h}_1\in\mathbb{R}^{d_1}$，则有

$$\boldsymbol{h}_1=\sigma(\boldsymbol{W}_1\boldsymbol{x}+\boldsymbol{b}_1)$$

其中，$\boldsymbol{W}_1\in\mathbb{R}^{d_1\times d_0}$ 为输入层和第一隐藏层的**权重**，$\boldsymbol{b}_1\in\mathbb{R}^{d_1}$ 为第一隐藏层的**偏置**，$\sigma(\cdot)$ 为**激活函数**。同样地，记第二个隐藏层的输出为 $\boldsymbol{h}_2\in\mathbb{R}^{d_2}$，则有

$$\boldsymbol{h}_2=\sigma(\boldsymbol{W}_2\boldsymbol{h}_1+\boldsymbol{b}_2)$$

其中，$\boldsymbol{W}_2\in\mathbb{R}^{d_2\times d_1}$ 为第一隐藏层和第二隐藏层的权重，$\boldsymbol{b}_2\in\mathbb{R}^{d_2}$ 为第二隐藏层的偏置。记输出为 $\boldsymbol{y}\in\mathbb{R}^{q}$，则有

$$\boldsymbol{y}=\sigma(\boldsymbol{W}_y\boldsymbol{h}_2+\boldsymbol{b}_y)$$

其中，$\boldsymbol{W}_y\in\mathbb{R}^{q\times d_2}$ 为第二隐藏层和输出层的权重，$\boldsymbol{b}_y\in\mathbb{R}^{q}$ 为输出层的偏置。通过上面的分析就得到了全连接网络的前向计算公式，对于一个 L 层的全连接网络，记 $\boldsymbol{h}_0=\boldsymbol{x}$，其每个隐藏层和输出层的输出可以表示为

$$\boldsymbol{h}_k=\sigma(\boldsymbol{W}_k\boldsymbol{h}_{k-1}+\boldsymbol{b}_k),k=1,2,\cdots,L-1,$$
$$\boldsymbol{y}=\sigma(\boldsymbol{W}_L\boldsymbol{h}_{L-1}+\boldsymbol{b}_L)$$

虽然多个隐藏层可以实现对输入特征的多层次抽象，从而更好地处理数据，那么是不是隐藏层越多越好呢？目前普遍认为并不是这样的，增加隐藏层的数量理论上可以提高特征提取的效果，但会引发两个问题：首先，随着隐藏层数的增加，网络参数也会呈爆炸式增长，增加了训练的计算成本；其次，类似于边际效用递减规律，当隐藏层数量达到一定程度后，再继续增加隐藏层可能导致应用效果的提升越来越不明显，甚至可能引入过拟合问题。因此，在设计神经网络时，需要权衡隐藏层数量与训练难度，并防止过拟合。

2.2　激活函数

激活函数是在神经元输入与输出之间的一种函数变换。引入激活函数的目的是加入非线性因素，增强模型的表达能力。如果不使用激活函数，每个神经元的输出是输入的线性函数，那么对于图 2-1 中例子，

$$\boldsymbol{h}_1=\boldsymbol{W}_1\boldsymbol{x}+\boldsymbol{b}_1$$
$$\boldsymbol{h}_2=\boldsymbol{W}_2\boldsymbol{h}_1+\boldsymbol{b}_2=\boldsymbol{W}_2\boldsymbol{W}_1\boldsymbol{x}+\boldsymbol{W}_2\boldsymbol{b}_1+\boldsymbol{b}_2$$
$$\boldsymbol{y}=\boldsymbol{W}_y\boldsymbol{h}_2+\boldsymbol{b}_y=\boldsymbol{W}_y\boldsymbol{W}_2\boldsymbol{W}_1\boldsymbol{x}+\boldsymbol{W}_y\boldsymbol{W}_2\boldsymbol{b}_1+\boldsymbol{W}_y\boldsymbol{b}_2+\boldsymbol{b}_y$$

神经网络的输出 $\boldsymbol{y}$ 是输入 $\boldsymbol{x}$ 的简单线性函数，等价于没有使用隐藏层的简单网络。激活函数需要具备以下几点性质：1）非线性。已有激活函数都是非线性的。2）连续并可导（允许在少数点上不可导）。如果激活函数可导，可以使用基于梯度的方法学习网络参数。3）激活函数及其导数需尽可能简单，以提高网络计算和训练的效率（作为例外，当前常用

的 GeLU 函数并不满足第三条性质）。激活函数是深度学习的基础，下面介绍一些常见的激活函数。

2.2.1 ReLU 函数

线性整流函数，又称修正线性单元（Rectified Linear Unit，ReLU），是最常用的一种激活函数。给定输入 x，ReLU 函数输出 x 和 0 之间的最大值：

$$\mathrm{ReLU}(x)=\max(x,0)$$

当输入 $x>0$ 时，ReLU 函数输出 x，否则输出 0。ReLU 是分段线性函数，函数图像如图 2-4 左图所示。

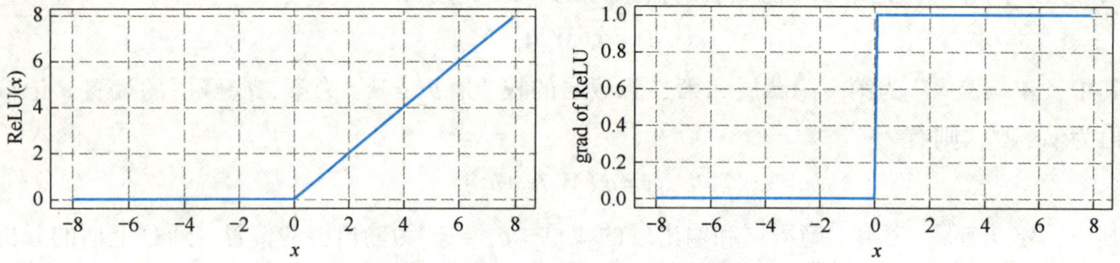

图 2-4　ReLU 函数图像（左图）及其导数图像（右图）

当输入为正数时，ReLU 函数的导数为 1；当输入为负数时，ReLU 函数的导数为 0。当输入等于 0 时，ReLU 函数不可导，此时默认使用左导数，即当输入为 0 时导数为 0。其导数的图像如图 2-4 右图所示。

ReLU 函数的特点是计算简单，计算速度快。但当输入为负数时，ReLU 函数的输出及导数都为零，神经元将不会更新权重，此时产生了 “dead neurons” 问题。为了解决 “dead neurons” 问题，可以使用 Leaky ReLU，定义为

$$\text{Leaky ReLU}(x)=\max(x,\alpha x)$$

其中，α 是小于 1 的正常数，例如 0.01。当输入 $x>0$ 时，Leaky ReLU 输出 x，其导数为 1；当 $x\leqslant 0$ 时，则输出 αx，其导数为 α，而不再是 0。

ReLU 的 PyTorch API 及简单使用范例如下所示。

```
API：torch.nn.ReLU(inplace=False)
示例：# 本节其余示例中将忽略下面两行导入语句
      import torch
      from torch import nn
      m = nn.ReLU()
      input = torch.randn(2)
      output = m(input)
```

2.2.2 SoftPlus 函数

SoftPlus 函数可以看作 ReLU 函数的平滑近似：

$$\mathrm{SoftPlus}(x)=\log(1+\exp(x))$$

其函数图像如图 2-5 左图所示。

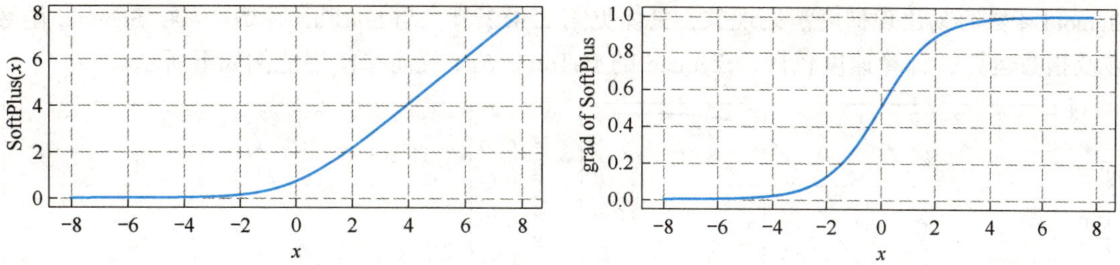

图 2-5　SoftPlus 函数图像（左图）及其导数图像（右图）

SoftPlus 函数处处可导，导数为

$$\frac{\partial}{\partial x}\mathrm{SoftPlus}(x)=\frac{\exp(x)}{1+\exp(x)}=\frac{1}{1+\exp(-x)}$$

其导数图像如图 2-5 右图所示。

当输入 x 是很大的正数时，SoftPlus(x)接近 x，其导数接近 1。当 x 是很小的负数时，SoftPlus(x)接近 0，其导数接近 0。当 x 等于 0 时，SoftPlus(x) = log2，其导数为$\frac{1}{2}$。与 ReLU 相比，SoftPlus 具有平滑性，但 SoftPlus 涉及指数运算，可能导致数值计算上的不稳定，实际效果可能不如 ReLU 函数。SoftPlus 的 PyTorch API 及简单使用范例如下所示。

```
API：torch.nn.Softplus(beta=1.0,threshold=20.0)
参数：beta：softplus 的广义实现 1/β log(1+exp(βx))中的 β，默认取 1；
     threshold：为了数值稳定性，当 βx≥threshold 时，Softplus 退化为线性函数。
示例：m = nn.Softplus()
     input = torch.randn(2)
     output = m(input)
```


2.2.3　Sigmoid 函数

Sigmoid 函数将范围（-inf,inf）中的任意输入变换为区间（0,1）中的某个值，因此 Sigmoid 函数也称为挤压函数（Squashing Function）：

$$\mathrm{Sigmoid}(x)=\frac{1}{1+\exp(-x)}$$

在早期的神经网络中，科学家使用阈值函数对生物神经元“激发”或者“不激发”进行建模：当输入高于某个阈值时取 1，低于阈值时取 0。基于激活函数连续可导的需求，Sigmoid 函数是 0-1 阈值函数的一个常用近似。Sigmoid 函数适用于将预测概率作为输出的模型，如二分类问题，这是因为概率的范围总是在 0 到 1 之间。Sigmoid 函数图像如图 2-6 左图所示。可以看到，当输入 x 接近 0 时，Sigmoid 函数接近线性变换。Sigmoid 函数的导数如下：

$$\frac{\mathrm{d}}{\mathrm{d}x}\mathrm{Sigmoid}(x)=\frac{\exp(-x)}{(1+\exp(-x))^2}=\mathrm{Sigmoid}(x)(1-\mathrm{Sigmoid}(x))$$

Sigmoid 函数的导数图像如图 2-6 右图所示。

如图 2-6 右图所示，当输入 x 为 0 时，Sigmoid 函数的导数取最大值 0.25。当 Sigmoid 函数的输出接近 1 或 0 时，其导数近似为 0。对于大部分输入，Sigmoid 函数的导数接近 0，这使得

Sigmoid 函数容易出现梯度消失现象，具体见第 2.4.2 节。与 SoftPlus 函数一样，Sigmoid 函数涉及指数运算，计算速度较慢。Sigmoid 的 PyTorch API 及简单使用范例如下所示。

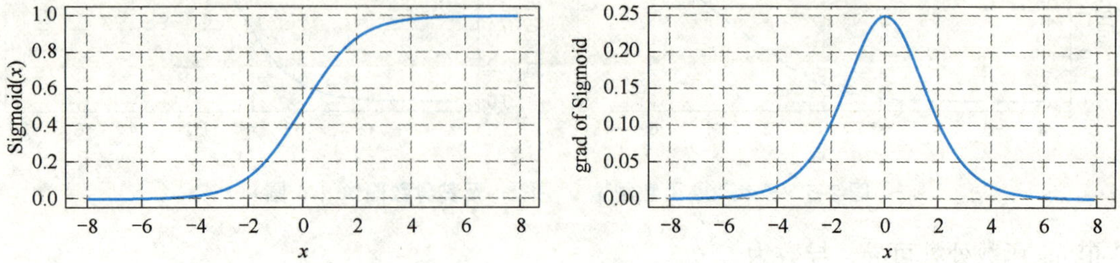

图 2-6　Sigmoid 函数图像（左图）及其导数图像（右图）

```
API：torch.nn.Sigmoid(*args, **kwargs)
示例：m = nn.Sigmoid()
      input = torch.randn(2)
      output = m(input)
```

2.2.4　tanh 函数

双曲正切（Hyperbolic Tangent，tanh）函数将范围（-inf,inf）中的任意输入变换为区间（-1,1）中的某个值：

$$\tanh(x)=\frac{1-\exp(-2x)}{1+\exp(-2x)}$$

tanh 函数图像如图 2-7 左图所示。

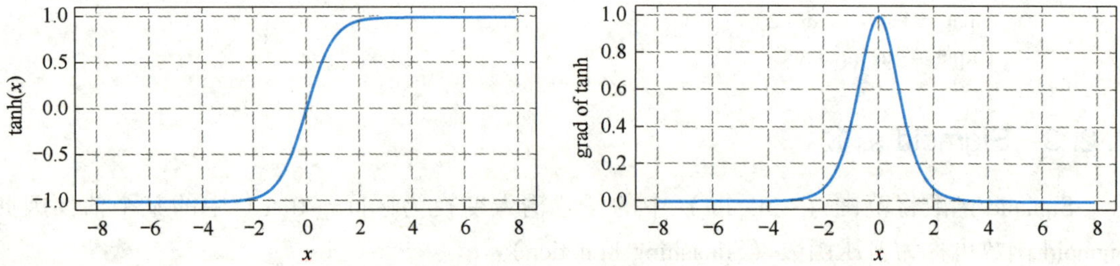

图 2-7　tanh 函数图像（左图）及其导数图像（右图）

可以看到，当输入 x 接近 0 时，tanh 函数接近线性变换。tanh 函数的导数为

$$\frac{\mathrm{d}}{\mathrm{d}x}\tanh(x)=1-\tanh^2(x)$$

tanh 函数的导数图像如图 2-7 右图所示。

如图 2-7 右图所示，当输入 x 为 0 时，tanh 函数的导数取最大值 1。当 tanh 函数的输出接近 1 或-1 时，其导数近似为 0。与 sigmoid 函数类似，对于大部分输入，tanh 函数的导数接近为 0。tanh 的 PyTorch API 及简单使用范例如下所示。

```
API：torch.nn.Tanh(*args, **kwargs)
示例：m = nn.Tanh()
      input = torch.randn(2)
      output = m(input)
```

2.2.5 GeLU 函数

高斯误差线性单元（Gaussian Error Linear Unit，GeLU）函数是一种基于高斯误差函数的激活函数，常用于 GPT-2、BERT 等自然语言处理模型，其表示形式如下：

$$\mathrm{GeLU}(x)=x\Phi(x) \tag{2-1}$$

其中，$\Phi(x)$是 x 的高斯正态分布的累计函数。GeLU 是一个非初等函数，形式复杂，在代码实现中，GeLU 函数可以近似表示为

$$\mathrm{GeLU}(x)=0.5x\left[1+\tanh\left(\sqrt{\frac{2}{\pi}}(x+0.047715x^3)\right)\right] \tag{2-2}$$

其函数图像和导数图像分别如图 2-8 所示。

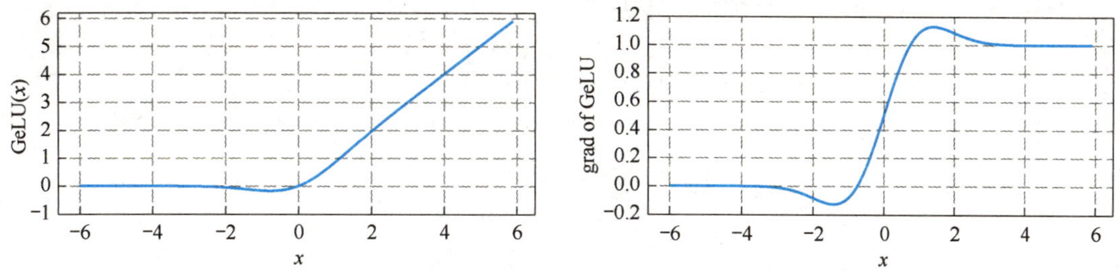

图 2-8　GeLU 函数图像（左图）及其导数图像（右图）

可以看到，对于较大的输入 $x>0$，GeLU 函数近似于线性输出；对于较小的输入 $x<0$，GeLU 函数的输出接近 0。当输入接近于 0 时，GeLU 函数是连续非线性的。GeLU 也可以看作 ReLU 的一种平滑近似。GeLU 的 PyTorch API 及简单使用范例如下所示。

```
API：torch.nn.gelu(approximate='none')
参数：Appxoximate：当为 none 时，使用式(2-1)计算，当为 tanh 时，使用式(2-2)近似。
示例：m = nn.GELU()
      input = torch.randn(2)
      output = m(input)
```

2.2.6 其他激活函数

除了上面介绍的几种激活函数之外，PyTorch 也实现了 nn.ELU、nn.Hardshrink、nn.Hardsigmoid、nn.Hardtanh、nn.Hardswish、nn.LeakyReLU、nn.LogSigmoid、nn.MultiheadAttention、nn.PReLU、nn.ReLU6、nn.RReLU、nn.SELU、nn.CELU、nn.SiLU、nn.Mish、nn.Softshrink、nn.Softsign、nn.Tanhshrink、nn.Threshold、nn.GLU 等激活函数，感兴趣的读者请参考 PyTorch 官方文档 https://pytorch.org/docs/stable/nn.html 中的 Non-linear Activations 部分。

2.3 损失函数

在深度学习中，损失函数（Loss Function）用来衡量模型的预测值与真实值的偏差，可以反映预测的效果，对模型的学习具有指导作用。面对实际任务时，需要根据模型的特性选

择或设计适合的损失函数，从而提高学习效果。下面介绍几种常用的损失函数。

2.3.1 均方误差损失

均方误差损失函数（Mean Square Error，MSE）通过计算模型预测值 $\hat{\boldsymbol{y}}$ 与真实值 $\boldsymbol{y}$ 之间的平方差来衡量误差，也称为平方 L_2 损失。它的计算公式如下：

$$L_2\ \text{Loss}=\frac{1}{n}\sum_{i=1}^{n}(\boldsymbol{y}_i-\hat{\boldsymbol{y}}_i)^2$$

MSE 在任何地方都是可微的，从而可以在训练过程中使用基于梯度的优化方法。但 MSE 对误差较大的异常值较为敏感。MSE 的 PyTorch API 及简单使用范例如下所示。

API：torch. nn. MSELoss(size_average=None,reduce=None,reduction='mean')

参数：size_average、reduce：一般使用默认设置；

reduction：当为 none 时，返回向量(或张量) $\begin{pmatrix}(\boldsymbol{y}_1-\hat{\boldsymbol{y}}_1)^2\\ \vdots \\ (\boldsymbol{y}_n-\hat{\boldsymbol{y}}_n)^2\end{pmatrix}$；

当为 mean 时，返回 $\frac{1}{n}\sum_{i=1}^{n}(\boldsymbol{y}_i-\hat{\boldsymbol{y}}_i)^2$；

当为 sum 时，返回 $\sum_{i=1}^{n}(\boldsymbol{y}_i-\hat{\boldsymbol{y}}_i)^2$，默认为 mean。

示例：
```
loss = nn. MSELoss()
input = torch. randn(3,4,requires_grad=True)
target = torch. randn(3,4)
output = loss(input,target)
```


2.3.2 平均绝对误差损失

平均绝对误差损失函数（Mean Absolute Error，MAE）通过计算模型预测值 $\hat{\boldsymbol{y}}$ 与真实值 $\boldsymbol{y}$ 之间的差的绝对值来衡量误差，也称为 L_1 损失。它的计算公式如下：

$$L_1\ \text{Loss}=\frac{1}{n}\sum_{i=1}^{n}|\boldsymbol{y}_i-\hat{\boldsymbol{y}}_i|$$

相比于 MSE，MAE 对异常值不太敏感，但 MAE 在 0 点处是不可微的。MAE 的 PyTorch API 及简单使用范例如下所示。

API：torch. nn. L1Loss(size_average=None,reduce=None,reduction='mean')

参数：size_average、reduce：一般使用默认设置；

reduction：当为 none 时，返回向量(或张量) $\begin{pmatrix}|\boldsymbol{y}_1-\hat{\boldsymbol{y}}_1|\\ \vdots \\ |\boldsymbol{y}_n-\hat{\boldsymbol{y}}_n|\end{pmatrix}$；

当为 mean 时，返回 $\frac{1}{n}\sum_{i=1}^{n}|\boldsymbol{y}_i-\hat{\boldsymbol{y}}_i|$；

当为 sum 时，返回 $\sum_{i=1}^{n}|\boldsymbol{y}_i-\hat{\boldsymbol{y}}_i|$，默认为 mean。

```
示例：loss = nn.L1Loss()
      input = torch.randn(3,4,requires_grad=True)
      target = torch.randn(3,4)
      output = loss(input,target)
```

2.3.3　平滑 L_1 损失

平滑 L_1 损失（Smooth L_1 Loss），也称为 Huber 损失，提供了一种在 L_1 损失与平方 L_2 损失之间的平滑过渡。当预测值与真实值之间的差异较小时，退化为平方 L_2 损失；当差异较大时，退化为 L_1 损失。它的计算公式如下：

$$\ell_i=\begin{cases}|\boldsymbol{y}_i-\hat{\boldsymbol{y}}_i|-\dfrac{\beta}{2}, & |\boldsymbol{y}_i-\hat{\boldsymbol{y}}_i|\geqslant\beta,\\ \dfrac{1}{2\beta}(\boldsymbol{y}_i-\hat{\boldsymbol{y}}_i)^2, & |\boldsymbol{y}_i-\hat{\boldsymbol{y}}_i|<\beta,\end{cases} \tag{2-3}$$

$$\text{Smooth } L_1\text{Loss}=\frac{1}{n}\sum_{i=1}^{n}\ell_i$$

平滑 L_1 损失可能对参数 β 较为敏感，使用时需要必要的调参。在一些深度学习应用中，简单的 MSE 或 MAE 可能就够了，不需要复杂的平滑 L_1 损失。平滑 L_1 损失的 PyTorch API 及简单使用范例如下所示。

API：torch.nn.SmoothL1Loss(size_average=None,reduce=None,reduction='mean',beta=1.0)

参数：size_average、reduce：一般使用默认设置；

reduction：当为 none 时，返回向量(或张量) $\begin{pmatrix}\ell_1\\ \vdots\\ \ell_n\end{pmatrix}$；

当为 mean 时，返回 $\frac{1}{n}\sum_{i=1}^{n}\ell_i$；

当为 sum 时，返回 $\sum_{i=1}^{n}\ell_i$，默认为 mean；

beta：式(2-3)中的 β，默认值为 1。

```
示例：loss = nn.SmoothL1Loss()
      input = torch.randn(3,4,requires_grad=True)
      target = torch.randn(3,4)
      output = loss(input,target)
```

2.3.4　交叉熵损失

选择合适的损失函数取决于具体的应用场景和任务。对于回归问题，L_1 损失、平方 L_2 损失与平滑 L_1 损失函数较为常用。对于分类问题，交叉熵损失函数更为常见。

在介绍交叉熵损失函数之前，首先介绍熵的定义。为了解决对信息的量化度量问题，香农在 1948 年提出了“信息熵”的概念，它使用对数函数来量化数据中的信息内容。熵越高，表示传输的信息越多，熵越少，表示传输的信息越少。熵可以用如下公式表示：

$$H(P)=\sum_{j} -P(j)\log P(j)$$

交叉熵损失（Cross Entropy Loss）函数通过计算模型预测概率分布与真实概率分布之间的差异来衡量误差，计算公式如下：

$$\text{Cross Entropy Loss}=-\frac{1}{n}\sum_{i=1}^{n}\boldsymbol{y}_i\log\hat{\boldsymbol{y}}_i \tag{2-4}$$

在深度学习中，一般将交叉熵与 Softmax 函数结合使用。神经网络最后一层的输出 $\boldsymbol{h}$ 一般为一组连续的数值，这组数值范围不确定，难以直观判断其实际意义。为了实现分类任务，尤其是多分类任务，需要将输出转化为一组能够进行分类判断的数值。具体地，我们希望得到每种类别的概率，同时要求概率之和为 1，从而方便比较每个类别的概率大小。Softmax 函数通常用于将一组任意范围的实数转换为近似的概率分布。其本质上是一种归一化函数，利用指数函数将一组实数值映射到零到正无穷之间，然后进行归一化处理，得到近似的概率分布。Softmax 函数的定义如下：

$$\text{Softmax}(\boldsymbol{h})_i=\frac{\exp(\boldsymbol{h}_i)}{\sum_{r}\exp(\boldsymbol{h}_r)}$$

交叉熵和 Softmax 函数是神经网络中最常用的组件之一。通过 Softmax 函数将网络的输出 $\boldsymbol{h}$ 转化为近似的概率分布 $\hat{\boldsymbol{y}}$，再使用交叉熵作为损失函数衡量 $\hat{\boldsymbol{y}}$ 和真实概率分布 $\boldsymbol{y}$ 之间的差异，交叉熵函数值越小，模型分类的准确程度就越高。

式（2-4）为多类交叉熵损失。当只有两个类别时，可以使用二类交叉熵：

$$\text{Binary Cross Entropy Loss}=-\frac{1}{n}\sum_{i=1}^{n}(\boldsymbol{y}_i\log\hat{\boldsymbol{y}}_i+(1-\boldsymbol{y}_i)\log(1-\hat{\boldsymbol{y}}_i))$$

其中 $\boldsymbol{y}_i=1$ 或 $\boldsymbol{y}_i=0$。基于 Softmax 的交叉熵损失的 PyTorch API 及简单使用范例如下所示。

API：torch. nn. Softmax(dim=None)

参数：dim：指定哪一维和为 1，当输入为矩阵时，dim=0 表示每一列和为 1，
dim=1 表示每一行和为 1。

API： torch. nn. CrossEntropyLoss(weight=None,size_average=None,ignore_index=-100,
reduce=None,reduction='mean',label_smoothing=0. 0)

参数：weight、size_average、ignore_index、reduce：一般使用默认设置；

reduction：输入 $n\times c$ 矩阵 $\boldsymbol{Y}$ 和 $\hat{\boldsymbol{Y}}$，n 表示批量大小或样本数，c 表示类别数，

$\boldsymbol{Y}$ 每一行的和为 1，计算 $\ell_i=-\sum_{j=1}^{c}\boldsymbol{Y}_{i,j}\log\frac{\exp(\hat{\boldsymbol{Y}}_{i,j})}{\sum_{r=1}^{c}\exp(\hat{\boldsymbol{Y}}_{i,r})}$

当为 none 时，返回向量(或张量)$\begin{pmatrix}\ell_1\\ \vdots\\ \ell_n\end{pmatrix}$；当为 mean 时，返回$\frac{1}{n}\sum_{i=1}^{n}\ell_i$；

当为 sum 时，返回 $\sum_{i=1}^{n}\ell_i$，默认为 mean；

label_smoothing：0 到 1 之间的平滑值，默认为 0。

API：torch. nn. BCELoss(weight=None,size_average=None,reduce=None,reduction='mean')

参数：同上，二类交叉熵。

示例：loss = nn. CrossEntropyLoss()

```
input = torch.randn(3,5,requires_grad=True)
# 调用 softmax 保证 target 每一行的和为 1，但不需要对 input 调用 softmax，因为 CrossEntropyLoss()
中已对 Ŷ 实现了该计算
target = torch.randn(3,5).softmax(dim=1)
# target 也可以是类别的整数索引，例如 target=torch.empty(3,dtype=torch.long).random_(5)
output = loss(input,target)
```

2.3.5　KL 散度损失

KL 散度损失（Kullback-Leibler Divergence Loss）用于衡量不同的分布之间的信息损失，也称为相对熵损失，广泛应用于聚类分析与参数估计等任务中。它的计算公式如下：

$$\text{KL Loss} = -\frac{1}{n}\sum_{i=1}^{n}\left[\boldsymbol{y}_i \log \hat{\boldsymbol{y}}_i - \boldsymbol{y}_i \log \boldsymbol{y}_i\right]$$

它用作深度学习损失函数时，由于 $\boldsymbol{y}_i \log \boldsymbol{y}_i$ 并不随网络参数变化而变化，因此对 KL 散度求导和对交叉熵求导的结果是一样的，使用交叉熵作为损失函数和使用 KL 散度作为损失函数在指导训练时是等价的。KL 散度损失的 PyTorch API 及简单使用范例如下所示。

```
API：torch.nn.KLDivLoss(size_average=None,reduce=None,reduction='mean',
                        log_target=False)
参数：size_average、reduce、log_target：一般使用默认设置；
     reduction：可取 none、mean、batchmean、sum，默认为 mean。
函数说明：为了防止下溢问题，假设 input 属于 log 空间；
        当 log_target 为 true 时，target 也属于 log 空间；
        函数执行如下操作：
        if not log_target:                                    # default
            loss_pointwise = target * (target.log()-input)
        else:
            loss_pointwise = target.exp() * (target- input)
        if reduction == "mean":                               # default
            loss = loss_pointwise.mean()
        elif reduction == "batchmean":
            loss = loss_pointwise.sum()/ input.size(0)
        elif reduction == "sum":
            loss = loss_pointwise.sum()
        else:                                                 # reduction == "none"
            loss = loss_pointwise
示例：import torch.nn.functional as F
     kl_loss = nn.KLDivLoss(reduction="mean")
     # input 属于 log 空间
     input = F.log_softmax(torch.randn(1,5,requires_grad=True),dim=1)
     target = F.softmax(torch.rand(1,5),dim=1)
     output = kl_loss(input,target)
```

2.3.6　其他损失函数

除了上述介绍的损失函数，PyTorch 还实现了 nn.CTCLoss、nn.NLLLoss、nn.PoissonNLLLoss、nn.GaussianNLLLoss、nn.BCEWithLogitsLoss、nn.MarginRankingLoss、nn.HingeEmbeddingLoss、nn.MultiLabelMarginLoss、nn.HuberLoss、nn.SoftMarginLoss、nn.MultiLabelSoftMarginLoss、 nn. CosineEmbeddingLoss、nn. MultiMarginLoss、nn. TripletMarginLoss、nn. TripletMarginWithDistanceLoss 等损失函数，感兴趣的读者请参考 PyTorch 官方文档 https：//pytorch. org/docs/stable/nn. html 中的 Loss Functions 部分。

2.4 反向传播

设计好网络结构之后，需要通过最小化损失函数来训练网络。深度学习通常使用随机梯度下降（Stochastic Gradient Descent，SGD）、Adam 等基于梯度的优化算法训练网络，这些算法都是迭代算法，在每次迭代过程中，首先计算损失函数关于网络参数的梯度，然后基于梯度更新网络参数，并进入下一次迭代。我们将在第 5 章详细介绍这些优化算法的细节。反向传播是用来计算梯度的方法，在几乎所有的训练算法中都要用到。PyTorch 实现了对反向传播的封装，其 API 及应用示例如下所示。尽管反向传播算法在 PyTorch 中使用十分方便，但多数使用者只知其然而不知其所以然。本节将重点介绍反向传播的数学原理。

API：Tensor. backward(gradient=None,retain_graph=None,create_graph=False,inputs=None)
参数：一般使用默认设置即可，细节参考 PyTorch 文档。
示例：
```
x = torch.randn(5)
y = torch.randn(3)
w = torch.randn(5,3,requires_grad=True)
b = torch.randn(3,requires_grad=True)
z = torch.matmul(x,w)+b
# z=w^T x+b
loss = nn.MSELoss()
output = loss(z,y)
# 反向传播，计算梯度
output.backward()
# 输出 z 关于 w 的梯度
print(w.grad)
# 输出 z 关于 b 的梯度
print(b.grad)
```


2.4.1 标量形式的反向传播

为了突出思想，简化数学推导，本节首先介绍标量形式的反向传播。考虑如下多层网络每层只有一个权重和偏置：

$$h_0=x$$
$$z_k=w_kh_{k-1}+b_k, h_k=\sigma(z_k), k=1,\cdots,L$$
$$l=f(h_L)$$

我们需要计算$\frac{\partial l}{\partial w_k}$和$\frac{\partial l}{\partial b_k}$。由链式法则，有

$$\frac{\partial l}{\partial w_k}=\frac{\partial l}{\partial h_k}\frac{\partial h_k}{\partial z_k}\frac{\partial z_k}{\partial w_k}=\frac{\partial l}{\partial h_k}\sigma'(z_k)h_{k-1} \tag{2-5}$$

$$\frac{\partial l}{\partial b_k}=\frac{\partial l}{\partial h_k}\frac{\partial h_k}{\partial z_k}\frac{\partial z_k}{\partial b_k}=\frac{\partial l}{\partial h_k}\sigma'(z_k) \tag{2-6}$$

因此，只需要计算$\frac{\partial l}{\partial h_k}$，

$$\frac{\partial l}{\partial h_k}=\frac{\partial l}{\partial h_{k+1}}\frac{\partial h_{k+1}}{\partial z_{k+1}}\frac{\partial z_{k+1}}{\partial h_k}=\frac{\partial l}{\partial h_{k+1}}\sigma'(z_{k+1})w_{k+1} \tag{2-7}$$

由上式可知，$\frac{\partial l}{\partial h_k}$的计算需要按 $k=L,L-1,\cdots,2,1$的顺序反向遍历网络，故该算法称为反向传播。反向传播的本质就是计算复合函数导数的链式法则。算法 2-1 和算法 2-2 总结了前向传播和反向传播的迭代过程。

算法 2-1：前向传播

　　初始化：$h_0=x$

　　for $k=1,2,\cdots,L$

　　　　$z_k=w_kh_{k-1}+b_k$

　　　　$h_k=\sigma(z_k)$

　　end for

算法 2-2：反向传播

　　初始化：$\frac{\partial l}{\partial h_L}=\frac{\partial f}{\partial h_L}$

　　for $k=L,L-1,\cdots,2,1$

　　　　$\frac{\partial l}{\partial w_k}=\frac{\partial l}{\partial h_k}\sigma'(z_k)h_{k-1}$

　　　　$\frac{\partial l}{\partial b_k}=\frac{\partial l}{\partial h_k}\sigma'(z_k)$

　　　　$\frac{\partial l}{\partial h_{k-1}}=\frac{\partial l}{\partial h_k}\sigma'(z_k)w_k$

　　end for

2.4.2　梯度消失与梯度爆炸

将式（2-7）中的迭代展开并代入式（2-5）和式（2-6），得

$$\frac{\partial l}{\partial h_k}=\frac{\partial f}{\partial h_L}\prod_{t=k+1}^{L}\sigma'(z_t)w_t$$

$$\frac{\partial l}{\partial w_k}=\frac{\partial f}{\partial h_L}\left(\prod_{t=k+1}^{L}\sigma'(z_t)w_t\right)\sigma'(z_k)h_{k-1}$$

$$\frac{\partial l}{\partial b_k}=\frac{\partial f}{\partial h_L}\left(\prod_{t=k+1}^{L}\sigma'(z_t)w_t\right)\sigma'(z_k)$$

可以看到，当 $\sigma'(z_t)w_t$ 对所有的 t 都较小时，由于连乘形式，导致梯度$\frac{\partial l}{\partial w_k}$和$\frac{\partial l}{\partial b_k}$在 k 较小时趋于 0，该现象称为梯度消失（Gradient Vanishing）。梯度消失使得 SGD、Adam 等优化算法训练缓慢，尤其是前面若干层的参数更新缓慢。当使用 Sigmoid 作激活函数时，Sigmoid 对大部分输入的导数都接近于 0，即使最大值也只有$\frac{1}{4}$，因此 $\sigma'(z_t)$很小，故 Sigmoid 会导致梯度消失。另一方面，当使用 ReLU 做激活函数时，当 $x>0$ 时，$\mathrm{ReLU}(x)'=1$，因此 ReLU 可以缓解梯度消失。其他缓解梯度消失的技术包括批量规范化（Batch Normalization）和层规范化（layer normalization）（见第 5.5 节）、ResNet（见第 3.6.5 节）中的旁支连接等，我们将在相应章节介绍。

另外，当 $\sigma'(z_t)w_t$ 对所有的 t 都较大时，由于连乘形式，导致梯度 $\frac{\partial l}{\partial w_k}$ 和 $\frac{\partial l}{\partial b_k}$ 在 k 较小时趋于无穷，该现象称为梯度爆炸（Gradient Exploding）。梯度爆炸使得优化算法不稳定，甚至不收敛。解决或缓解梯度爆炸的技术包括权重衰减（见第 5.4.4 节）、梯度截断（见第 5.2.6 节）、批量规范化和层规范化（见第 5.5 节）等。

2.4.3 计算图

前面介绍了全连接网络的反向传播，在实际应用中，深度学习从业者可以使用基本的模块堆叠出各种复杂的网络，PyTorch 和 TensorFlow 等深度学习框架可以针对这些复杂的网络自动进行反向传播，而不需要从业者事先推导复杂的数学式。计算图是针对复杂网络自动进行反向传播的核心。计算图使用“图”这种数据结构建模前向传播过程，将变量（包括输入数据、网络参数、中间计算结果等）表示为图中的节点，变量之间的计算关系表示为图中的边，并基于计算图进行反向传播。以下述函数为例（只有一个隐藏层的网络）进行具体说明：

$$f(w,b)=\frac{1}{2}(\sigma(wx+b)-y)^2+\frac{1}{2}w^2$$

对于任意的参数 (w,b)，都可以基于上述函数表达式计算出对应的函数值，我们把详细的计算过程使用图 2-9 中黑线进行描述。

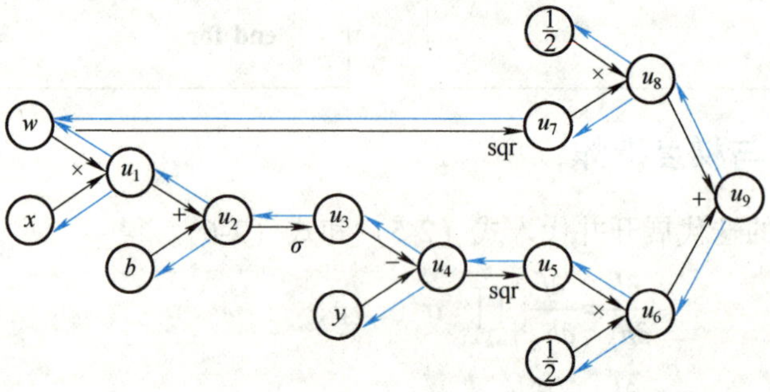

图 2-9 函数 $f(w,b)$ 的计算图及反向传播示意图

在函数 $f(w,b)$ 中，w 和 b 是函数的参数，x 和 y 可以认为是输入数据，它们都是变量，使用圆圈表示为节点；w 和 x 相乘，得到中间变量，记为 u_1，并且分别画一条从 w 和 x 到 u_1 的有向边，在 u_1 旁边使用标记×表示相乘；u_1 和 b 相加，得到中间变量，记为 u_2，类似地，画出有向边并对计算进行标记；u_2 作用于激活函数得到 u_3，u_3 与 y 相减，得到 u_4，u_4 平方得到 u_5，u_5 与 $\frac{1}{2}$ 相乘得到 u_6；然后再看正则项部分，将 w 平方得到 u_7，与 $\frac{1}{2}$ 相乘得到 u_8；最后将 u_6 与 u_8 相加，得到最终结果 u_9。可以看到，我们把 $f(w,b)$ 的计算分解为一系列加减乘除平方等最小的计算单元，具体如下：

$$u_1=wx,\quad u_2=u_1+b,\quad u_3=\sigma(u_2),\quad u_4=u_3-y,$$

$$u_5=u_4^2,\quad u_6=\frac{1}{2}u_5,\quad u_7=w^2,\quad u_8=\frac{1}{2}u_7,\quad u_9=u_6+u_8$$

其中，每个变量表示为一个节点，每个节点由其他节点通过基本的计算得到，把这些基本的计算表示为边，这就是计算图。在构造计算图时，需要做一些额外的工作：

（1）为了方便反向遍历计算图，在基于前向传播构造计算图时，记录每一个节点的创建顺序，一般把输入变量放在前面，中间计算变量放在输入变量后面，结果变量放在最后。对于上面例子，节点顺序为：$w,x,b,y,u_1,u_2,u_3,u_4,u_5,u_6,u_7,u_8,u_9$。

（2）为了方便通过链式法则计算梯度，对每一个节点 u 使用集合 $S(u)$ 记录它的所有子节点（有向边指向的下游节点）。

（3）对每个计算单元，在底层库实现中均已编写输出值对每个输入值的求导法则，代入输出值和输入值，就可以直接计算出导数。对于上面例子，求导如下：

$$\frac{\partial u_1}{\partial w}=x,\quad \frac{\partial u_2}{\partial u_1}=1,\quad \frac{\partial u_2}{\partial b}=1,\quad \frac{\partial u_3}{\partial u_2}=\sigma'(u_2),\quad \frac{\partial u_4}{\partial u_3}=1,\quad \frac{\partial u_5}{\partial u_4}=2u_4,$$

$$\frac{\partial u_6}{\partial u_5}=\frac{1}{2},\quad \frac{\partial u_7}{\partial w}=2w,\quad \frac{\partial u_8}{\partial u_7}=\frac{1}{2},\quad \frac{\partial u_9}{\partial u_6}=1,\quad \frac{\partial u_9}{\partial u_8}=1.$$

由于计算图的边表示基本的计算单元，因此只需要在程序中编写这些基本计算单元的求导法则，这也是为什么要把前向过程拆解到最小的计算单元。

下面，使用计算图进行反向传播，计算$\frac{\partial f}{\partial w}$和$\frac{\partial f}{\partial b}$。基于构建计算图时记录的节点创建顺序反向遍历计算图，使用链式法则计算 f 关于每个节点的导数。首先，f 关于 u_9 的导数为 1，根据链式法则，f 关于 u_8 的导数$\frac{\partial f}{\partial u_8}=\frac{\partial f}{\partial u_9}\frac{\partial u_9}{\partial u_8}$，其中$\frac{\partial f}{\partial u_9}$已经计算过，而$\frac{\partial u_9}{\partial u_8}$是基本计算单元 $u_9=u_6+u_8$ 中的输出关于输入的导数，可以直接代入已编写的求导法则计算。类似地，我们可以沿着与前向计算相反的方向逐步计算 f 关于每个节点的导数，并最终得到$\frac{\partial f}{\partial w}$和$\frac{\partial f}{\partial b}$。图 2-9 中蓝线为反向传播示意图，下面给出了具体的反向传播计算过程：

$$\frac{\partial f}{\partial u_9}=1,\quad \frac{\partial f}{\partial u_8}=\frac{\partial f}{\partial u_9}\frac{\partial u_9}{\partial u_8}=1,\quad \frac{\partial f}{\partial u_7}=\frac{\partial f}{\partial u_8}\frac{\partial u_8}{\partial u_7}=\frac{1}{2},\quad \frac{\partial f}{\partial u_6}=\frac{\partial f}{\partial u_9}\frac{\partial u_9}{\partial u_6}=1,$$

$$\frac{\partial f}{\partial u_5}=\frac{\partial f}{\partial u_6}\frac{\partial u_6}{\partial u_5}=\frac{1}{2},\quad \frac{\partial f}{\partial u_4}=\frac{\partial f}{\partial u_5}\frac{\partial u_5}{\partial u_4}=u_4=u_3-y=\cdots=\sigma(wx+b)-y,$$

$$\frac{\partial f}{\partial u_3}=\frac{\partial f}{\partial u_4}\frac{\partial u_4}{\partial u_3}=\sigma(wx+b)-y,\quad \frac{\partial f}{\partial u_2}=\frac{\partial f}{\partial u_3}\frac{\partial u_3}{\partial u_2}=\frac{\partial f}{\partial u_3}\sigma'(u_2)=\sigma'(wx+b)(\sigma(wx+b)-y),$$

$$\frac{\partial f}{\partial u_1}=\frac{\partial f}{\partial u_2}\frac{\partial u_2}{\partial u_1}=\sigma'(wx+b)(\sigma(wx+b)-y),\quad \frac{\partial f}{\partial b}=\frac{\partial f}{\partial u_2}\frac{\partial u_2}{\partial b}=\sigma'(wx+b)(\sigma(wx+b)-y),$$

$$\frac{\partial f}{\partial w}=\frac{\partial f}{\partial u_1}\frac{\partial u_1}{\partial w}+\frac{\partial f}{\partial u_7}\frac{\partial u_7}{\partial w}=x\sigma'(wx+b)(\sigma(wx+b)-y)+w.$$

在该例中，w 有两个子节点，其余节点均只有一个子节点，因此$\frac{\partial f}{\partial w}$的计算略有不同。

可以看到，对每个节点 u，在构建计算图时，u 的子节点总是在 u 之后构建，因此在前面记录的节点构造顺序里，u 总是排在它的子节点的前面，从而使得在反向传播时，总是先遍历完 u 的所有子节点再遍历 u。根据链式法则，有

$$\frac{\partial f}{\partial u}=\sum_{v\in S(u)}\frac{\partial f}{\partial v}\frac{\partial v}{\partial u}$$

因此，在计算$\frac{\partial f}{\partial u}$时，所有需要的$\frac{\partial f}{\partial v}$都已经计算完毕，而$\frac{\partial v}{\partial u}$可以使用已编写的求导法则直接计算，这保证了反向传播总是可以执行下去。算法 2-3 总结了基于计算图的反向传播过程。

> 算法 2-3：基于计算图的反向传播
>
> 输入：基于计算图构建过程记录的节点创建顺序：$u_1, u_2, \cdots, u_n$
>
> 输出：grad_table，记录 f 关于每个节点的梯度，其中$\frac{\partial f}{\partial u_n}=1$
>
> for $k=n-1,\cdots,1$
>
> 　　对当前节点 u_k，读取其子节点集合 $S(u_k)$
>
> 　　grad = 0;
>
> 　　for each $v\in S(u_k)$
>
> 　　　　从 grad_table 读取$\frac{\partial f}{\partial v}$
>
> 　　　　grad = grad+$\frac{\partial f}{\partial v}\frac{\partial v}{\partial u_k}$　　　　# 链式法则
>
> 　　end
>
> 　　将 grad 作为$\frac{\partial f}{\partial u_k}$记录在 grad_table 中　　　　# 以后使用时直接读取，无须重复计算
>
> end for

前面的例子比较基础，我们无须计算图通过心算也可以算出$\frac{\partial f}{\partial w}$和$\frac{\partial f}{\partial b}$。下面介绍一个更复杂的例子，这个例子就是著名的批量标准化，我们将在第 5.5 节进行详细介绍，这里只介绍它的反向传播。考虑下面计算过程：

$$\mu=\frac{1}{m}\sum_{i=1}^{m}x_i$$

$$\sigma=\sqrt{\frac{1}{m}\sum_{i=1}^{m}(x_i-\mu)^2}$$

$$z_i=\frac{x_i-\mu}{\sigma}$$

$$y_i=\gamma z_i+\beta$$

$$L=f(y_1,\cdots,y_m)$$

需要计算$\frac{\partial L}{\partial x_1},\cdots,\frac{\partial L}{\partial x_m},\frac{\partial L}{\partial \gamma},\frac{\partial L}{\partial \beta}$。首先根据前向传播过程构建计算图，如图 2-10 黑线所示。计算图中的各个计算单元如下：

$$u_1=\sum_{i=1}^{m}x_i,\quad \mu=\frac{u_1}{m},\quad u_{2,i}=x_i-\mu,\quad u_{3,i}=u_{2,i}^2,\quad u_4=\sum_{i=1}^{m}u_{3,i},\quad u_5=\frac{u_4}{m},$$

$$\sigma=\sqrt{u_5},\quad z_i=\frac{u_{2,i}}{\sigma},\quad u_{6,i}=\gamma z_i,\quad y_i=u_{6,i}+\beta,\quad u_7=f(y_1,\cdots,y_m).$$

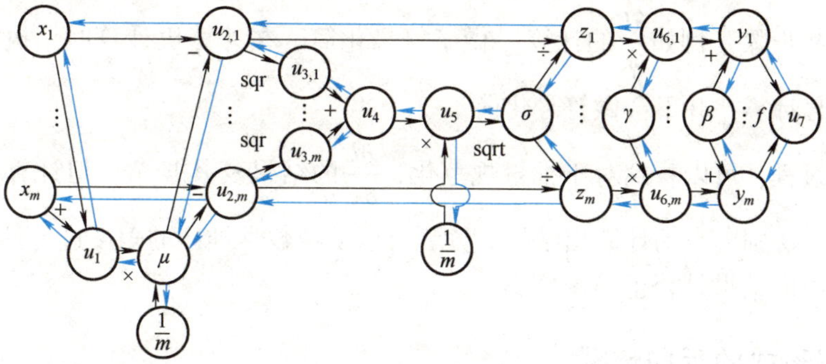

图 2-10　批量规范化的计算图及反向传播示意图

记录的节点创建顺序为：

$x_1,\cdots,x_m,\gamma,\beta,u_1,\mu,u_{2,1},\cdots,u_{2,m},u_{3,1},\cdots,u_{3,m},u_4,u_5,\sigma,z_1,\cdots,z_m,u_{6,1},\cdots,u_{6,m},y_1,\cdots,y_m,u_7$

对每个计算单元，输出值对每个输入的导数计算如下：

$$\frac{\partial u_1}{\partial x_i}=1,\quad \frac{\partial \mu}{\partial u_1}=\frac{1}{m},\quad \frac{\partial u_{2,i}}{\partial x_i}=1,\quad \frac{\partial u_{2,i}}{\partial \mu}=-1,\quad \frac{\partial u_{3,i}}{\partial u_{2,i}}=2u_{2,i},$$

$$\frac{\partial u_4}{\partial u_{3,i}}=1,\quad \frac{\partial u_5}{\partial u_4}=\frac{1}{m},\quad \frac{\partial \sigma}{\partial u_5}=\frac{1}{2\sqrt{u_5}},\quad \frac{\partial z_i}{\partial u_{2,i}}=\frac{1}{\sigma},\quad \frac{\partial z_i}{\partial \sigma}=-\frac{u_{2,i}}{\sigma^2},$$

$$\frac{\partial u_{6,i}}{\partial z_i}=\gamma,\quad \frac{\partial u_{6,i}}{\partial \gamma}=z_i,\quad \frac{\partial y_i}{\partial u_{6,i}}=1,\quad \frac{\partial y_i}{\partial \beta}=1,\quad \frac{\partial u_7}{\partial y_i}=\frac{\partial f}{\partial y_i}.$$

图 2-10 蓝线给出了批量规范化的反向传播示意图。根据算法 2-3 可以计算$\frac{\partial L}{\partial x_1},\cdots,\frac{\partial L}{\partial x_n},\frac{\partial L}{\partial \gamma},\frac{\partial L}{\partial \beta}$，下面为具体的计算过程，读者可以对每一步的计算过程进行验证：

$$\frac{\partial L}{\partial u_7}=1,\quad \frac{\partial L}{\partial y_i}=\frac{\partial L}{\partial u_7}\frac{\partial u_7}{\partial y_i}=\frac{\partial f}{\partial y_i},\quad \frac{\partial L}{\partial \beta}=\sum_{j=1}^{m}\frac{\partial L}{\partial y_j}\frac{\partial y_j}{\partial \beta}=\sum_{j=1}^{m}\frac{\partial f}{\partial y_j},$$

$$\frac{\partial L}{\partial u_{6,i}}=\frac{\partial L}{\partial y_i}\frac{\partial y_i}{\partial u_{6,i}}=\frac{\partial f}{\partial y_i},\quad \frac{\partial L}{\partial \gamma}=\sum_{j=1}^{m}\frac{\partial L}{\partial u_{6,j}}\frac{\partial u_{6,j}}{\partial \gamma}=\sum_{j=1}^{m}\frac{\partial f}{\partial y_j}z_j,\quad \frac{\partial L}{\partial z_i}=\frac{\partial L}{\partial u_{6,i}}\frac{\partial u_{6,i}}{\partial z_i}=\frac{\partial f}{\partial y_i}\gamma,$$

$$\frac{\partial L}{\partial \sigma}=\sum_{j=1}^{m}\frac{\partial L}{\partial z_j}\frac{\partial z_j}{\partial \sigma}=-\gamma\sum_{j=1}^{m}\frac{\partial f}{\partial y_j}\frac{x_j-\mu}{\sigma^2}=-\frac{\gamma}{\sigma}\sum_{j=1}^{m}\frac{\partial f}{\partial y_j}z_j,\quad \frac{\partial L}{\partial u_5}=\frac{\partial L}{\partial \sigma}\frac{\partial \sigma}{\partial u_5}=-\frac{\gamma}{2\sigma^2}\sum_{j=1}^{m}\frac{\partial f}{\partial y_j}z_j,$$

$$\frac{\partial L}{\partial u_4}=\frac{\partial L}{\partial u_5}\frac{\partial u_5}{\partial u_4}=-\frac{\gamma}{2m\sigma^2}\sum_{j=1}^{m}\frac{\partial f}{\partial y_j}z_j,\quad \frac{\partial L}{\partial u_{3,i}}=\frac{\partial L}{\partial u_4}\frac{\partial u_4}{\partial u_{3.i}}=-\frac{\gamma}{2m\sigma^2}\sum_{j=1}^{m}\frac{\partial f}{\partial y_j}z_j,$$

$$\frac{\partial L}{\partial u_{2,i}}=\frac{\partial L}{\partial z_i}\frac{\partial z_i}{\partial u_{2,i}}+\frac{\partial L}{\partial u_{3,i}}\frac{\partial u_{3,i}}{\partial u_{2,i}}=\frac{\partial f}{\partial y_i}\frac{\gamma}{\sigma}-\frac{\gamma(x_i-\mu)}{m\sigma^2}\sum_{j=1}^{m}\frac{\partial f}{\partial y_j}z_j=\frac{\partial f}{\partial y_i}\frac{\gamma}{\sigma}-\frac{\gamma z_i}{m\sigma}\sum_{j=1}^{m}\frac{\partial f}{\partial y_j}z_j,$$

$$\frac{\partial L}{\partial \mu}=\sum_{r=1}^{m}\frac{\partial L}{\partial u_{2,r}}\frac{\partial u_{2,r}}{\partial \mu}=-\sum_{r=1}^{m}\left(\frac{\partial f}{\partial y_r}\frac{\gamma}{\sigma}-\frac{\gamma z_r}{m\sigma}\sum_{j=1}^{m}\frac{\partial f}{\partial y_j}z_j\right)=-\frac{\gamma}{\sigma}\sum_{r=1}^{m}\frac{\partial f}{\partial y_r}$$

因为 $\sum_{r=1}^{m}z_r=\frac{1}{\sigma}\sum_{r=1}^{m}(x_r-\mu)=0$，$\frac{\partial L}{\partial u_1}=\frac{\partial L}{\partial \mu}\frac{\partial \mu}{\partial u_1}=-\frac{\gamma}{m\sigma}\sum_{r=1}^{m}\frac{\partial f}{\partial y_r}$，

$$\frac{\partial L}{\partial x_i}=\frac{\partial L}{\partial u_1}\frac{\partial u_1}{\partial x_i}+\frac{\partial L}{\partial u_{2,i}}\frac{\partial u_{2,i}}{\partial x_i}=-\frac{\gamma}{m\sigma}\sum_{r=1}^{m}\frac{\partial f}{\partial y_r}+\frac{\partial f}{\partial y_i}\frac{\gamma}{\sigma}-\frac{\gamma z_i}{m\sigma}\sum_{j=1}^{m}\frac{\partial f}{\partial y_j}z_j.$$

上述计算对有些步骤（例如$\frac{\partial L}{\partial \mu}$的计算）做了符号化简。在计算机计算时，执行的都是数值计算而不是符号计算，并不会做符号化简。

通过上述过程，可以看到对于批量规范化，$\frac{\partial L}{\partial x_i}$的结果及其复杂，但计算机程序可以基于计算图及链式法则，自动计算出结果。读者可以从纯数学推导的角度进行计算，验证我们根据计算图算出的结果是否正确。

2.4.4 向量形式的反向传播

本节考虑向量形式的全连接网络：

$$\begin{aligned}&\boldsymbol{h}^0=\boldsymbol{x}\\&\boldsymbol{z}^k=\boldsymbol{W}^k\boldsymbol{h}^{k-1}+\boldsymbol{b}^k,\quad \boldsymbol{h}^k=\sigma(\boldsymbol{z}^k),k=1,\cdots,L\\&l=f(\boldsymbol{h}^L)\end{aligned}$$

与第2.1.2节的符号略有不同，这里为了区分网络层数和向量及矩阵的元素索引，我们把网络层数索引放到右上角，把向量及矩阵的元素索引放到右下角。类似算法2-2，需要计算$\nabla_{\boldsymbol{W}^k}l$、$\nabla_{\boldsymbol{b}^k}l$和$\nabla_{\boldsymbol{h}^{k-1}}l$。首先引入若干符号。记$\boldsymbol{x}\in\mathbb{R}^n,\boldsymbol{y}\in\mathbb{R}^m$，则有

$$\frac{\partial \boldsymbol{y}}{\partial \boldsymbol{x}}=\begin{pmatrix}\frac{\partial \boldsymbol{y}_1}{\partial \boldsymbol{x}_1} & \frac{\partial \boldsymbol{y}_1}{\partial \boldsymbol{x}_2} & \cdots & \frac{\partial \boldsymbol{y}_1}{\partial \boldsymbol{x}_n}\\ \frac{\partial \boldsymbol{y}_2}{\partial \boldsymbol{x}_1} & \frac{\partial \boldsymbol{y}_2}{\partial \boldsymbol{x}_2} & \cdots & \frac{\partial \boldsymbol{y}_2}{\partial \boldsymbol{x}_n}\\ \vdots & \vdots & & \vdots\\ \frac{\partial \boldsymbol{y}_m}{\partial \boldsymbol{x}_1} & \frac{\partial \boldsymbol{y}_m}{\partial \boldsymbol{x}_2} & \cdots & \frac{\partial \boldsymbol{y}_m}{\partial \boldsymbol{x}_n}\end{pmatrix}\in\mathbb{R}^{m\times n}$$

矩阵$\frac{\partial \boldsymbol{y}}{\partial \boldsymbol{x}}$称为雅可比（Jacobian）矩阵。特别地，当$m=1$时，$\frac{\partial y}{\partial \boldsymbol{x}}\in\mathbb{R}^{1\times n}$是行向量。回顾第1.4.3节，$\nabla_{\boldsymbol{x}}y\in\mathbb{R}^n$是列向量，二者满足关系$\nabla_{\boldsymbol{x}}y=\left(\frac{\partial y}{\partial \boldsymbol{x}}\right)^{\mathrm{T}}$。关于向量导数的链式法则，有如下引理：

> 引理1：假设$\boldsymbol{x}\in\mathbb{R}^n,\boldsymbol{y}\in\mathbb{R}^m,g:\mathbb{R}^n\to\mathbb{R}^m,f:\mathbb{R}^m\to\mathbb{R},\boldsymbol{y}=g(\boldsymbol{x}),z=f(\boldsymbol{y})$，则有
>
> $$\underbrace{\nabla_{\boldsymbol{x}}z}_{\mathbb{R}^n}=\underbrace{\left(\frac{\partial \boldsymbol{y}}{\partial \boldsymbol{x}}\right)^{\mathrm{T}}}_{\mathbb{R}^{n\times m}}\underbrace{\nabla_{\boldsymbol{y}}z}_{\mathbb{R}^m}$$

读者可根据$\nabla_{\boldsymbol{x}}z$，$\frac{\partial \boldsymbol{y}}{\partial \boldsymbol{x}}$，$\nabla_{\boldsymbol{y}}z$的维度记忆相乘的顺序以及是否有转置。

下面考虑向量形式的全连接网络的反向传播。第k层的前向传播和反向传播如图2-11所示。前向传播中各个计算单元如下：

$$\boldsymbol{u}^k=\boldsymbol{W}^k\boldsymbol{h}^{k-1},\quad \boldsymbol{z}^k=\boldsymbol{u}^k+\boldsymbol{b}^k,\quad \boldsymbol{h}^k=\sigma(\boldsymbol{z}^k)$$

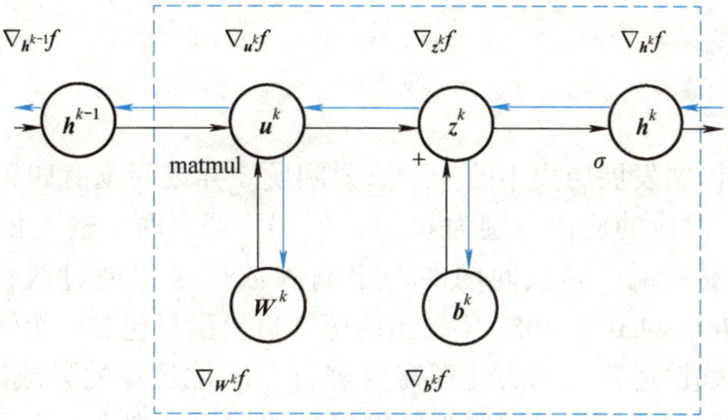

图 2-11　向量形式的全连接网络的计算图和反向传播示意图

对每个计算单元，输出值对每个输入的导数计算如下：

$$\frac{\partial \boldsymbol{u}^k}{\partial \boldsymbol{h}^{k-1}}=\boldsymbol{W}^k,\quad \frac{\partial u_i^k}{\partial \boldsymbol{W}_i^k}=(\boldsymbol{h}^{k-1})^{\mathrm{T}},\quad \frac{\partial \boldsymbol{z}^k}{\partial \boldsymbol{u}^k}=\boldsymbol{I},\quad \frac{\partial \boldsymbol{z}^k}{\partial \boldsymbol{b}^k}=\boldsymbol{I},\quad \frac{\partial \boldsymbol{h}^k}{\partial \boldsymbol{z}^k}=\mathbf{diag}(\sigma'(\boldsymbol{z}^k)),$$

其中 $\boldsymbol{W}_i^k$ 表示 $\boldsymbol{W}^k$ 的第 i 行元素构成的列向量，$\mathbf{diag}(\boldsymbol{x})$ 表示对角线元素为向量 $\boldsymbol{x}$ 的对角矩阵。不妨设 $\boldsymbol{h}^{k-1}\in\mathbb{R}^n$，$\boldsymbol{u}^k$，$\boldsymbol{b}^k$，$\boldsymbol{z}^k$，$\boldsymbol{h}^k\in\mathbb{R}^m$，$\boldsymbol{W}^k\in\mathbb{R}^{m\times n}$。根据引理 1，有如下反向传播公式：

$$\nabla_{\boldsymbol{z}^k}l=\left(\frac{\partial \boldsymbol{h}^k}{\partial \boldsymbol{z}^k}\right)^{\mathrm{T}}\nabla_{\boldsymbol{h}^k}l=\nabla_{\boldsymbol{h}^k}l\odot\sigma'(\boldsymbol{z}^k),$$

$$\nabla_{\boldsymbol{u}^k}l=\left(\frac{\partial \boldsymbol{z}^k}{\partial \boldsymbol{u}^k}\right)^{\mathrm{T}}\nabla_{\boldsymbol{z}^k}l=\nabla_{\boldsymbol{h}^k}l\odot\sigma'(\boldsymbol{z}^k),$$

$$\nabla_{\boldsymbol{b}^k}l=\left(\frac{\partial \boldsymbol{z}^k}{\partial \boldsymbol{b}^k}\right)^{\mathrm{T}}\nabla_{\boldsymbol{z}^k}l=\nabla_{\boldsymbol{h}^k}l\odot\sigma'(\boldsymbol{z}^k),$$

$$\underbrace{\nabla_{\boldsymbol{h}^{k-1}}l}_{\mathbb{R}^n}=\left(\frac{\partial \boldsymbol{u}^k}{\partial \boldsymbol{h}^{k-1}}\right)^{\mathrm{T}}\nabla_{\boldsymbol{u}^k}l=\underbrace{(\boldsymbol{W}_k)^{\mathrm{T}}}_{\mathbb{R}^{n\times m}}\underbrace{\nabla_{\boldsymbol{u}^k}l}_{\mathbb{R}^m}=(\boldsymbol{W}_k)^{\mathrm{T}}(\nabla_{\boldsymbol{h}^k}l\odot\sigma'(\boldsymbol{z}^k)),$$

$$\nabla_{\boldsymbol{W}_i^k}l=\left(\frac{\partial u_i^k}{\partial \boldsymbol{W}_i^k}\right)^{\mathrm{T}}\nabla_{u_i^k}l=\boldsymbol{h}^{k-1}\nabla_{u_i^k}l\Rightarrow\nabla_{(\boldsymbol{W}^k)^{\mathrm{T}}}l=(\boldsymbol{h}^{k-1}\nabla_{u_1^k}l,\cdots,\boldsymbol{h}^{k-1}\nabla_{u_m^k}l)=\boldsymbol{h}^{k-1}(\nabla_{\boldsymbol{u}^k}l)^{\mathrm{T}}$$

$$\Rightarrow\underbrace{\nabla_{\boldsymbol{W}^k}l}_{\mathbb{R}^{m\times n}}=\underbrace{(\nabla_{\boldsymbol{u}^k}l)}_{\mathbb{R}^m}\underbrace{(\boldsymbol{h}^{k-1})^{\mathrm{T}}}_{\mathbb{R}^{1\times n}}=(\nabla_{\boldsymbol{h}^k}l\odot\sigma'(\boldsymbol{z}^k))(\boldsymbol{h}^{k-1})^{\mathrm{T}},$$

其中，$\odot$表示 Hadamard 乘积$\begin{pmatrix}a_1\\ \vdots\\ a_m\end{pmatrix}\odot\begin{pmatrix}b_1\\ \vdots\\ b_m\end{pmatrix}=\begin{pmatrix}a_1b_1\\ \vdots\\ a_mb_m\end{pmatrix}$，最后两个公式读者可以根据维度记忆。

类似算法 2-2，可得向量形式的反向传播，如算法 2-3 所示。

算法 2-4：向量形式的反向传播

初始化：$\nabla_{\boldsymbol{h}^L}l=\nabla_{\boldsymbol{h}^L}f$

for $k=L,L-1,\cdots,2,1$

　　$\nabla_{\boldsymbol{W}^k}l=(\nabla_{\boldsymbol{h}^k}l\odot\sigma'(\boldsymbol{z}^k))(\boldsymbol{h}^{k-1})^{\mathrm{T}}$

　　$\nabla_{\boldsymbol{b}^k}l=\nabla_{\boldsymbol{h}^k}l\odot\sigma'(\boldsymbol{z}^k)$

　　$\nabla_{\boldsymbol{h}^{k-1}}l=(\boldsymbol{W}_k)^{\mathrm{T}}(\nabla_{\boldsymbol{h}^k}l\odot\sigma'(\boldsymbol{z}^k))$

end for

2.5 异或问题

异或问题是神经网络发展历史中的一个重要问题。异或问题有四组输入：(1,1)、(1,0)、(0,1)、(0,0)，对应的输出分别为0、1、1、0，即当两个输入相同时，输出为0，不相同时输出为1。容易验证，异或问题的四组输入数据难以通过线性模型加以区分。如图2-3所示，Frank Rosenblatt于1958年提出的感知机模型只包含一个输入层和一个输出层，感知机模型只能模拟线性运算，无法处理需要进行非线性运算的异或问题[7]。感知机模型无法学习简单的异或问题这一不足导致神经网络热潮的第一次大衰退。Paul John Werbos随后指出，只需要在原始的单层神经网络中引入一个隐藏层，就能够顺利解决异或问题。

本节以求解异或问题为例设计并训练一个全连接神经网络，该网络包含一个输入层、一个隐藏层和一个输出层：

$$\boldsymbol{h}=\mathrm{ReLU}(\boldsymbol{W}\boldsymbol{x}+\boldsymbol{b}),$$
$$y=\boldsymbol{w}^{\mathrm{T}}\boldsymbol{h}+b$$

其中，输入 $\boldsymbol{x}$ 是两个二进制数，隐藏层包含5个神经元，网络输出是输入的异或结果，即 $\boldsymbol{x}\in\mathbb{R}^2$，$\boldsymbol{W}\in\mathbb{R}^{5\times2}$，$\boldsymbol{b}\in\mathbb{R}^5$，$\boldsymbol{h}\in\mathbb{R}^5$，$\boldsymbol{w}\in\mathbb{R}^5$，$b\in\mathbb{R}$，$y\in\mathbb{R}$。隐藏层使用ReLU作为激活函数，输出层不使用激活函数。使用均方误差损失作为损失函数，并使用随机梯度法（Stochastic Gradient Descent，SGD）训练网络（将在第5章详细介绍训练算法），在随机梯度法的每一步，使用反向传播计算随机梯度。执行下述代码，可以得到网络的一组参数为

$$\boldsymbol{W}=\begin{pmatrix}1.0728 & 1.0728\\ -0.8363 & 1.0607\\ 0.6455 & 0.0093\\ 0.4936 & -0.6783\\ 0.6034 & -0.4383\end{pmatrix}\quad \boldsymbol{b}=\begin{pmatrix}-1.0728\\ 2.8014\times10^{-6}\\ -3.7686\times10^{-2}\\ 1.8394\times10^{-1}\\ -6.7461\times10^{-1}\end{pmatrix},\quad \boldsymbol{w}=\begin{pmatrix}-1.7115\\ 1.0000\\ -0.3295\\ 0.3312\\ 0.3853\end{pmatrix},\quad b=-0.0608$$

感兴趣的读者可以自行验证输入(1,1)、(1,0)、(0,1)、(0,0)时是否能够近似输出0、1、1、0。

```
import torch
import torch.nn as nn
import torch.optim as optim

# 定义多层感知机模型
class MLP(nn.Module):
    def __init__(self):
        super(MLP,self).__init__()
        self.fc1 = nn.Linear(2,5)                # 第一个全连接层，输入维度为2，输出维度为5
        self.fc2 = nn.Linear(5,1)                # 第二个全连接层，输入维度为5，输出维度为1

    def forward(self,x):
        x = torch.relu(self.fc1(x))              # 隐藏层使用ReLU激活函数
        x = self.fc2(x)                          # 输出层不使用激活函数
        return x
```

```
# 创建模型实例
model = MLP()

# 定义损失函数和优化器
criterion = nn.MSELoss()                                          # 使用均方误差损失函数
optimizer = optim.SGD(model.parameters(),lr=0.001)                # 使用随机梯度法

# 准备训练数据
inputs = torch.tensor([[0,0],[0,1],[1,0],[1,1]],dtype=torch.float32)  # 只有四个样本
targets = torch.tensor([[0],[1],[1],[0]],dtype=torch.float32)

# 训练模型
epochs = 100000
for epoch in range(epochs):
    optimizer.zero_grad()
    outputs = model(inputs)
    loss = criterion(outputs,targets)
    loss.backward()                                               # 使用反向传播计算梯度
    optimizer.step()

    if(epoch+1)% 1000 == 0:
        print(f'Epoch {epoch+1},Loss:{loss.item()}')

# 测试模型
model.eval()
with torch.no_grad():
    print(model(inputs))                                          # 给定输入，计算模型输出
    print(model.state_dict())                                     # 输出网络权重
```

本章小结

本章主要介绍全连接网络的基础知识，包括网络结构，ReLU、GeLU 等常用的激活函数，均方误差、交叉熵损失等常用的损失函数，以及反向传播的数学原理和基于计算图的实现。其中计算图较为复杂，向量形式的反向传播对数学要求较高，可作为研究生教学内容。

思考题与习题

1. 为什么不使用激活函数的多层网络等价于一层网络？
2. 为什么 Softmax 和交叉熵损失的组合在深度学习中很常用？
3. 为什么 Sigmoid、tanh 会导致梯度消失，而 ReLU 能够缓解梯度消失？
4. 当输入小批量样本数据时，ReLU 还会出现 dead neurons 现象吗？
5. 请总结缓解梯度消失或梯度爆炸的技术。
6. 在完成第 3 章、第 4 章的学习后，尝试推导卷积网络和循环神经网络的反向传播算法。

7. 尝试使用不同的网络结构解决异或问题并观察训练结果是否正确。

参考文献

[1] MCCULLOCH S, PITTS W. A logical calculus of the ideas immanent in nervous activity [J]. The Bulletin of Mathematical Biophysics, 1943, 5: 115-133.

[2] ROSENBLATT F. The perceptron: a probabilistic model for information storage and organization in the brain [J]. Psychological Review, 1958, 65. 6: 386.

[3] GLOROT X, BORDES A, BENGIO Y. Deep sparse rectifier neural networks [C]. International Conference on Artificial Intelligence and Statistics (AISTATS), 2011.

[4] HENDRYCKS D, GIMPEL K. Gaussian error linear units (GELUs) [J]. ArXiv: 1606. 08415, 2016.

[5] KULLBACK S, LEIBLER A. On information and sufficiency [J]. The Annals of Mathematical Statistics, 1951, 22 (1): 79-86.

[6] RUMELHART D, HINTON G, WILLIAMS R. Learning representations by back-propagating errors [J]. Nature, 1986, 323: 533-536.

[7] MINSKY M, PAPERT S. Perceptrons: An introduction to computational geometry. Cambridge [M]. Cambrideg: MIT Press, 1969.

[8] WERBOS P. Beyond regression: New tools for prediction and analysis in the behavioral sciences [D]. Cambridge: Harvard University, 1974.

第 3 章　卷积神经网络

导　读

本章首先从卷积层的运算及其特点出发，介绍不同类型的卷积，包括转置卷积、空洞卷积、分组卷积和可分离卷积；然后介绍池化操作，并详细介绍 LeNet、AlexNet、VGG、GoogleNet 和 ResNet 等经典卷积神经网络模型；最后，以 PyTorch 为基础，给出卷积神经网络的代码示例。

本章知识点

- 卷积层及 4 种典型卷积类型
- 池化层
- 经典卷积神经网络模型
- 卷积神经网络代码实现

3.1　卷积层

卷积是卷积神经网络（Convolutional Neural Network，CNN）最核心的组件之一。本节首先介绍卷积的基本知识，包括卷积的运算、特点和数学性。

3.1.1　卷积运算

卷积层是卷积神经网络的核心组件之一，而卷积操作又是卷积层的核心，其作用是从输入数据中提取有效特征。具体地，使用卷积核（也称为滤波器或过滤器）扫描输入数据的不同局部区域，将每一个局部区域与卷积核进行卷积运算并计算输出。在计算机视觉中，我们通常将卷积运算的输入称为输入特征图，输出称为输出特征图。

如图 3-1 所示为卷积层的计算过程，在该示例中，输入数据为 4×4 大小的矩阵，⊗表示卷积运算，卷积核为 2×2 矩阵，输出也为 2×2 矩阵。一般使用（高度，宽度）表示输入数据、卷积核和输出数据的大小。在本示例中，输入特征图大小为（4,4），卷积核和输出特征图大小为（2,2）。

在处理输入数据时，卷积核可以看作以特定间隔滑动的滤波器。如图 3-1 所示，首先将输入特征图左上角的 2×2 窗口区域中的每个元素与卷积核的对应元素相乘并求和，即 $1\times0+2\times1+5\times2+6\times3$，并将结果 30 存储在输出特征图的左上角位置。然后将窗口向右移动两个元素，重复上述计算，将结果存储在输出特征图的右上角位置。此时窗口已经位于输入特征图的最右端，我们将窗口向下移动两个元素，重复上述计算，分别将结果存储在输出特征图的左下角和右下角位置。

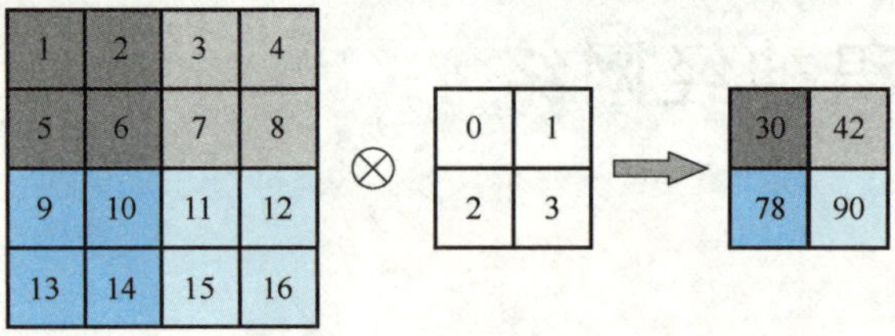

图 3-1　卷积运算示例

使用步幅表示卷积核在输入特征图上滑动的距离，在图 3-1 中，我们使用的步幅为 2，表示向右或者向下滑动的距离为 2。如图 3-2 所示为步幅等于 1 的卷积运算结果，其中卷积核大小为 2×2，输入特征图大小为 5×5，输出特征图大小为 4×4，输出特征图左上角元素 0 为输入特征图左上角 2×2 区域的四个元素（0,0,0,0）与卷积核的卷积运算结果；将窗口向右移动一个元素，得到由元素（0,0,0,1）构成的 2×2 区域，与卷积核做卷积运算，即 0×0+0×1+0×2+1×3，得到输出特征图第一行第二列的元素为 3，以此类推，可以得到输出特征图的其他元素。步幅大小影响输出特征图的大小，一般而言，步幅越大，输出特征图越小。

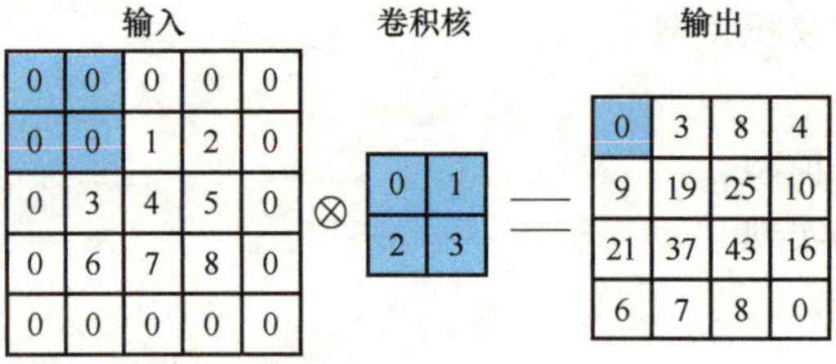

图 3-2　步幅等于 1 的卷积计算过程

为了使输入和输出具有相同的大小，我们可以使用填充，即在输入特征图的边缘添加额外的元素，通常为 0 元素。如图 3-3 所示，在输入特征图的四周分别添加一行/列，将输入的高和宽分别从 4 扩展到 6，从而使得输出的高和宽从 2 扩大到 4，与原始输入的大小相同。使用填充之后的输出特征图大小的计算公式为 $\left\lfloor \frac{H-F+2P}{S}+1 \right\rfloor \times \left\lfloor \frac{W-F+2P}{S}+1 \right\rfloor$，其中 H 和 W 分别表示原始输入特征图的高和宽，F 表示卷积核的大小，P 表示填充的大小，S 表示步幅，$\lfloor \cdot \rfloor$ 表示取整，如 $\lfloor 3.5 \rfloor = 3$ 以图 3-3 为例，$W=H=4$，$F=3$，$P=1$，$S=1$，代入公式，可得输出特征图的大小为（4,4）。在本示例中，设置填充 P 为 1，我们也可以根据具体需求将其调整为 2、3 或其他整数，以控制输出特征图的大小。如果将图 3-3 中的填充设置为 2，则输入特征图的大小变为（8,8），输出特征图的大小变为（6,6），大于原始输入大小。

通道是卷积神经网络中的另一个重要概念。在图 3-1、图 3-2 和图 3-3 中，输入和输出均为二维矩阵，我们称输入和输出的通道数均为 1。自然而然地，可以将 1 输入通道、1 输出通道扩展到多输入通道、多输出通道。图 3-4 为 3 个输入通道和 2 个输出通道的卷积计算过程，此时需要 6 个卷积核，将这 6 个卷积核分为 2 组，将第一组的 3 个卷积核分别和 3 个输入通道的输入特征图做卷积，并将结果相加，得到第一个输出通道的特征图，即 $O_a = I_a \otimes$

$K_a+I_b \otimes K_b+I_c \otimes K_c$。类似地，使用第二组的 3 个卷积核得到第二个输出通道的特征图，即 $O_b=I_a \otimes K_d+I_b \otimes K_e+I_c \otimes K_f$。

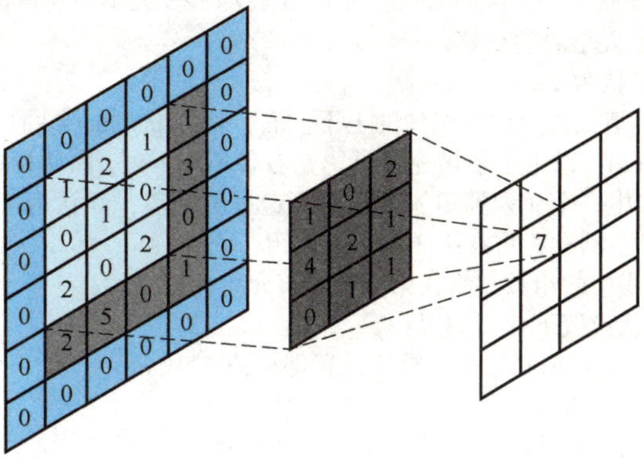

图 3-3　填充 =1 卷积核 =3 步幅 =1 的卷积计算过程

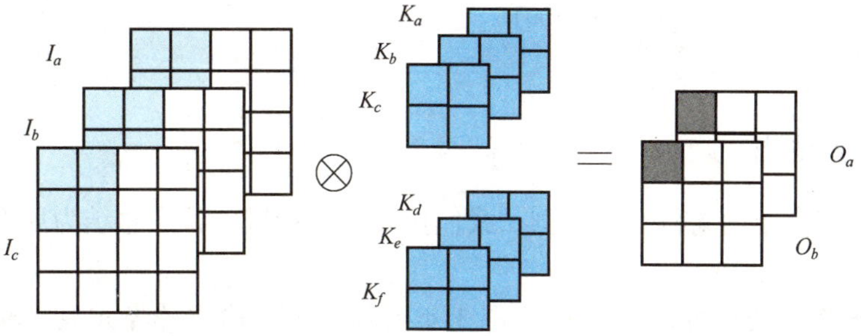

图 3-4　3 个输入通道、2 个输出通道的卷积计算过程

卷积神经网络需要学习的参数为卷积核中的权重。另外，类似于全连接网络，我们也可以引入偏置，并将偏置值与输出特征图的每个元素相加，作为卷积层的输出。在卷积神经网络中，一般会使用激活函数对卷积层的计算结果进一步进行非线性处理，常用的激活函数见第 2.2 节。

PyTorch 在 torch. nn. Conv2d 函数中实现了对卷积层的封装，API 简介及应用示例如下。构建卷积神经网络时，一般会在 nn. Conv2d 之后继续调用激活函数，例如 nn. ReLU。

API：torch. nn. Conv2d(in_channels, out_channels, kernel_size, stride = 1, padding = 0, dilation = 1, groups = 1, bias = True, padding_mode = 'zeros', device = None, dtype = None)

函数说明：输入数据大小为 (N, C_{in}, H, W)，输出数据大小为 $(N, C_{\text{out}}, H_{\text{out}}, W_{\text{out}})$，其中 N 表示批量大小(将于 5.2.3 节介绍) C_{in} 和 C_{out} 分别表示输入通道数和输出通道数，H 和 W 分别表示高和宽。函数执行如下操作

$$\text{out}(N_i, C_{\text{out}_j}) = \text{bias}(C_{\text{out}_j}) + \sum_{k=0}^{C_{\text{in}}-1} \text{weight}(C_{\text{out}_j}, k) \otimes \text{input}(N_i, k)$$

其中 N_i 表示第 i 个样本，C_{out_j} 表示第 out_j 个输出通道，bias 表示偏置，weight 表示卷积核，input 表示输入，求和部分执行如图 3-4 所示的多通道卷积运算。

参数：in_channels：输入通道数；
out_channels：输出通道数；
kernel_size：卷积核大小，例如 kernel_size=3 表示 3×3 大小的卷积核，kernel_size=(3,5)表示 3×5 大小的卷积核；
stride：步幅，默认为 1；
padding：填充，填充位置包括图像的上下左右，例如 padding=1 使得 32×32 大小的图像填充为 34×34，即上下各填充一行，左右各填充一列。默认设置为 0，表示不填充；
dilation：卷积核中一个元素到相邻元素需要走过的距离，默认为 1，大于 1 时表示使用空洞卷积，空洞卷积将在第 3.2.2 节介绍；
groups：分组卷积中的组数，将在第 3.2.3 节介绍；
bias：偏置，默认设置下使用偏置；
padding_mode、device、dtype：使用默认设置即可。

示例：
```
import torch
import torch.nn as nn
m = nn.Conv2d(16,33,3,stride=2)
m =nn.Conv2d(16,33,(3,5),stride=(2,1),padding=(4,2))
m =nn.Conv2d(16,33,(3,5),stride=(2,1),padding=(4,2),dilation=(3,1))
input =torch.randn(20,16,50,100)
output = m(input)
```

3.1.2 卷积的特点

基于 3.1.1 节介绍的卷积运算示例，我们可以将卷积层的特点总结为局部连接、权重共享和平移不变性。

（1）**局部连接** 我们可以从图 3-1~图 3-4 观测到每个输出神经元只与输入数据的一个小区域相关，而不是与整个输入数据相关，即每个输出神经元只与部分输入神经元相连接，我们称该特性为局部连接。人类在识别图像时也采用了局部连接的模式，例如识别一张图像中是否包含一只鸟，我们往往会寻找图像中是否包含鸟嘴、鸟爪等显著特征，即重点关注图像的局部区域。另外，与第 2 章介绍的全连接网络的全连接层相比，局部连接可以大幅减少网络的参数量，从而降低模型的训练难度，提高模型的泛化能力。

（2）**权重共享** 我们可以从图 3-1 观察到，当卷积核与输入数据的不同区域进行卷积运算时，我们使用的卷积核权重是相同的，即卷积核在输入数据的不同区域共享相同的权重。以识别图像中的鸟为例，可以将卷积核看作是过滤器，使用该过滤器扫描图像的每个区域，检测是否有鸟嘴、鸟爪等显著特征。过滤器的参数不随扫描区域的变化而变化。另外，与局部连接类似，权重共享也可以进一步减少网络参数量，从而降低模型的训练难度，提高模型的泛化能力。

（3）**平移不变性** 平移不变性是指当输入数据发生移动时，卷积操作的输出也会相应地移动。这意味着当输入数据的位置发生变化时，卷积层仍然可以提取出有效特征。以识别图像中的鸟为例，鸟嘴可能位于图像的不同位置，但不管位于什么位置，我们都希望卷积核可以对其正确识别。

3.1.3 卷积的数学性

在数学中，卷积是一种积分变换。给定两个函数 f 和 g，定义其卷积为 $(f*g)(x)=$

$\int f(x-t)g(t)\mathrm{d}t$，表示函数 f 和 g 的“叠加”程度。在深度学习中，我们通常使用离散卷积而不是连续卷积，即 $(f*g)(x)=\sum_{t} f(x-t)g(t)$。作为一种强大的数学工具，卷积在深度学习领域具有广泛应用，它可以帮助我们从数据中提取有用的特征，并减少计算量。

3.2　其他卷积类型

除了 3.1 节介绍的基本卷积运算，研究者们提出了适用于不同任务的其他类型的卷积。本节将介绍几种典型的卷积：转置卷积、空洞卷积、分组卷积和可分离卷积。

3.2.1　转置卷积

1. 转置卷积的定义

如图 3-1 和图 3-2 所示，当不使用填充时，经过卷积运算之后，输出特征图的大小会小于输入特征图。转置卷积，又称反卷积或上采样卷积，通常用于将特征图恢复到原始输入大小，或者将特征图从低分辨率映射到高分辨率，后者称为上采样。

首先解释为什么称为“转置”，考虑矩阵与向量相乘的简单例子 $\boldsymbol{y}=\boldsymbol{W}\boldsymbol{x}$，其中 $\boldsymbol{x}\in\mathbb{R}^{n}$，$\boldsymbol{W}\in\mathbb{R}^{m\times n}$，$\boldsymbol{y}\in\mathbb{R}^{m}$，并且 $m<n$。当我们希望将 $\boldsymbol{y}$ 由 m 维恢复为 n 维时，可以使用 $\boldsymbol{z}=\boldsymbol{W}^{\mathrm{T}}\boldsymbol{y}$，其中 $\boldsymbol{W}^{\mathrm{T}}$ 表示 $\boldsymbol{W}$ 的转置矩阵，$\boldsymbol{z}\in\mathbb{R}^{n}$。由于卷积运算可以等价地写成一个特殊的矩阵向量乘法运算，因此可以使用矩阵转置的思想设计转置卷积。需要注意的是，转置卷积只能恢复原始输入的大小，而不能恢复原始输入的值，因此转置卷积不是标准卷积的“逆运算”。

转置卷积的工作原理和标准卷积类似，但在进行卷积操作之前需要对输入数据进行填充。如图 3-5 所示，原始输入特征图大小为 2×2，填充之后，将特征图扩大到 6×6，然后与 3×3 大小的卷积核进行卷积运算，其中步幅设置为 1，得到 4×4 大小的输出特征图。因此，转置卷积将 2×2 大小的输入特征图转化为 4×4 大小的输出特征图，从而完成上采样。在与卷积核进行卷积运算时，转置卷积首先需要对卷积核进行转置，即翻转 180°，转置卷积中的卷积核一般是上一层中进行标准卷积运算的卷积核。

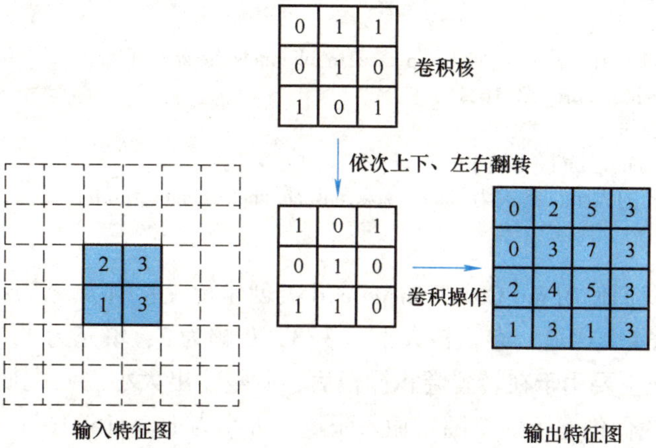

图 3-5　填充 =0 卷积核 =3 步幅 =1 的转置卷积计算过程

2. 转置卷积的实现

转置卷积的计算包含以下 4 个步骤：

1）在特征图元素间填充（$S-1$）行 0 元素和（$S-1$）列 0 元素，其中 S 表示转置卷积的步幅。在图 3-5 示例中，步幅 $S=1$，因此未执行该步。

2）在特征图四周填充（$K-P-1$）行 0 元素和（$K-P-1$）列 0 元素，其中 K 表示转置卷积的卷积核大小，P 表示转置卷积的填充，注意这里的填充并不是传统卷积中的填充。在图 3-5 中，$K=3$，$P=0$，因此在四周各填充 2 行/2 列。注意这里的填充 P 不等于 2。

3）将卷积核翻转 180°，即上下左右翻转卷积核中的参数。

4）对填充后的特征图和转置后的卷积核做步幅为 1 的标准卷积运算，得到输出特征图。

3. 转置卷积的应用场景

在图像处理任务中，经常需要对特征图进行上采样，以便进行更精细的分析和处理。转置卷积可用于上采样，典型应用场景包括图像分割和图像生成。在图像分割任务中，转置卷积用于将低分辨率的特征图上采样到原始图像大小，恢复原始图像的分辨率，从而实现像素级的分类或高精度的分割任务。在图像生成任务中，特别是生成对抗网络中，转置卷积用于将低分辨率的特征图上采样至高分辨率的特征图，以帮助生成更加真实且包含细节的图像。

4. PyTorch 实现

转置卷积的 PyTorch API 及简单使用范例如下所示。


```
import torch
import torch. nn as nn
# 使用 ConvTranspose2d 函数创建一个转置卷积层
transpose_conv = nn. ConvTranspose2d(
          in_channels=3,     # 输入通道数
          out_channels=64,   # 输出通道数
          kernel_size=3,     # 卷积核大小
          stride=2,          # 步幅
          padding=1,         # 填充
          output_padding=1   # 输出填充
)
# 创建一个随机输入张量，大小为[batch_size,in_channels,height,width]
input_tensor = torch. randn(1,3,16,16)
# 进行转置卷积操作
output =transpose_conv(input_tensor)
# 打印输出特征图的大小，格式为[batch_size,out_channels,height,width]
print(output. size())
```

在该示例中，我们使用 nn. ConvTranspose2d 类创建转置卷积层。该层的输入张量有 3 个通道，输出张量有 64 个通道，卷积核大小为 3×3，步幅为 2，填充为 1，并且设置输出填充为 1，其中输出填充主要用于在转置卷积操作后，调整输出大小以匹配期望的目标尺寸。在使用转置卷积时，我们创建了一个随机输入张量，大小为 1×3×16×16（一个样本，3 个输入通道，高度和宽度为 16）。最后，使用转置卷积层对输入张量进行转置卷积操作，并打印输出张量的大小。

3.2.2　空洞卷积

1. 空洞卷积的定义

空洞卷积通过在卷积核中插入空洞或在输入特征图中加入跳跃的采样间隔来扩展卷积操作的感受野，而无须增加额外的参数量。感受野是指一个输出神经元能够感知到的输入范围，如图 3-6 所示，输出层左上角神经元的感受野为输入层左上角的 3×3 区域。当网络层数增加后，神经元的感受野也会相应变大。感受野也可以理解为卷积核能够覆盖的区域范围。当使用空洞率为 r 的空洞卷积核，即当卷积核元素之间的距离为 $r-1$ 个像素时，其在输入数据上的采样间隔为 $r-1$（PyTorch 中的实现方式）。图 3-7 为空洞卷积的三个示例，其中空洞率均为 2，因此在输入数据上每隔一行/一列采样一个像素点。

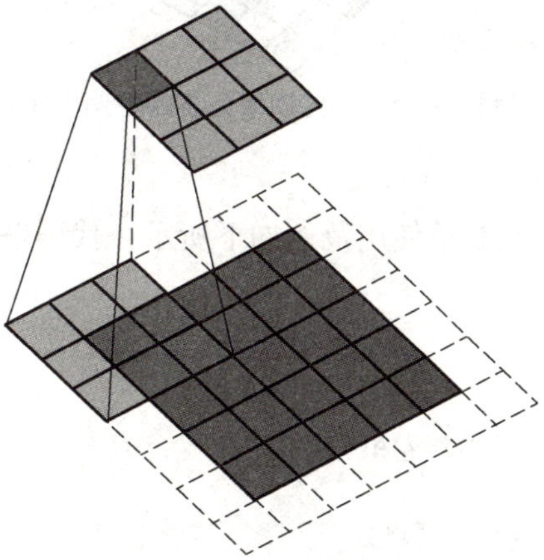

图 3-6　常规卷积感受野示例

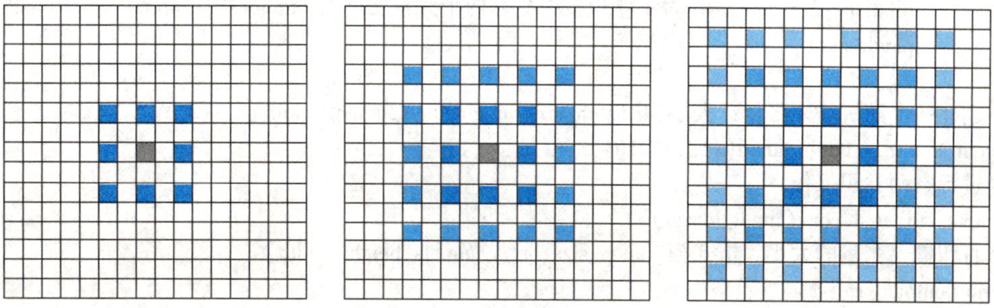

图 3-7　空洞卷积示例

2. 空洞卷积的优势

空洞卷积的优势是可以扩大感受野，在不显著增加参数量和计算负担的前提下，使得卷积核可以覆盖更大的输入区域。图 3-8 为空洞卷积的感受野示例，其中空洞率 $r=2$，此时输出层左上角神经元的感受野为输入层左上角的 5×5 区域，范围大于图 3-6 中的感受野，但卷积核参数量与图 3-6 中相同，均为 9 个参数。

3. 空洞卷积的缺陷

空洞卷积通过在卷积核中插入空洞来扩大感受野范围，但这会导致卷积运算时跳过一些输入特征图的像素。这种跳跃可能丢失细节信息，特别是在处理高分辨率图像或精细特征提取任务时，这种跳跃的负面影响更为明显。另外，空洞卷积也可能导致网格效应，即由于跳过输入像素从而在输出特征图上形成网格状的伪影，这种效应会影响特征图的平滑性和一致性，进而影响模型的性能。

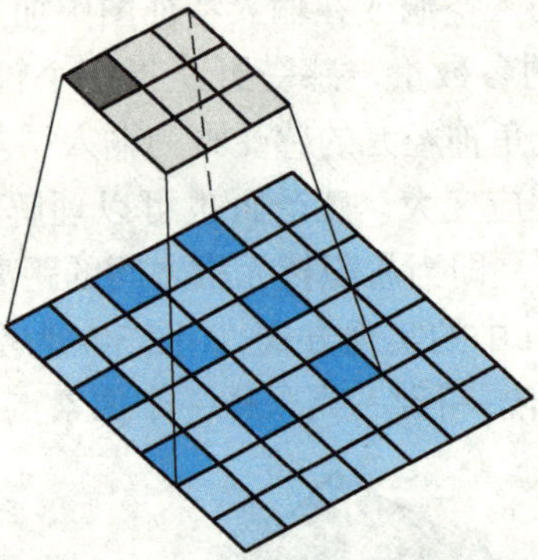

图 3-8　卷积核大小为 3，空洞率为 2 的空洞卷积感受野示例

4. PyTorch 实现

空洞卷积的 PyTorch API 及简单使用范例如下所示，代码解释与 3.2.1 节中的转置卷积相同，这里不再赘述。

```
import torch
import torch.nn as nn
# 使用 nn.Conv2d 函数创建一个空洞卷积层
dilated_conv = nn.Conv2d(
        in_channels=3,      # 输入通道数
        out_channels=64,    # 输出通道数
        kernel_size=3,      # 卷积核大小
        dilation=2,         # 表示卷积核中相邻两个元素之间有 dilation-1 个间隔
        padding=1           # 填充
)
# 创建一个随机输入张量，大小为[batch_size,in_channels,height,width]
input_tensor = torch.randn(1,3,16,16)
# 进行空洞卷积操作
output =dilated_conv(input_tensor)
# 打印输出张量的大小，格式为[batch_size,out_channels,height,width]
print(output.size())
```


3.2.3　分组卷积

1. 分组卷积的定义

分组卷积是指将输入特征图按通道分成若干组，每一组执行常规的卷积操作，最后将各组的结果合并，形成最终的输出特征图。如果输入特征图的通道数为 C，分成 G 组，那么每一组含有 C/G 个通道。如图 3-9 所示为 $G=2$ 的分组卷积示例，每一组的输入通道数为 $C/2$，输出通道数为 $C'/2$，因此每一组需要的卷积核数量为 $C\times C'/4$（见图 3-4 中示例），共需 $C\times C'/2$ 个卷积核。作为比较，当不使用分组卷积时，需要的卷积核数量为 $C\times C'$，因此 $G=2$ 的分组卷积能够节省一半的卷积核参数量。

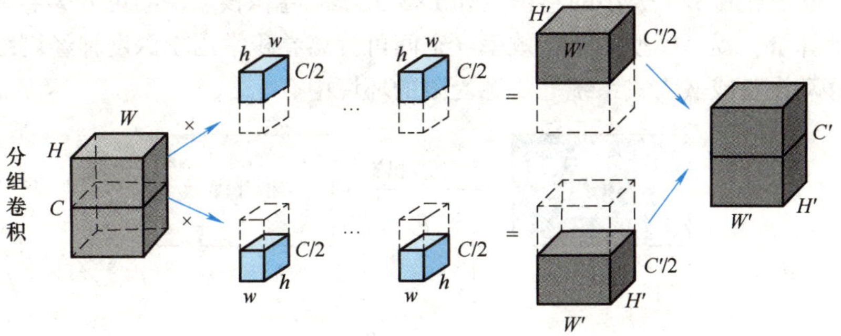

图 3-9　分组卷积示例，$G=2$

2. 分组卷积的特点

分组卷积可以减少模型参数量，一般来说，当分为 G 个组时，模型参数量可以减少到不分组时的 $1/G$。由于参数量的减少进而可以减少运算量，节省计算资源，加快模型训练速度。分组卷积最早可以追溯到经典的 AlexNet 模型，用于解决显存不足的问题。现在分组卷积广泛应用于各种轻量化模型中，如手机等移动设备中的深度模型，用于在资源受限的情况下减少运算量和参数量。另外，分组卷积也可以提取多种不同的特征表示，每个小组内的卷积操作可以学习到不同的特征，从而增加网络的表征能力和对不同特征的感知能力。

3. PyTorch 实现

分组卷积的 PyTorch API 及简单使用范例如下所示，代码解释与 3.2.1 节中的转置卷积相同，这里不再赘述。


```
import torch
import torch.nn as nn
# 使用 nn.Conv2d 函数创建一个分组卷积层
grouped_conv = nn.Conv2d(
        in_channels=6,       # 输入通道数
        out_channels=16,     # 输出通道数
        kernel_size=3,       # 卷积核大小
        groups=2,            # 分组数,此处为 2
        padding=1            # 填充
)
# 创建一个随机输入张量，大小为[batch_size,in_channels,height,width]
input_tensor = torch.randn(1,6,16,16)
# 进行分组卷积操作
output = grouped_conv(input_tensor)
# 打印输出张量的大小，格式为[batch_size,out_channels,height,width]
print(output.size())
```

3.2.4　可分离卷积

1. 空间可分离卷积

空间可分离卷积在宽度和高度两个维度对卷积运算进行简化。具体来说，该方法将二维卷积分解成两个一维卷积操作，分别在水平方向和垂直方向进行卷积运算。如图 3-10a 所示为标准卷积的运算示意图，卷积核大小为 3×3，如图 3-10b 所示为空间可分离卷积，将 3×

3 大小的卷积核分解成 3×1 大小的卷积核和 1×3 大小的卷积核。空间可分离卷积可以大幅减小参数量与计算量，提高模型的运行效率。空间可分离卷积常用于深度神经网络的轻量化设计中，例如移动设备或嵌入式系统等资源受限的环境中。

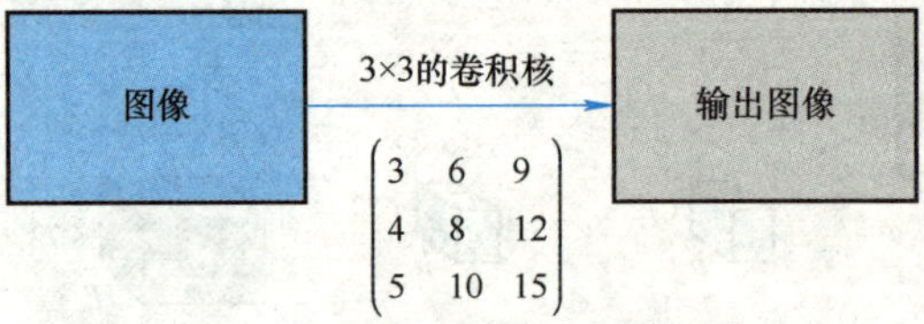

a）标准卷积

b）空间可分离卷积

图 3-10　标准卷积与空间可分离卷积

2. 深度可分离卷积

深度可分离卷积在通道这个维度对卷积运算进行简化，包含分组卷积和 1×1 卷积两个步骤。我们通过具体示例解释这两个步骤。考虑图 3-4 中的多通道下的标准卷积运算，该运算需要 3×2=6 个卷积核，每个卷积核大小为 2×2，因此共需要 3×2×2×2=24 个参数。图 3-11 为对应的深度可分离卷积，如图 3-11a 所示，首先将 3 个输入通道分为 3 组，每一组执行常规的卷积运算，即 $O_a=I_a\otimes K_a$，$O_b=I_b\otimes K_b$，$O_c=I_c\otimes K_c$，最后将各组的结果合并分组卷积步需要的参数量为 3×2×2=12。然后，如图 3-11b 所示，对分组卷积的结果执行卷积核大小为 1×1 的标准卷积操作，简称为 1×1 卷积，其目的是对不同通道的信息进

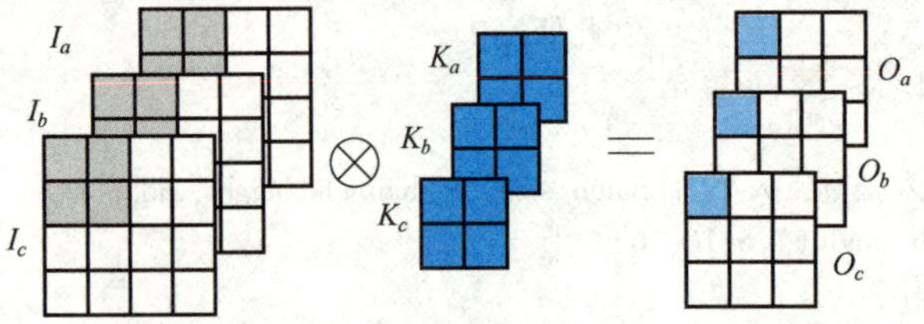

a）分组卷积

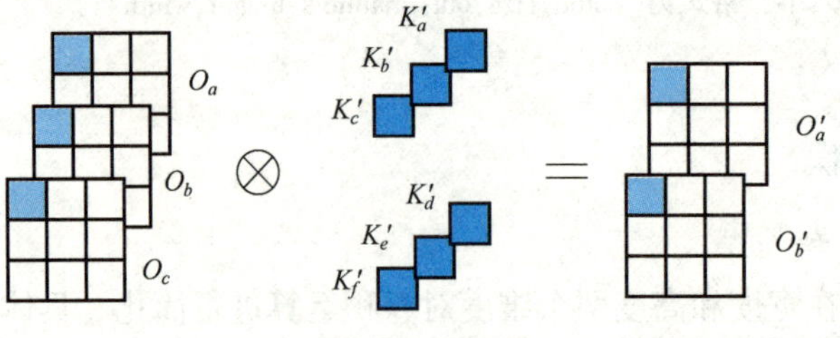

b）1×1卷积

图 3-11　深度可分离卷积

行整合。$K'_a \sim K'_f$为标量，因此第一个输出通道的特征图为 $O'_a = O_a \times K'_a + O_b \times K'_b + O_c \times K'_c$，第二个输出通道的特征图为 $O'_b = O_a \times K'_d + O_b \times K'_e + O_c \times K'_f$。该步操作需要的参数量为 6，因此深度可分离卷积需要的总参数量为 12+6=18，小于图 3-4 中的标准卷积的参数量。

深度可分离卷积的优势是能够显著减少参数量和计算量，通常用于手机等轻量级模型设计中，在 MobileNet 等模型中发挥了重要作用。

3. PyTorch 实现

深度可分离卷积的 PyTorch API 及简单使用范例如下所示。在该示例中，我们使用 SeparableConv2d 类定义深度可分离卷积。使用 nn. Conv2d 类分别定义分组卷积和 1×1 卷积，其中分组卷积步骤的输入通道数、输出通道数和组数均为 in_channels，1×1 卷积步骤的输入通道数和输出通道数分别为 in_channels 和 out_channels，卷积核大小为 1。

```
import torch
import torch. nn as nn
# 定义一个空间可分离卷积层
class SeparableConv2d( nn. Module) :
    def __init__(self, in_channels, out_channels, kernel_size, stride = 1, padding = 0) :
        self. in_channels = in_channels
        self. out_channels = out_channels
        self. kernel_size = kernel_size
        self. stride = stride
        self. padding = padding
        super( SeparableConv2d, self). __init__( )
        # 首先进行分组卷积
        self. depthwise_conv = nn. Conv2d( in_channels, in_channels, kernel_size = kernel_size,
                                          stride = stride, padding = padding, groups = in_channels)
        # 然后进行 1×1 卷积
        self. pointwise_conv = nn. Conv2d( in_channels, out_channels, kernel_size = 1)
    def forward( self, x) :
        x = self. depthwise_conv( x)
        x = self. pointwise_conv( x)
        return x

# 创建一个随机输入张量，大小为[ batch_size, in_channels, height, width]
input_tensor = torch. randn( 1, 3, 32, 32)
# 进行深度可分离卷积操作
output = SeparableConv2d( in_channels = 3, out_channels = 6, kernel_size = 3, padding = 1)
```

3.3 池化层

在卷积神经网络中，池化层（Pooling Layer），又称为汇聚层，一般位于卷积层和激活函数之后。它通过对输入特征图的局部区域进行汇聚操作，从而减小特征图的大小，进而减少模型的参数量和计算量。最常用的池化层包括最大池化层和平均池化层。

3.3.1 平均池化

1. 平均池化定义

平均池化对池化区域内的元素值计算平均值。如图 3-12 所示为平均池化的计算过程，使用大小为2×2的池化核，将池化核以长度为2的步幅在输入特征图上滑动，滑动过程中覆盖到的输入区域即为池化区域，对每个池化区域内的元素值计算平均作为该区域的输出。对图3-12中第一个区域内的四个元素(1,5,2,4)求平均，将结果3作为输出特征图的第一个输出，对第二个区域内的四个元素(2,7,3,8)求平均，将结果5作为输出特征图的第二个输出，以此类推，可以生成输出特征图的剩余两个输出。

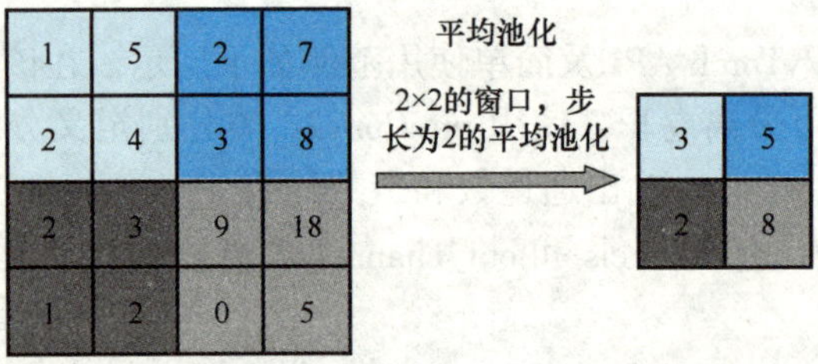

图3-12　平均池化

2. 平均池化的特点

(1) **减少模型参数量**　池化操作会缩小特征图的大小，从而减少后续卷积层的参数量和计算量，提高模型的效率和运行速度。

(2) **提取平均特征**　平均池化操作提取了每个区域的平均特征值，有助于保留图像的整体结构信息，同时减小噪声的影响。

(3) **降低过拟合风险**　平均池化操作可以减少模型的参数量，降低模型的复杂度，因此能够降低过拟合的风险。

3.3.2　最大池化

1. 最大池化定义

最大池化的计算过程与平均池化类似，唯一区别是将平均池化操作中对池化区域内的元素值计算平均改为计算最大值。图3-13为最大池化的计算过程，对第一个区域内的四个元素(1,5,6,1)求最大值，将结果6作为输出特征图的第一个输出，对第二个区域内的四个元素(2,7,8,4)求最大值，将结果8作为输出特征图的第二个输出，以此类推，可以生成输出特征图的剩余两个输出。

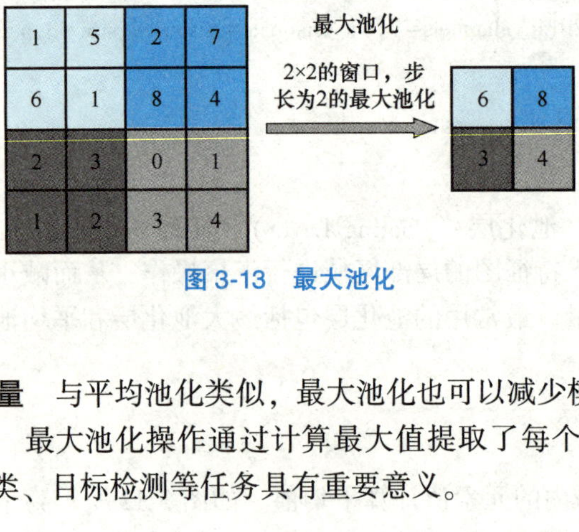

图3-13　最大池化

2. 最大池化的特点

(1) **减少模型参数量**　与平均池化类似，最大池化也可以减少模型的参数量和计算量。

(2) **提取显著特征**　最大池化操作通过计算最大值提取了每个池化区域内的最显著特征，这些特征对图像分类、目标检测等任务具有重要意义。

（3）**平移不变性**　最大池化中的计算最大值操作对输入的平移等变换具备一定的不变性。例如将图 3-13 中的输入特征图向右平移一个单位，第二个池化区域中的四个元素由(2,7,8,4)变为(5,2,1,8)，但最大值不变。

（4）**降低过拟合风险**　与平均池化类似，最大池化也可以降低过拟合的风险。

3.3.3　最大池化和平均池化的区别

最大池化和平均池化是两种常用的池化操作，它们在深度学习中的应用场景有所不同，主要取决于任务的需求和特征的性质。

1. 最大池化应用场景特点

（1）**特征突出性要求高**　当任务要求强调图像中的主要特征时，最大池化通常是更好的选择，因为它会挑选每个池化区域内的最大值，从而突出图像中最显著的特征，典型的应用场景如目标检测。

（2）**平移不变性要求高**　最大池化对输入的平移等变换具有一定的不变性，当任务要求模型具有平移不变性时，最大池化通常是更好的选择。

（3）**轻量级模型设计**　在设计轻量级模型时，最大池化通常用于缩小特征图的大小，从而减少模型的参数量和计算量，提高模型的运行效率。

2. 平均池化应用场景特点

（1）**特征平滑性要求高**　当任务要求对输入的图像进行平滑处理时，平均池化通常是更好的选择，它会提取每个池化区域内的元素值的平均值，从而减小图像噪声和细微变化的影响。

（2）**轻量级模型设计**　与最大池化类似，平均池化也可以用于轻量级模型中。

3.3.4　PyTorch 实现

PyTorch 在函数 torch. nn. AvgPool2d 和 torch. nn. MaxPool2d 中分别实现了对平均池化和最大池化的封装，API 简介及应用示例如下。

API：torch. nn. AvgPool2d(kernel_size,stride=None,padding=0,ceil_mode=False,
count_include_pad=True,divisor_override=None)
torch. nn. MaxPool2d(kernel_size,stride=None,padding=0,dilation=1,
return_indices=False,ceil_mode=False)

函数说明：输入数据大小为(N,C,H,W)，输出数据大小为(N,C,H_{out},W_{out})，其中 N 表示批量大小，C 表示通道数，H 和 W 分别表示高和宽。

参数：kernel_size：池化窗口大小；
stride：步幅，默认设置为池化窗口大小；
padding：填充，默认为 0，表示不填充；
其他参数使用默认设置即可。

示例：
```
m = nn. AvgPool2d(3,stride=2)
m = nn. MaxPool2d(3,stride=2)
input = torch. randn(20,16,50,32)
output = m(input)
```

3.4 卷积层与全连接层比较

我们将从如下几个方面比较全连接层和卷积层。

（1）**连接密集度** 全连接层中的每个神经元都和上一层的所有神经元相连，构成一个密集连接结构，而卷积层中的每个神经元只和上一层的部分神经元相连，构成稀疏连接结构。

（2）**参数共享情况** 全连接层中的每条边都有自己的连接权重，而卷积层具有权重共享的特点，即卷积核处理不同输入区域时使用相同的权重。

（3）**模型复杂度** 当全连接层具有 m 个输入神经元和 n 个输出神经元时，参数量为 $m \times n$，而卷积层由于局部连接和权重共享，参数量等于卷积核大小。因此，卷积层的参数量远小于全连接层，从而使得卷积层的复杂度更低，计算量更小，训练难度更低，泛化能力更强。

（4）**特征提取能力** 卷积层独特的设计理念使其更适合处理图像数据，卷积操作能够更好地提取输入数据中的空间信息、局部特征以及不同层次的特征，例如底层的纹理特征和高层的轮廓特征，这有助于模型更好地理解图像数据，提高模型在图像分类、目标检测、语义分割等图像处理任务中的性能。而全连接层侧重于提取全局特征，将前一层的所有输出看作一个整体向量，是对输入数据的一种综合考量。

（5）**输出形状** 卷积层的输出通常是一个或者多个特征图，其形状由输入数据的大小、卷积核的大小、步长以及填充方式等因素决定；而全连接层的输出是一个一维向量，其长度由全连接层自身的神经元数量决定。

3.5 经典网络结构

本节将介绍几种经典的卷积神经网络架构，包括 LeNet、AlexNet、VGG、GoogleNet 以及 ResNet。

3.5.1 LeNet

1. 起源与结构设计

1998 年，图灵奖得主 Yann LeCun 提出了经典的卷积神经网络——LeNet。LeNet 在当时的手写数字识别任务上取得了卓越的成绩，成为深度学习研究的里程碑之一。如图 3-14 所示，LeNet 由两个卷积层、两个池化层和三个全连接层组成，输入数据在 LeNet 中依次经过卷积层、激活函数、池化层、卷积层、激活函数、池化层、全连接层、全连接层、全连接层。卷积层实现对输入信息的特征提取，池化层对卷积层的输出进行降采样，减小特征图尺寸，全连接层将前面层提取的特征信息映射到类别空间中，对全连接层的最后输出使用 Softmax 操作，得到输入图像属于每一个类的概率。

2. 特点

（1）**卷积和池化结构** LeNet 首次将卷积和池化操作应用于图像识别任务中，这种结构有助于提取图像的局部特征，从而降低网络的参数数量。

（2）**激活函数**　LeNet 使用 Sigmoid 作为激活函数。Sigmoid 是当时流行的激活函数，但相较于现在常用的 ReLU 激活函数，Sigmoid 激活函数会导致梯度消失，使得模型训练缓慢。

（3）**全连接**　LeNet 也包含全连接层，用于将卷积层提取的特征信息映射到类别空间，实现分类。

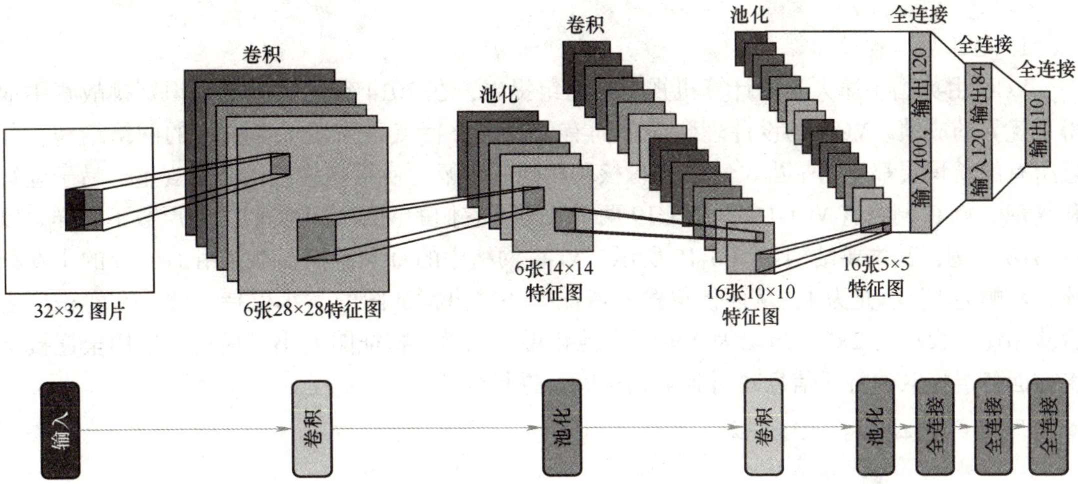

图 3-14　LeNet 的网络结构图

LeNet 最初被用于手写数字识别任务，但随着深度学习的发展，LeNet 的思想和结构现已被应用到更多的领域，如物体识别、人脸识别等。尽管 LeNet 相较于今天的深度神经网络来说比较简单，但它是深度学习的重要开端，奠定了卷积神经网络在图像处理任务中的基础性地位，为后续更高层次的网络如 AlexNet、VGG、GoogleNet、ResNet 等发展奠定了基础。

3.5.2　AlexNet

1. 起源与结构设计

AlexNet 由 Alex Krizhevsky、Ilya Sutskever 和图灵奖得主 Geoffrey Hinton 于 2012 年提出，在 ImageNet 图像识别挑战赛中以压倒性优势获得冠军，AlexNet 的提出标志着深度学习时代的开启。AlexNet 由 5 个卷积层、3 个池化层和 3 个全连接层组成。AlexNet 的网络结构和 LeNet 类似，但使用了更多的卷积层，这使得参数量更大，模型更加复杂。

2. 特点

（1）**更深的网络结构**　相比于以往模型，AlexNet 具有更多的网络层和更大的参数量，从而可以学习到更加复杂的特征表示。

（2）**ReLU 激活函数**　AlexNet 使用了 ReLU 激活函数，相比于 Sigmoid 函数，ReLU 的计算效率更高，并且能够缓解梯度消失现象，从而加速模型训练过程。

（3）**局部响应归一化**　AlexNet 在卷积层之后使用了局部响应归一化层，这有助于增强特征的鲁棒性，提高模型的泛化能力。

（4）**Dropout**　AlexNet 在训练过程中使用了 Dropout，通过随机断开某些神经元之间的连接，避免模型过度依赖任何一个神经元，提高模型的泛化能力。

（5）**数据增强**　AlexNet 在训练过程中使用了数据增强，如将输入图片水平翻转、随机裁剪等，提高了训练样本的丰富性，有利于降低过拟合风险。

（6）**使用 GPU** AlexNet 首次在训练过程中使用了 GPU，利用 GPU 的并行计算能力加快模型训练，AlexNet 的成功是深度学习与 GPU 相结合的一个重要里程碑。

3.5.3 VGG

1. 起源与结构设计

VGG 由英国牛津大学的计算机视觉几何组提出，在 2014 年的大型视觉识别挑战赛中取得了优异的成绩。VGG 的设计理念简单而有效，主要特点是采用了非常深的网络结构，并且所有的卷积层都使用了小尺寸的卷积核和相同的步幅，使得网络结构非常规整，易于理解和复现。VGG 网络有 VGG16 和 VGG19 两个版本，它们的网络结构类似，但层数不一样。以 VGG16 为例，其主要结构如图 3-15 所示。VGG 网络中的每个卷积层都使用了 3×3 的小卷积核，步幅为 1，填充为 1，从而使得输入特征图和输出特征图的大小保持一致。在卷积层之后使用窗口大小为 2×2、步幅为 2 的最大池化层，以缩小特征图大小。最后，使用全连接层将前面各层提取的特征信息映射到类别空间，进行分类。

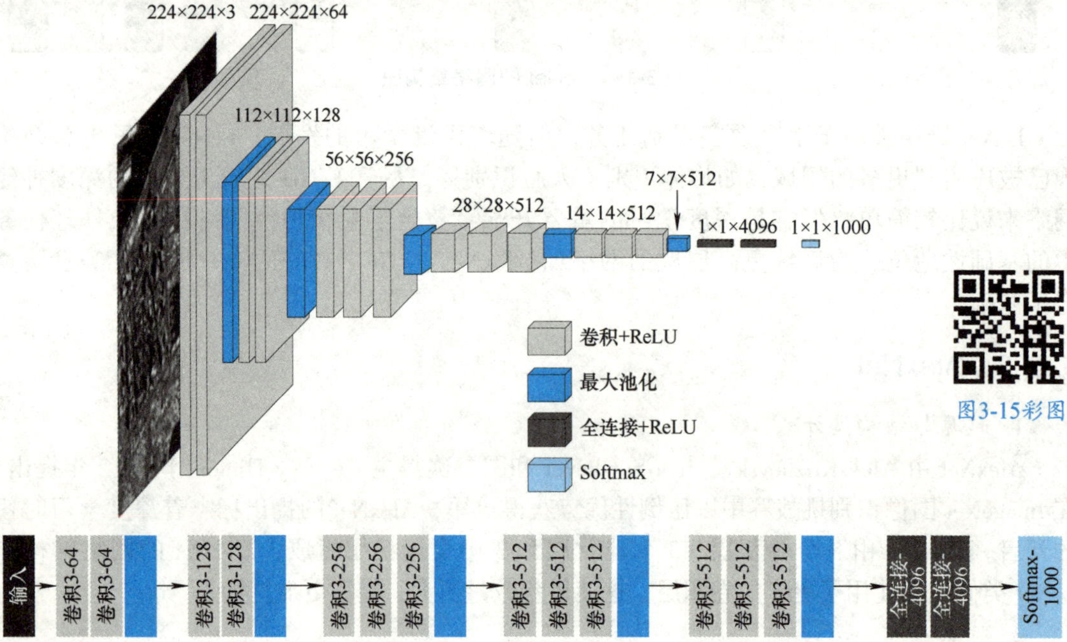

图 3-15　VGG 架构

2. 特点

（1）**更深的网络结构** VGG 网络非常深，VGG16 有 16 层，VGG19 有 19 层，更深的网络结构有助于提取更加丰富和复杂的特征。

（2）**小尺寸卷积核** VGG 网络采用了 3×3 小尺寸卷积核，网络结构非常规整，并且可以通过多层卷积来模拟更大范围的感受野，提高网络的表征能力。

（3）**重复堆叠** VGG 网络使用了大量的重复结构，每个重复的 VGG 块都由连续的几个卷积层和一个池化层组成，这种设计简单有效，易于理解和复现。

3.5.4 GoogleNet

1. 起源与结构设计

GoogleNet，也叫作 Inception V1 网络，由 Google Research 团队于 2014 年提出，包括 GoogleNet 初始模块和带有降维的初始模块两个版本。GoogleNet 初始模块将多个不同大小的卷积核和池化层并行连接，形成多分支结构，每个分支提取不同尺度和层次的特征，然后将每个分支当中的特征图按通道拼接，形成最终的输出特征图。图 3-16a 所示模块包括 4 条并行路径，在滤波器串联操作中将不同路径的输出合并。带有降维的初始模块如图 3-16b 所示，通过使用 1×1 卷积减少每条路径的通道数，从而控制滤波器串联后的输出特征图的通道数。

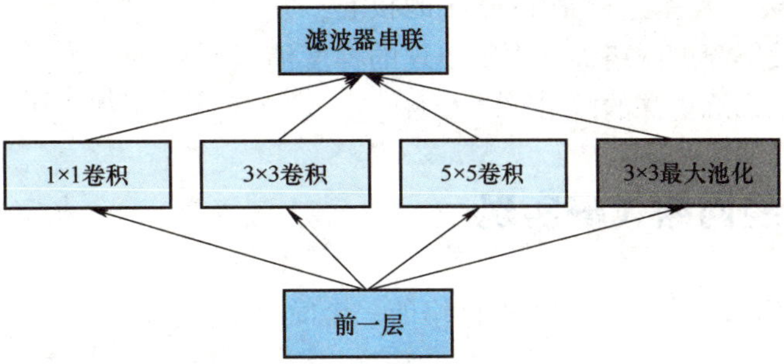

a）GoogleNet初始模块

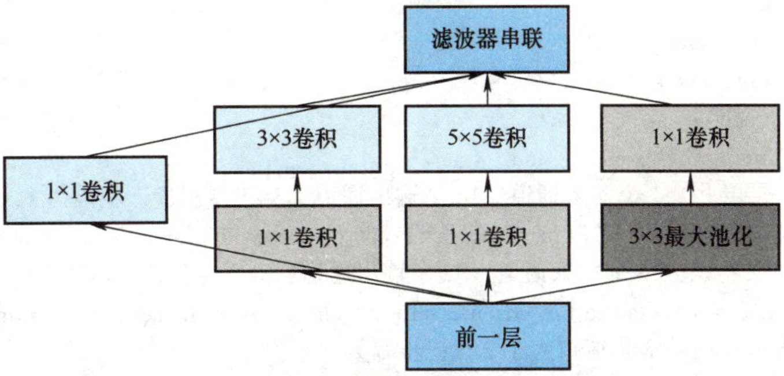

b）GoogleNet带有降维的初始模块

图 3-16 GoogleNet

2. 特点

GoogleNet 使用多个不同大小的卷积核并行地提取特征，有助于模型捕捉不同尺度和层次的信息，增强了模型的表达能力。

3.5.5 ResNet

1. 起源与结构设计

残差网络（ResNet）由微软亚洲研究院的何恺明、张祥雨、任少卿等人提出，它通过引入残差连接来解决深度神经网络训练中的梯度消失问题，从而可以训练更深的网络。ResNet 在 ImageNet 图像分类任务中取得了显著的效果，对深度学习的发展具有重大影响。

ResNet 的主要组成部分是残差块，每个残差块由多个卷积层和一个残差连接组成。如

图 3-17 所示的残差块包含两个卷积层（即权重层）、两个修正线性单元（ReLU）和一个恒等映射（即残差连接），网络接收初始输入 x，经过两个卷积层和一个 ReLU 生成中间表示 $F(x)$，之后将原始输入 x 和中间表示 $F(x)$ 直接相加，经过 ReLU 激活函数作用，得到残差块的输出。残差连接既可以让信息更快地向前传播，也可以让误差更方便地反向传播，从而缓解梯度消失现象。

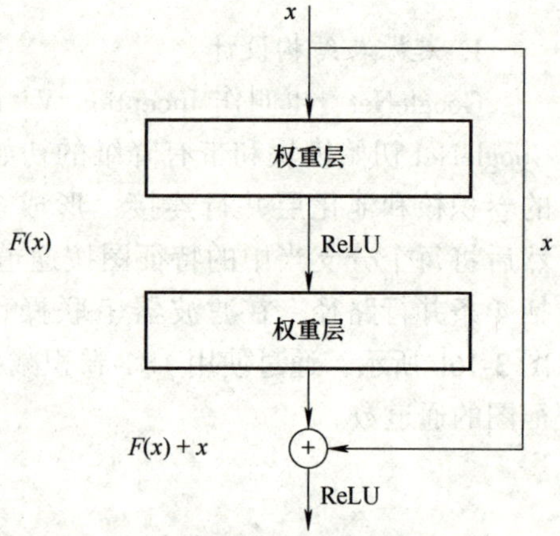

图 3-17　残差网络模块

2. 特点

（1）**更深的网络结构**　ResNet 具有非常深的网络结构，例如现在常用的 ResNet-152 有 152 层。

（2）**残差连接**　残差连接是 ResNet 的核心，它利用跨层连接，缓解深度网络训练中常出现的梯度消失现象，从而可以训练更深的网络。

3.6　卷积神经网络代码实现

本节基于 PyTorch，给出卷积神经网络的一个简单示例。

```
import torch
import torch. nn as nn
import torch. nn. functional as F
class SimpleCNN(nn. Module):
    def __init__(self):
        super(SimpleCNN,self). __init__()
        # 第一层卷积：1 个输入通道，16 个输出通道，3×3 卷积核，步幅为 1，填充为 1
        self. conv1 = nn. Conv2d (in_channels=1,out_channels=16,kernel_size=3,stride=1,padding=1)
        # 第二层卷积：16 个输入通道，32 个输出通道，3×3 卷积核，步幅为 1，填充为 1
        self. conv2 = nn. Conv2d (in_channels=16,out_channels=32,kernel_size=3,stride=1,padding=1)
        # 最大池化层：池化窗口大小 2×2，步幅为 2
        self. pool = nn. MaxPool2d(kernel_size=2,stride=2,padding=0)
        # 全连接层：输入维度 32×7×7(假设输入图片大小为 28×28)，输出维度 128
        self. fc1 =nn. Linear(32 * 7 * 7,128)
        # 全连接层：输入维度 128，输出维度 10(假设有 10 个类别)
        self. fc2 =nn. Linear(128,10)
    defforward(self,x):
        # 第一个卷积层、ReLU 激活函数、池化层
        x =self. pool(F. relu(self. conv1(x)))
        # 第二个卷积层、ReLU 激活函数、池化层
        x =self. pool(F. relu(self. conv2(x)))
        # 将三维张量展平为一维向量
        x =x. view(-1,32 * 7 * 7)
        # 第一个全连接层、ReLU 激活函数
        x = F. relu(self. fc1(x))
        # 第二个全连接层
```

```
        x = self.fc2(x)
        return x
# 创建一个网络实例
model = SimpleCNN()
# 打印网络结构
print(model)
```

上述代码实现了一个由两个卷积层和两个全连接层组成的卷积神经网络 SimpleCNN。假定输入图像大小为 28×28，且是单通道输入（如 MNIST 数据集中的单通道灰度手写数字图片），网络的输出为 10 个类别（如手写数字 0~9）。

首先创建第一个卷积层 conv1，其输入通道数为 1，输出通道数为 16，卷积核大小为 3×3，步幅为 1，填充为 1。创建第二个卷积层 conv2，输入通道数和输出通道数分别变为 16 和 32。conv1 和 conv2 的输出特征图与输入特征图的大小均保持一致。池化层使用窗口大小为 2×2、步幅为 2 的最大池化，从而将输入特征图大小减半。输入数据经过 conv1 卷积层、ReLU、池化层、conv2 卷积层、ReLU、池化层，得到大小为 32×7×7 的输出，即通道数为 32、宽和高均为 7。然后将输出由三维张量展平为长度为 32×7×7 的一维向量，经过输入为 32×7×7、输出为 128 的全连接层 fc1 和 ReLU，以及输入为 128、输出为 10 的全连接层 fc2，得到网络输出。

该网络可以扩展或修改以适应其他任务和数据集，例如增加更多卷积层、调整池化窗口大小或更改全连接层的神经元数量。

本章小结

本章深入探讨了卷积神经网络（CNN）的构成及各种类型的卷积操作，包含转置卷积、分组卷积、空洞卷积和可分离卷积；介绍了 LeNet、AlexNet、VGG、GoogleNet、ResNet 等具有代表性的网络架构，展示了它们的设计思想和特点。最后，通过具体的代码示例，读者可以掌握卷积层、池化层和全连接层的实现方法，理解并应用这些理论知识，搭建和训练自己的 CNN 模型。本章为进一步研究和应用卷积神经网络提供了翔实的理论介绍。

思考题与习题

1. 卷积神经网络中的池化操作的特点是什么?
2. 卷积神经网络的参数共享是什么意思?
3. 请解释最大池化和平均池化的区别，并讨论分别在何种情况下使用它们。
4. 卷积核的尺寸和数量对卷积神经网络的性能和计算量有什么样的影响?

参考文献

[1] ZEILER M D, KRISHNAN D, TAYLOR G W, et al. Deconvolutional networks [C]. Conference on Computer Vision and Pattern Recognition (CVPR), 2010.

[2] YU F, KOLTUN V. Multi-scale context aggregation by dilated convolutions [J]. ArXiv: 1511. 07122, 2015.

[3] KRIZHEVSKY A, SUTSKEVER I, HINTON G E. Imagenet classification with deep convolutional neural networks [C]. Advances in Neural Information Processing Systems (NeurIPS), 2012.

[4] CHOLLET F. Xception: Deep learning with depthwise separable convolutions [C]. Conference on Computer Vision and Pattern Recognition (CVPR), 2017.

[5] LECUN Y, BOTTOU L, BENGIO Y, et al. Gradient-based learning applied to document recognition [J]. Proceedings of the IEEE, 1998, 86 (11): 2278-2324.

[6] KRIZHEVSKY A, SUTSKEVER I, HINTON G E. ImageNet classification with deep convolutional neural networks [C]. Advances in neural information processing systems (NeurIps), 2012.

[7] SIMONYAN K, ZISSERMAN A. Very deep convolutional networks for large-scale image recognition [J]. ArXiv: 1409. 1556, 2014.

[8] SZEGEDY C, LIU W, JIA Y, et al. Going deeper with convolutions [C]. Conference on Computer Vision and Pattern Recognition (CVPR), 2015.

[9] HE K, ZHANG X, REN S, et al. Deep residual learning for image recognition [C]. Conference on Computer Vision and Pattern Recognition (CVPR), 2016.

第 4 章　循环神经网络

导　读

本章主要介绍在处理序列问题时常用的循环神经网络。首先介绍经典的循环神经网络结构及其深度循环网络和双向循环网络扩展，然后重点介绍常用的门控循环单元（GRU）和长短时记忆网络（LSTM），最后简要介绍编码器-解码器架构。

本章知识点

- 序列问题的特点和难点
- 经典的循环神经网络结构、深度循环网络、双向循环网络
- 门控循环单元（GRU）基本思想和应用
- 长短时记忆网络（LSTM）基本思想和应用
- 编码器-解码器架构基本思想

4.1　序列问题

卷积神经网络在图像处理领域展现出了卓越的性能。处理图像数据时，卷积网络侧重于对单张图像的局部空间特征建模。然而，现实生活中存在很多具有序列特性的数据，序列特性指的是数据按照某种时间顺序、逻辑顺序或其他形式的顺序排列，例如：

1）在人类自然语言中，每个词汇按照逻辑和语法规则排列，形成了有意义的句子；

2）人类语音是按照一定顺序将语音信号连接起来，形成连贯的语句；

3）股市数据，随时间推移而记录的一系列价格变动，形成了时间序列数据。

现实世界的很多应用都需要从输入序列学习数据的内在规律，以预测输出序列，例如：

1）在语音识别中，需要将人类的语音信号转换成文本，输入序列是连续的语音信号，输出序列是对应的句子；

2）在视频理解中，涉及对视频中的场景、动作或事件进行分析和理解，输入序列是一系列连续的视频帧，输出可能是视频的标签、在视频中发生的活动类型或对视频内容的描述；

3）在机器翻译任务中，将一种语言的文本翻译成另一种语言，输入序列是源语言中的句子，输出序列是目标语言中的等价句子；

4）在股票预测中，输入序列是过去的股价数据，输出序列是未来某一时间段内的预测

股价。

与卷积神经网络相比，循环神经网络（Recurrent Neural Network，RNN）在处理序列问题时具有独特优势。RNN 通过其内部状态转移机制，能够存储并建模历史信息，从而对未来输出进行有效预测。RNN 适用于那些需要考虑历史数据影响的任务，如自然语言模型、时间序列预测以及任何需要处理输入数据内在时间相关性的场景。例如，在文本生成或机器翻译中，RNN 能够记住前文的语境，使得生成的内容不仅语法正确，而且逻辑连贯；在股市或气象预测中，RNN 通过分析过去的数据变化来预测未来的股票走势或天气变化，展现了其在序列预测方面的强大能力。

序列问题强调元素的先后顺序，前面的输入和后面的输出是相关联的。以字符预测任务为例，模型的目标是基于当前已有的序列信息，预测接下来可能出现的字符。假设有一个字符序列“machine learning”，输入序列为 m a c h i n e l e a r n i n g，在这个序列中，每个字符都不是独立存在的，而是与它的前后字符有着密切的联系。当我们使用 RNN 模型来预测下一个字符时，模型会逐个字符地分析，每次预测都依赖之前的预测结果和模型当前的状态。这种方式允许模型捕获字符之间复杂的依赖关系。例如，基于大规模语料的训练，模型学习到在“m”之后会以很高概率出现“a”，在“a”之后会以很高概率出现“c”，以此类推。通过这种方式，RNN 模型可能会得出以下预测：a c h i n e l e a r n i n g #，RNN 不仅成功地预测出了与输入序列中每个字符相对应的下一个字符，还在序列的末尾加上了特殊符号“#”，表示序列结束。

序列问题的难点表现在以下两个方面：

难点 1：需要将长时间跨度上的信息有效关联起来。

在处理时间序列数据或者自然语言文本时，模型需要捕捉信息的前后依赖关系。这意味着模型必须能够理解和记住在序列早期出现的信息，并能将这些信息与后续信息相关联。例如，考虑句子“He swam across the river to get to the other bank.”。在这个句子中，“swam”“river”和“bank”存在长时间跨度上的关联，因此“bank”应该翻译为“河岸”而不是“银行”。CNN 通常侧重于对局部信息的建模，但如果仅依赖于局部信息处理上述句子，可能无法捕捉到信息之间的长期关联，从而将“bank”错误地翻译成“银行”。相比之下，RNN 能够更好地建模长期依赖关系，因此更擅长处理序列数据。

难点 2：重要信息在序列中出现位置的不确定性。

在处理自然语言理解或者音频识别任务时，关键信息（如决定性的词汇或音节）可能出现在序列的任何位置。这就要求模型必须具备在全局序列中具有搜索和识别关键信息的能力。例如，“2023 年我在南开大学参加深度学习学术会议”，“我参加了南开大学举办的 2023 年深度学习学术会议”和“我参加了南开大学举办的深度学习学术会议，时间是 2023 年”都是对同一事件的描述，但信息的组织顺序不同。

4.2 循环神经网络结构

循环神经网络的基本网络结构如图 4-1 所示，左侧为抽象表达。可以看到 RNN 由输入层、隐藏层和输出层组成，相比于传统的多层感知机，隐藏层不仅与输入层和输出层连接，而且与其他隐藏层节点连接。令 $\boldsymbol{x}_t \in \mathbb{R}^d$ 表示 t 时刻的输入向量，$\boldsymbol{h}_t \in \mathbb{R}^p$ 表示隐藏层状态

（简记为隐状态），$\boldsymbol{y}_t \in \mathbb{R}^q$ 表示输出向量，$\boldsymbol{U} \in \mathbb{R}^{p\times d}$ 表示输入层到隐藏层的权重矩阵，$\boldsymbol{V} \in \mathbb{R}^{q\times p}$ 表示隐藏层到输出层的权重矩阵，$\boldsymbol{W} \in \mathbb{R}^{p\times p}$ 表示上一时刻隐状态到当前时刻隐状态的权重矩阵。图 4-1 右侧为 RNN 按时间线展开的具体表达（从下到上按层描述，从左到右按时间步描述），网络在 t 时刻接收输入向量 $\boldsymbol{x}_t$，并得到输出向量 $\boldsymbol{y}_t$。可以注意到，网络会将前一时刻的信息通过隐藏层连接传递到当前时刻，所以隐状态 $\boldsymbol{h}_t$ 不仅与输入 $\boldsymbol{x}_t$ 有关，还与上一时刻的隐状态 $\boldsymbol{h}_{t-1}$ 有关。隐藏层和输出层的偏置分别用 $\boldsymbol{b}_h \in \mathbb{R}^p$ 和 $\boldsymbol{b}_y \in \mathbb{R}^q$ 表示。

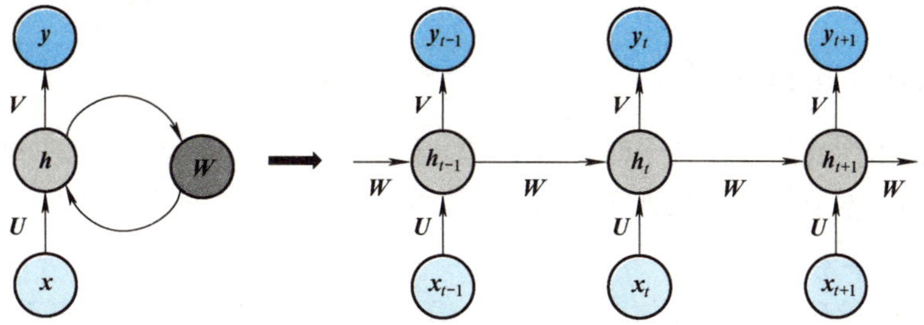

图 4-1　循环神经网络结构

4.2.1　隐状态

隐状态是 RNN 的核心，能够学习并捕捉可变长度输入序列的隐表示（可以理解为输入序列隐藏在背后的规律、特性）。隐状态的功能类似于记忆，它存储了直到当前时刻的历史序列信息，并结合当前时刻的输入信息来预测下一时刻隐状态：

$$\boldsymbol{h}_t = f(\boldsymbol{x}_t, \boldsymbol{h}_{t-1})$$

在 RNN 的每个时间步，隐藏层输出不仅依赖于当前时间步的输入，也依赖于前一时间步的隐藏层输出，从而能够利用序列数据本身携带的时序信息，执行传统前馈神经网络无法完成的任务。这些时序信息随着网络的逐层传递跨越多个时间步长，持续影响着新时刻输入的处理过程。通过引入隐状态，输出层只依赖于当前时刻的隐状态，而不需要显式依赖之前所有输入序列，也就是说时刻 t 处的输出仅依赖于时刻 t 处的隐状态。通过引入传统神经网络层中的“线性变换+非线性激活函数”操作，循环网络的更新过程表示如下：

$$\boldsymbol{h}_t = f(\boldsymbol{W}\boldsymbol{h}_{t-1} + \boldsymbol{U}\boldsymbol{x}_t + \boldsymbol{b}_h)$$

$$\boldsymbol{y}_t = g(\boldsymbol{V}\boldsymbol{h}_t + \boldsymbol{b}_y)$$

其中，f 是隐藏层的激活函数，如 ReLU、Sigmoid 函数或 tanh 函数；g 为输出层的激活函数，很多时候，输出层为不使用激活函数的全连接层，即

$$\boldsymbol{y}_t = \boldsymbol{V}\boldsymbol{h}_t + \boldsymbol{b}_y$$

需要特别指出的是，隐藏层和隐状态是两个不同的概念。在 RNN 中，隐藏层是网络结构中的一层神经元，存在于输入到输出的路径上，通常由具有循环连接的神经元组成，而这些循环连接的状态就称为隐状态，它记录了网络对输入序列到目前为止的理解，并且会随着序列的输入而不断更新。

4.2.2　权值共享

RNN 中的权值共享为时间步上的共享，在不同时间步，RNN 共享相同的隐藏层权重和

偏置、输出层权重和偏置，表现为 $\boldsymbol{W}$、$\boldsymbol{U}$、$\boldsymbol{V}$、$\boldsymbol{b}_h$、$\boldsymbol{b}_y$ 不随时间步而变化，这使得网络在所有时间步学习单一模型，而不需要为每一时间步学习一个独立的模型。权值共享可以让模型扩展到不同长度的序列样本，而不需要为每个长度的样本各训练一个模型；权值共享还能够减少参数数量，从而降低训练难度，提高网络的泛化能力；权值共享还能处理相同信息出现在不同位置的情况，例如，网络可以更好地处理时间状语出现在不同位置但表达含义完全相同的两句话："I graduated from Nankai University in 2009" 和 "In 2009，I graduated from Nankai University"。

4.2.3 输入与输出编码

当输入和输出为自然语言句子时，需要对输入和输出进行合适的编码才能更好地利用神经网络进行预测。本节将介绍几种简单的编码方式。

4.2.3.1 数字索引编码

最简单直观的编码方式是将句子中的每个词编码为一个唯一的数字索引。记 $|V|$ 为词表大小，可以将词表中的每个词元编码为索引范围 $[0,|V|-1]$ 中的一个数字。使用该编码方式时，t 时刻的输入和输出均为标量。

4.2.3.2 独热编码

为了将数字索引转换成更适合神经网络处理的特征向量，可以使用独热编码（One-Hot Encoding），又称一位有效编码。在独热编码中，每个词元的数字索引被转换成一个稀疏向量，其中仅有一个位置为 1，其余位置均为 0，该稀疏向量的长度等于整个词表的大小。具体来说，对于词表中索引为 i 的词元，将长度为 $|V|$ 的全 0 向量的第 $i+1$ 个元素设置为 1。如果样本的真实输出序列 $\{\tilde{\boldsymbol{y}}_1,\tilde{\boldsymbol{y}}_2,\tilde{\boldsymbol{y}}_3,\cdots\}$ 也使用独热编码，可以将网络预测输出通过 Softmax 转换为概率，用以表示时刻 t 输出每一个词元的概率：

$$\boldsymbol{y}_t=\boldsymbol{V}\boldsymbol{h}_t+\boldsymbol{b}_y$$

$$\hat{\boldsymbol{y}}_t=\mathrm{Softmax}(\boldsymbol{y}_t)$$

并使用交叉熵损失函数度量真实输出 $\tilde{\boldsymbol{y}}_t$ 和预测输出 $\hat{\boldsymbol{y}}_t$ 之间的差距。关于 Softmax 和交叉熵，见第 2.3.4 节。图 4-2 为独热编码的一个示例。独热编码的 PyTorch API 及简单使用范例如下所示。

```
API：torch.nn.functional.one_hot(tensor, num_classes=-1)
参数：tensor：索引向量；
      num_classes：类别数，默认为-1，表示由函数自动推断类别数。
示例：import torch.nn.functional as F
      tensor = torch.tensor([1,3,2,0])
      F.one_hot(tensor, num_classes=4)        # 输出为 tensor([[0,1,0,0],
                                              #                [0,0,0,1],
                                              #                [0,0,1,0],
                                              #                [1,0,0,0]])
```

4.2.3.3 词向量

独热编码下的任意两个向量内积为 0，表明该编码下的单词彼此之间不含任何相似信息，无论两个词在语义上是近义词还是反义词。在实际应用中，我们希望具有相似语义的词的编码表示也应该是相似的。词向量编码基于自监督大语料的训练，将一个词映射到一个低维稠密向量，既降低了编码表示的长度，也使得语义相似的词具有相近的词向量。我们将在第 11.3 节详细介绍词向量及自监督学习。

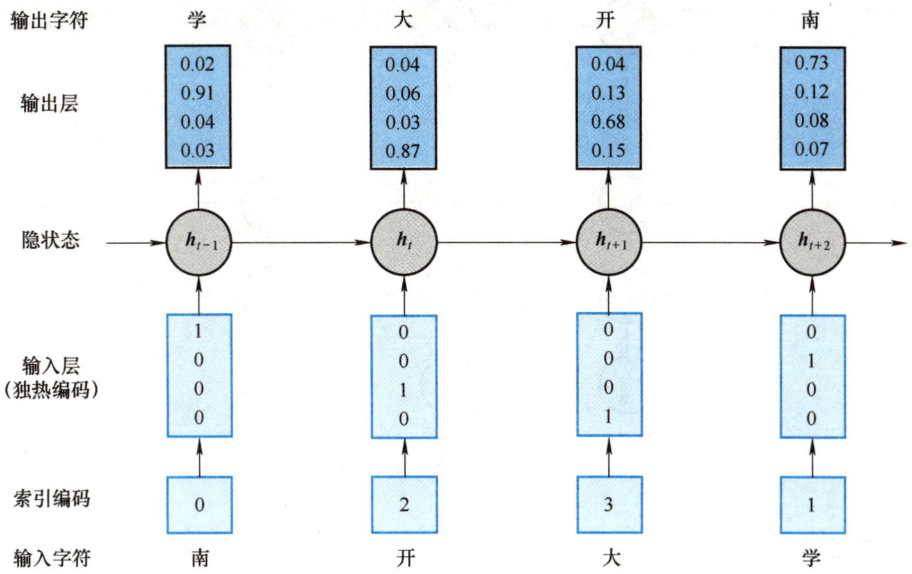

图 4-2　独热编码示意图

4.2.4　深度循环网络

如图 4-1 所示的循环神经网络仅包含一层隐藏层，当处理更复杂的任务时，这种单层循环网络往往难以提供足够的性能。为了提升性能，可以引入含有多个隐藏层的深度循环网络。如图 4-3 展示了具有 L 层隐藏层的深度循环神经网络，该网络中每个时间步的隐状态不仅要传递到同一隐藏层的下一时间步，还要传递到下一隐藏层的当前时间步。这种层与层之间的连续传递，使得深度循环网络能够捕捉并学习更加复杂的时间动态特征，从而提升对复杂问题的处理能力。

与单层循环网络更新过程类似，深度循环网络的更新过程如下：

$$\boldsymbol{h}_t^1 = f(\boldsymbol{W}^1\boldsymbol{h}_{t-1}^1 + \boldsymbol{U}^1\boldsymbol{x}_t + \boldsymbol{b}_h^1)$$
$$\boldsymbol{h}_t^2 = f(\boldsymbol{W}^2\boldsymbol{h}_{t-1}^2 + \boldsymbol{U}^2\boldsymbol{h}_t^1 + \boldsymbol{b}_h^2)$$
$$\vdots$$
$$\boldsymbol{h}_t^L = f(\boldsymbol{W}^L\boldsymbol{h}_{t-1}^L + \boldsymbol{U}^L\boldsymbol{h}_t^{L-1} + \boldsymbol{b}_h^L)$$

其中，$\boldsymbol{W}^i$、$\boldsymbol{U}^i$、$\boldsymbol{b}_h^i$ 分别是第 i 层的上一时刻隐状态到当前时刻隐状态的权重矩阵、前一隐藏层到当前隐藏层的权重矩阵、当前隐藏层的偏置。将时间步 t 时的第 i 层隐藏层的隐状态记为 $\boldsymbol{h}_t^i$，并令 $\boldsymbol{h}_t^0 = \boldsymbol{x}_t$，经过逐层传递，最终第 L 层隐藏层的隐状态为 $\boldsymbol{h}_t^L$。输出层的计算只依赖于 $\boldsymbol{h}_t^L$：

$$\boldsymbol{y}_t = \boldsymbol{V}\boldsymbol{h}_t^L + \boldsymbol{b}_y$$

其中，$\boldsymbol{V}$ 和 $\boldsymbol{b}_y$ 分别是隐藏层到输出层的权重矩阵和输出层的偏置。

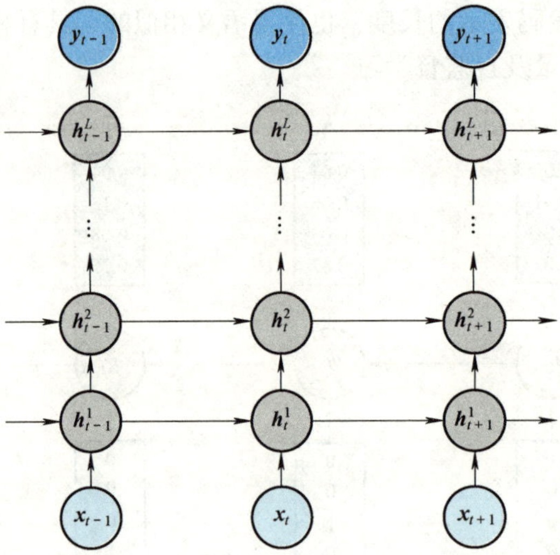

图 4-3　深度循环神经网络结构

4.2.5　双向循环网络

前面介绍的模型主要针对“过去”时间步的状态对“未来”时间步的状态有影响的任务，例如，当给定一个文本序列“我高考考了 700 分，我想上 xx 学习”时，循环神经网络可以分析前面的语境，并推断出“xx”很可能代表的是某所大学。如果能够提供更多信息，我们可以进一步缩小 xx 大学的范围。例如，考虑下面三个不同情境下的文本序列填空任务：

我高考考了 700 分，我想上________学习。

我高考考了 700 分，我想上________学习，我喜欢天津这座城市。

我高考考了 700 分，我想上________学习，我喜欢天津这座城市，我想学文科。

根据上下文信息，我们可以选择合适的词语填空，如“清华大学”“南开大学/天津大学”“南开大学”。很明显，句子的结尾部分（如果有）传达了重要信息，这些信息极大地影响了填空词语的选择。若模型只依据过去的信息（前向状态）进行填空，效果可能较差，因此我们需要一种双向影响的网络结构，即双向循环网络（Bidirectional RNNs）。双向循环网络添加了反方向传递信息的隐藏层，通过将输入数据在正向和反向两个方向进行处理，从而提取更多的序列信息。

如图 4-4 所示，与单向循环网络相比，双向循环网络在结构上的主要变化是它包含了两个单向循环网络，一个处理正向序列（从过去到未来），另一个处理反向序列（从未来到过去），两个网络都与输入层和输出层连接。这样，对于每一时间步，网络能够同时获得前面和后面的上下文信息。基本的双向循环网络结构包括：

前向层（Forward Layer）　该层按照从开始到结束的顺序处理序列数据，捕捉从过去到未来的依赖关系；

反向层（Backward Layer）　与前向层相反，该层按照从序列结束到开始的顺序处理数据，捕捉从未来到过去的依赖关系。

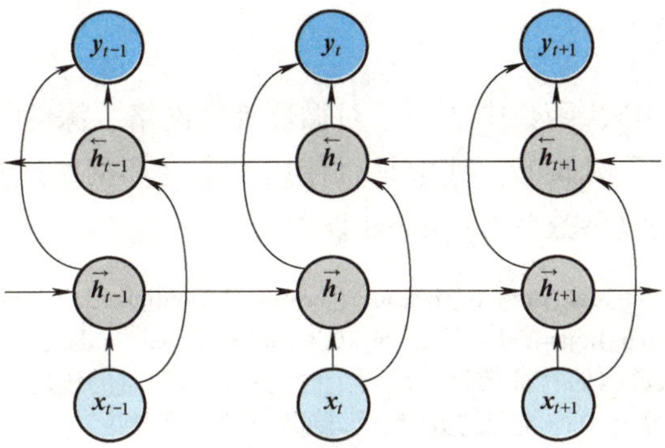

图 4-4　双向循环神经网络结构

具体来说，对于每一时间步 t，双向循环网络会计算两个隐状态：前向隐状态 $\overrightarrow{\boldsymbol{h}}_t$ 和反向隐状态 $\overleftarrow{\boldsymbol{h}}_t$：

$$\overrightarrow{\boldsymbol{h}}_t = f(\overrightarrow{\boldsymbol{h}}_{t-1}, \boldsymbol{x}_t)$$
$$\overleftarrow{\boldsymbol{h}}_t = f(\overleftarrow{\boldsymbol{h}}_{t+1}, \boldsymbol{x}_t)$$

其中，$\boldsymbol{x}_t$ 为时间 t 的输入，$\overrightarrow{\boldsymbol{h}}_{t-1}$ 是前一时间点的前向隐状态，$\overleftarrow{\boldsymbol{h}}_{t+1}$ 是后一时间点的反向隐状态。引入传统神经网络中的“线性变换+非线性激活函数”操作后，前向状态和反向状态的计算方式如下：

$$\overrightarrow{\boldsymbol{h}}_t = f(\boldsymbol{W}^f \overrightarrow{\boldsymbol{h}}_{t-1} + \boldsymbol{U}^f \boldsymbol{x}_t + \boldsymbol{b}_h^f)$$
$$\overleftarrow{\boldsymbol{h}}_t = f(\boldsymbol{W}^b \overleftarrow{\boldsymbol{h}}_{t+1} + \boldsymbol{U}^b \boldsymbol{x}_t + \boldsymbol{b}_h^b)$$

最后，输出层可以通过前向隐状态 $\overrightarrow{\boldsymbol{h}}_t$ 和反向隐状态 $\overleftarrow{\boldsymbol{h}}_t$ 计算得到输出 $\boldsymbol{y}_t$：

$$\boldsymbol{y}_t = \boldsymbol{V}^f \overrightarrow{\boldsymbol{h}}_t + \boldsymbol{V}^b \overleftarrow{\boldsymbol{h}}_t + \boldsymbol{b}_y$$

双向循环网络能够同时利用序列的前端（过去的信息）和后端（未来的信息）信息来预测当前输出。这种结构使得网络在处理同时需要上下文信息的任务时非常有效。通过从两个方向处理信息，双向循环网络能够获得更全面的上下文视角。但双向循环网络也存在一些不足，例如双向循环网络的反向层需要等到整个序列输入完毕才能开始处理，这导致网络无法实时处理信息，在需要即时反馈的应用场景（如实时语音识别）中可能不适用。

4.2.6　梯度消失与爆炸

第 2.4.2 节介绍了全连接网络的梯度消失和梯度爆炸问题，在循环网络中同样存在这两个问题。在 RNN 中，由于权重共享，使用反向传播计算梯度时会连续乘以相同的权重矩阵。随着时间步的增加，如果权重矩阵的特征值小于 1，那么梯度会逐渐减小，直到几乎消失。与梯度消失相反，如果权重矩阵的特征值大于 1，那么梯度会逐渐增大。当 RNN 的层数较多或者序列较长时，反向传播过程中梯度会随着层数的增加而指数级地减小或增大，从而增加模型学习长序列依赖关系的难度。将在第 5.2.6 节介绍的梯度截断是循环神经网络中解决梯度爆炸的常用技术。在该方法中，如果梯度的范数超过了某个阈值，则对梯度进行截断，否则，使用原梯度。梯度截断将梯度缩放到一个合理的范围内，从而防止梯度过大。

4.2.7 PyTorch 实现

PyTorch 在 torch.nn.RNN 函数中实现了对循环神经网络、深度循环网络、双向循环网络的封装，API 介绍及应用示例如下，其中是否使用深度循环网络通过参数 num_layers 设置，是否使用双向循环网络通过参数 bidirectional 设置。

API：torch.nn.RNN(input_size, hidden_size, num_layers=1, nonlinearity='tanh', bias=True, batch_first=False, dropout=0.0, bidirectional=False, device=None, dtype=None)

参数：input_size：输入数据的特征数量，即每个时间步输入向量的维度；
hidden_size：隐藏层中神经元的数量，即隐状态的特征维度；
num_layers：隐藏层的层数，默认值为 1，可以设置为大于 1 的常数来实现深度循环网络；
nonlinearity：激活函数类型，可以选 ReLU 或 tanh，默认为 tanh；
bias：是否使用偏置 $\boldsymbol{b}_h$ 和 $\boldsymbol{b}_y$，默认为使用；
dropout：是否使用 dropout（见第 1.2.6 节），默认为不使用；
bidirectional：是否使用双向循环网络，默认为不使用；
batch_first、device、dtype：使用默认设置即可，细节参考 PyTorch 文档。

示例：
```
import torch
from torch import nn
# RNN 输入维度 10，隐状态维度 20，隐藏层数 2
rnn = nn.RNN(10,20,2)
# 初始化输入数据，其形状为(序列长度，批量大小，输入维度)，批量大小将于 5.2.3 节介绍
input = torch.randn(5,3,10)
# 初始化隐状态，其形状为(隐藏层数，批量大小，隐藏层维度)
h0 = torch.randn(2,3,20)
# 输出 output 形状为(序列长度，批量大小，隐藏层维度)
# 隐状态 hn 形状为(隐藏层数，批量大小，隐藏层维度)
output,hn = rnn(input,h0)
```


4.3 门控循环单元

4.3.1 GRU 单元

门控循环单元（Gate Recurrent Unit，GRU）是循环神经网络的一种，通过引入重置门、更新门等概念，能够更好地控制隐状态的更新，从而捕捉时间序列中时间步距离较大的依赖关系，解决传统循环神经网络难以捕捉序列长期依赖关系的问题。

4.3.1.1 重置门与更新门

首先给出重置门和更新门的更新公式。使用 $\boldsymbol{r}_t$ 作为控制重置的门控，z_t 作为控制更新的门控：

$$\boldsymbol{r}_t=\text{Sigmoid}(\boldsymbol{U}_r\boldsymbol{x}_t+\boldsymbol{W}_r\boldsymbol{h}_{t-1}+\boldsymbol{b}_r)$$

$$z_t=\text{Sigmoid}(\boldsymbol{U}_z\boldsymbol{x}_t+\boldsymbol{W}_z\boldsymbol{h}_{t-1}+\boldsymbol{b}_z)$$

其中，$\boldsymbol{x}_t$ 为时间 t 的输入，$\boldsymbol{h}_{t-1}$ 为前一时刻的隐状态，$\boldsymbol{W}_r$、$\boldsymbol{W}_z$、$\boldsymbol{U}_r$、$\boldsymbol{U}_z$、$\boldsymbol{b}_r$、$\boldsymbol{b}_z$ 为训练过程中需要学习的权重矩阵和偏置。由于 Sigmoid 激活函数的作用，重置门 $\boldsymbol{r}_t$ 和更新门 z_t 的计算结果均被压缩到 [0,1] 之间。重置门与更新门的更新方式是一样的，但线性变换的参数和

用处不一样。

4.3.1.2　隐状态更新

重置门主要用于计算候选隐藏状态，记为$\tilde{\boldsymbol{h}}_t$，决定了在结合当前输入和历史信息（存储在隐状态 $\boldsymbol{h}_{t-1}$）时“需要使用多少历史信息”。$\tilde{\boldsymbol{h}}_t$ 的更新公式如下：

$$\tilde{\boldsymbol{h}}_t=\tanh(\boldsymbol{U}_h\boldsymbol{x}_t+\boldsymbol{W}_h(\boldsymbol{r}_t\odot\boldsymbol{h}_{t-1})+\boldsymbol{b}_h)$$

其中，$\boldsymbol{r}_t\odot\boldsymbol{h}_{t-1}=\begin{pmatrix}\boldsymbol{r}_{t,1}\boldsymbol{h}_{t-1,1}\\ \boldsymbol{r}_{t,2}\boldsymbol{h}_{t-1,2}\\ \vdots\\ \boldsymbol{r}_{t,d}\boldsymbol{h}_{t-1,d}\end{pmatrix}$。当重置门 $\boldsymbol{r}_{t,j}$ 越接近 1 时，“重置”之后的数据 $\boldsymbol{r}_{t,j}\boldsymbol{h}_{t-1,j}$ 越接近 $\boldsymbol{h}_{t-1,j}$，表示保留的历史信息越多；当重置门 $\boldsymbol{r}_{t,j}$ 越接近 0 时，“重置”之后的数据 $\boldsymbol{r}_{t,j}\boldsymbol{h}_{t-1,j}$ 越接近 0，表示遗忘的历史信息越多，此时，当前输入的占比更大，从而有助于捕获序列中的短期依赖关系。需要注意的是，在 PyTorch 中实现的候选隐状态更新方式与上述介绍略有不同：

$$\tilde{\boldsymbol{h}}_t=\tanh(\boldsymbol{U}_h\boldsymbol{x}_t+\boldsymbol{r}_t\odot(\boldsymbol{W}_h\boldsymbol{h}_{t-1})+\boldsymbol{b}_h)$$

更新门主要用于计算当前隐状态，决定了在计算 $\boldsymbol{h}_t$ 时的候选隐状态$\tilde{\boldsymbol{h}}_t$ 和前一时刻隐状态 $\boldsymbol{h}_{t-1}$ 的占比多少：

$$\boldsymbol{h}_t=z_t\odot\boldsymbol{h}_{t-1}+(1-z_t)\odot\tilde{\boldsymbol{h}}_t \tag{4-1}$$

当更新门 $z_{t,j}$ 越接近 1 时，“更新”之后的隐状态 $\boldsymbol{h}_{t,j}$ 越接近 $\boldsymbol{h}_{t-1,j}$，表示更多地记忆历史信息，有助于捕获序列中的长期依赖关系；当更新门 $z_{t,j}$ 越接近 0 时，“更新”之后的隐状态 $\boldsymbol{h}_{t,j}$ 越接近$\tilde{\boldsymbol{h}}_{t,j}$，表示更多地遗忘历史信息（遗忘程度也受重置门控制）。

最后，与传统循环神经网络类似，基于隐状态 $\boldsymbol{h}_t$ 计算时刻 t 的输出：

$$\boldsymbol{y}_t=\boldsymbol{V}\boldsymbol{h}_t+\boldsymbol{b}_y$$

GRU 单元中的信息流总结如图 4-5 所示。将重置门和更新门对隐状态更新的影响总结如下：

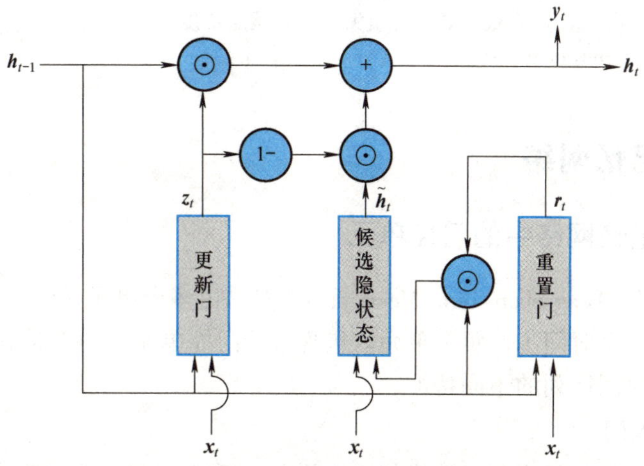

图 4-5　GRU 单元中的信息流

1）当 $\boldsymbol{r}_t\to0$，$z_t\to0$ 时，时刻 t 的隐状态 $\boldsymbol{h}_t$ 倾向于只接收当前输入 $\boldsymbol{x}_t$ 而忽略历史信息，

这有助于捕获序列中的短期依赖关系；

2）当 $r_t \to 1$，$z_t \to 0$ 时，时刻 t 的隐状态 $\boldsymbol{h}_t$ 倾向于同时考虑前一时刻隐状态 $\boldsymbol{h}_{t-1}$ 和当前输入 $\boldsymbol{x}_t$；

3）当 $z_t \to 1$ 时，时刻 t 的隐状态 $\boldsymbol{h}_t$ 倾向于只接收前一时刻隐状态 $\boldsymbol{h}_{t-1}$ 而忽略当前输入 $\boldsymbol{x}_t$，这有助于捕获序列中的长期依赖关系。

4.3.2 PyTorch 实现

PyTorch 在 torch.nn.GRU 函数中实现了对 GRU 的封装，API 介绍及应用示例如下，其中深度 GRU（双向 GRU）为 GRU 与第 4.2.4 节和第 4.2.5 节介绍的深度结构（双向结构）的结合。

API：torch.nn.GRU(input_size, hidden_size, num_layers=1, bias=True, batch_first=False, dropout=0.0, bidirectional=False, device=None, dtype=None)

参数：input_size：输入数据的特征数量，即每个时间步输入向量的维度；
hidden_size：隐藏层中神经元的数量，即隐状态的特征维度；
num_layers：隐藏层的层数，默认值为 1，可以设置为大于 1 的常数来实现深度 GRU；
bias：是否使用偏置，默认为使用；
dropout：是否使用 dropout（见第 1.2.6 节），默认为不使用；
bidirectional：是否使用双向 GRU，默认为不使用；
batch_first、device、dtype：使用默认设置即可，细节参考 PyTorch 文档.

示例：
```
import torch
from torch import nn
# GRU 输入维度 10，隐状态维度 20，隐藏层数 2
rnn = nn.GRU(10,20,2)
# 初始化输入数据，其形状为(序列长度，批量大小，输入维度)
input = torch.randn(5,3,10)
# 初始化隐状态，其形状为(隐藏层数，批量大小，隐藏层维度)
h0 = torch.randn(2,3,20)
# 输出 output 形状为(序列长度，批量大小，隐藏层维度)
# 隐状态 hn 形状为(隐藏层数，批量大小，隐藏层维度)
output,hn = rnn(input,h0)
```

4.4 长短时记忆网络

4.4.1 长短时记忆网络中的门控单元

长短时记忆网络（Long Short-Term Memory，LSTM）由多个单元（Cell）组成，如图 4-6 所示，每个单元对应一个时间步。每个单元内包含若干门控单元，用于对信息流进行筛选和控制，从而学习输入时间序列的不同特征。

4.4.1.1 输入门

输入门的输入信息包括当前时间步的输入信息 $\boldsymbol{x}_t$ 和上一时间步的隐状态 $\boldsymbol{h}_{t-1}$，输出信息记为

$$\boldsymbol{i}_t = \text{Sigmoid}(\boldsymbol{W}_i \boldsymbol{h}_{t-1} + \boldsymbol{U}_i \boldsymbol{x}_t + \boldsymbol{b}_i) \tag{4-2}$$

其中，权重 $\boldsymbol{W}_i$ 和 $\boldsymbol{U}_i$ 以及偏置 $\boldsymbol{b}_i$ 均为输入门中可学习的参数。输入门考虑了当前序列信息和过去时间步隐状态之间的交互作用。

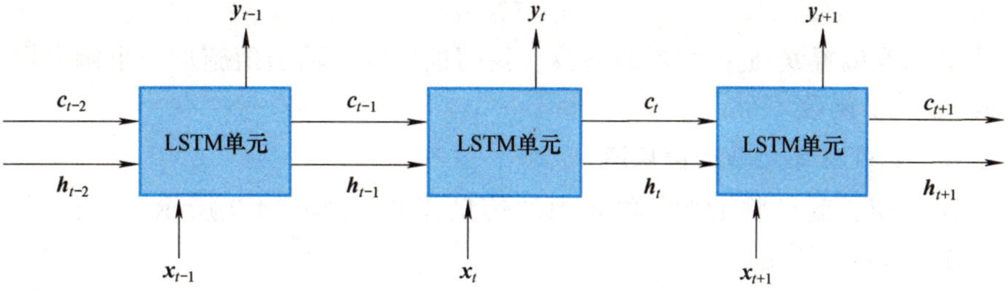

图 4-6　LSTM 单元序列

4.4.1.2　遗忘门

遗忘门同样接收当前时间步的输入信息 $\boldsymbol{x}_t$ 以及上一时间步的隐状态 $\boldsymbol{h}_{t-1}$，输出信息记为

$$\boldsymbol{f}_t = \text{Sigmoid}(\boldsymbol{W}_f \boldsymbol{h}_{t-1} + \boldsymbol{U}_f \boldsymbol{x}_t + \boldsymbol{b}_f) \tag{4-3}$$

其中，权重 $\boldsymbol{W}_f$ 和 $\boldsymbol{U}_f$ 以及偏置 $\boldsymbol{b}_f$ 均为遗忘门中可学习的参数。

4.4.1.3　输出门

输出门同样接收当前时间步的输入信息 $\boldsymbol{x}_t$ 以及上一时间步的隐状态 $\boldsymbol{h}_{t-1}$，输出信息记为

$$\boldsymbol{o}_t = \text{Sigmoid}(\boldsymbol{W}_o \boldsymbol{h}_{t-1} + \boldsymbol{U}_o \boldsymbol{x}_t + \boldsymbol{b}_o) \tag{4-4}$$

与其他门一样，权重 $\boldsymbol{W}_o$ 和 $\boldsymbol{U}_o$ 以及偏置 $\boldsymbol{b}_o$ 均为输出门中可学习的参数。

4.4.1.4　新记忆单元

LSTM 单元中包含一个名为新记忆的门控单元，其输入包括当前时间步的输入信息 $\boldsymbol{x}_t$ 以及上一时间步的隐状态 $\boldsymbol{h}_{t-1}$，输出记为 $\tilde{\boldsymbol{c}}_t$：

$$\tilde{\boldsymbol{c}}_t = \tanh(\boldsymbol{W}_c \boldsymbol{h}_{t-1} + \boldsymbol{U}_c \boldsymbol{x}_t + \boldsymbol{b}_c) \tag{4-5}$$

其中，权重 $\boldsymbol{W}_c$ 和 $\boldsymbol{U}_c$ 以及偏置 $\boldsymbol{b}_c$ 为新记忆单元中可学习的参数。

4.4.1.5　最终记忆信息的计算

得到输入门、遗忘门和新记忆单元的输出信息 $\boldsymbol{i}_t$，$\boldsymbol{f}_t$ 和 $\tilde{\boldsymbol{c}}_t$ 后，可以计算最终的输出记忆信息 $\boldsymbol{c}_t$：

$$\boldsymbol{c}_t = (\boldsymbol{f}_t \odot \boldsymbol{c}_{t-1}) + (\boldsymbol{i}_t \odot \tilde{\boldsymbol{c}}_t) \tag{4-6}$$

其中，$\boldsymbol{c}_{t-1}$ 是上一时间步的记忆信息。最终的记忆信息同时考虑了遗忘门与上一时间步记忆信息的交互，以及输入门和当前时间步新记忆信息的交互。在第一项中，遗忘门控制了过去信息被遗忘的程度；在第二项中，输入门控制了当前时间步新记忆信息有多少被后续时间步利用。

4.4.1.6　隐状态更新

当计算得到输出门 $\boldsymbol{o}_t$ 和最终记忆信息 $\boldsymbol{c}_t$ 后，可以按照如下方式更新隐状态 $\boldsymbol{h}_t$：

$$\boldsymbol{h}_t = \boldsymbol{o}_t \odot \tanh(\boldsymbol{c}_t) \tag{4-7}$$

输出门控制了记忆单元对隐藏层状态的影响程度。

4.4.1.7 输出值

LSTM 单元的输出值 $\boldsymbol{y}_t$ 计算如下：

$$\boldsymbol{y}_t = \boldsymbol{V}\boldsymbol{h}_t + \boldsymbol{b}_y \tag{4-8}$$

其中，权重 $\boldsymbol{V}$ 以及偏置 $\boldsymbol{b}_y$ 是可学习的参数。我们也可以对输出值施加一个函数操作，例如激活函数或 Softmax 函数。

4.4.1.8 LSTM 单元中的信息流

基于上述介绍，我们将 LSTM 单元中的信息流总结如图 4-7 所示，具体计算公式如式（4-2）~式（4-8）所示。

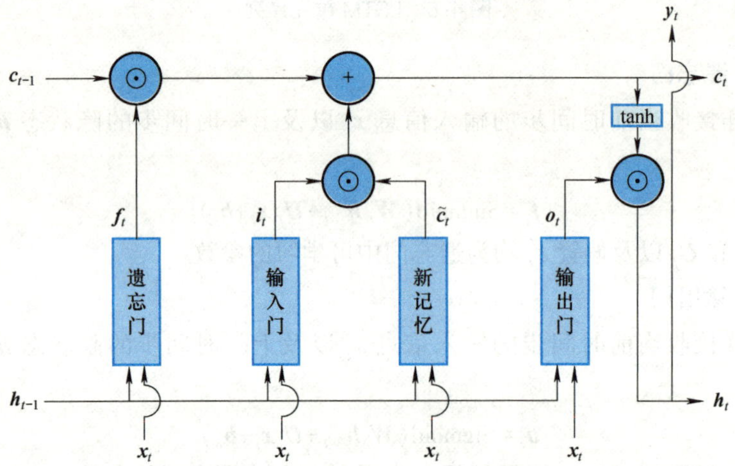

图 4-7 LSTM 单元中的信息流

4.4.2 LSTM 的历史和相关变体

LSTM 最早由 Hochreiter 和 Schmidhuber 在 1995~1997 年间提出，LSTM 的起源版本只有输入门和输出门，没有遗忘门。Gers 等人在 LSTM 起源版本的基础上引入了遗忘门，允许神经网络部分或全部地遗忘过去的状态，同时他们提出采用窥视孔向量来控制之前时间步的记忆信息流动到未来时间步的量。Gers 等人还提出引入完全的门递归机制，即每一个门控单元都会引入所有其他门在上一时间步的信息。在引入窥视孔向量和完全式门递归机制后，输入门、遗忘门、输出门的更新方式变为：

$$\boldsymbol{i}_t = \text{Sigmoid}(\boldsymbol{W}_i\boldsymbol{h}_{t-1} + \boldsymbol{U}_i\boldsymbol{x}_t + (\boldsymbol{p}_i \odot \boldsymbol{c}_{t-1}) + \boldsymbol{b}_i + \boldsymbol{R}_{ii}\boldsymbol{i}_{t-1} + \boldsymbol{R}_{if}\boldsymbol{f}_{t-1} + \boldsymbol{R}_{io}\boldsymbol{o}_{t-1})$$

$$\boldsymbol{f}_t = \text{Sigmoid}(\boldsymbol{W}_f\boldsymbol{h}_{t-1} + \boldsymbol{U}_f\boldsymbol{x}_t + (\boldsymbol{p}_f \odot \boldsymbol{c}_{t-1}) + \boldsymbol{b}_f + \boldsymbol{R}_{fi}\boldsymbol{i}_{t-1} + \boldsymbol{R}_{ff}\boldsymbol{f}_{t-1} + \boldsymbol{R}_{fo}\boldsymbol{o}_{t-1})$$

$$\boldsymbol{o}_t = \text{Sigmoid}(\boldsymbol{W}_o\boldsymbol{h}_{t-1} + \boldsymbol{U}_o\boldsymbol{x}_t + (\boldsymbol{p}_o \odot \boldsymbol{c}_t) + \boldsymbol{b}_o + \boldsymbol{R}_{oi}\boldsymbol{i}_{t-1} + \boldsymbol{R}_{of}\boldsymbol{f}_{t-1} + \boldsymbol{R}_{oo}\boldsymbol{o}_{t-1})$$

其中，$\boldsymbol{p}_i$、$\boldsymbol{p}_f$、$\boldsymbol{p}_o$ 是可学习的权重向量，称为窥视孔向量，用于控制过去的记忆信息传递到当前时间步的信息量，诸多可学习的递归权重参数表示为 $\boldsymbol{R}$。在后期关于 LSTM 的论文中，完全式门递归机制通常被忽略。

学术界对 LSTM 的改进一直从未中断，其中对 LSTM 的最著名改进是 Cho 等人于 2014 年提出的 GRU。GRU 的设计思想是对 LSTM 单元做进一步简化。GRU 对 LSTM 重新进行了设计，引入了重置门、更新门和新记忆单元，门控单元的数量从 4 个减少到 3 个。相比于

LSTM，GRU 的计算效率得到提升，实验结果表明 GRU 能够达到与 LSTM 相当的效果，并且更容易进行训练。在 2017 年，GRU 被进一步简化，重置门和更新门被融合到一起组成遗忘门。如今，GRU 已是最为广泛使用的 LSTM 变体之一。

4.4.3　PyTorch 实现

PyTorch 在 torch. nn. LSTM 函数中实现了对 LSTM 的封装，API 介绍及应用示例如下。torch. nn. RNN、torch. nn. GRU 和 torch. nn. LSTM 函数的参数基本相同，方便使用者在不同网络之间进行切换。

```
API：torch.nn.LSTM(input_size,hidden_size,num_layers=1,bias=True,batch_first=False,
                    dropout=0.0,bidirectional=False,proj_size=0,device=None,dtype=None)
参数：input_size：输入数据的特征数量，即每个时间步输入向量的维度；
      hidden_size：隐藏层中神经元的数量，即隐状态的特征维度；
      num_layers：隐藏层的层数，默认值为 1，可以设置为大于 1 的常数来实现深度 LSTM；
      bias：是否使用偏置，默认为使用；
      dropout：是否使用 dropout（见第 1.2.6 节），默认为不使用；
      bidirectional：是否使用双向 LSTM，默认为不使用；
      batch_first、proj_size、device、dtype：使用默认设置即可，细节参考 PyTorch 文档；
示例：import torch
      from torch import nn
      # LSTM 输入维度 10，隐状态维度 20，隐藏层数 2
      rnn = nn.LSTM(10,20,2)
      # 初始化输入数据，其形状为（序列长度，批量大小，输入维度）
      input = torch.randn(5,3,10)
      # 初始化隐状态，其形状为（隐藏层数，批量大小，隐藏层维度）
      h0 = torch.randn(2,3,20)
      # 初始化记忆单元，其形状为（隐藏层数，批量大小，隐藏层维度）
      c0 = torch.randn(2,3,20)
      # 输出 output 形状为（序列长度，批量大小，隐藏层维度）
      # 隐状态 hn 形状为（隐藏层数，批量大小，隐藏层维度）
      # 记忆单元 cn 形状为（隐藏层数，批量大小，隐藏层维度）
      out put,(hn,cn) = rnn(input,(h0,c0))
```

下面，我们给出一个基于 PyTorch 构建和训练 LSTM 网络的例子。这里，我们没有使用真实数据集，而是随机生成了若干训练数据。

```
import torch
import torch.nn as nn
import torch.optim as optim
# 定义超参数
input_size = 10          # 输入特征维度
sequence_length = 5      # 序列长度
hidden_size = 20         # 隐藏层维度
num_layers = 1           # LSTM 的层数
num_classes = 2          # 输出类别的数量
```

```
batch_size = 16          # 批处理大小
num_epochs = 1000        # 训练的轮数
learning_rate = 0.001    # 学习率

# 定义 LSTM 模型
class LSTMModel(nn.Module):
    def __init__(self,input_size,hidden_size,num_layers,num_classes):
        super(LSTMModel,self).__init__()
        self.hidden_size = hidden_size
        self.num_layers = num_layers
        self.lstm = nn.LSTM(input_size,hidden_size,num_layers)
        self.fc = nn.Linear(hidden_size,num_classes)
        # 隐藏层到输出层的线性变化

    def forward(self,x):
        # 初始化隐状态和记忆信息
        h0 = torch.zeros(self.num_layers,x.size(1),self.hidden_size).to(x.device)
        c0 = torch.zeros(self.num_layers,x.size(1),self.hidden_size).to(x.device)

        out,_ = self.lstm(x,(h0,c0))          # 前向传播 LSTM
        out = self.fc(out[-1,:,:])            # 取最后一个时间步的输出用于分类
        return out

# 实例化模型
model = LSTMModel(input_size,hidden_size,num_layers,num_classes)

# 定义损失函数和优化器
criterion = nn.CrossEntropyLoss()
optimizer = optim.Adam(model.parameters(),lr=learning_rate)

# 生成训练数据, 假设我们有 batch_size 个序列数据, 每个序列有 sequence_length 个时间步
x_train = torch.randn(sequence_length,batch_size,input_size)
y_train = torch.randint(0,num_classes,(batch_size,))
# 训练模型
for epoch in range(num_epochs):
    optimizer.zero_grad()
    output = model(x_train)              # 前向传播
    loss = criterion(output,y_train)     # 计算损失
    loss.backward()                      # 反向传播
    optimizer.step()

print(f'Epoch [{epoch+1}/{num_epochs}],Loss:{loss.item():.4f}')
```

4.5　编码器-解码器架构

编码器-解码器架构是当前流行的求解序列问题的模型架构。其中，编码器接收一个输入序列，对输入序列进行编码，得到一组上下文向量，然后这组向量被解码器使用。例如，对于机器翻译问题，一个句子中的每个单词首先被转换成一组数值（例如第 4.2.3 节介绍的独热编码或词向量），然后，这组数值通过一系列网络层进行处理（例如前面介绍的一系列循环神经网络），保留它们在句子结构中的相互关联信息的同时，降低它们的维度，生成一组上下文向量（例如可以使用各个网络的最后时刻的隐状态值），可以理解为该上下文向量浓缩了输入序列的精华。然后，该上下文向量编码被传递给解码器进行进一步处理。

解码器负责接收编码器生成的编码表示，并将其重构回原始形式（例如机器翻译中另一种语言的自然语言文本）。解码器在生成输出序列时，每个时刻的输出一般依赖于之前的输出序列和编码器生成的上下文向量。以循环神经网络作为解码器为例，记 $\boldsymbol{h}_t$ 为隐状态，$\boldsymbol{c}$ 为上下文编码向量，$\boldsymbol{y}_t$ 为输出，则隐状态转换公式为 $\boldsymbol{h}_t=f(\boldsymbol{c},\boldsymbol{h}_{t-1},\boldsymbol{y}_{t-1})$。图 4-8 展示了编码器-解码器架构的一个简单示例。

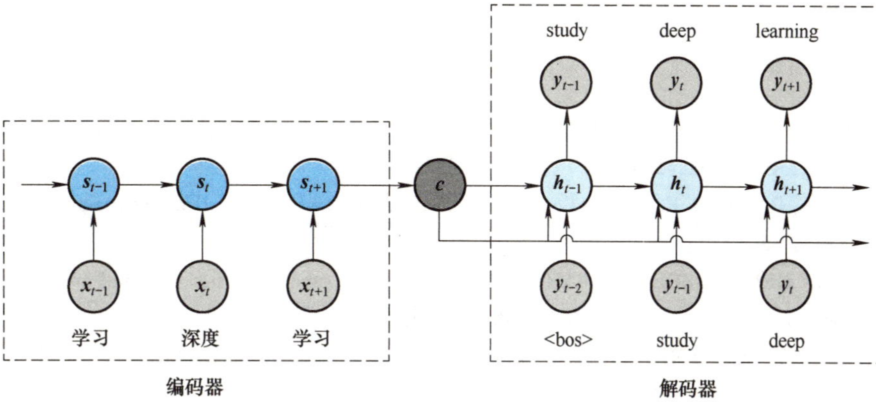

图 4-8　编码器-解码器架构

以循环神经网络为基本组件的编码器-解码器架构具有诸多优点，例如可以处理输入序列和输出序列长度不等的任务。但其也存在若干不足，例如上下文向量的编码能力有限，在每个解码位置都使用相同的上下文向量，不能区别对待重要位置等。为了解决上述不足，现代编码器-解码器架构多使用注意力机制，我们将在第 8 章详细介绍。总之，编码器-解码器架构因其在各种任务中的卓越性能而成为当前研究人员的热门工具。

本章小结

本章详细介绍了循环神经网络以及其在处理序列问题中的独特优势和应用。首先从序列问题入手，逐步深入到 RNN 的基本网络结构、深度循环网络、双向循环网络，然后重点介绍了 GRU 和 LSTM，最后以当前主流的编码器-解码器架构结束本章。PyTorch 官网 https：//pytorch. org/docs/stable/nn. html 中的 Recurrent Layers 部分实现了若干循环神经网络的封装。在自然语言处理领域，传统的循环神经网络正在逐渐被以 Transformer 为代表的编码器-解码器架构取代，研究者们也在不断与时俱进，将 LSTM 等传统循环神经网络与 Transformer 等新架构结合，这就要求我们在学习的过程中思考循环神经网络和编码器-解码器架构的优缺点，做到 1+1>2 的效果。

思考题与习题

1. 使用本章介绍的基本循环神经网络、深度循环网络、双向循环网络、GRU、LSTM 解决一个实际问题，探讨模型超参数对模型性能的影响，总结不同网络的优缺点。

2. 探索不同的激活函数、损失函数、训练策略对网络模型的影响，总结不同网络的鲁棒性和可扩展性。

3. 比较 CNN 和 RNN 的训练难度，使用梯度截断是否有所帮助？

4. 除了自然语言处理任务，GRU 和 LSTM 还可以应用于哪些其他任务？

5. 探索循环神经网络的不足，思考为什么在自然语言处理任务中 RNN 逐渐被以 Transformer 为代表的编码器-解码器架构取代。

参考文献

[1] MIKOLOV T, CHEN K, CORRADO G, et al. Efficient estimation of word representations in vector space [J]. ArXiv: 1301. 3781, 2013.

[2] SCHUSTER M, PALIWAL K. Bidirectional recurrent neural networks [J]. IEEE Transactions on Signal Processing, 1997, 45 (11): 2673-2681.

[3] CHO K, VAN MERRIENBOER B, BAHDANAU D, et al. On the properties of neural machine translation: Encoder-decoder approaches [J]. ArXiv: 1409. 1259, 2014.

[4] HOCHREITER S, SCHMIDHUBER J. Long short-term memory [J]. Neural Computation, 1997, 9 (8): 1735-1780.

[5] GERS A, SCHMIDHUBER J, CUMMINS F. Learning to forget: Continual prediction with LSTM [J]. Neural Computation, 2000, 12 (10): 2451-2471.

[6] HECK C, SALEM M. Simplified minimal gated unit variations for recurrent neural networks [C]. IEEE International Midwest Symposium on Circuits and Systems (MWSCAS), 2017.

[7] VASWANI A, SHAZEER N, PARMAR N, et al. Attention is all you need [C]. Advances in neural Information Processing Systems (NeurIPS), 2017.

第 5 章 优化算法

导 读

本章介绍如何训练深度神经网络。首先介绍深度学习非凸优化中的挑战，包括局部极小值点、鞍点等，然后介绍深度学习常用的训练算法，包括随机梯度下降法、动量法和学习率自适应算法，后者包括 AdaGrad、RMSProp、Adam 和 AdamW。最后介绍批量规范化和层规范化。

本章知识点

- 非凸优化中鞍点、局部极小值点的概念
- SGD 的思想及实现、小批量 SGD、初始化、学习率设置
- 动量法的思想及实现、重球法、Nesterov 加速法
- AdaGrad、RMSProp、Adam 和 AdamW 等学习率自适应算法的思想及实现
- 批量规范化和层规范化的思想及实现

5.1 训练深度网络的挑战

深度网络在很多领域都展现了强大的能力，但这些能力只有通过训练才能实现。没有训练的深度网络并不比抛硬币准确多少。训练是指寻找深度模型的一组网络参数，使得模型能够更好地拟合训练数据。在训练模型时，需要定义一个**损失函数** $f(\boldsymbol{x})$，也称为**目标函数**（见 2.3 节）。损失函数用来衡量模型的预测值与真实值的偏差，可以反映预测的效果。训练的过程就是最小化损失函数的过程，即求解 $\min\limits_{\boldsymbol{x}\in\mathbb{R}^d} f(\boldsymbol{x})$ 的优化问题，这里的 $\boldsymbol{x}$ 称为优化变量，也就是网络参数，$\mathbb{R}^d$ 表示 d 维向量空间，d 表示网络参数量。我们希望找到一组网络参数 $\boldsymbol{x}^*$，使得 $f(\boldsymbol{x}^*)$ 比其他所有 $f(\boldsymbol{x})$ 都要小。在深度学习中，损失函数 $f(\boldsymbol{x})$ 是高度复杂的非凸函数，寻找其最小值点是极具挑战性的任务。本节首先从凸函数和非凸函数的基本性质出发，然后介绍深度网络非凸优化中的若干难点。

5.1.1 凸函数与非凸函数

在介绍非凸函数之前，我们首先定义凸函数。

> 定义：函数 $f:\mathbb{R}^d\to\mathbb{R}$ 称为**凸函数**，当且仅当对于任意 $\alpha\in[0,1]$ 有
> $$f(\alpha\boldsymbol{x}+(1-\alpha)\boldsymbol{y})\leqslant\alpha f(\boldsymbol{x})+(1-\alpha)f(\boldsymbol{y})$$

如图 5-1 左图所示的 $f(x,y)=x^2+y^2$ 是一个典型的凸函数。在三维空间中，凸函数就像一个碗，在碗的边缘放置一个小球，小球总会滚落到碗的最低点，因此寻找凸函数的最小值点相对来说是比较容易的。

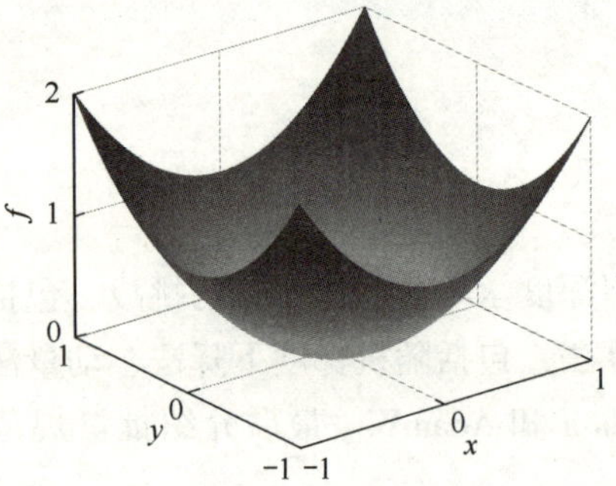

图 5-1　凸函数（左）与非凸函数（右）示例

在科学计算中，凸函数只占据了很小的比例，大部分科学计算问题都是非凸的。图 5-1 右图给出了三维空间中非凸函数的一个示例，该示例中的函数曲面高度复杂，寻找最小值点几乎是不可能完成的任务。从三维空间扩展到高维空间，问题将变得更加复杂，因为我们甚至无法想象高维空间中的函数形状。

5.1.2　局部极小值点与鞍点

一个点称为是**局部极小值点**（Local Minima），是指在该点的很小的局部邻域内不存在比该点目标函数值更小的点。

> 定义：$\boldsymbol{x}$ 是 $f(\boldsymbol{x})$ 的局部极小值点当且仅当对所有满足 $\|\boldsymbol{y}-\boldsymbol{x}\|\leqslant\epsilon$ 的 $\boldsymbol{y}$，都有 $f(\boldsymbol{x})\leqslant f(\boldsymbol{y})$。

如果一个点在整个定义域中的目标函数值最小，那么该点称为**全局最小值点**（Global Minima）。类似地，也可以定义**局部极大值点**和**全局最大值点**。

鞍点（Saddle Point）是指梯度（见第 1.4.3 节定义）为 0，但既不是局部极小值点也不是局部极大值点的点。考虑函数 $f(x,y)=x^2-y^2$，函数图像如图 5-2 所示，$f(x,y)$ 在点（0,0）处的梯度为 0，但点（0,0）既不是局部极小值点（沿着 y 方向移动目标函数减小），也不是局部极大值点（沿着 x 方向移动目标函数增大），因此点（0,0）是鞍点。在图 5-2 中，点（0,0）的局部邻域的图像类似一个马鞍，这也是为什么把这类点称为鞍点。

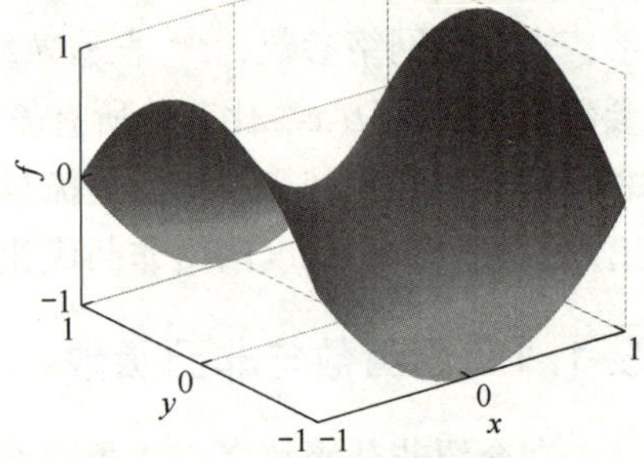

图 5-2　鞍点示例

鞍点、局部极小值点、局部极大值点处的梯度都为 0，统称为**临界点**（Critical Point），或驻点。可以使用黑塞矩阵（Hessian）的特征值判断一个点 $\boldsymbol{x}$ 是局部极小值点、局部极大值点还是鞍点。计算目标函数在 $\boldsymbol{x}$ 点处的黑塞矩阵 $\nabla^2f(\boldsymbol{x})$，并对 $\nabla^2f(\boldsymbol{x})$ 做特征值分解（见 1.4.4 节定义）。如果所有的特征值都为正数，那么 $\boldsymbol{x}$ 点

是局部极小值点；如果所有的特征值都为负数，那么 $\boldsymbol{x}$ 点是局部极大值点；如果特征值有正有负，则为鞍点。在高维空间中，特征值有正有负的概率远大于特征值都为正或都为负的概率（随机抛 d 次硬币，当 d 很大时，d 次结果都为正面或都为反面的概率远小于有正有反的概率），因此，在深度学习中，鞍点比局部极小值点和局部极大值点更有可能出现。

使用具体的优化算法最小化非凸损失函数时，一般会在梯度很小时停止算法，也就是说在最小化非凸函数时，我们的实际目标是找到一个临界点即可。因此在实际中找到的点可能是鞍点、局部极小值点或局部极大值点。由于大部分优化算法都是基于目标函数下降设计的，因此找到局部极大值点的概率较低。对于鞍点，可以通过添加随机扰动逃离鞍点，例如在图 5-2 中的鞍点（0,0）处放置一个小球，稍微碰一下小球（可以理解为添加了随机扰动），小球可能就滚下去了。这也是在深度网络训练中使用随机优化算法的原因之一。对于局部极小值点，我们确实无能为力，因为寻找非凸函数的全局最小值点是 NP 难问题，我们能做的仅仅是希望找到一个比较好的局部极小值点。当前深度学习领域的研究者倾向于认为训练深度网络时，局部极小值点处的损失函数值与全局最小值点处的损失函数值比较接近，因此只需要找到一个比较好的局部极小值点即可。

5.1.3　深度学习训练中的其他挑战

在训练深度网络时，除了鞍点和局部极小值点，我们也可能面临其他的挑战。例如，在很多时候，目标函数值下降缓慢，梯度范数很小但不为 0，可以想象此时算法到达了一片平坦区域，该区域内梯度很小，因此前进的幅度很小，算法需要很长时间才能走出该平坦区域。又例如，有时候，目标函数值下降缓慢，但梯度范数并不小，至少不是很接近 0，这时候可以想象为算法在峡谷之间穿梭，迭代点在峡谷两侧跳来跳去，尽管梯度不为 0，但始终找不到前进的正确方向。上述仅仅是我们基于三维空间想象给出的解释，并不严谨，而在高维空间中，情况可能更加复杂。因此，关于深度学习训练过程中的机理研究，目前仍存在许多尚未解决的问题。接下来的章节将介绍深度学习中常用的训练算法，这些训练算法也许并不能完全解决深度学习训练面临的难点和挑战，但已经在深度学习实践中取得了较好的效果。

5.2　随机梯度下降

随机梯度法是深度学习中最基本的训练算法，目前深度学习中几乎所有常用算法都是基于随机梯度法发展而来的。

5.2.1　梯度下降

考虑最小化函数 $f:\mathbb{R}^d\to\mathbb{R}$，采用迭代的思想，每次只更新一小步。记当前时刻的迭代点为 $\boldsymbol{x}$，更新方向为 $\boldsymbol{v}$，那么下一时刻的迭代点为 $\boldsymbol{x}+\boldsymbol{v}$。在 $\boldsymbol{x}+\boldsymbol{v}$ 点处对函数 f 做泰勒展开（见第 1.3.2 节定义）：

$$f(\boldsymbol{x}+\boldsymbol{v})\approx f(\boldsymbol{x})+\langle\nabla f(\boldsymbol{x}),\boldsymbol{v}\rangle+\|\boldsymbol{v}\|^2$$

我们希望找到一个更新方向 $\boldsymbol{v}$，使得目标函数下降最快。由于现在只考虑方向，暂不考虑在该方向移动多远，可以令 $\boldsymbol{v}$ 的长度为 1，即 $\|\boldsymbol{v}\|=1$。考虑在 $\|\boldsymbol{v}\|=1$ 的条件下最小化

$\nabla f(\boldsymbol{x})$ 和 $\boldsymbol{v}$ 的内积 $\langle \nabla f(\boldsymbol{x}), \boldsymbol{v} \rangle$，即

$$\min_{\boldsymbol{v}: \|\boldsymbol{v}\|=1} \langle \nabla f(\boldsymbol{x}), \boldsymbol{v} \rangle$$

由于 $\langle \nabla f(\boldsymbol{x}), \boldsymbol{v} \rangle = \|\nabla f(\boldsymbol{x})\| \|\boldsymbol{v}\| \cos(\theta) = \|\nabla f(\boldsymbol{x})\| \cos(\theta)$，其中 θ 是 $\nabla f(\boldsymbol{x})$ 和 $\boldsymbol{v}$ 两个向量的夹角，当 θ 为 180°时，$\langle \nabla f(\boldsymbol{x}), \boldsymbol{v} \rangle$ 取到最小，为 $-\|\nabla f(\boldsymbol{x})\|$，此时 $\boldsymbol{v} = -\dfrac{\nabla f(\boldsymbol{x})}{\|\nabla f(\boldsymbol{x})\|}$，即当更新方向是负梯度方向时，$\langle \nabla f(\boldsymbol{x}), \boldsymbol{v} \rangle$ 最小。确定了更新方向之后，下一步需要确定更新**步长**，记为 η，在深度学习中也称为**学习率**。令 $\boldsymbol{v} = -\eta \nabla f(\boldsymbol{x})$，即沿着负梯度方向更新步长 η，代入泰勒展开式：

$$f(\boldsymbol{x} - \eta \nabla f(\boldsymbol{x})) \approx f(\boldsymbol{x}) - \eta \|\nabla f(\boldsymbol{x})\|^2 + \eta^2 \|\nabla f(\boldsymbol{x})\|^2$$

当步长 η 较小，使得二阶项 $\eta^2 \|\nabla f(\boldsymbol{x})\|^2$ 小于一阶项 $\eta \|\nabla f(\boldsymbol{x})\|^2$ 从而可以忽略二阶项，此时有

$$f(\boldsymbol{x} - \eta \nabla f(\boldsymbol{x})) \approx f(\boldsymbol{x}) - \eta \|\nabla f(\boldsymbol{x})\|^2$$

即在当前点 $\boldsymbol{x}$ 处沿着负梯度方向更新步长 η 时，新的迭代点 $\boldsymbol{x} - \eta \nabla f(\boldsymbol{x})$ 处的目标函数值比当前点 $\boldsymbol{x}$ 的目标函数值下降约 $-\eta \|\nabla f(\boldsymbol{x})\|^2$。我们把该迭代算法称为梯度下降法（Gradient Descent，GD），每一次迭代的更新步骤为

$$\boldsymbol{x}^{k+1} = \boldsymbol{x}^k - \eta \nabla f(\boldsymbol{x}^k)$$

在梯度下降法中，每次迭代都能使新的迭代点的目标函数值 $f(\boldsymbol{x}^{k+1})$ 小于当前点的目标函数值 $f(\boldsymbol{x}^k)$，直到梯度 $\nabla f(\boldsymbol{x}^k)$ 为 0 时，目标函数值不再下降。算法 5-1 总结了梯度下降法的迭代过程。在梯度下降法中，步长 η 是需要使用者手动调试的超参数（即调参）。当步长太小时，每次迭代的更新幅度较小，算法收敛缓慢；当步长太大时，不能保证泰勒展开的二阶项小于一阶项，目标函数值可能上升，导致算法发散。因此，在实际应用中，需要选择一个合适的步长。

算法 5-1：梯度下降法

```
超参数：η
初始化：x^1
for k=1,2,…
    x^{k+1} = x^k - η ∇f(x^k)        # 沿着负梯度方向更新当前迭代点
    if ‖∇f(x^{k+1})‖ ≤ ϵ             # 当梯度接近0时，算法终止
        break
    end if
end for
```

5.2.2 随机梯度下降

训练深度网络时，通常使用训练样本的平均误差作为损失函数，即对每一个训练样本计算其模型预测与真实值的偏差，记为 $f_i(\boldsymbol{x})$，其中 $\boldsymbol{x}$ 是网络参数。对所有样本，定义损失函数为 $f(\boldsymbol{x}) = \dfrac{1}{n}\sum_{i=1}^{n} f_i(\boldsymbol{x})$，其中 n 是训练样本数。当使用梯度下降法最小化函数 $f(\boldsymbol{x})$ 时，每次迭代计算梯度 $\nabla f(\boldsymbol{x}) = \dfrac{1}{n}\sum_{i=1}^{n} \nabla f_i(\boldsymbol{x})$，需要遍历所有样本。当样本量很大时，每次迭代计算梯度的开销很大。为了减小每次迭代的计算开销，通常使用随机梯度法（Stochastic Gradient

Descent，SGD）训练深度网络。随机梯度法的核心思想是每次迭代随机抽取一个样本，仅使用该样本的误差函数更新 $\boldsymbol{x}$，而不需要遍历所有样本。随机梯度法每次迭代的更新过程如下：

$$\boldsymbol{x}^{k+1}=\boldsymbol{x}^{k}-\eta_k \nabla f_{i_k}(\boldsymbol{x}^{k})$$

其中 η_k 是第 k 次迭代的步长[⊖]，i_k 是第 k 次迭代随机抽取的样本下标，f_{i_k} 是该样本的误差函数。由于 $E[\nabla f_{i_k}(\boldsymbol{x})]=\frac{1}{n}\sum_{i_k=1}^{n}\nabla f_{i_k}(\boldsymbol{x})=\nabla f(\boldsymbol{x})$，因此随机梯度 $\nabla f_{i_k}(\boldsymbol{x})$ 是全梯度 $\nabla f(\boldsymbol{x})$ 的无偏估计。与梯度下降法相比，随机梯度下降法的优势是每次迭代只需要计算一个样本的误差函数的梯度，而梯度下降法需要计算所有样本的误差函数的梯度。但相应地，随机梯度法需要更多的迭代次数来收敛到梯度为 0 的点。算法 5-2 总结了随机梯度下降法的迭代过程。

```
算法 5-2：随机梯度下降法
    超参数：η_k
    初始化：x^1
    for k=1,2,…
        随机抽取一个样本，记为第 i_k 个样本
        x^{k+1}=x^k−η_k ∇f_{i_k}(x^k)      # 沿着随机梯度的反方向更新当前迭代点
        if 终止条件满足                     # 当满足终止条件（一般为达到一定迭代
            break                           # 次数）时，算法终止
        end if
    end for
```

PyTorch 实现了对随机梯度法的封装，使用者直接调用 torch. optim. SGD 即可。超参数描述与使用示例如下所示。

```
API：torch. optim. SGD(params,lr=0. 001,momentum=0,dampening=0,weight_decay=0,
                      nesterov=False, * ,maximize=False,foreach=None,
                      differentiable=False,fused=None)
参数：params：优化变量，即需要训练的网络参数；
      lr：学习率(即步长)；
      momentum：动量参数，将在第 5. 3 节详细介绍，默认为 0，表示不使用动量；
      dampening：动量法中的参数，将在第 5. 3 节详细介绍，默认为 0；
      weight_ decay：权重衰减参数，将在第 5. 4. 4 节详细介绍，
                    默认为 0，表示不使用权重衰减；
      nesterov：动量法中的参数，将在第 5. 3 节详细介绍，默认为 false，表示不使用；
      maximize：最大化损失函数。默认为 false，表示最小化损失函数；
      foreach、differentiable、fused：使用默认设置即可，细节参考 PyTorch 文档。
示例：# 指定优化器为 SGD
      optimizer = torch. optim. SGD(model. parameters( ),lr=0. 1)
      # 梯度清零，否则将累加历史梯度
      optimizer. zero_grad( )
      # 计算损失函数，反向传播
      loss_ fn(model(input), target). backward( )
      # 执行一步 SGD
      optimizer. step( )
```

⊖ 对向量 $\boldsymbol{x}$ 使用右上角标是为了区分向量的第 i 个元素 $\boldsymbol{x}_i$（见第 5. 4、5. 5 节）；对标量 η 使用右下角标是为了区分标量的幂次方（见第 5. 3. 2、5. 4. 3 节）。

5.2.3 小批量 SGD

尽管随机梯度法通过随机抽样的方式显著降低了每次迭代的计算开销，但另一方面，如果每次只使用一个样本更新变量，梯度估计的误差较大且 GPU 的资源利用率较低。训练深度网络时，一般使用小批量 SGD，其核心思想是每次迭代随机抽取小批量样本，使用该小批量样本更新变量。记 B_k 是第 k 次迭代随机抽取的小批量样本集合，$|B_k|$ 是该集合的大小，那么小批量 SGD 每次迭代的更新步骤为

$$\boldsymbol{g}^k=\frac{1}{|B_k|}\sum_{i\in B_k}\nabla f_i(\boldsymbol{x}^k)$$

$$\boldsymbol{x}^{k+1}=\boldsymbol{x}^k-\eta_k\boldsymbol{g}^k$$

其中，$\frac{1}{|B_k|}\sum_{i\in B_k}\nabla f_i(\boldsymbol{x}^k)$ 表示小批量集合 B_k 中的样本的误差函数的平均梯度。在使用小批量 SGD 时，一个重要的超参数是批量大小。一般来说，批量大小的选择标准之一是充分利用 GPU 的计算能力，这是因为如果每次计算 GPU 能够处理 m 个样本，那么由于 GPU 的并行计算能力，计算这 m 个样本的平均梯度的时间开销和计算一个样本的梯度的时间开销相差不大。因此，如果批量大小太小，GPU 的资源利用率较低，此时，增加批量大小一方面能够减少随机梯度的方差，使随机梯度能更好地近似全梯度，从而减少总的迭代次数，另一方面又不会显著增加每次迭代的计算开销。但当批量大小超过 GPU 的计算上限时，每次迭代 GPU 需要多次读取数据。小批量 SGD 能够平衡总迭代次数和每次迭代的计算开销。算法 5-3 总结了小批量 SGD 的迭代过程。在深度学习中，当使用随机梯度法时，一般默认是使用小批量 SGD。


```
算法 5-3：小批量 SGD
    超参数：η_k，批量大小
    初始化：x^1
    for k=1,2,…
        随机抽取小批量样本，记为 B_k
        g^k = 1/|B_k| Σ_{i∈B_k} ∇f_i(x^k)        # 沿着随机梯度的反方向更新当前迭代点
        x^{k+1} = x^k − η_k g^k
    end for
```

5.2.4 初始化

初始化对非凸优化具有重要影响，当初始化不同时，算法可能收敛到不同的局部最优解。本节将介绍深度学习中常用的初始化策略。

非凸优化中最常用的初始化策略是随机初始化，将优化变量初始化为随机值，通常使用高斯分布或均匀分布生成随机值。除了以上这两种方法之外，还有 Xavier 初始化和 He 初始化。

Xavier 初始化是用来初始化使用 Sigmoid 或 tanh 激活函数的全连接层权重的策略。对于具有 m 个输入和 n 个输出的全连接层，可以将权重初始化为$\left(-\sqrt{\frac{6}{m+n}},\sqrt{\frac{6}{m+n}}\right)$中的均匀分

布，或者均值为 0、方差为$\frac{2}{m+n}$的高斯分布。

He 初始化，也称为 kaiming 初始化，是针对使用 ReLU 激活函数的全连接层权重的策略。对于具有 m 个输入的全连接层，可以将优化变量初始化为$\left(-\sqrt{\frac{3}{m}},\sqrt{\frac{3}{m}}\right)$中的均匀分布，或者均值为 0、方差为$\frac{1}{m}$的高斯分布。

PyTorch 实现了对上述四种策略的封装，API 简介及使用示例如下所示。PyTorch 实现的其他初始化策略请见官方文档 https://pytorch.org/docs/stable/nn.init.html 中的 torch.nn.init 部分。

```
API：torch.nn.init.uniform_(tensor,a=0.0,b=1.0,generator=None)
参数：tensor：需要初始化的张量；
      a,b：均匀分布的下界和上界，即初始化在[a,b]之间，默认为[0,1]；
      generator：使用默认设置即可。
示例：w = torch.empty(3,5)
      nn.init.uniform_(w)
API：  torch.nn.init.normal_(tensor,mean=0.0,std=1.0,generator=None)
参数：mean,std，高斯分布的均值与标准差，默认为 0 和 1。
示例：w = torch.empty(3,5)
      nn.init.normal_(w)
API：  torch.nn.init.xavier_uniform_(tensor,gain=1.0,generator=None)
      torch.nn.init.xavier_normal_(tensor,gain=1.0,generator=None)
参数：使用默认设置即可。
示例：w = torch.empty(3,5)
      nn.init.xavier_normal_(w)
API：  torch.nn.init.kaiming_uniform_(tensor,a=0,mode='fan_in',nonlinearity='leaky_relu',
                                    generator=None)
      torch.nn.init.kaiming_normal_(tensor,a=0,mode='fan_in',nonlinearity='leaky_relu',
                                   generator=None)
参数：nonlinearity：建议使用 relu 或 leaky_relu；其余参数使用默认设置即可。
示例：w = torch.empty(3,5)
      nn.init.kaiming_uniform_(w,nonlinearity='relu')
```

5.2.5　学习率

学习率可以说是优化器中最重要的超参数，合适的学习率能使优化算法快速稳定地收敛。在梯度下降法中，一般使用固定常数作为学习率，但在 SGD 中，一般使用递减学习率。这是因为在 SGD 中，随机梯度引入的噪声将一直存在，即使当优化变量接近局部最优解时也不会消失。当优化变量接近局部最优解时，全梯度近似为零，由于随机梯度是全梯度的带噪声的无偏估计，此时下降方向接近为随机噪声。如果使用固定常数作为学习率，那么优化变量将在局部最优解附近移动，而不会收敛到局部最优解。因此，为了使算法收敛，在 SGD 中通常使用递减学习率。常用的递减学习率包括指数衰减、分段指数衰减、多项式衰减、线性衰减、余弦衰减、预热等。

5.2.5.1 指数衰减

在第 k 次迭代，指数衰减的学习率设置为 $\eta_k=\max\{\eta_{\min},\eta_0\alpha^k\}$，例如 $\eta_k=\max\{10^{-5},0.9^k\}$。一般情况下不会将学习率衰减到 0，而是衰减到一个很小的值 $\eta_{\min}$。

5.2.5.2 分段指数衰减

指数衰减存在衰减太快的问题。为了解决该问题，可以使用分段指数衰减。分段指数衰减的思想是每隔一段时间，将学习率按指数递减；在每段时间内，学习率保持不变。例如，如果每隔 K 次迭代递减学习率，可设置 $\eta_k=\begin{cases}a\eta_{k-1}，& 若\ k\ 是\ K\ 的倍数，\\ \eta_{k-1}，& 其他。\end{cases}$

5.2.5.3 多项式衰减

在第 k 次迭代，多项式衰减的学习率设置为 $\eta_k=\dfrac{\eta_0}{(\alpha+\beta k)^{\gamma}}$，例如 $\eta_k=\dfrac{\eta_0}{\sqrt{1+k}}$。

5.2.5.4 线性衰减

线性衰减的学习率设置为 $\eta_k=\begin{cases}\eta_0+\dfrac{k}{T}(\eta_T-\eta_0)，& 若\ k\leqslant T，\\ \eta_T，& 其他，\end{cases}$ 其中 η_0 是初始学习率（当 $k=0$ 时，$\eta_k=\eta_0$），η_T 是终止学习率（当 $k\geqslant T$ 时，$\eta_k=\eta_T$），在 0 到 T 之间，η_k 按线性衰减。

5.2.5.5 余弦衰减

余弦衰减的学习率设置为 $\eta_k=\begin{cases}\dfrac{\eta_0+\eta_T}{2}+\dfrac{\eta_0-\eta_T}{2}\cos\left(\dfrac{k\pi}{T}\right)，& 若\ k\leqslant T，\\ \eta_T，& 其他。\end{cases}$ 余弦衰减与线性衰减的主要区别是，在 0 到 T 之间，η_k 按 0 到 π 之间的余弦公式衰减。

5.2.5.6 预热

前面介绍的五种学习率方案的共同特点是初始时设置一个较大的学习率，然后逐渐递减。考虑到初始值的随机性，开始时的更新方向可能也是无意义的，因此我们可能不希望一开始就使用较大的学习率，而是逐渐增大学习率，然后再按照前面的策略逐渐衰减。把学习率逐渐增大的过程称为预热（warmup）。预热结合线性衰减的学习率设置为

$$\eta_k=\begin{cases}\dfrac{k}{T_1}\eta_{T_1}，& 若\ k\leqslant T_1，\\ \eta_{T_1}+\dfrac{k-T_1}{T_2-T_1}(\eta_{T_2}-\eta_{T_1})，& 若\ T_1\leqslant k\leqslant T_2，\\ \eta_{T_2}，其他，\end{cases}$$

其中 0 到 T_1 为预热期，η_k 按线性增长，T_1 到 T_2 为线性衰减期，T_2 之后学习率保持不变，学习率变化如图 5-3 蓝线所示。类似地，预热结合余弦衰减的学习率设置为

$$\eta_k=\begin{cases}\dfrac{k}{T_1}\eta_{T_1}，& 若\ k\leqslant T_1，\\ \dfrac{\eta_{T_1}+\eta_{T_2}}{2}+\dfrac{\eta_{T_1}-\eta_{T_2}}{2}\cos\left(\dfrac{k-T_1}{T_2-T_1}\pi\right)，& 若\ T_1\leqslant k\leqslant T_2，\\ \eta_{T_2}，其他\end{cases}$$

学习

率变化如图 5-3 黑线所示。

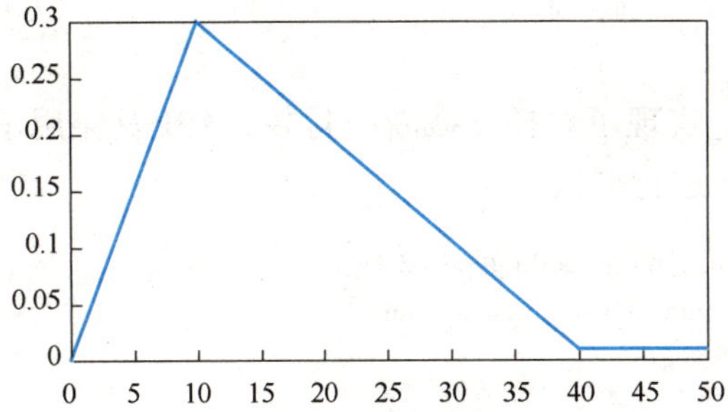

a）预热+线性衰减

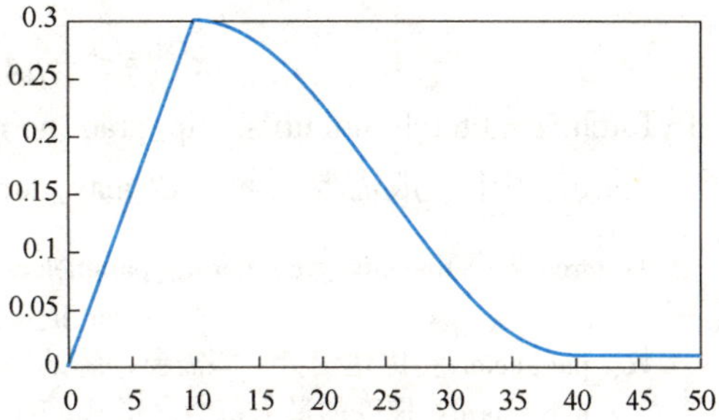

b）预热+余弦衰减

图 5-3　常用学习率衰减策略

PyTorch 中的 torch. optim. lr_scheduler 实现了多种学习率调整策略，我们以线性衰减为例给出 API 简介及使用示例。关于 PyTorch 实现的其他学习率调整策略，感兴趣的读者请参考官方文档 https：//pytorch. org/docs/stable/optim. html 中的 How to adjust learning rate 部分。

API：torch. optim. lr_scheduler. LinearLR(optimizer, start_factor=1/3, end_factor=1. 0, total_iters=5, last_epoch=-1, verbose='deprecated')

参数：optimizer：优化器；

start_factor：线性衰减中的 η_0=初始学习率 * start_factor；

end_factor：线性衰减中的 η_T=初始学习率 * end_factor；

total_iters：线性衰减中的 T；

last_epoch、verbose：使用默认设置即可；

说明：初始学习率为优化器中设置的学习率，第 0 轮迭代的学习率为初始学习率 * start_factor，第 total_iters 轮迭代的学习率为初始学习率 * end_factor，在第 0 轮到第 total_iters 轮迭代之间，学习率线性递减（或递增），第 total_iters 轮迭代之后学习率保持为初始学习率 * end_factor。

示例：
```
# 指定优化器为 SGD，学习率策略为线性衰减
optimizer = optim. SGD(model. parameters(), lr=0. 01)
scheduler= optim. lr_scheduler. LinearLR(optimizer, start_factor=1. 0, end_factor=0. 1,
                                       total_iters=10)
for epoch in range(20):
    optimizer. zero_grad()
    output = model(input)
    loss = loss_fn(output, target)
    loss. backward()
    # 执行一步 SGD
    optimizer. step()
    # 更新学习率
    scheduler. step()
```

5.2.6　梯度截断

梯度截断（Gradient Clipping）是深度学习中为了防止梯度爆炸常用的技巧，其思想是当梯度的范数超过某个阈值时，对梯度进行截断放缩，否则使用原梯度：

$$
\text{当} \|\boldsymbol{g}^k\| > \gamma \text{ 时}, \boldsymbol{g}^k = \frac{\gamma}{\|\boldsymbol{g}^k\|}\boldsymbol{g}^k
$$
$$
\boldsymbol{x}^{k+1} = \boldsymbol{x}^k - \eta_k \boldsymbol{g}^k \tag{5-1}
$$

PyTorch 中的 torch. nn. utils. clip_grad_norm_实现了对梯度截断的封装，API 及应用示例如下。实际应用中一般需要对超参数 max_norm 进行调试。

API：torch. nn. utils. clip_grad_norm_(parameters, max_norm, norm_type = 2. 0,
error_if_nonfinite = False, foreach = None)

参数：parameters：优化变量，即需要训练的网络参数；
max_norm：梯度的最大范数，即式(5-1)中的 γ；
norm_type：范数类型，默认为 ℓ_2 范数；
error_if_nonfinite、foreach：使用默认设置即可，细节参考 PyTorch 文档；

示例：
```
optimizer = torch. optim. SGD(model. parameters(), lr = 0. 1)
optimizer. zero_grad()
# 计算损失函数，反向传播
loss_fn(model(input), target). backward()
# 梯度截断，最大范数为 1
nn. utils. clip_grad_norm_(model. parameters(), max_norm = 1)
# 执行一步 SGD
optimizer. step()
```

5.3 动量法

动量法是受物理学的启发提出的算法。首先给出动量法的迭代公式：

$$
\boldsymbol{m}^k = \beta \boldsymbol{m}^{k-1} - \nabla f(\boldsymbol{x}^k)
$$
$$
\boldsymbol{x}^{k+1} = \boldsymbol{x}^k + \eta \boldsymbol{m}^k
$$

可以将 $\boldsymbol{m}$ 理解为速度，$-\nabla f(\boldsymbol{x}^k)$ 理解为物体在负梯度方向上受力，从而使物体速度改变，$\beta \boldsymbol{m}^{k-1}$ 理解为由于摩擦阻力或空气阻力使物体速度逐渐减小。动量法的第一行公式表示物体当前速度 $\boldsymbol{m}^k$ 受历史速度 $\boldsymbol{m}^{k-1}$ 和负梯度方向的受力共同影响，第二行公式表示物体以 $\boldsymbol{m}^k$ 速度移动 η 时间，使物体的位置由 $\boldsymbol{x}^k$ 移动到 $\boldsymbol{x}^{k+1}$。类比于动量法，可以将梯度下降法的迭代公式写为

$$
\boldsymbol{m}^k = -\nabla f(\boldsymbol{x}^k)
$$
$$
\boldsymbol{x}^{k+1} = \boldsymbol{x}^k + \eta \boldsymbol{m}^k
$$

因此，梯度下降法的当前速度 $\boldsymbol{m}^k$ 只受负梯度方向的受力的影响，而与历史速度无关。

为了遵循深度学习优化领域的常规写法，我们将变量 $\boldsymbol{x}$ 的更新写为减去 $\eta \boldsymbol{m}^k$，相应地，将 $\boldsymbol{m}^k$ 的更新写为加上 $\nabla f(\boldsymbol{x}^k)$：

$$
\boldsymbol{m}^k = \beta \boldsymbol{m}^{k-1} + \nabla f(\boldsymbol{x}^k)
$$
$$
\boldsymbol{x}^{k+1} = \boldsymbol{x}^k - \eta \boldsymbol{m}^k \tag{5-2}
$$

通过示例解释动量法的优势。考虑最小化函数

$$
f(x, y) = \frac{x^2}{20} + \frac{y^2}{2} \tag{5-3}
$$

如图 5-4 所示，函数在 x 方向变化缓慢，在 y 方向变化剧烈，最小值点是 (0,0)。当使用梯度下降法最小化该函数时，x 方向和 y 方向的迭代过程分别为 $x^{k+1}=x^k-\frac{\eta x^k}{10}=(1-0.1\eta)x^k$ 和 $y^{k+1}=y^k-\eta y^k=(1-\eta)y^k$。当 $\eta\geqslant 2$ 时，算法在 y 方向发散；当 $1<\eta<2$ 时，算法收敛，但在 y 方向正负半轴跳跃。为了使算法在 x 方向快速收敛，需令学习率 η 尽可能大，例如 $\eta=1.99$，此时算法在 x 方向的迭代过程为 $x^{k+1}=(1-0.199)x^k$，收敛缓慢。梯度下降法的优化路径如图 5-5 左图所示，算法沿“之”字形路线缓慢收敛到最小值点。当使用动量法最小化该函数时，在 y 方向，当历史速度方向与负梯度方向相反时（在梯度法示例中二者总是相反），二者互相抵消，从而缓解算法在 y 方向的震荡；在 x 方向，当历史速度方向与负梯度方向相同时（在梯度法示例中二者总是相同），二者加持，从而加快算法在 x 方向的收敛。动量法的优化路径如图 5-5 右图所示，与梯度法相比，“之”字形的震荡明显减轻了。

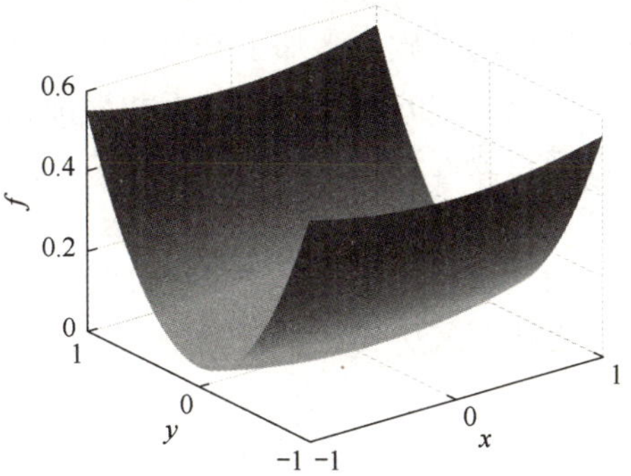

图 5-4　式（5-3）中函数的函数曲面

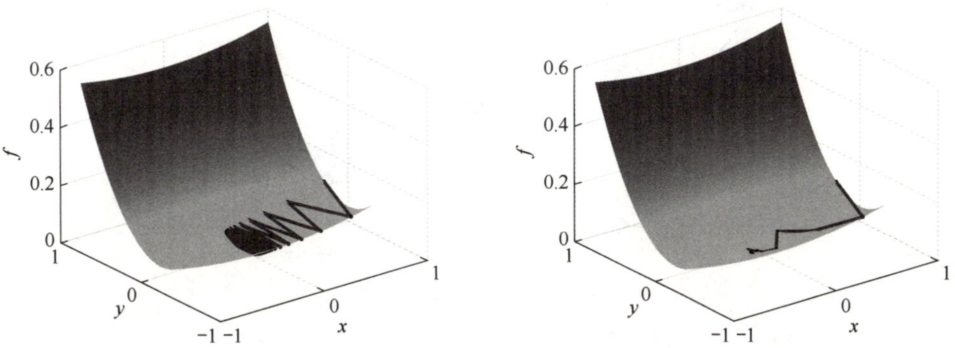

图 5-5　基于梯度下降法（左）和动量法（右）的优化路径

类似于 SGD，可以将动量法中的梯度替换为基于小批量样本的随机梯度，从而减少每次迭代的计算量。算法 5-4 总结了基于动量法的 SGD 的迭代过程。

算法 5-4：SGD+动量法

　　超参数：η_k，β，批量大小

　　初始化：$\boldsymbol{x}^1$，$\boldsymbol{m}^0$

　　for $k=1,2,\cdots$

　　　　随机抽取小批量样本，记为 B_k

$$g^k = \frac{1}{|B_k|}\sum_{i\in B_k}\nabla f_i(\boldsymbol{x}^k)$$ # 计算小批量随机梯度

$$\boldsymbol{m}^k = \beta\boldsymbol{m}^{k-1} + \boldsymbol{g}^k$$ # 使用动量法更新迭代点

$$\boldsymbol{x}^{k+1} = \boldsymbol{x}^k - \eta_k\boldsymbol{m}^k$$

end for

5.3.1 重球法

将式（5-2）中的动量法的迭代公式做一个简单的变形：

$$\begin{aligned}\boldsymbol{x}^{k+1} &= \boldsymbol{x}^k - \eta\boldsymbol{m}^k\\ &= \boldsymbol{x}^k - \eta\nabla f(\boldsymbol{x}^k) - \eta\beta\boldsymbol{m}^{k-1}\\ &= \boldsymbol{x}^k - \eta\nabla f(\boldsymbol{x}^k) + \beta(\boldsymbol{x}^k - \boldsymbol{x}^{k-1})\end{aligned} \tag{5-4}$$

可以看到，动量法是在梯度下降法的基础上多加了 $\beta(\boldsymbol{x}^k-\boldsymbol{x}^{k-1})$ 项，该项表示前一次迭代的位移。考虑图 5-6 中的小球沿着山坡滚动的场景，在鞍点和局部极小点处，即使梯度为 0，由于惯性的作用，小球仍会冲过鞍点或局部极小点，向前运动。我们把 $\beta(\boldsymbol{x}^k-\boldsymbol{x}^{k-1})$ 项称为动量项，可以理解为物理学中的“惯性”或历史运动趋势，迭代公式（5-4）也被称为重球法。本节介绍的重球法和前面介绍的动量法的迭代公式是等价的，物理意义也是相同的，都是在梯度下降法的基础上考虑了历史速度或历史运动趋势。

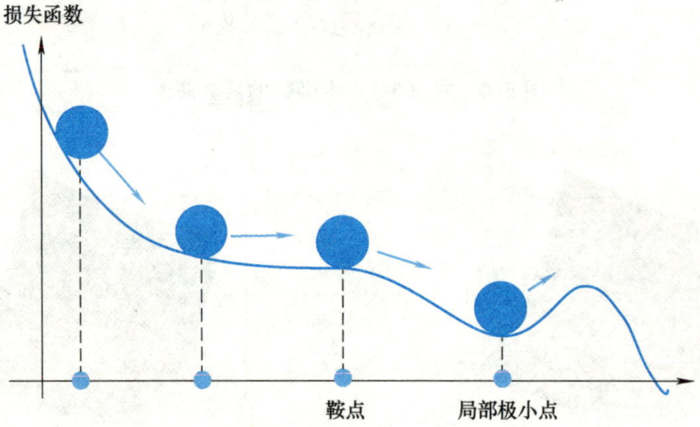

图 5-6 重球法迭代示例

5.3.2 指数移动平均

将动量法中的步骤 $\boldsymbol{m}^k = \beta\boldsymbol{m}^{k-1} + \nabla f(\boldsymbol{x}^k)$ 做迭代展开：

$$\begin{aligned}\boldsymbol{m}^k &= \beta\boldsymbol{m}^{k-1} + \nabla f(\boldsymbol{x}^k)\\ &= \beta(\beta\boldsymbol{m}^{k-2} + \nabla f(\boldsymbol{x}^{k-1})) + \nabla f(\boldsymbol{x}^k)\\ &= \beta^2\boldsymbol{m}^{k-2} + \beta\nabla f(\boldsymbol{x}^{k-1}) + \nabla f(\boldsymbol{x}^k)\\ &\ \vdots\\ &= \beta^k\boldsymbol{m}^0 + \beta^{k-1}\nabla f(\boldsymbol{x}^1) + \beta^{k-2}\nabla f(\boldsymbol{x}^2) + \cdots + \beta\nabla f(\boldsymbol{x}^{k-1}) + \nabla f(\boldsymbol{x}^k)\\ &= \beta^{k-1}\nabla f(\boldsymbol{x}^1) + \beta^{k-2}\nabla f(\boldsymbol{x}^2) + \cdots + \beta\nabla f(\boldsymbol{x}^{k-1}) + \nabla f(\boldsymbol{x}^k)\end{aligned}$$

这里将 $\boldsymbol{m}^0$ 初始化为 0。可以看到，$\boldsymbol{m}^k$ 是历史梯度的加权求和，由于 $\beta<1$，时间越近的梯度权重越大，时间越远的梯度权重越小，表示我们希望多使用近期迭代的梯度，逐渐遗忘时间较远的历史梯度。将所有历史梯度的权重相加：

$$\beta^{k-1}+\beta^{k-2}+\beta^{k-3}+\cdots+\beta^2+\beta+1=\frac{1-\beta^k}{1-\beta}\approx\frac{1}{1-\beta}$$

因此 $\boldsymbol{m}^k$ 是历史梯度的加权求和，而不是加权平均。如果我们希望使用历史梯度的加权平均，可以使用如下迭代

$$\boldsymbol{m}^k=\beta\boldsymbol{m}^{k-1}+(1-\beta)\nabla f(\boldsymbol{x}^k) \tag{5-5}$$

该迭代称为指数移动平均（Exponential Moving Average，EMA），在深度学习中经常使用。考虑一个长度为 K 的滑动窗口，并计算滑动窗口内所有项的平均，当窗口移动时，需要丢弃最远的项，添加最新的项，因此需要大小为 K 的内存保存窗口内的所有项。当我们希望减少内存，例如只使用大小为 1 的内存时，可以使用指数移动平均，即迭代公式（5-5），既实现了使用近期梯度遗忘远期梯度的功能，又节省了内存。

5.3.3 Nesterov 加速法

Nesterov 加速法是另一种动量法，当求解凸优化问题时，其理论收敛速度比重球法更快。经典 Nesterov 加速法的迭代过程如下：

$$\begin{aligned}\boldsymbol{y}^k&=\boldsymbol{x}^k+\beta(\boldsymbol{x}^k-\boldsymbol{x}^{k-1})\\ \boldsymbol{x}^{k+1}&=\boldsymbol{y}^k-\eta\nabla f(\boldsymbol{y}^k)\end{aligned} \tag{5-6}$$

比较重球法与 Nesterov 加速法，可以看到重球法是先做梯度下降，然后加上动量项，而 Nesterov 加速法是先加上动量项，得到新的变量 $\boldsymbol{y}^k$，然后在点 $\boldsymbol{y}^k$ 做梯度下降。

下面比较动量法与 Nesterov 加速法。首先将 Nesterov 加速法变换成类似动量法的形式：

$$\begin{aligned}\boldsymbol{x}^{k+1}&=\boldsymbol{y}^k-\eta\nabla f(\boldsymbol{y}^k)\\ &=\boldsymbol{x}^k+\beta(\boldsymbol{x}^k-\boldsymbol{x}^{k-1})-\eta\nabla f(\boldsymbol{y}^k)\\ &=\boldsymbol{x}^k-\eta\boldsymbol{m}^k\end{aligned}$$

其中定义

$$\begin{aligned}\boldsymbol{m}^k&=\frac{-\beta(\boldsymbol{x}^k-\boldsymbol{x}^{k-1})}{\eta}+\nabla f(\boldsymbol{y}^k)\\ &=\beta\boldsymbol{m}^{k-1}+\nabla f(\boldsymbol{y}^k)\end{aligned}$$

对于 $\boldsymbol{y}^k$，有

$$\begin{aligned}\boldsymbol{y}^k&=\boldsymbol{x}^k+\beta(\boldsymbol{x}^k-\boldsymbol{x}^{k-1})\\ &=\boldsymbol{x}^k-\beta\eta\boldsymbol{m}^{k-1}\end{aligned}$$

因此，Nesterov 加速法等价于如下迭代：

$$\begin{aligned}\boldsymbol{m}^k&=\beta\boldsymbol{m}^{k-1}+\nabla f(\boldsymbol{x}^k-\beta\eta\boldsymbol{m}^{k-1})\\ \boldsymbol{x}^{k+1}&=\boldsymbol{x}^k-\eta\boldsymbol{m}^k\end{aligned} \tag{5-7}$$

比较动量法与上述迭代，可以看到，Nesterov 加速法在计算梯度时没有直接计算 $\boldsymbol{x}^k$ 处的梯度，而是沿着前一时刻的速度方向多走了一步，在新的点处（即 $\boldsymbol{y}^k$）计算梯度。考虑到计算 $\boldsymbol{x}^{k+1}$ 时是沿着新的速度方向 $\boldsymbol{m}^k$ 更新 $\boldsymbol{x}^k$ 的，因此，可以将在点 $\boldsymbol{x}^k$ 处沿着旧的速度方向 $\boldsymbol{m}^{k-1}$（此时新的速度方向还没有计算出）移动一小步看作先对 $\boldsymbol{x}^{k+1}$ 做预测，并在该预测点处计算梯度。因此，Nesterov 加速法在动量法的基础上多“向前看了一步”。

最后给出 Nesterov 加速法的另一种等价形式。在 Nesterov 加速法（5-6）中使用了 $\boldsymbol{x}$ 和 $\boldsymbol{y}$ 两个迭代序列，在等价形式（5-7）中只使用了 $\boldsymbol{x}$ 序列，下面给出只使用 $\boldsymbol{y}$ 序列的形式：

$$\begin{aligned}\boldsymbol{y}^k &= \boldsymbol{x}^k - \beta\eta\boldsymbol{m}^{k-1}\\ &= \boldsymbol{y}^{k-1} - \eta\,\nabla f(\boldsymbol{y}^{k-1}) - \beta\eta\boldsymbol{m}^{k-1}\end{aligned}$$

因此，Nesterov 加速法也等价于下面迭代：

$$\begin{aligned}\boldsymbol{m}^k &= \beta\boldsymbol{m}^{k-1} + \nabla f(\boldsymbol{y}^k)\\ \boldsymbol{y}^{k+1} &= \boldsymbol{y}^k - \beta\eta\boldsymbol{m}^k - \eta\,\nabla f(\boldsymbol{y}^k)\end{aligned} \tag{5-8}$$

式（5-6）和式（5-7）是 Nesterov 加速法常用的两种形式，而式（5-8）是 PyTorch 中实现的形式。

5.3.4 PyTorch 实现

PyTorch 在 torch. optim. SGD 实现了动量法，与 SGD 共用一个 API。算法 5-5 给出了 torch. optim. SGD 的实现伪码。

算法 5-5：PyTorch 中 torch. optim. SGD 的实现伪码

```
超参数：η,β,τ,λ，批量大小
初始化：x^1
for k=1,2,…
    随机抽取小批量样本，记为 B_k
    g^k = 1/|B_k| Σ_{i∈B_k} ∇f_i(x^k)          # 计算小批量随机梯度
    If λ≠0
        g^k = g^k + λx^k                        # 权重衰减，将在第5.4.4节详细介绍
    end if
    if β=0
        x^{k+1} = x^k − ηg^k                    # SGD
    else
        if k>1
            m^k = βm^{k-1} + (1−τ)g^k           # 动量法(5-5)
        else
            m^k = g^k                           # m 初始化
        end
        if nesterov
            x^{k+1} = x^k − ηβm^k − ηg^k        # Nesterov 加速法(5-8)
        else
            x^{k+1} = x^k − ηm^k                # 动量法更新 x
        end
    end
end for
```

在算法 5-5 中，当 $\beta=0$ 时，执行 SGD，否则，执行动量法或 Nesterov 加速法。在动量法中，将式（5-5）中的梯度前面的 $1-\beta$ 替换为 $1-\tau$，这里 τ 可以与 β 相等，也可以不相等。在 Nesterov 加速法中，执行迭代（5-8），使用移动平均并将 $1-\beta$ 替换为 $1-\tau$，将符号 $\boldsymbol{y}$ 用 $\boldsymbol{x}$ 表示。最后，我们将第 5.2.2 节中 torch. optim. SGD 的超参数与算法 5-5 对应：lr $=\eta$；momentum $=\beta$；dampening $=\tau$；weight_decay $=\lambda$；nesterov 对应算法 5-5 中的 nesterov。

5.4　自适应学习率算法

回顾第 5.3 节的问题（5-3），当使用梯度下降法最小化该函数时，为了使算法在 y 方向收敛，需要令学习率 $\eta<2$，但这样会使算法在 x 方向收敛缓慢。既然单一的学习率无法同时兼顾不同方向的收敛性和收敛速度，那么就在不同方向使用不同的学习率，这就是自适应学习率算法的思想。以问题（5-3）为例，如果在 x 方向和 y 方向分别使用学习率 $\eta_1=9.9$ 和 $\eta_2=0.99$，那么梯度下降法将在两个方向快速收敛到最小值点，迭代过程分别为 $x^{k+1}=(1-0.1\eta_1)x^k=0.01x^k$ 和 $y^{k+1}=(1-\eta_2)y^k=0.01y^k$。对于简单的问题（5-3），我们知道不同方向最好的学习率应该是多少，但对于复杂的问题，我们无法给出合适的估计。下面介绍几种经典的学习率自适应算法，我们将从直观的角度解释如何在不同的方向设置不同的学习率。

5.4.1　AdaGrad

AdaGrad（自适应梯度法，Adaptive Gradient Method）可能是最早的学习率自适应算法，该算法迭代过程如下：

$$\begin{aligned}\boldsymbol{v}^k&=\boldsymbol{v}^{k-1}+(\boldsymbol{g}^k)^2\\ \boldsymbol{x}^{k+1}&=\boldsymbol{x}^k-\eta\frac{\boldsymbol{g}^k}{\sqrt{\boldsymbol{v}^k}+\varepsilon}\end{aligned}\tag{5-9}$$

这里 $\boldsymbol{g}^k$ 表示 $\boldsymbol{x}^k$ 处的小批量随机梯度，$\boldsymbol{g}^2=\begin{pmatrix}\boldsymbol{g}_1^2\\ \vdots\\ \boldsymbol{g}_d^2\end{pmatrix}$ 和 $\frac{\boldsymbol{g}}{\sqrt{\boldsymbol{v}}+\varepsilon}=\begin{pmatrix}\frac{\boldsymbol{g}_1}{\sqrt{\boldsymbol{v}_1}+\varepsilon}\\ \vdots\\ \frac{\boldsymbol{g}_d}{\sqrt{\boldsymbol{v}_d}+\varepsilon}\end{pmatrix}$ 表示按元素运算，d 表示向量的维度，ε 是一个较小的常数，为了防止分母出现 0。在 AdaGrad 的第二步，第 i 个坐标的学习率为 $\frac{\eta}{\sqrt{\boldsymbol{v}_i^k}+\varepsilon}$，因此不同的坐标使用不同的学习率。由于 $\boldsymbol{v}_i^k=\boldsymbol{v}_i^0+\sum_{t=1}^{k}(\boldsymbol{g}_i^t)^2$ 是历史梯度的平方和，当该方向的历史梯度普遍较大时，表示该方向的历史更新幅度较大，算法会自动减小学习率，从而减缓该方向的更新；反之，当该方向的历史梯度普遍较小时，表示该方向的历史更新幅度较小，算法会自动增大学习率，从而加快该方向的更新，最终实现不同方向更新的平衡。AdaGrad 对于稀疏特征具有较好的效果，假设第 i 个坐标的历史梯度普遍较小，在第 k 次迭代时观察到一个出现频率较低的稀疏特征，使得 $\boldsymbol{g}_i^k$ 较大，由于第 i 个坐标的学习率 $\frac{\eta}{\sqrt{\boldsymbol{v}_i^k}+\varepsilon}$ 较大（稠密特征的学习率较小），从而使得 $\boldsymbol{x}_i^k$ 沿着 $\boldsymbol{g}_i^k$ 的更新方向移动较大步幅，最终实现自适应地高度重视这些很少出现的稀疏特征。算法 5-6 总结了 AdaGrad 的迭代过程。

算法 5-6：AdaGrad

　　超参数：η，批量大小

　　初始化：$\boldsymbol{x}^1$，$\boldsymbol{v}^0$

　　for $k=1,2,\cdots$

　　　　随机抽取小批量样本，记为 B_k

$$g^k = \frac{1}{|B_k|}\sum_{i\in B_k}\nabla f_i(x^k)$$ # 计算小批量随机梯度

$$v^k = v^{k-1} + (g^k)^2$$

$$x^{k+1} = x^k - \eta\frac{g^k}{\sqrt{v^k}+\varepsilon}$$ # 使用 AdaGrad 更新迭代点

end for

PyTorch 中的 torch. optim. Adagrad 实现了对 AdaGrad 算法的封装。在实际应用中，一般只需要设置 lr 和 weight_decay 两个超参数。

API：torch. optim. Adagrad(params , lr = 0. 01 , lr_decay = 0 , weight_decay = 0 ,
initial_accumulator_value = 0 , eps = 1e-10 , foreach = None , * ,
maximize = False , differentiable = False)

参数：params：优化变量，即需要训练的网络参数；

lr：学习率，式(5-9)中的 η；

lr_decay：学习率递减参数，第 k 次迭代的学习率为 $\frac{\mathrm{lr}}{\sqrt{1+(k-1)\,\mathrm{lr\_decay}}}$，默认为 0；

weight_decay：权重衰减参数，将在第 5. 4. 4 节详细介绍，默认为 0，表示不使用权重衰减；

eps：式(5-9)中的 ε，默认为 10^{-10}；

initial_accumulator_value、foreach、maximize、differentiable：使用默认设置即可。

示例：

```
# 指定优化器为 Adagrad
optimizer = torch. optim. Adagrad( model. parameters( ) , lr = 0. 1)
optimizer. zero_grad( )
loss_fn( model( input) , target). backward( )
optimizer. step( )
```


5. 4. 2 RMSProp

AdaGrad 在训练深度网络时的主要问题是学习率递减太快，从而使得 AdaGrad 在后期收敛缓慢，这是因为 v^k 几乎呈线性增长。RMSProp（Root Mean Square Propagation）采用第 5. 3. 2 节介绍的指数移动平均来减缓 v^k 的增长速度。具体地，RMSProp 执行如下迭代步骤：

$$v^k = \beta v^{k-1} + (1-\beta)(g^k)^2$$

$$x^{k+1} = x^k - \eta\frac{g^k}{\sqrt{v^k}+\varepsilon}$$

在 AdaGrad 中，v^k 是历史梯度的平方和，而在 RMSProp 中，v^k 是历史梯度的平方的加权平均，前期梯度的权重较小，后期梯度的权重较大，因此 RMSProp 倾向于逐渐丢弃前期梯度，更加关注后期梯度。

可以将第 5. 3 节介绍的动量技巧与 RMSProp 结合，迭代步骤如下：

$$\begin{aligned} v^k &= \beta v^{k-1} + (1-\beta)(g^k)^2 \\ m^k &= \theta m^{k-1} + \frac{g^k}{\sqrt{v^k}+\varepsilon} \\ x^{k+1} &= x^k - \eta m^k \end{aligned} \tag{5-10}$$

其中第二步和第三步借鉴了动量法的思想，但是将动量法中的 $\boldsymbol{g}^k$ 替换为 $\frac{\boldsymbol{g}^k}{\sqrt{\boldsymbol{v}^k}+\varepsilon}$。算法 5-7 总结了基于动量的 RMSProp 的迭代过程，当 $\theta=0$ 时，算法退化为经典的 RMSProp。

算法 5-7：基于动量的 RMSProp

超参数：η,β,θ，批量大小

初始化：$\boldsymbol{x}^1,\boldsymbol{v}^0,\boldsymbol{m}^0$

for $k=1,2,\cdots$

随机抽取小批量样本，记为 B_k

$\boldsymbol{g}^k=\frac{1}{|B_k|}\sum_{i\in B_k}\nabla f_i(\boldsymbol{x}^k)$　　// 计算小批量随机梯度

$\boldsymbol{v}^k=\beta\boldsymbol{v}^{k-1}+(1-\beta)(\boldsymbol{g}^k)^2$

$\boldsymbol{m}^k=\theta\boldsymbol{m}^{k-1}+\frac{\boldsymbol{g}^k}{\sqrt{\boldsymbol{v}^k}+\varepsilon}$　　// 使用 RMSProp+动量法更新迭代点

$\boldsymbol{x}^{k+1}=\boldsymbol{x}^k-\eta\boldsymbol{m}^k$

end for

PyTorch 中的 torch. optim. RMSprop 实现了对 RMSProp 算法的封装。在实际应用中，一般只需设置 lr、weight_decay 和 momentum 三个超参数。

API：torch. optim. RMSprop(params, lr=0. 01, alpha=0. 99, eps=1e-08, weight_decay=0, momentum=0, centered=False, foreach=None, maximize=False, differentiable=False)

参数：params：优化变量，即需要训练的网络参数；

lr：学习率，式(5-10)中的 η；

alpha：式(5-10)中的 β，默认为 0. 99；

momentum：式(5-10)中的 θ，默认为 0，表示不使用动量；

weight_decay：权重衰减参数，将在第 5. 4. 4 节详细介绍，默认为 0，表示不使用权重衰减；

eps：式(5-10)中的 ε，默认为 10^{-8}；

centered、foreach、maximize、differentiable：使用默认设置即可，细节参考 PyTorch 文档；

示例：

```
# 指定优化器为 RMSProp 并使用动量技巧，动量参数为 0.9
optimizer = torch.optim.RMSprop(model.parameters(), lr=0.1, momentum=0.9)
optimizer.zero_grad()
loss_fn(model(input), target).backward()
optimizer.step()
```

5.4.3 Adam

自适应动量估计法（Adaptive Moment Estimation，Adam）提供了另一种结合动量技巧和 RMSProp 的方法，Adam 的迭代过程如下：

$$\boldsymbol{m}^k=\beta_1\boldsymbol{m}^{k-1}+(1-\beta_1)\boldsymbol{g}^k$$
$$\boldsymbol{v}^k=\beta_2\boldsymbol{v}^{k-1}+(1-\beta_2)(\boldsymbol{g}^k)^2$$
$$\boldsymbol{x}^{k+1}=\boldsymbol{x}^k-\eta\frac{\boldsymbol{m}^k}{\sqrt{\boldsymbol{v}^k}+\varepsilon}$$

Adam 与式（5-10）的主要区别是，Adam 同时对 $\boldsymbol{m}^{k-1}$ 和 $\boldsymbol{g}^k$ 除以 $\sqrt{\boldsymbol{v}^k}+\varepsilon$，而式（5-10）只对 $\boldsymbol{g}^k$ 除以 $\sqrt{\boldsymbol{v}^k}+\varepsilon$。

在实际应用中，经常需要对 $\boldsymbol{m}^k$ 和 $\boldsymbol{v}^k$ 做偏差修正，修正之后的 Adam 迭代步骤如下：

$$
\begin{aligned}
&\boldsymbol{m}^k=\beta_1\boldsymbol{m}^{k-1}+(1-\beta_1)\boldsymbol{g}^k\\
&\boldsymbol{v}^k=\beta_2\boldsymbol{v}^{k-1}+(1-\beta_2)(\boldsymbol{g}^k)^2\\
&\hat{\boldsymbol{m}}^k=\frac{\boldsymbol{m}^k}{1-\beta_1^k},\hat{\boldsymbol{v}}^k=\frac{\boldsymbol{v}^k}{1-\beta_2^k}\\
&\boldsymbol{x}^{k+1}=\boldsymbol{x}^k-\eta\frac{\hat{\boldsymbol{m}}^k}{\sqrt{\hat{\boldsymbol{v}}^k}+\varepsilon}
\end{aligned}
\tag{5-11}
$$

当初始化 $\boldsymbol{m}^0=0$ 时，可得 $\boldsymbol{m}^k=(1-\beta_1)(\beta_1^{k-1}\boldsymbol{g}^1+\beta_1^{k-2}\boldsymbol{g}^2+\cdots+\beta_1\boldsymbol{g}^{k-1}+\boldsymbol{g}^k)$，系数之和为 $1-\beta_1^k$。理想情况下，当所有的 $\boldsymbol{g}^1,\boldsymbol{g}^2,\cdots,\boldsymbol{g}^{k-1}$ 都近似等于 $\boldsymbol{g}^k$ 时，可得 $\boldsymbol{m}^k\approx(1-\beta_1^k)\boldsymbol{g}^k$，即 $\boldsymbol{m}^k$ 与 $\boldsymbol{g}^k$ 之间存在偏差。我们希望做偏差修正之后，$\hat{\boldsymbol{m}}^k$ 能够更精确地近似 $\boldsymbol{g}^k$。同样的解释也适用于 $\hat{\boldsymbol{v}}^k$（上述仅为直观解释，并不严谨）。

在 PyTorch 中，默认设置为 $\beta_1=0.9$，$\beta_2=0.999$。可以观察 $\dfrac{1-0.9^k}{\sqrt{1-0.999^k}}$ 随 k 的变化。当 $k=1$ 时，该值约为 3.1623，当 $k=12$ 时，该值达到最大，约为 6.5685，当 $k=100$ 时，该值约为 3.2408，当 $k=1000$ 时，该值约为 1.2576，当 $k=5000$ 时，该值约为 1.0034。因此，修正之后每个维度下降方向的值比修正之前小 1~6 倍。最后，我们在算法 5-8 给出 Adam 的迭代过程。

算法 5-8：Adam

超参数：η,β_1,β_2，批量大小

初始化：$\boldsymbol{x}^1,\boldsymbol{v}^0,\boldsymbol{m}^0$

for $k=1,2,\cdots$

　随机抽取小批量样本，记为 B_k

　$\boldsymbol{g}^k=\dfrac{1}{|B_k|}\sum_{i\in B_k}\nabla f_i(\boldsymbol{x}^k)$　　# 计算小批量随机梯度

　$\boldsymbol{m}^k=\beta_1\boldsymbol{m}^{k-1}+(1-\beta_1)\boldsymbol{g}^k$

　$\boldsymbol{v}^k=\beta_2\boldsymbol{v}^{k-1}+(1-\beta_2)(\boldsymbol{g}^k)^2$

　$\hat{\boldsymbol{m}}^k=\dfrac{\boldsymbol{m}^k}{1-\beta_1^k},\hat{\boldsymbol{v}}^k=\dfrac{\boldsymbol{v}^k}{1-\beta_2^k}$　　# 使用 Adam 更新迭代点

　$\boldsymbol{x}^{k+1}=\boldsymbol{x}^k-\eta\dfrac{\hat{\boldsymbol{m}}^k}{\sqrt{\hat{\boldsymbol{v}}^k}+\varepsilon}$

end for

PyTorch 中的 torch. optim. Adam 实现了对 Adam 算法的封装。在实际应用中，一般只需要设置超参数 lr，betas 的默认值在多数情况下表现较好。

API：torch. optim. Adam(params, lr=0. 001, betas=(0. 9,0. 999), eps=1e-08, weight_decay=0,
amsgrad=False, *, foreach=None, maximize=False,
capturable=False, differentiable=False, fused=None)

参数：params：优化变量，即需要训练的网络参数；

lr：学习率，式(5-11)中的 η；

```
    betas：式(5-11)中的(β1，β2)，默认为(0.9,0.999)；
    weight_decay：权重衰减参数，将在第 5.4.4 节详细介绍，
                  默认为 0，表示不使用权重衰减；
    eps：式(5-11)中的 ε，默认为 10^-8；
    amsgrad：是否调用 Adam 的变种 AMSGrad 算法；默认为 False，表示调用 Adam；
    foreach、maximize、capturable、differentiable、fused：使用默认设置即可；
示例：# 指定优化器为 Adam
    optimizer = torch.optim.Adam(model.parameters(),lr=0.01)
    optimizer.zero_grad()
    loss_fn(model(input),target).backward()
    optimizer.step()
```

5.4.4 AdamW

在机器学习中，为了防止模型参数的数值过大，需要做正则化处理，从而将参数限制在合理的范围内。ℓ_2 正则化是最简单的正则化技术之一，其思想是将参数的 ℓ_2 范数的平方作为惩罚项添加到目标函数中，从而最小化如下目标：

$$\min_{\boldsymbol{x}\in\mathbb{R}^d} f(\boldsymbol{x})+\frac{\lambda}{2}\|\boldsymbol{x}\|^2$$

其中$\frac{\lambda}{2}\|\boldsymbol{x}\|^2$称为正则化项，$\lambda$ 称为正则化系数。当使用 SGD 最小化上述目标函数时，在小批量样本上计算$f(\boldsymbol{x})$的随机梯度估计，记为 $\boldsymbol{g}$。对于正则化项，其梯度为 $\lambda\boldsymbol{x}$，该梯度值是精确的，而不再是近似估计。SGD 每次迭代执行如下步骤：

$$\begin{aligned}\boldsymbol{x}^{k+1}&=\boldsymbol{x}^k-\eta_k(\boldsymbol{g}^k+\lambda\boldsymbol{x}^k)\\&=(1-\eta_k\lambda)\boldsymbol{x}^k-\eta_k\boldsymbol{g}^k\end{aligned}\tag{5-12}$$

在上述迭代公式中，$\boldsymbol{x}^k$ 前面的系数 $1-\eta_k\lambda<1$，起到衰减参数的作用。事实上，如果损失函数$f(\boldsymbol{x})=0$，那么 $\boldsymbol{g}^k=0$，参数 $\boldsymbol{x}$ 以指数形式衰减到 0。当$f(\boldsymbol{x})\neq 0$时，算法将在参数衰减与梯度接近 0 两个目标之间达到平衡。上述正则化技术在深度学习中也被称为**权重衰减**。

除了 SGD 之外，动量法、AdaGrad、RMSProp、Adam 均可使用权重衰减，只需像算法 5-5 一样将算法 5-6~5-8 中的 $\boldsymbol{g}^k$ 替换为 $\boldsymbol{g}^k+\lambda\boldsymbol{x}^k$。在各个算法的 API 中，超参数 weight_decay 对应 λ。

权重衰减除了上述实现方式外，AdamW 提供了另一种实现方法。我们可以把动量法中的 $\boldsymbol{m}^k$、AdaGrad 和 RMSProp 中的$\frac{\boldsymbol{g}^k}{\sqrt{\boldsymbol{v}^k}+\varepsilon}$、Adam 中的$\frac{\boldsymbol{m}^k}{\sqrt{\boldsymbol{v}^k}+\varepsilon}$或$\frac{\hat{\boldsymbol{m}}^k}{\sqrt{\hat{\boldsymbol{v}}^k}+\varepsilon}$看作比 $\boldsymbol{g}^k$ 更好的更新方向估计，但对于正则化项$\frac{\lambda}{2}\|\boldsymbol{x}\|^2$，该函数形式简单，其精确梯度 $\lambda\boldsymbol{x}$ 已经是很好的估计，各个坐标的更新已经足够均衡，不再需要为不同的坐标配置不同的学习率。因此，更合理的权重衰减实现方式似乎应该是对于损失函数$f(\boldsymbol{x})$，使用自适应学习率算法中开发的各种估计，对于正则化项，直接使用 $\lambda\boldsymbol{x}$。该策略在 AdamW 中实现，算法 5-9 总结了 AdamW 的迭代过程。AdamW 和 Adam 的唯一区别是在更新 $\boldsymbol{x}$ 时，将$\frac{\hat{\boldsymbol{m}}^k}{\sqrt{\hat{\boldsymbol{v}}^k}+\varepsilon}$替换为$\frac{\hat{\boldsymbol{m}}^k}{\sqrt{\hat{\boldsymbol{v}}^k}+\varepsilon}+\lambda\boldsymbol{x}^k$。此时，

$x^{k+1}=(1-\eta\lambda)x^k-\eta\frac{\hat{m}^k}{\sqrt{\hat{v}^k}+\varepsilon}$，与式（5-12）中 SGD 的更新方式形式相似，权重衰减看起来更加直接。

算法 5-9：AdamW

超参数：$\eta,\beta_1,\beta_2,\lambda$，批量大小

初始化：x^1,v^0,m^0

for $k=1,2,\cdots$

随机抽取小批量样本，记为 B_k

$g^k=\frac{1}{|B_k|}\sum_{i\in B_k}\nabla f_i(x^k)$ # 计算小批量随机梯度

$m^k=\beta_1 m^{k-1}+(1-\beta_1)g^k$

$v^k=\beta_2 v^{k-1}+(1-\beta_2)(g^k)^2$

$\hat{m}^k=\frac{m^k}{1-\beta_1^k},\hat{v}^k=\frac{v^k}{1-\beta_2^k}$ # 使用 AdamW 更新迭代点

$x^{k+1}=(1-\lambda\eta)x^k-\eta\frac{\hat{m}^k}{\sqrt{\hat{v}^k}+\varepsilon}$

end for

PyTorch 中的 torch. optim. AdamW 实现了对 AdamW 算法的封装，其超参数与 Adam 完全相同，唯一的区别是 AdamW 中 weight_decay 的默认值为 0. 01，而 Adam 中的默认值为 0。

5.5 批量规范化和层规范化

规范化是指将数据归一化到合适的范围内，避免不同维度分布差别太大。在机器学习中，当输入数据不同维度的特征具有不同的尺度时，经常要对输入数据做归一化，将不同样本每一维度的特征都归一化到均值为 0、方差为 1 的分布内，从而使得不同维度的特征处于同一数量级。深度网络由多个网络层组成，进过若干层的传播后，中间层的变量可能具有很大的变化范围，因此可以将输入数据归一化的思想扩展到每一个网络层。批量规范化和层规范化是深度学习中常用的两种规范化策略。

首先介绍批量规范化（Batch Normalization，BN）。记小批量样本 B 中第 r 个样本的输入为 h^r，第 i 个特征为 h_i^r。BN 执行如下操作：

$$\mu_i=\frac{1}{|B|}\sum_{r\in B}h_i^r,\ \forall i$$

$$\sigma_i=\sqrt{\frac{1}{|B|}\sum_{r\in B}(h_i^r-\mu_i)^2},\ \forall i$$

$$\hat{h}_i^r=\gamma\frac{h_i^r-\mu_i}{\sigma_i+\varepsilon}+\beta,\ \forall i$$

$$\mathrm{BN}(h)=\hat{h}$$

对每一个特征，首先计算小批量样本上的均值 μ_i 和标准差 σ_i，并将每一个样本的特征归一化到均值为 0、方差为 1 的分布，最后乘以伸缩因子 γ 并与偏移因子 β 相加，其中 γ 和 β 与

网络权重一样是需要学习的参数，而不是提前设定的超参数，ε 是一个很小的正的常数，它可以防止分母出现0。在深度学习中，一般在线性变换和非线性激活函数之间使用BN，例如对于全连接层，$\boldsymbol{h}=\phi(\mathrm{BN}(\boldsymbol{W}\boldsymbol{x}+b))$。第2.4.2节介绍了梯度消失和梯度爆炸，由于BN将激活函数的输入规范化在了合理范围，我们希望激活函数的导数以及输出在该范围内不会特别小或特别大，从而减缓梯度消失或梯度爆炸。由于小批量仅出现在训练阶段，测试阶段没有小批量的概念，因此在测试阶段，可以使用训练阶段所有小批量产生的 μ_i 和 σ_i 的指数移动平均作为测试阶段的 μ_i 和 σ_i。

PyTorch中的torch.nn.BatchNorm1d和BatchNorm2d实现了对BN的封装。

API：torch.nn.BatchNorm1d(num_features, eps=1e-05, momentum=0.1, affine=True, track_running_stats=True, device=None, dtype=None)
torch.nn.BatchNorm2d(num_features, eps=1e-05, momentum=0.1, affine=True, track_running_stats=True, device=None, dtype=None)

参数：num_features：数据的特征维度或通道数C；
BatchNorm1d的输入维度为(N,C)或(N,C,L)，N表示批量大小，C表示特征维度或通道数，L表示序列长度；
BatchNorm2d的输入维度为(N,C,H,W)，H表示图片的高度，W表示图片宽度；
eps：BN中的 ε，默认为 10^{-5}；
momentum：参数 θ，用于计算测试时用到的指数移动平均：$\mu_{\text{new}}=(1-\theta)\mu_{\text{old}}+\theta\mu$，$\sigma_{\text{new}}=(1-\theta)\sigma_{\text{old}}+\theta\sigma$；
affine：是否学习BN中的 γ 和 β，默认为学习。当为false时，(γ,β) 固定为 $(1,0)$；
track_running_stats：是否在训练过程中计算指数移动平均，默认为计算；
device、dtype：使用默认设置即可。

示例：

```
m = nn.BatchNorm1d(100)
input = torch.randn(20,100)
output = m(input)

m = nn.BatchNorm2d(100)
input = torch.randn(20,100,35,45)
output = m(input)
```

BN是使用小批量样本对每一个维度的特征进行归一化，而层规范化（Layer Normalization，LN）是对单个样本以层为单位，对每一层的所有维度的特征进行归一化。记第 l 层的第 i 个特征为 $\boldsymbol{h}_i^l$，第 l 层的特征总数为 n_l。LN执行如下操作：

$$\mu^l=\frac{1}{n_l}\sum_{i=1}^{n_l}\boldsymbol{h}_i^l,\ \forall l$$

$$\sigma^l=\sqrt{\frac{1}{n_l}\sum_{i=1}^{n_l}(\boldsymbol{h}_i^l-\mu^l)^2},\ \forall l$$

$$\hat{\boldsymbol{h}}_i^l=\gamma_i\frac{\boldsymbol{h}_i^l-\mu^l}{\sigma^l+\varepsilon}+\beta_i,\ \forall l$$

$$\mathrm{LN}(\boldsymbol{h})=\hat{\boldsymbol{h}}$$

与BN类似，LN首先计算第 l 层特征的均值 μ^l 和标准差 σ^l，并将每一个特征归一化到均值为0、方差为1的分布，最后乘以伸缩因子 γ_i 并与偏移因子 β_i 相加。与BN不同的是，LN

对不同特征使用不同的伸缩因子和偏移因子。

PyTorch 中的 torch. nn. LayerNorm 实现了对 LN 的封装。

```
API：torch. nn. LayerNorm( normalized_shape, eps = 1e-05, elementwise_affine = True,
                          bias = True, device = None, dtype = None)
参数：normalized_shape：实施规范化的维度；
      eps：LN 中的 ε，默认为 10^-5；
      elementwise_affine：是否学习 LN 中的 γ_i 和 β_i，默认为学习；
                          当为 false 时，(γ_i,β_i)固定为(1,0)；
      bias：当 elementwise_affine = True 时是否学习 β_i，默认为学习；
      device、dtype：使用默认设置即可。
示例：# NLP Example
      batch, sentence_length, embedding_dim = 20,5,10
      embedding = torch. randn( batch, sentence_length, embedding_dim)
      layer_norm = nn. LayerNorm( embedding_dim)
      layer_norm( embedding)

      # Image Example
      N,C,H,W = 20,5,10,10
      input = torch. randn( N,C,H,W)
      layer_norm = nn. LayerNorm( [ C,H,W] )
      output = layer_norm( input)
```


最后我们从稳定训练的角度解释规范化的作用。考虑一个简单的网络，其某一层的输入为$(\boldsymbol{h}_1,\boldsymbol{h}_2)$，网络参数为$(\boldsymbol{w}_1,\boldsymbol{w}_2)$，关于该层参数的损失函数为 $F(\boldsymbol{w}_1,\boldsymbol{w}_2)=f(\boldsymbol{w}_1\boldsymbol{h}_1+\boldsymbol{w}_2\boldsymbol{h}_2+b)$。对参数求导：

$$\frac{\partial F(\boldsymbol{w}_1,\boldsymbol{w}_2)}{\partial \boldsymbol{w}_1}=\boldsymbol{h}_1 f'(\boldsymbol{w}_1\boldsymbol{h}_1+\boldsymbol{w}_2\boldsymbol{h}_2+b)$$

$$\frac{\partial F(\boldsymbol{w}_1,\boldsymbol{w}_2)}{\partial \boldsymbol{w}_2}=\boldsymbol{h}_2 f'(\boldsymbol{w}_1\boldsymbol{h}_1+\boldsymbol{w}_2\boldsymbol{h}_2+b)$$

因此，当 $\boldsymbol{h}_1$ 和 $\boldsymbol{h}_2$ 相差较大时，$\frac{\partial F(\boldsymbol{w}_1,\boldsymbol{w}_2)}{\partial \boldsymbol{w}_1}$和$\frac{\partial F(\boldsymbol{w}_1,\boldsymbol{w}_2)}{\partial \boldsymbol{w}_2}$相差较大，即梯度的不同维度相差较大。如果使用较大的学习率，那么会导致梯度较大的维度收敛不稳定，甚至不收敛；如果使用较小的学习率，那么会导致梯度较小的维度收敛缓慢。为了解决该问题，前面介绍了动量法和学习率自适应算法。而 BN 和 LN 是从改变目标函数的角度出发，通过规范化缩小 $\boldsymbol{h}_1$ 和 $\boldsymbol{h}_2$ 的差距。也就是说，动量法和学习率自适应算法是从算法设计的角度出发解决该问题，而 BN 和 LN 是从改变网络结构，从而使网络更容易训练且目标函数更容易优化的角度出发解决该问题。

本章小结

本章主要介绍深度模型训练的相关知识，包括深度学习非凸优化中的挑战以及常用的训练算法，包括随机梯度下降法、动量法、以及 AdaGrad、RMSProp、Adam 和 AdamW 等学习率自适应算法，最后以批量规范化和层规范化结束本章。

当前深度学习优化领域的研究仍处于初始阶段，存在很多尚未解决的问题，例如深度模型训练困难的真正原因是什么？Adam 等算法在深度学习中获得成功的本质原因是什么？这些机理问题的解决需要更多青年才俊的加入。

在实际应用方面，我们介绍了很多训练算法，每个算法都有各自的特点和适合的问题，在机器学习领域不存在一个算法能够解决所有的问题，使用者需要根据问题、数据等条件选择合适的算法。另外，随着大模型的兴起，对训练算法的运行时间、内存消耗等提出了更高的要求，这势必会催生更多新算法，不管是对优化算法的使用人员还是研究人员，都将有广阔的用武之地和发展空间。

思考题与习题

1. 在实际使用深度网络的过程中，你还遇到过哪些深度学习训练的挑战？
2. 在实际使用深度网络的过程中，鞍点、局部最优是造成深度学习训练困难的主要原因吗？
3. 使用本章介绍的各种优化算法及学习率衰减方案训练卷积网络和循环网络，修改批量大小及各个优化器的超参数，比较实验结果，总结调参经验。
4. 分别使用动量法和 Adam 训练计算机视觉和自然语言处理任务中的深度网络，观察训练误差和测试误差，总结不同优化器在不同类型任务上的性能特点。
5. Adam 在所有任务中都适用吗？归纳总结 Adam 表现欠佳的案例。
6. 除 Adam 外，能否设计新的动量法与学习率自适应策略的组合方案？
7. 如何改进本章介绍的经典算法，以在内存资源受限的情况下更好地训练大模型。

参考文献

[1] LI H, XU Z, TAYLOR G, et al. Visualizing the loss landscape of neural nets [C]. Advances in Neural Information Processing Systems (NeurIPS), 2018.

[2] GE R, HUANG F, JIN C, et al. Escaping from saddle points—online stochastic gradient for tensor decomposition [C]. Conference on Learning Theory (COLT), 2015.

[3] JIN C, GE R, NETRAPALLI P, et al. How to escape saddle points efficiently [C]. International Conference on Machine Learning (ICML), 2017.

[4] ROBBINS H, MONRO S. A stochastic approximation method [J]. The Annals of Mathematical Statistics, 1951, 22 (3): 400-407.

[5] ZHANG J, HE T, SRA S, et al. Why gradient clipping accelerates training: A theoretical justification for adaptivity [C]. International Conference on Learning Representations (ICLR), 2020.

[6] POLYAK B T. Some methods of speeding up the convergence of iteration methods [J]. USSR Computational Mathematics and Mathematical Physics, 1964, 4 (5): 791-803.

[7] NESTEROV Y. A method for unconstrained convex minimization problem with the rate of convergence $O(1/k^2)$ [J]. Soviet Mathematics Doklady, 1983, 27 (2): 372-376.

[8] NESTEROV Y. On an approach to the construction of optimal methods of minimization of smooth convex func-

tions [J]. Ekonomika I Mateaticheskie Metody, 1988, 24 (3): 509-517.
[9] NESTEROV Y. Introductory lectures on convex optimization: A basic course [M]. New York: Springer Science+Business Media, 2004.
[10] DUCHI J, HAZAN E, SINGER Y. Adaptive subgradient methods for online learning and stochastic optimization [J]. Journal of Machine Learning Research, 2011, 12 (7): 2121-2159.
[11] TIELEMAN T, HINTON G. Lecture 6. 5-RMSProp: Divide the gradient by a running average of its recent magnitude [J]. COURSERA: Neural Networks for Machine Learning, 2012.
[12] KINGMA D P, BA J. Adam: a method for stochastic optimization [C]. International Conference on Learning Representations (ICLR), 2015.
[13] LOSHCHILOV I, HUTTER F. Decoupled weight decay regularization [C]. International Conference on Learning Representations (ICLR), 2018.
[14] IOFFE S, SZEGEDY C. Batch normalization: Accelerating deep network training by reducing internal covariate shift [C]. International Conference on Machine Learning (ICML), 2015.

第 6 章　生成对抗网络与扩散模型

导　读

本章首先介绍生成对抗网络（Generative Adversarial Networks，GAN）的基本概念、原理、可视化与实践，接着介绍扩散模型（Diffusion Models）的基本概念与思想，最后介绍对抗网络与扩散模型的结合、以及它们的优缺点和应用。

本章知识点

- 生成对抗网络的基本概念
- 生成对抗网络的原理
- 生成对抗网络的可视化与实践
- 扩散模型的基本概念
- 扩散模型的原理
- 生成对抗网络与扩散模型的结合

6.1　生成对抗网络

生成对抗网络（Generative Adversarial Networks，GAN）的出现是图像生成技术等方面一场新时代的革命，它对无监督学习的研究也起到了巨大的推动作用。GAN 在生成图像等方面的广泛应用，使其成为了深度学习领域的一个重要突破。如今，生成对抗网络已被应用于图像分割、视频预测、风格迁移等多个任务。本节对生成对抗网络的基本概念、特点以及应用范围这三个方面进行具体介绍。

6.1.1　什么是生成对抗网络

生成对抗网络是 Ian Goodfellow 等人于 2014 年提出的一种深度学习模型，它由两个主要组件构成：生成器（又名生成网络，Generator）和判别器（又名判别网络，Discriminator）。这两个网络以对抗学习的方式相互竞争，从而达到模拟训练数据分布或生成新数据的目标。

1. 生成对抗网络的特点

生成对抗网络具有许多特点，这让它在深度学习领域占据了重要地位。以下是 GAN 的一些主要特点：

（1）**无监督学习**　无监督学习是指不需要标记数据就能进行训练的学习方法，而 GAN

实际上就是一种无监督学习方法。生成器和判别器之间的对抗训练过程，使得 GAN 能够从未标记的数据中自动学习并生成新的数据样本。

（2）**数据生成多样性** GAN 具有学习训练数据分布的能力，它可以将学习到的这种分布应用于新的数据中，从而生成多样化且逼真的模拟数据样本，这使得 GAN 在生成图像、文本、音频等方面具有很强的实用性。除了生成数据，GAN 中的判别器还可以应用于特征学习、分类等辅助任务。在对抗过程中，判别器可以在生成器训练的同时提供额外的监督信号，促进整个模型的学习和收敛。

（3）**对抗训练机制** GAN 利用生成器和判别器之间的对抗训练机制，通过交替训练两个网络来提高生成器和判别器的性能。这种对抗训练的方式推动模型不断优化，使得生成器产生更能逼近真实数据的虚拟数据样本，同时使判别器能够更加准确地判别出真实数据和生成数据的区别。在训练过程中，GAN 是在样本级别，而不是在特征级别进行学习和生成的，这种训练机制使得 GAN 能够更好地捕获数据的高阶特征和分布信息。

2. 生成对抗网络的优点与缺点

作为一种强大的深度学习模型，生成对抗网络具有许多优点。例如，作为一种无监督学习方法，生成对抗网络不需要标记数据即可训练；利用生成对抗网络，可以生成高质量、逼真、多样化的数据样本等。同时，作为一种新型的深度学习框架，生成对抗网络还存在如下缺点和不足。

（1）**训练不稳定** GAN 的训练过程通常不稳定，容易出现模式崩溃或模式震荡等问题，需要仔细调整超参数和网络架构。生成器在训练过程中可能会陷入模式崩溃，即生成的样本过于单一或缺乏多样性，这会导致生成结果质量下降。

（2）**模式震荡** GAN 训练过程中可能出现模式震荡，即生成器和判别器在学习过程中不断轮换，但最终无法收敛到稳定的状态。

（3）**模型评估困难** 由于生成的数据样本是由模型生成的，所以很难确定生成结果的质量和逼真度，因此如何评估 GAN 的性能是一个巨大挑战。

由于存在上述缺点，GAN 的生成器可能会过度拟合训练数据，导致模式崩溃或记忆性生成，即只能生成与训练数据中存在的模式相似的样本，而不能生成新颖的样本。总体而言，尽管生成对抗网络具有许多优点，但其在训练和稳定性等方面仍然面临不少挑战，需要开展更深入的研究来进一步提升其性能。

6.1.2 生成对抗网络的应用范围

1. 图像领域

生成对抗网络（GAN）在图像领域主要有以下几个方面的应用。

（1）**图像生成** GAN 可以生成逼真度很高的图像，这在艺术创作、图像合成以及虚拟现实等领域有着广泛的应用。例如，可以使用 GAN 生成人脸、风景、动物等各种图像。

（2）**图像修复和增强** GAN 能够通过学习图像的分布，从损坏或不完整的图像中修复缺失的部分或改善图像质量。这在图像编辑、医学图像分析等领域有重要应用。例如，可以通过 GAN 技术恢复受损图像，去除图像噪声等。

（3）**图像风格迁移** GAN 能够实现图像从一个域到另一个域的转换，例如将素描转化为真实图像等。这种图像转换在艺术创作和图像处理等领域具有广泛的应用。此外，GAN

还可以学习不同图像之间的风格特征，从而实现风格转换，这在艺术风格迁移和图像风格转换等方面也极具应用价值。

（4）**图像超分辨率**　GAN 可以通过学习图像的高频信息来提高图像的分辨率，从而实现图像超分辨率。这在图像处理、视频处理等领域有着重要应用。例如，可以通过 GAN 技术提高图像的清晰度，增强图像细节等。

综上所述，GAN 在图像领域的应用范围非常广泛，涵盖了图像生成、修复、转换、超分辨率等多个方面，为图像处理、计算机视觉等领域催生了新的发展方向。

2. 音频领域

GAN 在音频领域的应用范围虽然相对图像领域较小，但也涵盖了一些重要的应用，具体包括以下几个方面。

（1）**语音合成**　GAN 可以用于生成逼真的人类语音，包括语音合成、语音转换等任务。通过学习语音信号的分布，生成器可以生成自然流畅的语音样本，这在语音合成文本、虚拟助手等领域具有重要应用。

（2）**音乐生成**　GAN 可以生成多样化和创造性的音乐片段，包括音符序列、音乐片段、甚至完整的乐曲。这在音乐创作、电子音乐生成、音乐合成等方面有着重要的应用。

（3）**音频增强和去噪**　GAN 可以用于增强音频质量和去除噪声。通过学习音频信号的分布，生成器可以生成更清晰、更干净的音频样本，这在音频处理、语音识别、语音翻译等方面有着重要的应用。

（4）**语音转换**　GAN 可以识别并提取一个人说话时的语言风格和情感等，然后应用于另一个人所说的文字中，实现语音风格转换和语音特征转换，这在语音合成、语音匹配、语音识别等领域有着重要的应用。

尽管在声音领域的应用相对于图像领域较少，但 GAN 仍然可以在语音合成、音乐生成、音频增强、语音转换等方面发挥重要作用，为语音处理、语音技术等领域带来了新的技术进展。

3. 视频领域

类似于图像领域，生成对抗网络在视频领域的使用范围非常广泛，涵盖了许多重要的应用场景。

（1）**视频生成与编辑应用**　GAN 可以用于生成逼真的视频序列，包括人类动作、自然场景、虚拟世界等，这在电影制作、视频游戏开发、虚拟现实等领域具有重要的应用。同时，GAN 也可以通过控制生成器的输入向量来编辑生成的视频，实现视频属性的修改、增删物体等操作。

（2）**视频修复和增强**　GAN 可以通过学习视频序列的分布，从损坏或不完整的视频中修复缺失的部分或改善视频质量，这在视频编辑、视频重建、视频修复等方面有着广泛的应用。在此基础上，GAN 可以通过学习视频序列的高频信息来提高视频的分辨率，从而实现视频超分辨率。

（3）**视频风格迁移**　GAN 可以将一个视频序列的风格转换为另一个视频序列的风格，实现视频之间的风格迁移和转换，这在视频编辑、电影特效、艺术创作等方面有着重要的应用。

（4）**视频分析和理解**　GAN 可以用于对视频内容的分析和理解，包括视频中的物体识别、行为分析、情感识别等，这在视频监控、智能交通、视频搜索等领域有着重要的应用。

综上所述，生成对抗网络在视频领域的应用范围非常广泛，涵盖了视频生成、修复、风格迁移、分析和理解等多个方面，为视频处理、视频技术等领域开辟了许多新的应用场景。

6.2 生成对抗网络的原理

生成对抗网络模型的结构如图 6-1 所示。其中，生成器 G 的功能是以随机噪声 z 为输入，通过学习噪声的高斯分布特征来输出生成的图像 $G(z)$；而判别器 D 则用于判断输入的图像 x 是真实图像还是由 G 生成的伪图像。判别器的输出是概率预测值，其取值区间为 $[0,1]$，代表的是判别器对于输入样本属于真实数据分布的置信度或概率。如果输出是“0”，表示判别器认为输入的图像是由 G 生成的伪图像，而输出“1”则代表判别器认为输入的是真实的图像。

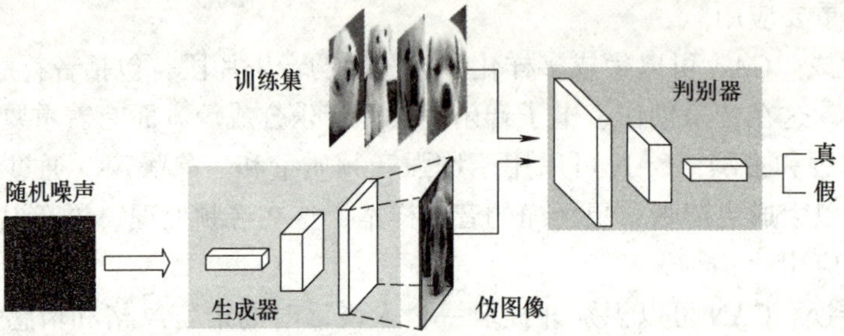

图 6-1 生成对抗网络模型结构图

在最理想的状态下，G 可以生成足以“以假乱真”的图片 $G(z)$。对于判别器 D 来说，当 $D(G(z))=0.5$ 时，表示它认为其输入既有可能是真实图像也有可能是由 G 生成的伪图像，且两者概率相等，判别器无法有任何倾向，此时即认为判别过程达到平衡。从生成器 G 的角度而言，它此时生成的图像已经让判别器难以识别真伪，达到了“以假乱真”的程度，因此可以让生成器 G 生成图像。

6.2.1 生成模型

对于生成模型，我们给出一个简单的描述，即可以生成模拟数据的模型，本质上它属于一种概率模型。

1. 功能

(1) 在概率统计理论中，运用生成模型的目的主要是随机生成观测数据，更多的是用于在给定某些隐含参数的条件下，它能够给观测值和标注数据序列指定一个联合概率分布。

与概率统计理论生成模型不同的是，机器学习生成模型既可以用来直接对数据建模，也可以用来建立变量间的条件概率分布。

(2) 生成模型可以依照贝叶斯定理形成条件概率分布。简单而言，利用生成模型，可以在原来训练数据样本的基础上生成新的数据样本。如图 6-2 所示，左图是各种小狗的图片，代表原来的训练数据样本，生成模型可以从这些小狗的图像中学习到小狗的特征，然后根据学习结果即可生成看起来很真实的小狗的图像，即图 6-2 右图所示的生成的样本。

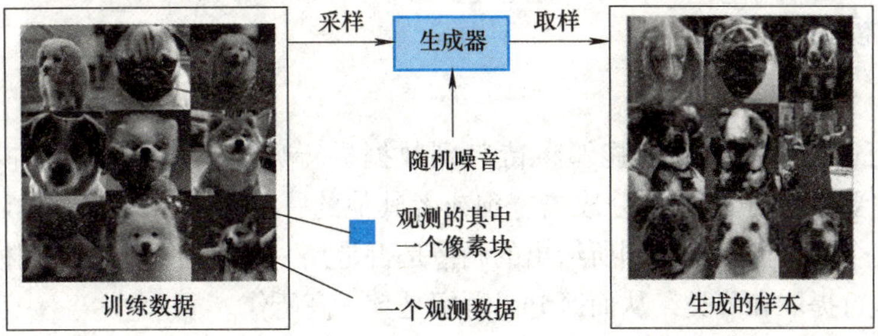

图6-2 生成模型示例图

2. 生成模型数学原理

我们使用生成模型是为了能够学习到真实数据分布的潜在结构，并通过分析和模拟这种结构生成逼近于真实数据的模拟样本。在生成过程中，生成器会尽量缩小生成样本与真实样本之间的分布差异，并尝试将这种差异最小化，为此通常使用最小化损失函数来实现。生成模型的损失函数通常表示为生成样本被判别为真实样本的概率的负对数似然：

$$\min_{\theta_g} E_{z \sim p_z(z)}[-\log D(G(z))]$$

其中，$G(z)$是生成器的输出，$D(\cdot)$是判别器的输出，z是从先验分布中采样的随机噪声，$p_z(z)$是先验分布的概率密度函数，θ_g是生成器的参数。

3. 生成模型代码展示

PyTorch实现了对生成器模型的封装，使用者可以直接调用class Generator定义。超参数描述与使用示例如下所示。以下是生成器模型的Python代码：

```
import torch
import torch.nn as nn

# 定义生成器模型
class Generator(nn.Module):
    def __init__(self,input_size,output_size):# 初始化函数，输入参数为输入和输出的大小
        super(Generator,self).__init__()  # 调用已定义的父类初始化函数
        self.main = nn.Sequential(   # 使用nn.Sequential容器定义网络结构
            nn.Linear(input_size,128),
            # 添加一个线性层，输入大小为input_size，输出大小为128
            nn.ReLU(True),# 添加ReLU激活函数，启用inplace模式
            nn.Linear(128,256), # 添加一个线性层，输入大小为128，输出大小为256
            nn.ReLU(True),
            nn.Linear(256,output_size),
            # 添加一个线性层，输入大小为256，输出大小为output_size
            nn.Tanh()  # 最后一层使用tanh激活函数将输出限制在[-1,1]之间
        )
    def forward(self,x):
        return self.main(x)
```

这段代码定义了一个简单的生成器模型，它包含三个全连接层，并且在每一层之间使用ReLU作为激活函数。最后一层使用tanh激活函数将输出限制在[-1,1]之间，以便与图像数据的范围相匹配。

6.2.2 判别模型

1. 功能

判别模型可以简单地理解为能够将待判别数据进行分类的模型。判别模型可以把一幅图像所描述的主要特征（内容）分成猫、狗或者其他的一些内容。一个具体示例如图6-3所示，我们训练一个判别模型去辨别所给出的画像是否是梵·高的画，这个判别模型会对数据集中的画的特征进行提取和分类，从而区分出哪幅是梵·高所作。

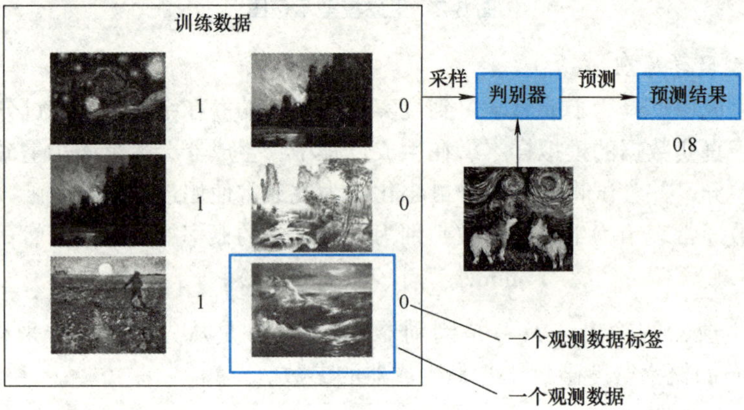

图6-3 判别模型示例图

2. 判别模型数学原理

我们使用判别模型是为了能够在所有的观测样本中区分出哪些是生成的样本，哪些是真实样本。使用判别器可以增加正确分类的概率，并尝试将这个概率趋于最大化，即最大化对真实样本和生成样本的预测准确性。判别模型的损失函数通常表示为判别器正确区分真实样本和生成样本的概率的负对数似然：

$$\min_{\theta_d} E_{z\sim p_{\text{data}}(x)}[-\log D(x)]+E_{z\sim p_z(z)}[-\log(1-D(G(z)))]$$

其中，x是真实样本，$p_{\text{data}}(x)$是真实数据分布的概率密度函数，θ_d是判别器的参数。

3. 判别模型代码展示

以下是判别器模型的Python实现代码：

```
import torch
import torch.nn as nn
class Discriminator(nn.Module):
    def __init__(self,input_size):  # 初始化函数，输入参数为输入大小
        super(Discriminator,self).__init__()  # 调用已定义的父类初始化函数
        self.main = nn.Sequential(  # 使用 nn.Sequential 容器定义网络结构
            nn.Linear(input_size,256),
            # 添加一个线性层，输入大小为 input_size，输出大小为 256
            nn.LeakyReLU(0.2,inplace=True),
            # 添加 LeakyReLU 激活函数，负斜率为 0.2，启用 inplace 模式
            nn.Linear(256,128), # 添加一个线性层，输入大小为 256，输出大小为 128
            nn.LeakyReLU(0.2,inplace=True),
            # 添加 LeakyReLU 激活函数，负斜率为 0.2，启用 inplace 模式
```

```
            nn.Linear(128,1), # 添加一个线性层，输入大小为128，输出大小为1
            nn.Sigmoid()  # 最后一层使用 Sigmoid 激活函数将输出限制在[0,1]之间
        )
    def forward(self,x):
        return self.main(x)
```

这段代码定义了一个简单的判别器模型，它包含三个全连接层，并在激活函数上使用了LeakyReLU。最后一层使用 Sigmoid 激活函数将输出限制在［0,1］之间，表示判别样本为真实样本的概率。

6.2.3 训练过程

生成对抗网络的整体训练过程可以用一个联合优化问题来描述，该问题包括生成器损失函数的最大化和判别器损失函数的最小化。

1. 损失函数

整体训练过程的数学公式如下：

$$\min_D \max_G V(D,G)=\min_D \max_G [E_{x\sim p_{\text{data}}(x)}\log D(x)+E_{z\sim p(z)}\log(1-D(G(z)))]$$

2. 训练过程代码展示

生成对抗网络的 Python 实现包括生成器、判别器的定义以及训练过程的实现。下面是一个简单的 Python 示例，展示了如何使用 PyTorch 库实现一个基本的 GAN 模型：

```
def train_gan(generator,discriminator,criterion,optimizer_G,optimizer_D,num_epochs):
    for epoch in range(num_epochs): # 遍历总轮数
        for i,data in enumerate(trainloader,0): # 遍历训练数据加载器中的数据
            real_images,_ = data  # 从数据中取出真实图像
            real_images = real_images.view(-1,output_size)
            # 将真实图像 reshape 成(-1,output_size)
            batch_size = real_images.size(0)  # 获取当前批次中的样本数量

# 训练判别器
            optimizer_D.zero_grad()  # 清空判别器的梯度缓存，以准备计算新的梯度
            real_labels = torch.ones(batch_size,1)
            # 创建一个大小为(batch_size,1)的张量，用1填充，表示真实样本的标签
            fake_labels = torch.zeros(batch_size,1)
            # 创建一个大小为(batch_size,1)的张量，用0填充，表示生成样本的标签

# 真实样本损失
            real_output = discriminator(real_images)
            # 判别器对真实图像进行前向传播得到输出
            d_loss_real = criterion(real_output,real_labels)
            # 使用损失函数计算判别器输出的图片相对于真实图像的损失
            d_loss_real.backward()  # 反向传播计算判别器对真实图像的梯度

# 生成样本损失
            z = torch.randn(batch_size,input_size)
```

```
            # 生成一个服从标准正态分布的随机张量作为生成器的输入向量
            fake_images = generator(z)  # 生成器根据随机向量 z 生成假图像
            fake_output = discriminator(fake_images.detach())
            # 使用 detach()分离生成图像的计算图
            d_loss_fake = criterion(fake_output,fake_labels)
            # 使用损失函数计算判别器对生成图像的损失
            d_loss_fake.backward()  # 反向传播计算判别器对生成图像的梯度
            d_loss = d_loss_real + d_loss_fake  # 将输出图像和真实图像的损失相加得到总损失
            optimizer_D.step()  # 利用优化器更新判别器的参数

    # 训练生成器
            optimizer_G.zero_grad()  # 清空生成器的梯度
            z = torch.randn(batch_size,input_size)
            # 重新生成一个服从标准正态分布的随机张量作为生成器的输入向量
            fake_images = generator(z)  # 生成器根据新的随机向量 z 生成假图像
            fake_output = discriminator(fake_images)
            # 判别器对生成的假图像进行前向传播得到输出
            g_loss = criterion(fake_output,real_labels)  # 使用损失函数计算生成器的损失
            g_loss.backward()  # 反向传播计算生成器的梯度
            optimizer_G.step()  # 利用优化器更新生成器的参数
    # 打印训练信息
            if i % 100 == 0: # 每隔 100 个 batch 打印一次损失值
                print('[%d/%d][%d/%d]Loss_D:%.4f Loss_G:%.4f'
                        %(epoch,num_epochs,i,len(trainloader),
                            d_loss.item(),g_loss.item()))
                            # 打印当前的判别器输出图像的损失和生成器输出图像的损失

# 开始训练
num_epochs = 5
train_gan(generator,discriminator,criterion,optimizer_G,optimizer_D,num_epochs)
```

这段代码实现了一个简单的 GAN 模型，用于生成手写数字图像。在训练过程中，生成器和判别器交替进行训练，使生成器生成更逼真的图像，并让判别器能够更好地区分真实图像和生成图像。

6.3 生成对抗网络的可视化与实践

6.3.1 生成对抗网络训练过程可视化

为了更深入地理解生成对抗网络，我们可以通过一个可视化概率分布的例子来帮助理解。Ian Goodfellow 在 2014 年发表的名为“Generative Adversarial Networks”的论文中提供了一个 GAN 的可视化实现示例，其中图 6-4 中的蓝色虚线代表判别函数，黑色虚线代表真实数据分布，而实线则代表生成器生成的模拟数据的分布。在这个例子中，我们可以直观地看到，生成对抗网络的目标是通过学习真实数据的特征使实线（生成数据的分布）逐渐逼近虚线（真实数据分布）。

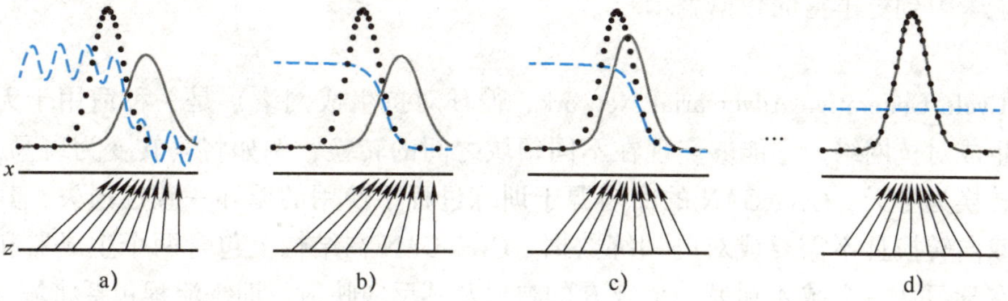

图 6-4　可视化训练理解示例

图 6-4 彩图

在生成对抗网络中，判别器具备初步区分真实数据与生成数据的能力，一般情况下，为了增强生成器的鲁棒性，我们还会在其性能上添加一定的白噪声。在这个例子中，输入域（图中下方的直线）默认为均匀分布的数据，而生成域（图中上方的直线）则是不均匀分布的数据。生成函数通过映射关系（如图中的箭头所示）将均匀分布的数据转换为非均匀数据。

通过图 6-4，我们可以直观地看到生成对抗网络的详细运作过程：在图 6-4a 中，生成数据与真实数据之间的差距较大，尽管判别器具备初步的区分能力，但由于噪声的影响，效果并不理想；图 6-4b 展示了通过对两类标签数据的训练，判别器逐渐收敛到一个相对完善的状态，表现出较好的判别能力；随着判别器不断逼近完美，在图 6-4c 中，我们开始迭代生成器，利用判别器的梯度方向引导生成数据向真实数据的分布靠拢，从而使得生成数据更容易被识别为真实数据；在最终的图 6-4d 中，生成器与判别器达到了最终状态，此时生成数据的分布几乎完美地重合于真实数据的分布。

经过迭代后的生成数据，判别器已经无法区分出它与真实数据的区别，因为它们几乎完全相同。在这种状态下，判别器的输出值为 0.5，表示判别器对这两种数据分类概率相同。

6.3.2　生成对抗网络的衍生结构

1. DCGAN

DCGAN（Deep Convolutional Generation Adversarial Network，深度卷积生成对抗网络）是一种生成对抗网络的变体，它是利用 CNN 来构建自己的生成器和判别器的。在图像生成任务中，DCGAN 能够表现出良好的效果，成为生成对抗网络研究领域的一个重要里程碑。与传统生成对抗网络不同的是，DCGAN 在生成器和判别器中采用了卷积层和卷积转置层，遗弃了全连接层，这样做的好处在于能够减少参数数量，降低过拟合的风险。此外，DCGAN 普遍应用批量归一化技术，以加快训练速度并提高稳定性。同时，为了缓解梯度消失现象，在 ReLU 函数的基础上做出了改进，提出了 LeakyReLU 激活函数，这让梯度消失现象得到大幅度缓解。

2. InfoGAN

InfoGAN（Information Maximizing Generative Adversarial Networks，信息最大化生成对抗网络）是在原始 GAN 基础上发展而来的变体，它引入了一种无监督学习方法，旨在从随机噪声中提取有意义的特征。InfoGAN 通过最大化生成样本与隐变量之间的互信息，来学习数据分布的显著特征。在生成器的输入中引入类别变量和连续变量，使得网络能够抓住数据的结构化信息，比如数字图像中的类别、颜色和姿势。通过 InfoGAN 方法，生成器不仅能够生成真实的样本，还能学习到更丰富的数据表示。

3. CycleGAN

CycleGAN（Cycle Generative Adversarial Network，循环对抗生成网络）是一种适用于无监督图像转换的生成对抗网络。它能够实现在不同领域之间的转换，例如将马转变为斑马，或将夏天的场景转换为冬天。CycleGAN 的命名源于训练过程中使用的循环一致性损失，其核心特点是支持双向转换且不需要成对的训练数据。CycleGAN 在结构上包含两个生成器和两个判别器，旨在学习从一个域 A 到另一个域 B 的映射及其反向映射。训练流程包括将域 A 中的图像转换为域 B，并用判别器进行真假的判断，同时反向将域 B 中的图像转换为域 A。为了确保循环一致性，自域 A 生成的图像再返回到域 A 时应接近原始图像，反之亦然，这可以通过计算并最小化重构损失来实现。

6.4 扩散模型

6.4.1 什么是扩散模型

1. 扩散模型的定义

扩散模型是一种用于描述和模拟自然界中物质传播和扩散过程的数学模型。它基于偏微分方程，通常是扩散方程，描述了物质在空间中随时间传播的行为。该模型考虑了物质的浓度梯度，并假设物质会遵循扩散规律，即沿着梯度方向从高浓度区域向低浓度区域扩散。扩散模型在物理、化学、生物学等多个领域中有广泛应用，主要用于研究分子扩散、热传导、人口迁移、信息传播等现象，并且在环境保护、医学诊断、城市规划等方面具有重要意义。

2. 扩散模型的特点

扩散模型主要具有以下特点：首先，它是一种基于偏微分方程的数学模型，描述了物质在空间中随时间传播的行为，具有良好的数学基础和理论支持。其次，扩散模型考虑了物质的浓度梯度，假设物质会沿着浓度梯度从高浓度区域向低浓度区域扩散，因此可以描述物质的传播规律。此外，扩散模型可以适用于多种物质和不同尺度的扩散过程，包括分子扩散等现象，具有广泛的适用性。最后，扩散模型在实际应用中具有重要意义，可以用于环境保护等领域，为问题的分析、预测和决策提供了有力工具。

3. 扩散模型的优缺点

扩散模型的优点包括其数学基础扎实，理论成熟，能够较准确地描述物质在空间中的传播过程；同时，扩散模型适用范围广泛，可以应用于多个领域，具有较强的通用性和适用性。此外，扩散模型还可以通过参数调整和模型拓展来适应不同情景下的实际需求，具有一定的灵活性和可调节性。

当然，扩散模型也存在一些缺点。首先，扩散模型通常是基于一些理想假设和简化条件建立的，难以准确反映实际情况，存在一定的模型误差。其次，扩散模型在描述复杂系统中的扩散过程时，可能需要考虑更多的因素和复杂的耦合关系，导致模型变得复杂且难以处理下游任务。此外，扩散模型对初始条件和边界条件的敏感性较强，对于不确定性较大的情况，模型的预测结果不够可靠。因此，在应用扩散模型时，需要充分考虑其局限性，并结合实际情况进行合理的选择。

6.4.2　扩散模型的使用范围

1. 图像去噪

在图像去噪中，扩散模型通常被用来平滑图像，去除图像中的噪声，使图像更加清晰，从而易于分析。其主要原理是通过局部像素值之间的差异来调整像素值，从而减少图像中的噪声。具体而言，扩散模型可以用来处理各种类型的噪声，包括高斯噪声、椒盐噪声等。通过在图像上应用扩散模型，可以逐渐平滑掉图像中的噪声，从而提高图像的质量和清晰度。需要注意的是，扩散模型并不是解决所有图像去噪问题的万能工具。在某些情况下，特定类型的噪声可能需要其他更专门的去噪算法来处理。此外，扩散模型的参数设置对去噪效果有很大影响，需要根据实际情况进行调整。

2. 视频处理

在视频处理领域，扩散模型可以在视频去噪、视频平滑和边缘保留等方面得到应用。下面将介绍这几个方面中的扩散模型的作用。

（1）**视频去噪**　视频中常常存在各种类型的噪声，这些噪声会降低视频质量并影响后续处理和分析。扩散模型可以用于视频去噪，通过对视频帧序列中的每一帧应用扩散模型来平滑化图像，去除噪声，从而提高视频质量。

（2）**视频平滑**　视频中的运动和变化可能会导致图像中的不连续性和突变，影响视觉感受和后续处理。扩散模型可以用于视频的空间平滑化，通过在视频帧序列中对局部像素值之间的差异进行调整，从而减少图像中的突变，使图像更加连续和自然。

（3）**边缘保留**　在某些视频处理任务中，需要保留图像中的边缘信息，例如目标跟踪、目标检测等。扩散模型可以通过在平滑化过程中对边缘区域进行保护，从而保留图像中的边缘信息，提高后续处理任务的准确性和效果。

3. 图像分割

相比图像去噪和视频处理，扩散模型在图像分割领域的使用相对较少，原因在于扩散模型主要用于描述和模拟物质在空间中的传播过程，而图像分割则需要将图像分割成不同区域或对象。尽管如此，在某些特定场景下，可以结合扩散模型的一些特性来辅助进行图像分割。例如，可以将扩散模型用于预处理步骤，对图像进行平滑处理，去除噪声或者弱边缘，以提高后续分割算法的性能。此外，近年来也提出了一些基于扩散模型的图像分割方法，但在实际应用中并不常见。

总之，尽管扩散模型在图像分割领域的使用范围较窄，但仍然可以将其作为图像分割任务中的一个辅助工具或者预处理方法来使用。

6.5　扩散模型的原理

6.5.1　扩散模型的基础

生成式建模的一个核心挑战是在模型的灵活性和可计算性之间寻找平衡。扩散模型提出了一种基本思想，即通过正向扩散过程有序地扰动数据分布，然后通过学习反向扩散过程来恢复数据的分布，从而创建一个高度灵活且易于计算的生成模型。接下来，将介绍两个扩散模型。

1. 去噪扩散概率模型

去噪扩散概率模型（Denoising Diffusion Probabilistic Model，DDPM）由两个参数化马尔可夫链组成，可利用变分推断技术，在有限时间内生成与原始数据分布一致的样本。正向链的作用是扰动数据，它按照预先设计的噪声进度逐渐向数据添加高斯噪声，直到数据的分布趋向于先验分布，即标准高斯分布。反向链从给定的先验分布开始，使用参数化的高斯转换核，逐步学习恢复原始数据分布。若要表示原始数据及其分布，那么正向链的分布可由下式表示：

$$q(x_1,\cdots,x_T \mid x_0)=\prod_{t=1}^{T} q(x_t \mid x_{t-1})$$

$$q(x_t \mid x_{t-1})=N(x_t;\sqrt{1-\beta_t}\,x_{t-1},\beta_t I)$$

这表明正向链是马尔可夫过程，x_t 是经过 t 步噪声扰动后的样本，β_t 是预先设定的控制噪声进度的参数。当 t 趋于 1 时，可近似认为其服从标准高斯分布。当 β_t 很小时，逆向过程的转移核也可近似认为是高斯的，公式如下所示：

$$p_\theta(x_{0:T})=p(x_T)\prod_{t=1}^{T} p_\theta(x_{t-1} \mid x_t)$$

$$p_\theta(x_{t-1} \mid x_t)=N(x_{t-1};\mu_\theta(x_t,t),\ \Sigma_\theta(x_t,t))$$

可以将变分下界作为损失函数进行学习，公式如下所示：

$$\begin{aligned}E[-\log p_\theta(x_0)] &\leqslant E_q\left[-\log\frac{p_\theta(x_{0:T})}{q(x_{1:T} \mid x_0)}\right]\\ &=E_q\left[-\log p(x_T)-\sum_{t\geqslant 1}\log\frac{p_\theta(x_{t-1} \mid x_t)}{q(x_t \mid x_{t-1})}\right]\\ &=-L_{\mathrm{VLB}}\end{aligned}$$

2. 基于分数的生成模型

上述去噪扩散概率模型（DDPM）可以被视为基于分数的生成模型（Score-Based Generative Models，SGM）的离散形式。SGM 构建了一个随机微分方程（SDE），以平滑地扰动数据分布，将原始数据分布映射到已知的先验分布，其公式如下：

$$\mathrm{d}x=f(x,t)\mathrm{d}t+g(t)\mathrm{d}w$$

和相应的逆向随机微分方程一起，以将先验分布转换回原始数据分布，其公式如下：

$$\mathrm{d}x=f(x,t)\mathrm{d}t-g(t)^2\nabla_x\log q_t(x)\mathrm{d}t+g(t)\mathrm{d}\bar{w}$$

因此，为了逆转扩散过程并生成数据，我们唯一需要的信息是每个时间点的得分函数。得分函数指的是概率密度函数相对于其参数的梯度，它在生成模型和反向扩散过程中用于指导样本的生成和评估样本的质量。更具体地说，如果我们有一个概率密度函数 $p(x,\theta)$，其中 x 是随机变量，θ 是参数，那么得分函数应为

$$\nabla_\theta \log p(x,\theta)$$

在得分匹配技巧的基础上，我们可以通过以下损失函数来学习得分函数：

$$E_{t,x_0,x_t}[\lambda(t)s_\theta(x_t,t)-\nabla_{x_t}\log q_{0t}(x_t \mid x_0)^2]$$

6.5.2 扩散模型的核心思想

1. 扩散模型直观的核心思想

扩散模型作为生成模型的一种，其核心思想是通过从随机噪声开始，逐步生成逼真的图像。在生成过程中，模型通过多个步骤逐渐细化，直到产生最终的输出图像。在每个步骤中，模型都会估计如何从当前输入（通常是噪声图像）变为更接近真实图像的版本，即去噪的图像。值得注意的是，在每个步骤中，模型只会进行很小的更改，以逐渐逼近真实图像的细节和特征。早期阶段的估计中可能存在一些错误，但随着模型的不断迭代更新，这些错误会被逐渐纠正，直到最终生成的图像质量达到所需的水平。因此，扩散模型的核心思想是从噪声图像开始，利用迭代过程逐步生成逼真的图像，并通过不断地更新来提高生成图像的质量。

2. 理解扩散模型的核心思想

如图 6-5 所示，假设第一行是清晰的图像，第二行是加了噪声的图像。我们采用一个简单的编码-解码器模型，直接对带噪声的图像进行去噪处理，以生成清晰的图像，结果显示在第三行。可以观察到，在噪声相对较小的情况下，这样的模型能够有效地去除噪声。然而，当噪声较大时（右侧图像），这种方法往往难以恢复出清晰的图像。

如果我们不是直接预测最为清晰的图像，而是先预测相对清晰的图像，然后再去预测更加清晰的图像，然后把这个过程迭代起来，预测就会更容易一些，这也就是扩散模型逐步预测清晰图像的核心思想。但是，由于图像内容十分复杂，所以直接将预测图像作为训练目标是相当困难的。因此，我们通常选择将每张预测图片的噪声程度作为训练目标，这样会使优化过程变得相对容易一些。

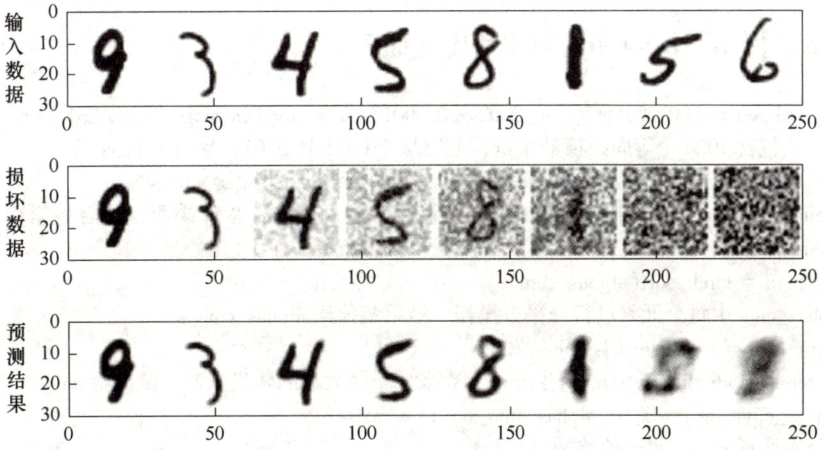

图 6-5 扩散模型核心思想可视化过程

6.5.3 扩散模型的数学原理

1. 前向过程

如图 6-6 所示为扩散模型的前向过程，从中可以看出其数学原理的直观解释。扩散模型定义了一个前向扩散过程，整个过程共包含 T 个时间步。位于最左侧的圆圈 x_0 表示真实的自然图像，即为位于左侧下方的清晰的小狗图片；位于最右侧的圆圈表示纯高斯噪声 x_T，即为位于右侧下方的纯噪声图片；中间的圆圈 x_t 表示自然图像 x_0 加了一定噪声之后所得到的带有噪声的图片，即为位于中间下方加了噪声的小狗图片。箭头下方的 $q(x_t \mid x_{t-1})$ 表示一个以前一个状态 x_{t-1} 为均值的高斯分布，我们可以从这个高斯分布中通过采样得到 x_t。图片中所展现的前向扩散过程可被理解为一个马尔可夫链，它对一张真实图片逐步添加不同的高斯噪声，在这个过程中，图片中的噪声比率逐渐升高，直到最终变成纯高斯噪声图片。这个过程的数学表达式如下：

$$q(x_t \mid x_{t-1}) = N(x_t; \sqrt{1-\beta_t}\, x_{t-1}, \beta_t I)$$

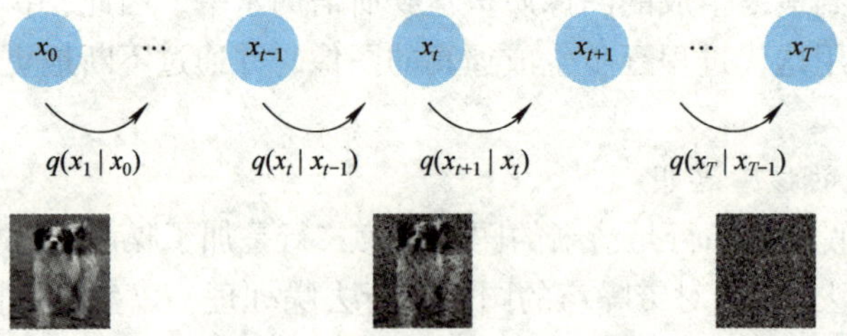

图 6-6　扩散模型前向过程

详细来讲，每个时间步 x_t 是从一个以 $(1-\beta_t)^{\frac{1}{2}}$ 为均值，β_t 为方差的高斯分布中采样得到的。其中 $\beta_t, t \in [1, T]$ 是一系列固定的值，是由同一个公式生成的。前向扩散过程具有一个特性，即可以直接从 x_0 采样得到前向扩散过程中任意一个时间步的噪声图片 x_t，其公式如下：

$$q(x_t \mid x_0) = N(x_t; \sqrt{\bar{\alpha}_t}\, x_0, (1-\bar{\alpha}_t) I)$$

其中，$\bar{\alpha} = \prod_{i=1}^{T} \alpha_i$，$\alpha_i = 1-\beta_i$，其中伪代码如下：

```
betas = torch. tensor([0.0001 + (i * (0.02 - 0.0001)/ 999) for i in range(1000)],dtype=torch. float32)
# 生成一个包含 1000 个等间距值的张量，范围从 0.0001 到 0.02，赋值给 betas
alphas = 1-betas  # 给 alphas 赋值，即 1 减去 betas 得到的结果赋给 alphas
alphas_cum = torch. cumprod(alphas,0)  # 计算每一步的 alphas 累计乘积，然后将累积的结果赋给
alphas_cum
alphas_cum_s = torch. sqrt(alphas_cum)
# 对 alphas_cum 中每个元素进行开平方操作，结果赋值给 alphas_cum_s
alphas_cum_sm = torch. sqrt(1-alphas_cum)
noise = torch. randn_like(x_0)  # 生成与 x_0 张量相同大小的随机张量，赋值给 noise
xt = alphas_cum_s[t] * x_0+ alphas_cum_sm[t] * noise
# 根据公式计算 xt，结果赋值给 xt
```

2. 反向过程

图 6-7 对扩散模型的反向过程进行了数学原理的直观解释。反向扩散过程 $q(x_{t-1} \mid x_t, x_0)$（见蓝色箭头和上方的黑色箭头）是前向扩散过程 $q(x_t \mid x_{t-1})$ 的后验概率分布。与前向过程相反，扩散模型的反向过程是从最右边的纯高斯噪声图开始的，在此过程中通过逐步采样得到真实图像 x_0。其中，后验概率 $q(x_{t-1} \mid x_t, x_0)$ 可以根据贝叶斯公式进行推导得到以下公式：

$$x_t \sim N\left(x_{t-1};\underbrace{\frac{\sqrt{\alpha_t}\,(1-\bar{\alpha}_{t-1})\,x_t+\sqrt{\bar{\alpha}_{t-1}}\,(1-\alpha_t)\,x_0}{1-\bar{\alpha}_t}}_{\mu_q(x_t,x_0)},\underbrace{\frac{(1-\alpha_t)\,(1-\bar{\alpha}_{t-1})}{1-\bar{\alpha}_t}I}_{\Sigma_q(t)}\right)$$

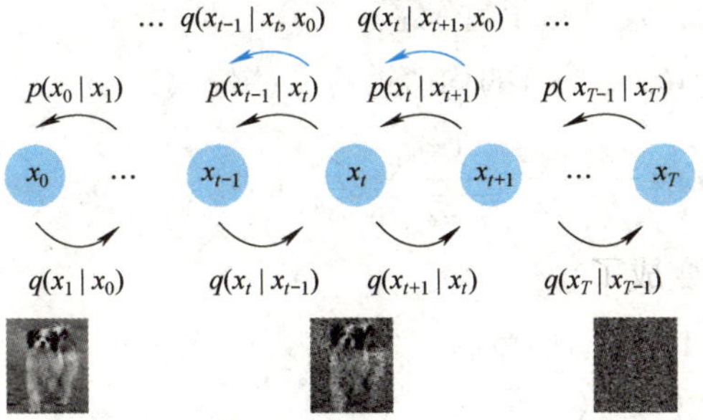

图 6-7　扩散模型反向过程　　　　图 6-7 彩图

然而，现在出现了一个问题。在通过反向过程生成图像时，由于我们并没有之前的真实图像，因此无法知道采样生成的图像是否是 x_0 对应的图像。为此，我们可以构建一个高斯分布 $p(x_{t-1}\mid x_t)$（见蓝色箭头），使其方差与后验分布 $q(x_{t-1}\mid x_t,x_0)$一致。从公式上看，方差是一个常量，可以提前计算得到所有时间步的方差值如下：

$$\sigma_q^2(t)=\frac{(1-\alpha_t)\,(1-\bar{\alpha}_{t-1})}{1-\bar{\alpha}_t}$$

计算的伪代码如下所示：

```
betas = torch.tensor([0.0001 + (i * (0.02 - 0.0001)/ 999) for i in range(1000)],dtype=torch.float32)
# 在 0.0001 到 0.02 的区间内生成 1000 个等间距的值，赋给 betas
alphas = 1- betas  # 计算每个 beta 对应的 alpha，赋给 alphas
alphas_cum = torch.cumprod(alphas,0)  # 计算 alphas 各元素的累计乘积，然后将结果赋给 alphas_
cum
alphs_cum_sum = torch.cat((torch.tensor([1.0],dtype=betas.dtype),alphas_cum.cumsum(0)),0)  #
组合一个包含数值为 1.0 和 alphas_cum 去除最后一个元素的部分的张量
posterior_variance = betas * (1 - alphas_cum_sum[:-1])/(1 - alphas_cum_sum[1:])  # 验算
```

其均值计算公式如下：

$$\mu_\theta(x_t,t)=\frac{\sqrt{\alpha_t}\,(1-\bar{\alpha}_{t-1})\,x_t+\sqrt{\bar{\alpha}_{t-1}}\,(1-\alpha_t)\,\hat{x}_\theta(x_t,t)}{1-\bar{\alpha}_t}$$

与 $q(x_{t-1}\mid x_t,x_0)$的区别在于，我们将 x_0 替换为一个由深度学习模型预测得到的 $x_\theta(x_t,t)$。模型的输入是噪声图像 x_t 和时间步 t。然后，我们通过缩小分布 $p(x_{t-1}\mid x_t)$和 $q(x_{t-1}\mid x_t,x_0)$之间的差距，来优化以下目标函数：

$$\underset{\theta}{\operatorname{argmin}}\ \frac{1}{2\sigma_q^2(t)}\frac{\bar{\alpha}_{t-1}(1-\alpha_t)^2}{(1-\bar{\alpha}_t)^2}\|\hat{x}_\theta(x_t,t)-x_0\|^2$$

然而，在只知道 x_t 的前提下，如果让模型直接从 x_t 预测 x_0，这个拟合难度太高了。因此，我们需要换一种思路。我们在前面介绍前向扩散过程时提到，x_t 可以直接从 x_0 得到

$$x_t=\sqrt{\bar{\alpha}_t}\,x_0+\sqrt{1-\bar{\alpha}_t}\,\varepsilon$$

利用这个公式对均值公式进行变换后，我们可以得到

$$\mu_q(x_t,x_0)=\frac{\sqrt{\alpha_t}(1-\bar{\alpha}_{t-1})x_t+\sqrt{\bar{\alpha}_{t-1}}(1-\alpha_t)x_0}{1-\bar{\alpha}_t}$$

$$=\frac{1}{\sqrt{\alpha_t}}x_t-\frac{1-\alpha_t}{\sqrt{1-\bar{\alpha}_t}\sqrt{\alpha_t}}\varepsilon$$

因此，我们同样对构造的分布 $p(x_{t-1}\mid x_t)$ 的均值进行一些修改

$$\mu_\theta(x_t,t)=\frac{1}{\sqrt{\alpha_t}}x_t-\frac{1-\alpha_t}{\sqrt{1-\bar{\alpha}_t}\sqrt{\alpha_t}}\hat{\varepsilon}_\theta(x_t,t)$$

接着，我们优化的目标函数就变成了

$$\underset{\theta}{\operatorname{argmin}}\frac{1}{2\sigma_q^2(t)}\frac{\bar{\alpha}_{t-1}(1-\alpha_t)^2}{(1-\bar{\alpha}_t)^2}\|\hat{x}_\theta(x_t,t)-x_0\|^2$$

对于最终的目标函数而言，由于前面的系数都是常量，所以我们可以将之移除并得到下面的式子

$$\underset{\theta}{\operatorname{argmin}}\|\varepsilon-\hat{\varepsilon}_\theta(x_t,t)\|^2$$

3. 训练与生成

（1）**训练部分**　在每次迭代开始，扩散模型首先要从训练数据集中采样获取一个真实图像 x_0；然后从均匀分布中抽取一个时间步长 t；之后从标准高斯分布中采样以获得噪声 ε，并根据公式计算出 x_t；然后将 x_t 和 t 输入到模型中，让模型输出预测的噪声 ε；接下来将预测噪声与实际添加噪声进行比较，计算出损失函数；最后，通过梯度下降法更新训练模型。使用的深度学习模型的结构类似于 U-Net，这个训练过程会重复多次，直到训练模型收敛。训练的伪代码如下所示：


```
# 定义 betas
betas = torch.tensor([0.0001 + (i * (0.02 - 0.0001) / 999) for i in range(1000)], dtype=torch.float32)
# 在 0.0001 到 0.02 的区间内生成 1000 个等间距的值，赋给 betas

# 计算 alphas
alphas = 1 - betas  # 给 alphas 的每个元素赋值，即将 1 减去 betas 的结果赋给 alphas 对应的元素
alphas_cum = torch.cumprod(alphas,dim=0)  # 计算 alphas 列表元素的累乘，赋给 alphas_cum
alphas_cum_s = torch.sqrt(alphas_cum)  # 对 alphas_cum 中每个元素进行开平方操作，赋给 alphas_
cum_s
alphas_cum_sm = torch.sqrt(1 - alphas_cum)  # 对 1 减去 alphas_cum 的每个元素进行开平方操作，
赋给 alphas_cum_sm

# 定义扩散损失函数
def diffusion_loss(model,x0,t,noise):  # 确保 t 是一个标量
    t = t.item() if isinstance(t,torch.Tensor) else t

# 调整 alphas_cum_s 和 alphas_cum_sm 的形状
    alphas_cum_s_t = alphas_cum_s[t].view(1,1,1,1,1)  # 扩展到 [1,1,1,1,1]
    alphas_cum_sm_t = alphas_cum_sm[t].view(1,1,1,1,1)  # 扩展到 [1,1,1,1,1]
    xt = alphas_cum_s_t * x0 + alphas_cum_sm_t * noise  # 根据 alphas_cum_s 和 alphas_cum_sm 计
算 xt
```

```
        predicted_noise = model(xt,t)   # 确保 predicted_noise 和 noise 的形状一致
        predicted_noise = predicted_noise. view_as(noise)
        return nn. MSELoss()(predicted_noise, noise)   # 返回预测噪声与真实噪声的均方误差

    # 定义模型 (示例)
    class SimpleModel(nn. Module):
        def __init__(self):
            super(SimpleModel, self). __init__()
            self. linear = nn. Linear(32 * 32 * 3, 32 * 32 * 3)   # 示例：简单的线性层

        def forward(self,x,t):
            x = x. view(x. size(0), -1)   # 展平输入
            return self. linear(x). view_as(x)   # 返回预测的噪声 v

    # 初始化模型和优化器
    model = SimpleModel()
    optimizer = Adam(model. parameters(), lr=0. 001)

    # 假设数据加载器和批次大小
    data_loader = torch. randn(10,1,3,32,32)   # 示例：随机生成的数据
    batch_size = 10

    # 训练过程
    for i in range(len(data_loader)):   # 遍历数据加载器中的每一个批次
        x0 = data_loader[i]   # 从数据加载器中获取下一个批次的数据，赋给 x0
        t = torch. randint(0,1000,(1,))   # 在 0 到 999 范围内生成一个随机整数序列赋给 t，用于索引
alphas_cum_s 和 alphas_cum_sm
        noise = torch. randn_like(x0)   # 生成一个与 x0 相同大小的随机张量，作为噪声
        loss = diffusion_loss(model,x0,t,noise)   # 计算扩散模型在训练过程产生的损失值
        optimizer. zero_grad()   # 梯度归零
        loss. backward()   # 反向传播计算梯度
        optimizer. step()   # 更新模型参数
```

（2）**采样部分**　在模型训练完成后，进入真实推理阶段，按照以下算法逐步生成图片：首先，扩散模型从标准高斯分布中采样得到噪声；然后，在每个时间步 t，将通过前一步生成的图片 x_t 输入到模型中，模型会预测出噪声；接下来，扩散模型再次从标准高斯分布中采样噪声，并利用重参数化技巧以及后验概率的均值和方差公式，计算得到 x_{t-1}。持续这个过程直到时间步 1，然后通过计算得出采样生成的图像 x_0。

6.6　生成对抗网络与扩散模型的结合

6.6.1　结合的优势

1. 提升数据生成的质量

将生成对抗网络和扩散模型相结合，优势之一在于提升数据生成的质量。尽管 GAN 在图像生成领域表现出色，但有时生成的数据会过于单一以及看起来不真实。通过将二者相结

合，可以引入物质传输的特性，使得生成的数据更加自然。这种融合方法有助于提高生成器对于数据分布的学习能力，进而促使其能够生成更加优质和多样的数据样本。

2. 完成精细化控制

通常来讲，GAN难以对生成过程进行十分精细的控制。然而，在某些实际应用场景下中，我们可能期望生成的数据具有特定的时间或空间演化模式，因此仅使用GAN在某些场景下是无法满足应用需求的，而引入扩散模型就可以让我们更精细地控制生成过程。例如，在图像生成中，我们可以逐步揭示物体轮廓，使其呈现出逐渐显现的效果。这种精细控制能够使生成结果更贴近我们的期望，提升生成模型在特定任务上的性能。

3. 数据恢复和去噪

将GAN和扩散模型相结合，我们可以优化图像恢复以及图像去噪的效果。具体而言，生成器通过处理含噪声的图像，可以还原出更加清晰的图像，同时又保持图像的细节和特征，使得结果更加逼真和可靠。这种方法在处理图像恢复和去噪问题时表现非常出色，推动了图像处理领域的进展。

6.6.2 结合的改进策略

虽然GAN和扩散模型的结合已经取得了十分优异的效果，但仍存在一些问题需要进一步改进，具体包括模型架构复杂、图像质量不佳和计算效率低等问题。针对这些问题，研究人员提出了相应的改进方法。

1. 模型架构改进

在实际应用中，GAN生成的图像仍然可能存在模糊、失真或伪影等问题。为此，可以引入多个判别器、修改损失函数或采用其他正则化技术，以鼓励生成器生成更多样化的图像，从中改进生成器的架构。此外，还可以通过调整损失函数、引入更多的先验信息等方法，进一步提高生成图像的质量。

2. 分类器引导

当GAN用于条件合成时，通常会利用大量类别标签，为此可以借助分类器来增强扩散模型的效果。具体而言，可以在已训练好的扩散模型的基础上，通过外部分类器引导生成期望的图像。在采样过程中，期望噪声图像的采样中心越靠近分类器，其引导的条件越好，因此，可以变动采样过程中的高斯采样均值来优化分类器的引导效果。

3. 参数共享

为了提高效率，可以将分类器与生成器进行参数共享，使得分类器的计算成本几乎可以忽略不计。这种集成方式不仅提高了计算效率，还能够有效地利用分类器的信息来引导扩散模型生成更符合预期的图像，从而提升整体模型的性能。

6.6.3 扩散模型与AIGC应用

随着扩散模型的出现，催生了一些人工智能生成内容技术（AI Generated Content，AIGC），包括AI绘画、AI对话和AI游戏创作等。下面我们将对这些应用进行详细介绍。

1. AI绘画

在AI绘画中，需要收集包含各种风格和主题的艺术作品作为训练数据，然后选择适合绘画任务的扩散模型架构，并利用准备好的数据集对这个扩散模型进行训练。模型训练完成后，即可以根据用户所提供的特征，利用这个模型生成绘画作品。另外，通过在输入噪声图像的基础上应用扩散模型，可以生成具有艺术风格的图像；通过调整输入噪声图像的特征，可以控制生成图像的风格。如图 6-8 所示，展示了一个由 AI 根据用户提供的“一只在沙发上看深度学习教材的小狗”提示所生成的图像。

图 6-8　AI 根据用户提供的“一只在沙发上看深度学习教材的小狗”提示所生成的图像

2. AI 对话

AI 对话是一个趣味性非常强的应用。为此，需要完成以下几个步骤的工作。首先，扩散模型通过生成噪声序列来模拟对话过程中的信息丢失和不确定性，以便更好地捕捉对话的真实性和流畅度；其次，在生成对话时，可以引入上下文对话内容、对话目标、用户情感等条件信息，以帮助模型更好地理解对话语境和生成相应的回复；之后，在每个时间步，从噪声分布中采样噪声，然后使用扩散过程生成当前时间步的对话文本，再通过不断迭代，生成完整的对话；此外，还需要对生成的文本进行评估，并根据评估结果对模型进行调优和改进。训练好的扩散模型可以更新到线上系统中，以保证用户实时得到所需的对话文本。

3. AI 游戏创作

与 AI 绘画和 AI 对话的步骤类似，在 AI 游戏创作中，首先需要收集并准备与游戏相关的数据，并将这些数据输入到扩散模型中进行训练。在训练过程中，可以采用监督学习、强化学习等方法来引导生成符合游戏规则和玩家期望的内容。一旦训练完成，就可以利用模型生成游戏内容。此外，AI 可以根据用户的需求和游戏情境对生成的内容进行动态调整，这种实时、多变的调整可以给用户提供更加丰富和个性化的体验。例如，图 6-9 展示了一个利用扩散模型生成的一个游戏的画面。

图 6-9　扩散模型生成的游戏画面

本章小结

在本章中，我们深入探讨了 GAN 和扩散模型两个重要的机器学习技术以及它们结合的可能性与前景。将生成对抗网络与扩散模型相结合，无论是在理论上还是在应用中都有十分深刻的意义。通过充分利用两者的优势，可以创造出更强大和多样化的模型，为各类实际问题提供具有创新性的解决方案，同时也为机器学习技术的发展与进步不断注入新的活力。

思考题与习题

1. 什么是 GAN？请解释 GAN 的基本原理和工作方式。

2. 在 GAN 工作过程中，生成器和判别器分别起到了什么作用？它们之间的训练过程是怎样的？

3. 了解 GAN 的损失函数。请分别解释一下 GAN 中的生成器和判别器的损失函数是如何计算的。

4. 讨论 GAN 在训练数据稀缺或标记困难情况下的应用和效果。

5. 修改 GAN 的架构，尝试不同的生成器和判别器结构，观察对生成结果的影响。

6. 实现一个图像修复的 GAN 模型，使用已标注的有损图像作为输入，生成高质量的修复图像。

参考文献

[1] GOODFELLOW I, POUGET-ABADIE J, MIRZA M, et al. Generative adversarial networks [J]. Communications of the ACM, 2020, 63 (11): 139-144.

[2] BROCK A, DONAHUE J SIMONYAN K. Large scale GAN training for high fidelity natural image synthesis [J]. ArXiv: 1809. 11096, 2018.

[3] PARK H, YOO Y, KWAK N. Mc-gan: Multi-conditional generative adversarial network for image synthesis [J]. ArXiv: 1805. 01123, 2018.

[4] ZHANG B, GU S, ZHANG B, et al. Styleswin: Transformer-based gan for high-resolution image generation [C]. Conference on Computer Vision and Pattern Recognition (CVPR), 2022.

[5] ALDAUSARI N, SOWMYA A, MARCUS N, et al. Video generative adversarial networks: a review [J]. ACM Computing Surveys, 2022, 55 (2): 1-25.

[6] CHEN X, DUAN Y, HOUTHOOFT R, et al. Infogan: Interpretable representation learning by information maximizing generative adversarial nets [C]. Advances in neural information processing systems (NeurIPS), 2016.

[7] CHU C, ZHMOGINOV A, SANDLER M. Cycle GAN, a master of steganography [J]. ArXiv: 1712. 02950, 2017.

[8] ZHANG C, LEI K, JIA J, et al. AI Painting: an aesthetic painting generation system [C]. ACM International Conference on Multimedia (ACM MM). 2018.

第 7 章　图神经网络

导　读

图神经网络可以从图中提取复杂的特征，并从节点之间的关系中学习有用的信息。本章从图嵌入向量出发，分别介绍图生成模型和图神经网络的若干类型，然后以图卷积网络（GCN）为例给出基于 PyTorch 的图神经网络构建，最后介绍图神经网络的典型应用，如节点分类、链接预测等。

本章知识点

- 图嵌入向量的方法
- 图生成模型
- 适用于各场景下的图神经网络方法
- 典型应用举例

7.1　图嵌入向量

图嵌入向量是一种旨在将图结构数据（节点、边及其属性）映射到连续的低维向量空间的方法。这些嵌入向量可以保留图的结构和语义信息，便于后续的机器学习任务，如节点分类、链接预测和图分类等。本章将介绍图嵌入向量的概念以及三种主要的图嵌入方法：节点嵌入、边嵌入和图嵌入。通过学习这些方法，读者将掌握如何将复杂的图结构转化为便于深度学习模型处理的低维向量。

7.1.1　节点嵌入

节点嵌入（Node Embedding）是将图中的节点映射到低维向量空间的方法。给定一个图 $G=(V,E)$，其中 V 为节点集合，E 为边集合。节点嵌入的目标是学习一个映射函数，将每个节点 v 映射到一个 d 维的实值向量 $f(v)$。这个向量捕捉了节点在图中的结构信息和属性信息。节点嵌入的核心思想是基于同质性假设，即相似的节点应该具有相似的嵌入向量。这里的相似性可以基于节点的邻居结构、属性或者在图中的角色等。通过优化节点嵌入向量，使得相似节点的嵌入向量尽可能接近，不相似节点的嵌入向量尽可能远离，就可以学习到高质量的节点表示。

7.1.2 边嵌入

边嵌入（Edge Embedding）是将图中的边映射到低维向量空间的方法。给定一个图 $G=(V,E)$，边嵌入的目标同样是学习一个映射函数，将每条边 e 映射到一个 d 维的实值向量 $g(e)$。边嵌入向量捕捉了边的属性信息以及边在图结构中的重要性。边嵌入的思想是通过优化边嵌入向量，同样使得相似的边具有相似的嵌入向量。边嵌入可以用于预测新的边、计算边的相似性以及作为其他任务的辅助信息。

7.1.3 图嵌入

图嵌入（Graph Embedding）是将整图或部分子图映射到低维向量空间的方法。给定一个图 $G=(V,E)$，将整个图 G 映射到一个 d 维的实值向量 $h(G)$。图嵌入向量捕捉了图的整体结构特征和属性信息。图嵌入可以用于图分类、聚类以及异常检测等任务。

7.1.4 图嵌入方法

图嵌入方法与自然语言处理领域中的词嵌入有关，同时也存在区别。首先体现在输入数据不同，词嵌入的输入是文本序列，图嵌入的输入是图结构数据。其次是关系建模不同，词嵌入主要捕捉词之间的共现关系，图嵌入需要建模节点之间的拓扑结构和属性相似性。最后是相关方法的迁移，一些词嵌入的思想如 Skip-Gram 和负采样，可以经过适当的变换迁移到图嵌入中，用于优化节点嵌入向量。

7.1.4.1 DeepWalk

DeepWalk 是一种基于随机游走的无监督图嵌入方法。其核心思想是通过在图上进行随机游走，生成节点序列，并将节点序列类似视为文本序列，使用 Skip-Gram 模型学习节点嵌入向量。具体来说，首先对于每个节点，从该节点开始进行固定长度的随机游走，生成多条随机游走序列。其次序列构建，将随机游走序列视为文本序列，每个节点视为一个单词。最后使用 Skip-Gram 模型训练节点嵌入向量，最大化节点与其上下文节点的共现概率。DeepWalk 通过捕捉节点在随机游走序列中的共现关系，学习到了节点的结构信息。但它没有考虑节点的属性信息，也没有对随机游走策略进行优化。

7.1.4.2 LINE

LINE（Large-Scale Information Network Embedding）是一种基于一阶和二阶相似性的图嵌入方法。其核心思想是分别优化节点之间的一阶相似性和二阶相似性，并将两种相似性的嵌入向量拼接得到最终的节点嵌入。使用节点之间的边权重计算一阶相似性，并优化一阶相似性的嵌入向量。使用节点的邻居结构计算二阶相似性，并优化二阶相似性的嵌入向量。最后将一阶相似性和二阶相似性的嵌入向量拼接，得到最终的节点嵌入向量。LINE 通过显式地优化一阶和二阶相似性，捕捉了节点之间的局部和全局结构信息。但它也没有考虑节点的属性信息，同时计算复杂度较高。

7.1.4.3 Node2vec

Node2vec 是 DeepWalk 的一种改进方法。其核心思想是在 DeepWalk 的基础上，通过引入两个参数 p 和 q 来控制随机游走的策略，从而平衡了广度优先搜索（Breadth-First Sampling，BFS）和深度优先搜索（Depth-First Sampling，DFS）的探索方式。根据参数 p 和 q 调整随机游走策略，生成节点序列。参数 p 控制返回已访问节点的概率，参数 q 控制探索远处节点的概率。将随机游走序列视为文本序列，每个节点视为一个单词。同样使用 Skip-Gram 模型训练节点嵌入向量，最大化节点与其上下文节点的共现概率。Node2vec 通过引入参数 p 和 q，在 BFS 和 DFS 之间进行平衡，捕捉了图中不同尺度的结构信息。但它仍然没有考虑节点的属性信息。

7.1.4.4　Graph2vec

Graph2vec 是一种基于全图嵌入的无监督学习方法。其核心思想是将整个图视为一个文档，图的子结构视为单词，使用 Doc2vec 模型学习图嵌入向量。首先使用 Weisfeiler-Lehman 算法提取图的子结构，得到一组子图。将每个子图视为一个单词，整个图视为由这些单词组成的文档。然后使用 Doc2vec 模型训练图嵌入向量，最大化图与其子结构的共现概率。Graph2vec 通过捕捉图的局部和全局结构特征，学习到了整个图的嵌入向量。这种方法可以用于图分类、聚类等任务。但它没有考虑节点和边的属性信息，对于大规模图的计算效率较低。

7.2　图生成模型

在大多数和图相关的任务中，原始的图结构是不完整的，简单地从不完整的图中学习节点特征并不能够有效描述图中缺失的链接。对于链接预测任务，核心在于预测缺失的链接，而不是学习节点的特征。因此，传统的图神经网络直接在静态的原图上学习节点的特征，这对于链接预测任务是不合理的。

考虑到链接预测任务中图结构是不完整的，部分方法创新地应用迭代的图学习和图卷积策略，图卷积层的输入是上一个图学习层学习的新图，而图学习层以上一个图卷积层学习的特征为输入，学习新的图结构。这种使用迭代的图学习和图卷积模式的图神经网络被称为图生成网络，图生成网络通过协同的图学习和节点特征学习，能够有效地弥补原始网络链接缺失的问题，因而更加适用于链接预测任务。

7.2.1　一种图生成网络 IDGL

迭代深度图学习（Iterative Deep Graph Learning，IDGL）是一种端到端图学习框架，用于联合迭代学习图结构和节点嵌入。IDGL 的关键原理是基于更好的节点嵌入来学习更好的图结构，反之亦然（即基于更好的图结构来学习更好的节点嵌入）。当学习到的图结构足够接近为链接预测任务优化的图时，IDGL 的迭代会动态停止。此外，在 IDGL 中，图学习问题被视为一个相似度度量学习问题，自适应的图正则化被用来约束学习的图的质量。

先前的方法通常将图学习问题建模为在图的边上学习联合离散概率分布，这些方法表现出了良好的性能。然而，由于它们通过假设图节点是已知的来优化边节点间的链接，它们无法处理归纳设置，即在测试集中引入新的节点。为了克服这一问题，IDGL 的研究人员将图结构学习问题转换为相似度度量学习问题，并将其与专门用于下游任务的预测模型联合训练。

在 IDGL 中，加权余弦相似度被用做节点特征相似度的度量函数：$\boldsymbol{s}_{ij}=\cos(\boldsymbol{w}\odot\boldsymbol{v}_i,\boldsymbol{w}\odot\boldsymbol{v}_j)$ 其

中⊙代表哈达玛积，$\boldsymbol{w}$ 是一个可学习的权重向量，其与输入向量 $\boldsymbol{v}_i, \boldsymbol{v}_j$ 具有相同的维数。注意，这两个输入向量可以是原始的节点特征，也可以是计算的节点嵌入。

为了稳定学习过程并增加表达能力，IDGL 将相似度度量函数扩展到多头版本，类似于图注意力网络（Graph Attention Network，GAT）中的多头注意力机制。具体来说，IDGL 使用了 m 个权重向量，每个权重向量代表一个视角，利用上述相似性函数计算 m 个独立的相似性矩阵，并取其平均值作为最终的相似性：

$$\boldsymbol{s}_{ij}^{p}=\cos(\boldsymbol{w}_p \odot \boldsymbol{v}_i, \boldsymbol{w}_p \odot \boldsymbol{v}_j),\ \boldsymbol{s}_{ij}=\frac{1}{m}\sum_{p=1}^{m}\boldsymbol{s}_{ij}^{p} \tag{7-1}$$

其中，$\boldsymbol{s}_{ij}^{p}$ 表示节点 i 和节点 j 间的关联度评分。

虽然初始图 $\boldsymbol{A}^0$ 可能有噪声，但它通常仍然携带关于真正的图拓扑结构的丰富而有用的信息。在理想情况下，学习到的图结构 $\boldsymbol{A}^{(t)}$ 可以作为原始图 $\boldsymbol{A}^{(0)}$ 的补充来构造一个关于下游任务的图神经网络（Graph Neural Network，GNN）的优化图。因此，IDGL 将最终学习到的图结构 $\boldsymbol{A}^{(t)}$ 作为它们的超参数 η 加权后的线性组合，从而结合两者的优点。最后，利用另一个超参数 λ 来平衡学习的图结构和初始的图结构之间的权重。如果初始图结构不可用，可以基于原始节点的特征利用余弦相似度构造：

$$\tilde{\boldsymbol{A}}^{(t)}=\lambda\boldsymbol{L}^{(0)}+(1-\lambda)\{\eta f(\boldsymbol{A}^{(t)})+(1-\eta)f(\boldsymbol{A}^{(1)})\} \tag{7-2}$$

其中，$\tilde{\boldsymbol{A}}^{(t)}$ 表示第 t 次迭代计算的优化图的邻接矩阵，$\boldsymbol{L}^{(0)}$ 是初始图 $\boldsymbol{A}^{(0)}$ 的拉普拉斯矩阵，$\boldsymbol{A}^{(1)}$ 是第一次迭代计算的图的邻接矩阵。

对于节点嵌入的学习，IDGL 采用双层图卷积网络（Graph Convolutional Network，GCN）来从优化图 $\tilde{\boldsymbol{A}}^{(t)}$ 中学习节点嵌入，第一层 GCN 将原始节点特征 X 映射到中间嵌入空间，第二层 GCN 进一步将中间节点嵌入映射到输出空间：

$$\boldsymbol{Z}=\mathrm{ReLU}(\tilde{\boldsymbol{A}}\mathrm{ReLU}(\tilde{\boldsymbol{A}}\boldsymbol{X}\boldsymbol{W}_1)\boldsymbol{W}_2) \tag{7-3}$$

其中，$\tilde{\boldsymbol{A}}$ 表示最终的优化图，$\boldsymbol{Z}$ 表示从最终的图结构 $\tilde{\boldsymbol{A}}$ 中提取出的节点嵌入。

将学习到的图 $\boldsymbol{A}^{(t)}$ 与初始图 $\boldsymbol{A}^{(0)}$ 结合起来构造优化图 $\tilde{\boldsymbol{A}}^{(t)}$ 是一种逼近最优图的有效方法，但学习到的图 $\boldsymbol{A}^{(t)}$ 的质量对提高优化图 $\tilde{\boldsymbol{A}}^{(t)}$ 的质量起着重要的作用。在实践中，重要的是控制图 $\boldsymbol{A}^{(t)}$ 的平滑性、连通性和稀疏性，它的拓扑结构能有效反映初始节点属性和下游任务。

将特征矩阵 $\boldsymbol{X}$ 的每一列看作一个图信号，对于图信号的一个重要假设就是相邻节点之间的信号是平滑变化的。给定一个邻接矩阵为 $\boldsymbol{A}$ 的无向图，n 个图信号 $\boldsymbol{x}_1, \boldsymbol{x}_2, \cdots, \boldsymbol{x}_n \in \mathbb{R}^d$ 之间的平滑度可以用下面的狄利克雷能量来度量：

$$\Omega(\boldsymbol{A}, \boldsymbol{X})=\frac{1}{2n^2}\sum_{ij}\boldsymbol{A}_{ij}\|\boldsymbol{x}_i-\boldsymbol{x}_j\|^2=\frac{1}{n^2}\mathrm{tr}(\boldsymbol{X}^{\mathrm{T}}\boldsymbol{L}\boldsymbol{X}) \tag{7-4}$$

其中，tr( )表示矩阵的迹，$\boldsymbol{L}$ 表示拉普拉斯矩阵。$\Omega(\boldsymbol{A}, \boldsymbol{X})$ 迫使相邻节点具有相似的特征，从而增强图信号的平滑度。

然而，仅最小化平滑度损失将得到平凡解 $\boldsymbol{0}$，生成没有实际意义的图结构。我们还需要控制生成的图的稀疏程度。因此，我们对学习的图施加额外的约束：

$$f(\boldsymbol{A})=\frac{-\beta}{n}\boldsymbol{1}^{\mathrm{T}}\log(\boldsymbol{A}\boldsymbol{1})+\frac{\gamma}{n^2}\|\boldsymbol{A}\|_F^2 \tag{7-5}$$

其中，第一项惩罚图的不连通性，第二项惩罚图的稀疏性。

最终对于学习的图的约束是上面两个约束的线性组合，即使用 $L_G=\alpha\Omega(\boldsymbol{A},\boldsymbol{X})+f(\boldsymbol{A})$ 作为模型完整的损失函数。

7.2.2　GAN 在图上的应用

7.2.2.1　图生成

图生成（Graph Generation）旨在根据观察到的真实图数据，学习其潜在分布，并生成出新的、合理的、与训练数据分布相似的图样本。图生成可用于分子设计、社交网络模拟、知识图谱补全等场景。图生成通常基于生成模型，如变分自编码器（Variational Auto Encoder，VAE）、生成对抗网络（GAN）等。其主要挑战在于如何设计适合图结构的生成器和判别器以及如何衡量生成图的质量和多样性，满足特定属性约束。经典的图生成模型包括 GraphVAE、GraphGAN 和 MolGAN 等。其中，GraphVAE 将 VAE 应用于图生成，编码器将图映射到隐空间，解码器从隐空间采样并重构图，使用图神经网络来建模节点依赖。GraphGAN 是基于 GAN 的图生成模型，生成器根据随机噪声生成离散的邻接矩阵，判别器使用 GNN 区分真实图和生成图。而 MolGAN 生成器使用强化学习逐步生成分子图，判别器使用 GCN，引入奖励网络引导生成特定性质的分子。

7.2.2.2　图翻译

图翻译（Graph Translation）旨在将一个域的图转换为另一个域的图，同时最大程度保留重要的语义信息。相比图生成，图翻译需要在两个图域之间建立映射。其挑战在于如何设计两个域共享的表征空间，如何保证转换的一致性和可逆性以及如何处理两个域图的结构和属性差异。

7.2.2.3　图去噪

图去噪（Graph Denoising）旨在去除图数据中的噪声，如错误的边、节点属性等，恢复图的真实结构。噪声会影响下游任务的准确性，因此图去噪是图预处理的重要一步。图去噪可基于图信号处理、图正则化、自编码器等方法。关键在于如何区分噪声和真实信息以及如何在去噪的同时保留图的重要结构。常见的图去噪方式包括基于图拉普拉斯算子的正则化方法，通过最小化节点信号的局部平滑度来去除噪声（Graph Laplacian Regularization）、使用 GCN 编码图的结构和节点属性，通过重构损失来优化，使重构图尽可能与真实图一致（GCN-based Denoising）和使用图自编码器（GAE）提取图的低维表征，再重构出去噪后的图（GAE-based Denoising）。

7.2.2.4　图异常检测

图异常检测（Graph Anomaly Detection）旨在自动识别图中异常的节点、边或子结构，如社交网络中的异常用户、金融网络中的欺诈交易等。异常通常定义为偏离大多数正常实例的少数样本。图异常检测利用图的结构和属性信息来建模正常模式，并据此识别异常。图异常检测的主要方法包括基于图重构的方法、基于图表示学习的方法和基于图生成模型的方法等，用 GAN 等生成正常图分布，无法生成的则视为异常。

这些应用任务涉及图数据的学习、转换、净化、简化和分析，对于理解现实世界中的复杂系统、把握数据规律具有重要意义。

7.2.3 基于 VAE 的图生成模型（GraphVAE）

通常对于梯度优化的方法来说，学习生成图是一个难题，因为图是离散结构。与序列生成不同，图可以具有任意连接性，并且没有明确的最佳方法如何在步骤序列中线性化其构造，学习的构造涉及离散决策，这些决策是不可微分的。基于此，这里介绍一种基于 VAE 的图生成模型。在这项工作中，通过解码器直接输出预定义最大尺寸的概率全连接图的策略来避开这些障碍。在概率图中，节点和边的存在及其属性被建模为独立的随机变量。

如图 7-1 所示为 GraphVAE 方法的框架示意图。将原始图结构和生成的图结构进行匹配（Graph Matching），并优化模型中的参数。该方法在 VAE 框架的基础上实现，在分子生成任务的化学信息学中得到实验验证，分子数据集对于 GraphVAE 来说是一个具有挑战性但又方便的测试平台，它们可以轻松地对解码样本进行定性和定量测试。但 GraphVAE 仅适用于生成较小的图，并且其性能还有改进的空间。

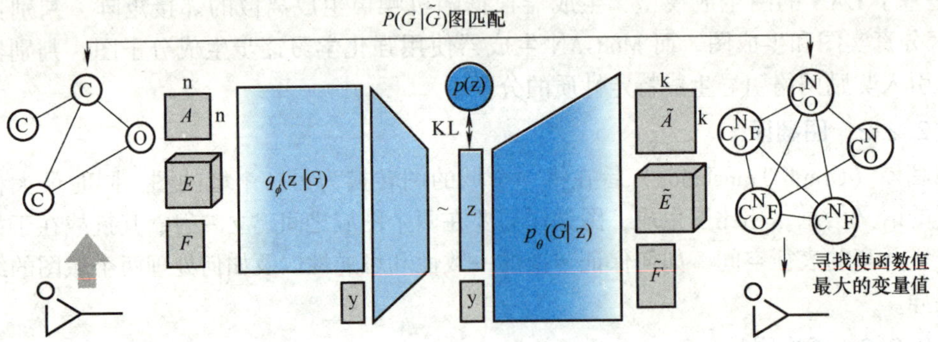

图 7-1 GraphVAE 方法框架示意图

7.2.4 基于 GAN 的图生成模型（GraphGAN）

现有的图表示学习方法可以分为两类：学习图中底层连接分布的生成模型以及预测一对顶点之间边存在概率的判别模型。一种名为 GraphGAN 的图表示学习方法，统一了上述两类方法，让其中的生成模型和判别模型进行博弈游戏。

如图 7-2 所示为 GraphGAN 方法的框架示意图。具体来说，对于给定的顶点，生成模型尝试拟合其在所有其他顶点上的底层真实连通性分布，并生成“假”样本来欺骗判别模型，而判别模型则尝试检测采样的顶点是来自真实的顶点还是来自生成的顶点。通过这两种模型之间的竞争，它们都可以交替迭代地提升性能。然而，传统的 Softmax 函数对于给定顶点平等地对待图中的所有其他顶点，缺乏对图结构和邻近度的考虑信息，并且 Softmax 的计算涉及图中的所有顶点，耗时且计算效率低。为了克服这些限制，在 GraphGAN 中，作者提出了一种新的生成器实现，称为 Graph Softmax。Graph Softmax 提供了图中连通性分布的新定义，满足规范化、图结构感知和计算效率的理想特性。据此，作者还提出了一种基于随机游走的生成器在线生成策略，该策略与 Graph Softmax 的定义一致，可以大大降低计算复杂度。通过对真实世界数据集的大量实验，研究人员证明 GraphGAN 在多种应用中取得了巨大的进步。

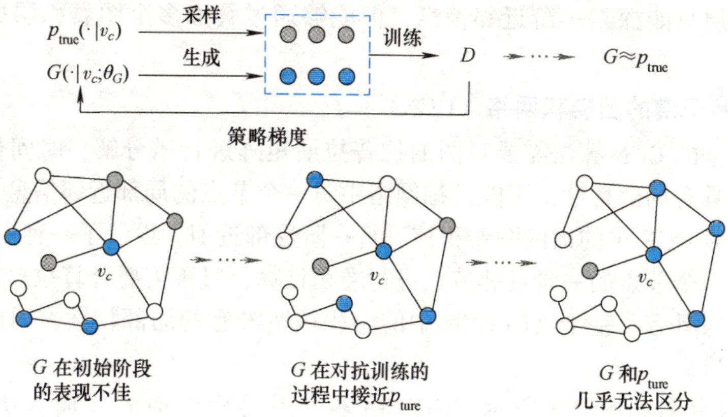

图 7-2　GraphGAN 方法框架示意图

7.3　图神经网络方法

7.3.1　图卷积神经网络

7.3.1.1　传统的卷积神经网络（CNN）和图卷积网络（GCN）的区别和联系

CNN 在图像识别等任务中具有重要应用，主要是因为 CNN 利用了图片（信号）在其域中的局部平移不变性。CNN 之所以能在图像领域有着广泛的应用但却很少应用于其他领域，是因为图片是一个规整的网格网络。传统的卷积核就是定义在这个网格网络上的，通过卷积核的平移操作，卷积层可以输出提取到的特征图。无论卷积核平移到图片中的哪个位置都可以保证其运算结果的一致性，这就是所谓的局部平移不变性。CNN 的卷积本质就是利用这种平移不变性来对扫描的区域进行卷积操作，从而实现了图像特征的提取。然而，对于现实世界中的网络，它们是不规则的关系型数据，所以其不存在平移不变性（每个节点的近邻节点数不固定），这就使得传统的 CNN 方法无法直接应用于任意的网络中。

7.3.1.2　图卷积网络（GCN）的两个分类

目前的 GCN 算法主要分为两大方向：谱的 GCN 算法和空间的 GCN 算法。基于谱的 GCN 算法需要计算图的拉普拉斯矩阵以及对拉普拉斯矩阵做谱分解（也称作特征值分解），谱的 GCN 算法中的卷积定义为图上的信号函数和卷积核函数的傅里叶变换（可看作傅里叶变换在非欧式空间上的扩展）的乘积。最早的谱的 GCN 算法直接将卷积核定义为一个与拉普拉斯矩阵的特征值无关的常数函数，它不具备空间特性，不能考虑到图中的近邻信息。Henaff 等人将传统的基于谱的 GCN 中的卷积核替换为拉普拉斯矩阵的特征值的不同次幂的加权线性组合，通过不同的权重控制不同阶近邻信息的权重。这两种传统的谱的 GCN 算法都需要计算拉普拉斯矩阵的谱分解，因此时间代价较大。

相比于谱的 GCN 算法，空间的 GCN 算法不需要拉普拉斯矩阵，且可以直接利用图中节点的近邻信息。GraphSage 算法是最早的空间的 GCN 算法，目前所有的空间的 GCN 算法都可看作该算法的变形和扩展，它在每一个图卷积层将每个节点的近邻节点在上一个图卷积层的向量表示进行聚合，并与该节点在上一个图卷积层的向量表示进行连接，将连接后的向量输入到全连接神经网络中以求得每一个节点在下一个图卷积层的向量表示。GraphSage 算法在每一个图卷积层只能探索一阶近邻信息，但能够通过叠加多个图卷积层探索高阶的近邻信息。

7.3.1.3 基于谱的图卷积网络（GCN）

过去的基于谱的 GCN 算法需要对图的拉普拉斯矩阵进行谱分解，时间代价很大，而且算法的卷积核不具有局部特性，不能挖掘网络中每一个节点的局部近邻信息。为了解决这些问题，Kipf 等人对 GCN 中的谱的图卷积核进行一阶局部近似，设计了一种更快速的卷积核，该卷积核只对每一个节点的一阶近邻节点进行卷积计算，且不需要计算拉普拉斯矩阵的谱分解，该卷积核同时具有了基于谱的 GCN 中的卷积核所没有的局部特性，因此在性能和效率上都有显著的提升。

GCN 方法示意图如图 7-3 所示。GCN 由多个图卷积层构成（输入层和输出层也是图卷积层），每一个图卷积层都对节点的特征进行线性变换后进行特征聚合，GCN 中的卷积核设计很简单，只考虑了一阶近邻特征的聚合。输入层（Input Layer）、隐藏层（Hidden Layers）和输出层（Output Layer）的设计几乎一致，唯一的区别就是输入层和隐藏层用的激活函数是 Sigmoid，而输出层用的激活函数是 Softmax。

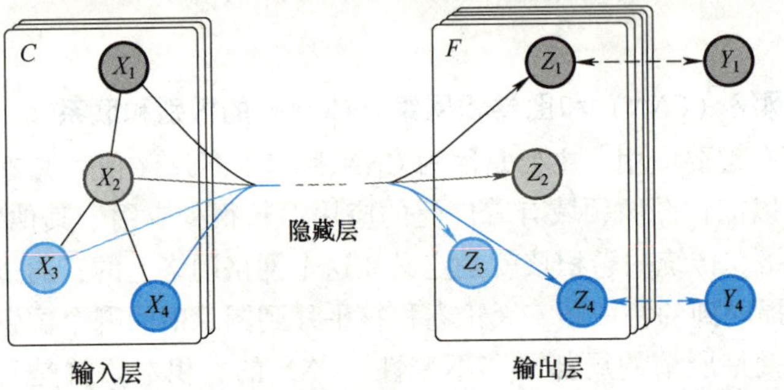

a）图卷积神经网络

b）中间隐藏层表示

图 7-3　GCN 方法示意图

GCN 的卷积核设计非常简单，可以看作对每一个节点的所有近邻节点在上一个图卷积层的特征进行线性变换后再输入到全连接层中，全连接层的权重矩阵是归一化的邻接矩阵。假设网络中所有节点在第 k 个图卷层的特征矩阵是 $\boldsymbol{H}^k \in \mathbb{R}^{m\times d_k}$，其中 m 和 d_k 分别代表网络中节点的数量和每一个节点在第 k 个图卷积层的特征维度，具体的公式如下：

$$\boldsymbol{H}^{(k)}=\sigma(\hat{\boldsymbol{D}}^{-\frac{1}{2}}\hat{\boldsymbol{A}}\hat{\boldsymbol{D}}^{-\frac{1}{2}}\boldsymbol{H}^{(k-1)}\boldsymbol{\Theta}^{(k)}) \tag{7-6}$$

其中，$\hat{\boldsymbol{A}}=\boldsymbol{A}+\boldsymbol{I}$ 是加了自连接的邻接矩阵，这样做是为了同时聚合近邻节点的特征和中心节点的特征，$\hat{\boldsymbol{D}}^{-\frac{1}{2}}\hat{\boldsymbol{A}}\hat{\boldsymbol{D}}^{-\frac{1}{2}}$ 是为了对邻接矩阵 $\hat{\boldsymbol{A}}$ 进行归一化，避免多层之后的梯度爆炸和梯度消失问题，$\boldsymbol{\Theta}^{(k)}$ 是对于每一个图卷积层的独立学习的线性变换的系数。

GCN 的卷积核本质上就是对每一个节点的所有一阶近邻节点的特征进行线性变换再通过一个全连接层输出，由于全连接层的权重矩阵就是归一化的邻接矩阵，因此每一个图卷积层本质上的作用就是聚合每一个节点自身和它的一阶近邻节点的特征，这和后面讲的 GraphSage 算法的思路很像，区别在于 GraphSage 算法是对中心节点的近邻节点的特征聚合后再与中心节点的特征连接，而 GCN 直接将中心节点和近邻节点的特征放在一起聚合，这没有考虑中心节点与近邻节点的地位差异，因此性能一般不及 GraphSage。

7.3.1.4 基于空间的图卷积网络 GraphSage

GraphSage 算法是第一个基于空间的 GCN 算法，GraphSage 算法之前的 GCN 算法都是基于谱的算法，这些算法通常需要对关联网络的拉普拉斯矩阵进行谱分解，因此面对大规模网络时计算代价极大。

GraphSage 算法中的每一个图卷积层对每一个节点的近邻节点（通常是一阶近邻）的特征向量进行聚合，聚合后的特征向量可以同时描述该中心节点的所有近邻节点的结构特征和语义特征，然后 GraphSage 算法将聚合后的特征向量与该中心节点在上一个图卷积层的特征向量进行连接后归一化，归一化后的特征信息作为下一个图卷积层的特征输入。在每一个图卷积层，GraphSage 算法的特征聚合是在所有节点上同时进行的，可以这样理解：第一个图卷积层的输入是每一个节点的初始语义特征，那么第一个图卷积层输出的每一个节点的特征描述了该节点和它的一阶近邻节点的语义特征以及该节点在网络拓扑结构中的一阶近邻的结构特征；通过叠加这样的图卷积层，每一层输出的每一个节点的特征就刻画了该节点的更高阶近邻节点的语义特征和该节点在网络拓扑结构中的更高阶的结构特征；具体地，第 k 个图卷积层输出的节点特征描述了该节点的 0 至 k 阶近邻节点的语义特征和该节点在网络拓扑结构中的 0 至 k 阶近邻的结构特征。

GraphSage 的每一个图卷积层，首先随机采样一定数量的近邻节点，再将采样的近邻节点的特征进行聚合，用聚合后的特征更新中心节点的特征。需要注意的是，GraphSage 中的近邻节点采样和近邻特征聚合过程是依次进行的，不是先采样二阶近邻节点，再对采样的二阶近邻节点特征进行聚合，而是先采样一阶近邻节点，再对一阶近邻节点的特征聚合，接着采样一阶近邻节点的一阶近邻节点（即二阶近邻节点），再对这些采样的二阶近邻节点的特征进行聚合。GraphSage 中每一个图卷积层的卷积核包含三个基本操作：近邻节点特征聚合、与中心节点特征的连接和归一化。

图 7-4 展示了一个两层的 GraphSage 模型的卷积核示意图。假设输入的网络如图 7-4 左侧的子图所示，图 7-4 右侧的子图展示了一个两层的 GraphSage 计算图中节点 A 的特征 $\boldsymbol{h}_A^{(2)}$ 时的流程。每一个图卷积核主要包含两个部分：近邻节点特征聚合和与中心节点特征的连接。近邻节点特征聚合就是对中心节点的一阶近邻节点的特征用某种方式合成为一个新的特征，例如对于图中的节点 A，它有三个一阶近邻节点，分别是节点 B、节点 C 和节点 D，因此需要聚合这三个近邻节点在上一个图卷积层的特征 $\boldsymbol{h}_B^{(1)}$、$\boldsymbol{h}_C^{(1)}$ 和 $\boldsymbol{h}_D^{(1)}$. 设聚合后的特征为 $\boldsymbol{h}_{\mathcal{N}(A)}^{(1)}$，接下来要做的就是将聚合后的特征 $\boldsymbol{h}_{\mathcal{N}(A)}^{(1)}$ 与节点 A 上一个图卷积层的特征 $\boldsymbol{h}_A^{(1)}$ 进行连接，得到连接后的特征，再将连接后的特征输入到一个全连接层中，再将全连接层输出的特征进行归一化，即可得到最终的节点 A 的特征 $\boldsymbol{h}_A^{(2)}$。

在每一个图卷积层，GraphSage 算法主要分为三步：近邻特征聚合、特征连接和归一化，具体对于节点 v 在第 k 个图卷积层公式如下：

$$
\begin{aligned}
\boldsymbol{h}_{\mathcal{N}(V)}^{(k)} &= \text{Aggregate}_k(\{\boldsymbol{h}_U^{(k-1)}, \forall U \in \mathcal{N}(V)\}) \\
\boldsymbol{h}_V^{(k)} &= \sigma(\boldsymbol{W}^{(k)} \cdot \text{concat}(\boldsymbol{h}_V^{(k-1)}, \boldsymbol{h}_{\mathcal{N}(V)}^{(k)})) \\
\boldsymbol{h}_V^{(k)} &= \boldsymbol{h}_V^{(k)} / \boldsymbol{h}_{V2}^{(k)}
\end{aligned}
\tag{7-7}
$$

近邻特征聚合就是将节点 V 的所有近邻节点 $U \in \mathcal{N}(V)$ 在上一个图卷积层的特征用某种

方式进行聚合，得到描述节点 V 的近邻节点集合 $\mathcal{N}(V)$ 聚合后的特征 $\boldsymbol{h}_{\mathcal{N}(V)}^{k}$。

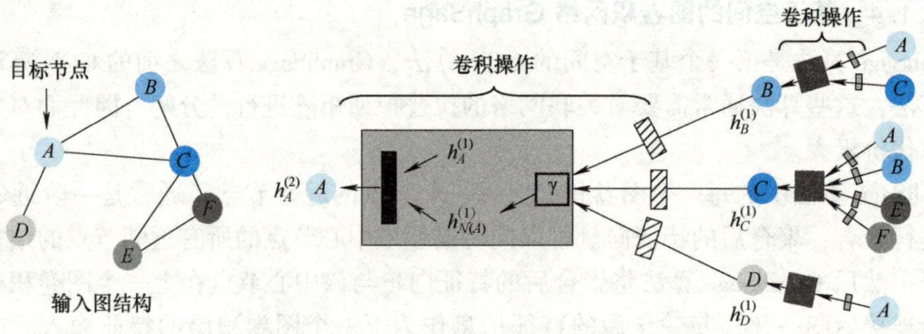

图 7-4　一个两层的 GraphSage 模型中的卷积核示意图

特征连接是将节点 V 的近邻节点聚合后的特征与该节点在上一个图卷积层的特征进行连接，然后输入到一个没有偏置项的单层全连接神经网络中，将输出的特征归一化后就得到了该节点在第 k 个图卷积层输出的特征。

GraphSage 的论文中提供了三种可能的聚合近邻特征的策略，分别是均值聚合器（Mean Aggregator）、LSTM 聚合器（LSTM Aggregator）和池聚合器（Pooling Aggregator）。

1. 均值聚合器（Mean Aggregator）

均值聚合的思路最简单，就是将每一个节点和它的近邻节点在上一个图卷积层的特征的均值输入到一个没有偏置项的一层全连接神经网络中即可，公式如下：

$$\boldsymbol{h}_V^{(k)}=\sigma(\boldsymbol{W}\cdot \mathrm{Mean}(\boldsymbol{h}_V^{(k-1)}\cup\{\boldsymbol{h}_U^{(k-1)},\forall U\in\mathcal{N}(V)\})) \tag{7-8}$$

2. LSTM 聚合器（LSTM Aggregator）

与均值聚合器相比，LSTM 聚合器具有更大的聚合能力。然而，必须注意的是，LSTM 本身并不是对称的（即它们不是置换不变的），因为 LSTM 以序列的方式处理它们的输入数据。LSTM 聚合器的思路也比较简单，就是直接将每一个节点的所有近邻节点的特征打乱顺序后输入到 LSTM 中就可以得到聚合后的特征。

3. 池聚合器（Pooling Aggregator）

池聚合器是 GraphSage 论文中提到的学习能力最强的聚合器，它的思路是对于任意一个节点，将该节点的每一个近邻节点的特征输入到一个独立的全连接神经网络中，再使用最大池（Max Pooling）来池化这些全连接神经网络输出的特征集合，公式如下：

$$\boldsymbol{h}_V^{(k)}=\mathrm{Max}(\{\sigma(\boldsymbol{W}_{\mathrm{pool}}\boldsymbol{h}_U^{(k-1)}+\boldsymbol{b}),\forall U\in\mathcal{N}(V)\}) \tag{7-9}$$

GraphSage 算法可以通过叠加图卷积层渐近式地探索网络中更高阶的近邻信息，最终算法输出的节点特征能够刻画每一个节点自身和近邻的语义信息和结构信息，因而相比于之前的基于谱的图卷积神经网络在性能和效率上都有提升。

7.3.2　图注意力网络

7.3.2.1　引入注意力机制

GCN 算法存在一个问题，那就是在聚合近邻节点的特征时没有考虑到中心节点的特征与近邻节点的特征之间的相似度，而对所有近邻节点设置一个相同的权重策略。图注意力网络（Graph Attention Networks，GAT）相比于 GCN 的最大改进就是引入了注意力机制，对于每一个中心节点-近邻节点对，计算了一个自适应的注意力系数，这个注意力系数可以看作这个近邻节点的特征对于中心节点的特征的重要性。因此，在聚合近邻节点的特征时，GAT 会根据注意力系数的大小对不同的近邻节点设置不同的重要性权重，这样可以更充分地挖掘中心节点和近邻节点的语义关联。

7.3.2.2　最经典的 GAT 算法

图 7-5 的左侧子图展示了 GAT 中的两个不同层面的注意力机制：自我注意力（Self-Attention）和相互注意力（Mutual Attention）。自我注意力反映了中心节点的某一个近邻节点的特征相对于中心节点的特征的重要程度，具体的计算方式是先将中心节点 i 和近邻节点 j 的特征 $\vec{\boldsymbol{h}}_i$ 和 $\vec{\boldsymbol{h}}_j$ 通过同一个线性变换映射到同一个空间，然后将变换后的中心节点 i 的特征和近邻节点 j 的特征进行连接，再将连接后的特征输入到一个只有一个输出单元的全连接层中，全连接层输出的结果即为中心节点 i 与近邻节点 j 之间的自我注意力系数。相互注意力反映了近邻节点 j 的特征在中心节点 i 的所有近邻节点的特征中的地位，这不仅考虑到了近邻节点 j 的特征与中心节点 i 的特征之间的关联，还考虑到了中心节点 i 的所有近邻节点的特征，相互注意力系数的计算是通过对中心节点 i 的所有近邻节点的自我注意力系数通过 Softmax 求得的。

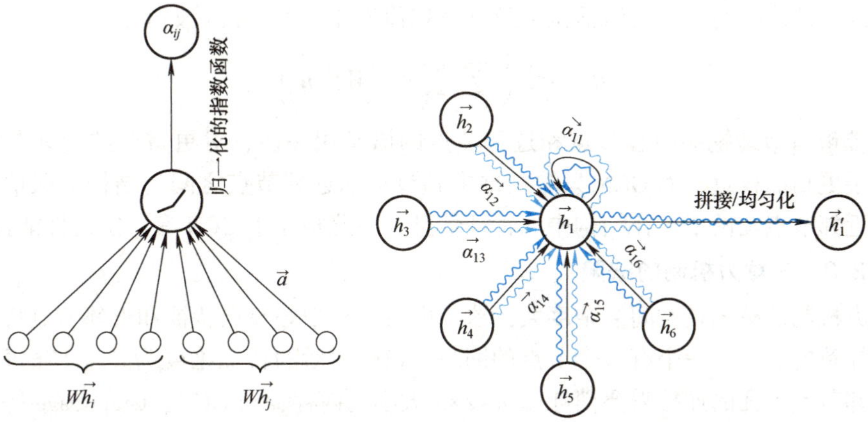

图 7-5　GAT 中的注意力机制

图 7-5 右侧的子图展示了多头注意力（Multi-Head Attention）机制，其中每一个头的注意力用不同颜色的箭头表示（图中是三头注意力），每一个头的注意力系数的权重矩阵都是独立学习的，目的是学习到可以描述节点特征的不同方面的关联信息。最终，通过不同的注意力头可以学习到注意力系数，再通过不同的注意力系数聚合中心节点的近邻特征，将聚合后的特征进行连接或求和就可以得到更新中心节点的特征。

GAT 的核心是两个注意力：自我注意力和相互注意力。自我注意力可以看作网络中一对关联节点的关联紧密度，而相互注意力可以看作一个中心节点的某一个近邻节点与该中心节点的关联紧密度在该中心节点的所有近邻节点中的地位。具体地，中心节点 i 和近邻节点 j 的自我注意力系数 e_{ij} 是通过将归一化后的两个节点的特征进行向量连接后输入到一个只有一个输出神经元的一层的全连接神经网络中计算得到的，公式如下：

$$e_{ij}=\mathrm{LeakyReLU}(\vec{\boldsymbol{a}}\cdot(\boldsymbol{Wh}_i\parallel\boldsymbol{Wh}_j)) \tag{7-10}$$

其中，e_{ij} 描述了近邻节点 j 对中心节点 i 的重要程度。相互注意力系数是通过对中心节点 i 的所有近邻节点的自我注意力系数进行 Softmax 归一化后计算的，公式如下：

$$\alpha_{ij}=\frac{\exp(e_{ij})}{\sum_{k\in N_i}\exp(e_{ik})} \tag{7-11}$$

其中，α_{ij} 描述了近邻节点 j 在中心节点 i 的所有近邻节点中的重要性占的比例。

GAT 的近邻特征聚合的方式和 GCN 唯一的区别就是增加了注意力系数 α_{ij} 作为聚合近邻特征的权重，公式如下：

$$\boldsymbol{h}_i'=\sigma\left(\sum_{j\in N_i}\alpha_{ij}\boldsymbol{W}\boldsymbol{h}_j\right) \tag{7-12}$$

对于多头注意力机制，通过不同的注意力头可以学习到不同的注意力系数 α，通过不同的注意力系数可以得到多组聚合后的近邻节点的特征，再将这些聚合后的特征向量连接即可得到最终的特征，公式如下：

$$\boldsymbol{h}_i'=\prod_{k=1}^{K}\sigma\left(\sum_{j\in N_i}\alpha_{ij}^{(k)}\boldsymbol{W}^{(k)}\boldsymbol{h}_j\right) \tag{7-13}$$

对于输出层，聚合不同注意力头的方式与上面有一些不同。输出层将不同的注意力头聚合后的多组特征取平均，并将激活函数放到平均值操作之后，公式如下：

$$\boldsymbol{h}_i'=\sigma\left(\frac{1}{K}\sum_{k=1}^{K}\sum_{j\in N_i}\alpha_{ij}^{(k)}\boldsymbol{W}^{(k)}\boldsymbol{h}_j\right) \tag{7-14}$$

GAT 能够有效地挖掘中心节点和近邻节点的语义相关性，对更重要的近邻节点在特征聚合时赋予更高的权重，而 GCN 只能挖掘中心节点和近邻节点之间的结构关联信息，即中心节点和近邻节点在网络拓扑结构中的特征信息，因此相比于 GCN 有一定的性能提升。

7.3.2.3 注意力机制的缺陷

注意力机制的缺陷是空间复杂度大，这是由每一对中心节点特征和近邻节点特征的向量连接操作导致的。对于一个有 n 个节点的网络，设映射后的特征维度为 d，计算每一对中心节点和近邻节点特征的连接需要消耗 $n\times n\times 2\times d$ 大小的内存，而 GCN、GraphSage 等没引入注意力机制的算法只需要 $n\times k\times d(k\ll n)$ 大小的内存。

7.3.3 动态图神经网络

随着深度学习技术的快速发展，图神经网络凭借其强大的图结构数据处理能力，在众多领域展现出了卓越的性能。传统的图神经网络（如 GCN、GAT 等）主要针对静态图进行设计，它们在处理图数据时假设图结构在整个处理过程中是固定不变的。然而，在现实世界中，许多图结构的数据都是动态变化的，比如社交网络中用户间关系的变化、交通网络中交通状况的动态变化等。因此，需要一种能够处理此类动态图数据的算法框架。这正是动态图神经网络（Dynamic Graph Neural Networks，D-GNNs）要解决的问题。

D-GNNs 是一类专门设计用于处理时间序列图数据的神经网络模型，它可以处理在时间上变化的图数据。它不仅可以捕捉图数据的复杂结构信息，还能够处理图结构随时间的动态变化，有效应用于图数据预测、动态社区检测、图演化分析等任务。动态图通常是指图中的节点、边或它们的特征随时间变化。动态图神经网络旨在捕捉图中这些动态特性，使得网络能够对图在不同时间点的状态给出预测或分类。

D-GNNs 主要围绕以下几个核心问题进行研究和设计。首先是图结构的动态表示，如何有效地表示和更新随时间动态变化的图结构信息。其次是时间信息的整合，将时间维度的信息融入图的表示和学习过程中。最后是动态预测，利用历史图数据预测未来的图结构变化或节点/边的属性变化。

一种具有代表性的 D-GNNs 方法-DGSR

DGSR 作为一项动态图神经网络的研究，主要解决了两个重要问题，即如何使用图表动态表示用户-项目交互以及如何显式地编码每个用户序列的动态协作信号。用户和项目之间的交互顺序对于顺序推荐至关重要。因此，需要考虑将序列信息或交互顺序灵活有效地合并到图中。对于每个用户序列，其动态关联项目和用户形成图结构，其包括比传统静态图更多的时间或顺序信息。

其他代表性的动态图神经网络方法还有循环图卷积网络模型（Recurrent Graph Convolutional Networks，R-GCN）、进化图卷积网络（Evolving Graph Convolutional Networks，EvolveGCN）和时间图卷积网络（Temporal Graph Convolutional Network，T-GCN）等。R-GCN 结合循环神经网络（RNNs）和图卷积网络（GCNs）的方法，用于处理节点属性随时间变化的图。EvolveGCN 通过对图卷积网络的参数进行动态更新，以适应图结构的变化，有效捕获图的演化趋势。T-GCN 结合图卷积网络和时间序列分析技术，专门设计用于交通流量等时序图数据的预测。

7.3.4　异构图神经网络

异构图（Heterogeneous Graph）包含不同类型的节点和边，这反映了现实世界复杂性和多样性。异构图神经网络是专门为这种异构图结构设计的神经网络。它们能够捕捉不同类型的节点和边之间的复杂关系和相互作用。异构图神经网络（Heterogeneous Graph Neural Networks，HGNNs）是一种将图神经网络扩展到异构图上的框架，旨在处理包含多种类型的节点和边的图数据。与传统的图神经网络不同，这些网络是用来捕获异构图结构的丰富语义信息的。GNNs 通过聚合节点的邻居信息来学习节点表示，但是在异构图中，不同类型的节点和边具有不同的特性，直接应用 GNNs 可能会导致信息的丢失和混淆。HGNNs 通过设计特定的聚合函数和更新函数来处理异构性，从而学习到更加准确的节点表示。

通常来说，HGNNs 的方法框架包含三部分内容。首先是类型特定的转换，对于每种类型的节点和边，分别学习一个映射函数，将其特征转换到一个共同的隐空间。其次是类型特定的聚合，对于每个节点，根据其类型和邻居的类型，使用不同的聚合函数聚合邻居信息。最后是类型特定的更新，根据聚合得到的信息，使用不同的更新函数更新节点表示。重复以上步骤多轮，得到最终的节点表示。为了实现模型异构性，异构图神经网络用不同类型的节点和边定义特定的参数，因此每一类型的节点和边都有其专用的表示形式。通过设计节点和边类型依赖的参数字符化，实现对每一条边的异构关注，这样可以为每一种类型的节点和边维护专有的表征。如果需要处理动态异构图，引入的相对时间编码技术可以捕捉具有任意持续时间的动态结构依赖性。除此之外，还可以设计异构小批量图采样算法（HGSampling），在大规模数据上实现了高效且可拓展的训练。

元路径（Metapath）是异构图中一种特殊的结构，表示一系列不同类型的节点和边的组合。例如，在一个包含作者、论文、会议三种类型节点的学术图谱中，“作者-论文-会议-论文-作者”就是一条元路径，表示两个作者在同一个会议上发表过论文。元路径可以看作异构图中的高阶连接，其中蕴含了丰富的语义信息。元路径方法利用预定义的元路径来挖掘异构图中的语义信息。根据异构图的模式（Schema）和任务需求，定义一组合适的元路径。对于每个节点对或节点，计算其在每条元路径上的特征，常见的特征包括元路径实例数、随机游走概率等。根据元路径特征，使用机器学习模型学习节点的低维表示。

异构图神经网络可以适用于多种场景，如在推荐系统中识别不同类型的用户和商品间复杂的互动关系；在社交网络中分析用户之间的关联和信息传播；在知识图谱中解析实体及其之间关系的多样性以及在科研合作网络中预测学者之间的合作关系或论文引用等。

一种具有代表性的 HGNNs 方法-HAN

本节将介绍一种代表性的 HGNNs 方法-异构图注意力网络（Heterogeneous Graph Attention Network，HAN），它同时考虑节点级和语义级注意力。如图 7-6 为 HAN 方法的框架中的两级嵌入聚合示意图。给定节点特征作为输入，使用特定于类型的变换矩阵将不同类型的节点特征投影到同一空间中。节点级嵌入注意力能够学习节点与其基于元路径的邻居之间的注意力值，而语义级嵌入注意力旨在学习异构网络中特定任务的不同元路径的注意力值。基于学习到的两个级别的注意力值，HAN 可以通过分层方式获得邻居和多个元路径的最佳组合，这使得学习到的节点嵌入能够在异构图中更好地捕获复杂的结构和丰富的语义信息。

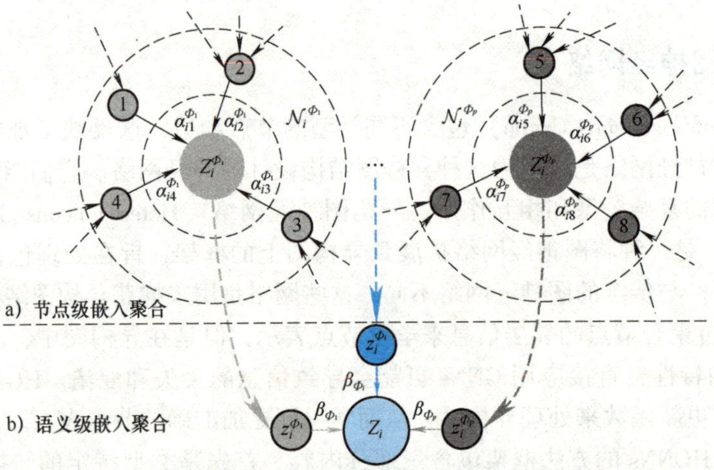

图 7-6　HAN 方法框架中两级嵌入聚合示意图

HAN 能够将图神经网络直接应用于异构图，进一步促进基于异构图的应用，同时它考虑了节点和元路径的重要性。此外，HAN 的训练效率很高。论文中进行了大量的实验来评估所提出模型的性能，通过与最先进的模型进行比较，表明了所提出的模型的优越性。更重要的是，通过分析分层注意力机制，HAN 展示了其对异构图分析的潜在良好可解释性。

在实际应用中，选择合适的方法需要考虑异构图的特点、任务需求以及计算资源等因素。元路径方法适合处理小规模、稳定的异构图。此外，元路径方法需要依赖领域知识来定义合适的元路径，从而为 HGNNs 学习到有效的节点表示。

7.3.5 大规模图神经网络训练策略

大规模图神经网络是处理大规模图数据的有力工具，但是其训练面临着计算复杂度高、内存消耗大等挑战。为了高效地训练大规模 GNNs，研究者提出了多种策略，下面我们将详细介绍几种主要的训练策略。

7.3.5.1 图采样（Graph Sampling）

图采样是目前最常用的大规模 GNNs 训练策略，其基本思想是从大规模图中采样出一组小规模的子图，在子图上进行训练，从而减少计算和内存消耗。常见的图采样方法包括节点采样（Node Sampling）、边采样（Edge Sampling）和层采样（Layer Sampling）。节点采样随机采样一组节点，并根据这些节点构建一个包含其邻居的子图。边采样随机采样一组边，并根据这些边构建一个子图。层采样随机采样每一层的节点，并根据这些节点构建一个子图。

图采样方法可以显著减少计算和内存消耗，但是采样过程可能引入偏差，影响模型的性能。因此，如何设计无偏或低偏的采样方法是一个重要的研究问题。

7.3.5.2 图划分（Graph Partitioning）

图划分将大规模图划分为多个小规模的子图，每个子图可以单独进行训练，从而实现并行计算。实现方法包括以下几种方式：

1. 边切割（Edge-Cut）

最小化子图之间的跨边数量，使得子图内部的连通性最大化。

2. 顶点切割（Vertex-Cut）

最小化子图之间的跨节点数量，使得每个节点只属于一个子图。

3. 流割（Streaming Partitioning）

以流的方式处理图数据，动态地将节点分配给不同的子图。

图划分方法可以充分利用并行计算资源，加速训练过程。但划分质量对模型性能有很大影响，如何在保证划分质量的同时降低划分开销是一个关键问题。

7.3.5.3 图压缩（Graph Compression）

图压缩是通过降低图的大小和复杂度来减少计算和内存消耗的一类方法。通过移除图中的一些边来降低图的稠密度，同时保留图的主要结构特征。除此之外，还可以将节点特征或边权重量化为低位表示来减少内存消耗。

图压缩方法可以在保留图的主要信息的同时显著降低计算和内存消耗，但是压缩过程可能引入信息损失，影响模型性能。因此，如何在压缩率和性能之间取得平衡是一个重要的优化问题。

大规模 GNNs 训练是一个充满挑战的问题，需要在计算效率、内存消耗和模型性能之间进行权衡。图采样、图划分和图压缩是三类主要的训练策略，它们从不同的角度降低了训练复杂度，使得大规模 GNNs 的训练成为可能。在实践中，通常需要根据具体的任务需求和计算资源来选择合适的训练策略，也可以将多种策略结合起来使用，以进一步提高训练效率。目前来看，大规模 GNNs 的训练仍然存在许多开放性问题，例如，如何设计更加高效、鲁棒的采样方法，如何在分布式环境下实现高质量的图划分，如何在保证性能的同时最大化图压缩率，以及如何将不同的训练策略无缝集成到现有的机器学习框架中等，这些问题都是值得进一步探索的方向。

7.4 图神经网络设计——以 GCN 为例

7.4.1 模型构建

模型构建是图神经网络设计实现中的核心，它的具体实现对于模型的性能有着极大地影响。模型构建的关键在于构建层和拼接层，也就是先构建模型中的每一层，再按照某种规则或顺序将它们拼接成模型的整体架构。比如，GCN 模型中需要首先定义图卷积层以实现它所遵循的分层传播规则，再考虑使用一个两层的图卷积层来解决图上的半监督节点分类问题。

7.4.2 基于 PyTorch 的 GCN 模型实现

在 GCN 模型基于 PyTorch 的具体实现中，图卷积层主要用于实现 GCN 模型所遵循的分层传播规则 $\boldsymbol{H}^{(l+1)}=\sigma\left(\tilde{\boldsymbol{D}}^{-\frac{1}{2}}\tilde{\boldsymbol{A}}\tilde{\boldsymbol{D}}^{-\frac{1}{2}}\boldsymbol{H}^{(l)}\boldsymbol{W}^{(l)}\right)$，其中 $\boldsymbol{H}^{(0)}=\boldsymbol{X}$。GraphConvolution 图卷积层的定义如下：

```
class GraphConvolution(Module):
    def __init__(self,in_features,out_features,bias=True):
        super(GraphConvolution,self).__init__()
        self.in_features = in_features
        self.out_features = out_features
        self.weight = Parameter(torch.FloatTensor(in_features,out_features))
        if bias:
            self.bias = Parameter(torch.FloatTensor(out_features))
        else:
            self.register_parameter('bias',None)
        self.reset_parameters()

    def reset_parameters(self):
        stdv = 1./ math.sqrt(self.weight.size(1))
        self.weight.data.uniform_(-stdv,stdv)
        if self.bias is not None:
            self.bias.data.uniform_(-stdv,stdv)

    def forward(self,input,adj):
        support = torch.mm(input,self.weight)
        output = torch.spmm(adj,support)
        if self.bias is not None:
            return output+ self.bias
        else:
            return output

    def __repr__(self):
        return self.__class__.__name__+ '('\
            + str(self.in_features)+'-> '\+str(self.out_features)+')'
```

其中，__init__用来初始化参数，包括输入特征维度 in_features、输出特征维度 out_features 和初始化权重 weight。reset_parameters 方法用于对参数进行随机初始化。forward 方法说明了该图卷积层对数据的操作，即先将输入特征矩阵 input 与权重矩阵 weight 相乘，再左乘标准化的邻接矩阵 adj，实现了 GCN 模型的分层传播规则。__repr__方法用于打印输出。

而 GCN 模型主要由两个 GraphConvolution 图卷积层和 dropout 组成，GCN 模型架构定义如下：

```
class GCN(nn. Module):
    def __init__(self,nfeat,nhid,nclass,dropout):
        super(GCN,self).__init__()
        self. gc1 = GraphConvolution(nfeat,nhid)
        self. gc2 = GraphConvolution(nhid,nclass)
        self. dropout = dropout

    def forward(self,x,adj):
        x = F. relu(self. gc1(x,adj))
        x = F. dropout(x,self. dropout,training=self. training)
        x = self. gc2(x,adj)
        return F. log_softmax(x,dim=1)
```

其中，__init__方法分别初始化了 gc1、gc2 两个图卷积层和 dropout，gc1 的参数为输入特征维度和隐藏层单元数，而 gc2 的参数为隐藏层单元数和输出类别数。forward 方法实现了 GCN 模型对各层的拼接，它依次经过了 gc1 图卷积层、relu 激活函数、dropout 和 gc2 图卷积层，最终输出 x 作为 log_softmax 变换后的结果。

7.4.3　网络训练

在 GCN 模型的训练过程中，需要先将 model 置为训练状态、梯度清零，再将数据输入到模型中得到输出结果、计算损失与准确率，最后再反向传播求梯度并更新参数。而在 GCN 的验证及测试过程中，需要先将 model 置为验证状态，再计算输出结果、损失和准确率。整体训练过程定义如下：


```
# 训练过程
def train(epoch):
    t = time. time()
    model. train()
    optimizer. zero_grad()
    output = model(features,adj)
    loss_train = F. nll_loss(output[idx_train],labels[idx_train])
    acc_train = accuracy(output[idx_train],labels[idx_train])
    loss_train. backward()
    optimizer. step()

    if not args. fastmode:
        # Evaluate validation set performance separately,
        # deactivates dropout during validation run.
        model. eval()
        output = model(features,adj)

# 验证部分
    loss_val = F. nll_loss(output[idx_val],labels[idx_val])
    acc_val = accuracy(output[idx_val],labels[idx_val])
    print('Epoch:{:04d}'. format(epoch+1),
```

```
            'loss_train:{:.4f}'.format(loss_train.item()),
            'acc_train:{:.4f}'.format(acc_train.item()),
            'loss_val:{:.4f}'.format(loss_val.item()),
            'acc_val:{:.4f}'.format(acc_val.item()),
            'time:{:.4f}s'.format(time.time()-t))

# 测试函数
def test():
    model.eval()
    output = model(features,adj)
    loss_test = F.nll_loss(output[idx_test],labels[idx_test])
    acc_test = accuracy(output[idx_test],labels[idx_test])
    print("Test set results:",
          "loss = {:.4f}".format(loss_test.item()),
              "accuracy= {:.4f}".format(acc_test.item()))
```

其中，model 是 GCN 模型的实例化，GCN 模型参数分别为输入特征维度、隐藏层单元数、输出类别数和 dropout 参数，定义如下：

```
model = GCN(nfeat=features.shape[1],
            nhid=args.hidden,
            nclass=labels.max().item()+1,
            dropout=args.dropout)
```


optimizer 是定义的优化器对象，能够根据计算得到的梯度来更新参数，这里使用的 Adam 优化器的参数分别为模型参数、学习率和正则化系数，定义如下：

```
optimizer = optim.Adam(model.parameters(),
                       lr=args.lr,weight_decay=args.weight_decay)
```

另外，loss_train 是训练集上的分类损失，使用的是交叉熵损失函数，但由于在 GCN 模型的实现中对输出结果做了 log_softmax 变换，故这里使用 nll_loss 损失函数，再根据 loss_train 做反向传播以及迭代优化。

args.fastmode 设置是否在训练期间进行验证，并且在验证期间停止使用 dropout。再使用 model.eval()设置为验证状态，根据输出结果 output 计算验证集上的损失 loss_val 和准确率 acc_val。

测试过程也同样需要使用 model.eval()设置为验证状态，再计算输出结果 output，并根据输出结果计算其在测试集上的损失 loss_test 和准确率 acc_test。

7.5 典型应用举例

7.5.1 图神经网络用于节点分类

节点分类是图神经网络的一个重要应用。在图结构数据中，节点通常表示实体，边表示实体之间的关系。节点分类的目标是给图中的每个节点分配一个类别标签。图神经网络利用节点自身的特征以及它与其他节点的连接关系来学习节点表示，并基于这些表示对节点进行分类。

在社交网络中，用户可以看作图中的节点，用户之间的关系（如朋友关系）可以看作边。使用图神经网络进行节点分类可以帮助我们推断用户的属性，如性别、年龄、兴趣等。这对于广告投放、个性化推荐等任务非常有帮助。类似地，在引文网络中，论文可以看作节点，论文之间的引用关系可以看作是边。使用图神经网络进行节点分类可以帮助我们对论文进行分类，如按照主题、会议或期刊等进行分类。

7.5.2 图神经网络用于链接预测

链接预测是图神经网络的另一个重要应用。链接预测的目标是预测图中两个节点之间是否存在边（或者边的权重）。图神经网络通过学习节点的表示以及节点之间的交互模式，来预测两个节点之间是否可能存在链接。

例如，在社交网络中，通过分析用户之间的共同好友、共同兴趣等信息，图神经网络可以预测两个用户之间是否可能成为朋友，从而为用户推荐潜在的好友。此外，在药物发现领域，链接预测也有重要的应用。通过构建药物-靶蛋白互作网络，图神经网络将药物和靶点分别作为节点，它们之间的已知互作作为边，图神经网络可以用于预测新的药物-靶蛋白互作关系，帮助发现潜在的药物候选集。

7.5.3 图神经网络用于图分类

图分类是指将整个图划分到不同的类别中。与节点分类关注单个节点的类别不同，图分类关注整个图的类别。图神经网络通过学习图的整体结构和节点之间的交互模式生成图的表示，并基于图表示进行分类。

在化学领域，分子可以表示为图，其中原子是节点，化学键是边。使用图神经网络进行图分类可以帮助我们预测分子的属性，如溶解度、毒性等。这对于药物筛选和材料设计等任务非常有帮助。在社交网络分析中，图分类也有应用。通过将社区（子图）看作一个整体，图神经网络可以用于预测社区的属性，如社区的主题、活跃度等。

7.5.4 图神经网络在推荐系统中的应用

图神经网络在推荐系统中也有广泛的应用。

生活中常见的例子是在电商推荐中，图神经网络可以同时考虑用户的历史交互记录、用户属性、物品属性以及用户之间的社交关系，生成更加准确和多样化的推荐结果。相比传统的协同过滤方法，图神经网络能够更好地捕捉复杂的用户-物品交互模式，提高推荐的质量。在推荐场景下，用户和物品可以看作是图中的节点，用户对物品的交互（如点击、购买等）可以看作是边。图神经网络通过学习用户和物品的表示以及它们之间的交互模式来生成个性化的推荐。此外，在社交网络推荐中，图神经网络可以利用用户之间的社交关系来改进推荐效果。通过将社交网络看作一个图，用户之间的关系看作边，图神经网络可以学习到用户的社交影响力，从而生成更加可信和有说服力的推荐结果。

7.5.5 图神经网络在交通预测中的应用

在交通网络中，道路可以看作图中的节点，道路之间的连接可以看作边。图神经网络通过学习道路的特征以及道路之间的交互模式，来预测交通流量、拥堵情况等。

举例来说，图神经网络可以用于预测城市道路网络的交通速度。图神经网络可以将历史交通数据构建成一个时空图来捕捉道路之间的时空依赖关系，从而准确预测未来一段时间内每条道路的交通速度。这对于交通管理、路径规划等任务非常有帮助。另一个例子是预测出租车的需求。通过将城市划分为多个区域，每个区域看作图中的一个节点，区域之间的交通流量看作边，图神经网络可以预测不同时间、不同区域的出租车需求，帮助出租车公司更好地调度车辆，提高运营效率。

7.5.6 图神经网络在计算化学和药物发现中的应用

图神经网络在计算化学和药物发现领域也有广泛的应用。在这些领域中，分子可以表示为图，其中原子是节点，化学键是边。图神经网络通过学习分子的结构特征，可以预测分子的各种性质，如溶解度、毒性、药效等。

在计算化学和药物发现应用中，化学分子结构即为天然的图结构，其原子和化学键通常作为节点和边出现，和上述的图分类任务可做类似地处理。例如，图神经网络可以用于预测分子的溶解度。通过将大量的分子结构及其溶解度数据构建成一个图数据集，图神经网络可以从另外的角度学习到分子结构与溶解度之间的关系，从而对新的分子进行溶解度预测。这对于药物筛选非常有帮助，可以帮助我们快速识别出潜在的药物候选集。

7.5.7 图神经网络在社交网络分析中的应用

图神经网络在社交网络分析中的应用和上述节点分类任务的建模类似，常常将网络中的用户和关系建模为节点和边结构。社交网络本质上就是一个图结构，其中用户是节点，用户之间的关系是边。图神经网络通过学习用户的特征以及用户之间的交互模式，可以用于各种社交网络分析任务，如社区发现、影响力预测、链接预测等。

图神经网络可以用于影响力预测。在社交网络中，一些用户可能具有很大的影响力，他们的行为和观点可能会影响其他用户。图神经网络可以通过学习用户之间的交互模式和信息传播路径，来预测用户的影响力，这对于营销、舆情分析等任务非常有帮助。

本章小结

图神经网络在表示学习、生成模型和下游应用任务等方面取得了长足进展。这些方法已广泛应用到推荐系统、化合物筛选、交通预测、社交网络分析等领域，展现出图神经网络强大的图结构建模和学习能力。未来图神经网络的研究方向包括但不限于探索更深层次的图表示、改进模型的泛化和鲁棒性、研究动态图上的建模方法。随着图数据爆炸式增长，图神经网络有望成为图计算、图分析领域不可或缺的重要工具。通过本章的学习，读者应对图神经网络的基本概念、实现方法和应用场景有了全面的了解。希望这些知识能够为读者在未来的研究与应用中提供坚实的基础，并将图神经网络应用到更多实际场景中去。

思考题与习题

1. 图神经网络在处理图结构数据中非常重要，请简述常见的图神经网络方法。
2. 除了本章中介绍的这些典型应用，图神经网络还能在哪些领域或研究方向中发挥作用?

3. 图神经网络目前主要关注节点级和图级的表示学习，而对于超图、异构图等复杂图结构的建模能力还有待加强。未来如何设计更有效的图神经网络架构来处理这些复杂图？是否可以借鉴知识图谱嵌入等领域的思路?

4. 解释性和可解释性是当前机器学习模型的重要挑战，图神经网络也不例外。我们是否可以设计出可解释的图神经网络？让模型更加透明，避免成为一个“黑盒子”?

5. 动态图是很多实际应用场景的真实写照，如社交网络、金融交易网络等都是动态演化的。除了本章中介绍的方法，还可以如何将图演化的时序信息纳入图表示学习?

参考文献

[1] PEROZZI B, AL-RFOU R, SKIENA S. Deepwalk: Online learning of social representations [C]. ACM SIGKDD International Conference on Knowledge Discovery and Data Mining, 2014.

[2] TANG J, QU M, WANG M, et al. Line: Large-scale information network embedding [C]. The World Wide Web Conference (WWW), 2015.

[3] GROVER A, LESKOVEC J. Node2vec: Scalable feature learning for networks [C]. ACM SIGKDD International Conference on Knowledge Discovery and Data Mining, 2016.

[4] NARAYANAN A, CHANDRAMOHAN M, VENKATESAN R, et al. Graph2vec: Learning distributed representations of graphs [J]. ArXiv: 1707. 05005, 2017.

[5] CHEN Y, WU L, ZAKI M. Iterative deep graph learning for graph neural networks: Better and robust node embeddings [C]. Advances in Neural Information Processing Systems (NeurIPS), 2020.

[6] VELIčKOVIć P, CUCURULL G, CASANOVA A, et al. Graph attention networks [J]. ArXiv: 1710. 10903, 2017.

[7] SIMONOVSKY M, KOMODAKIS N. Graphvae: Towards generation of small graphs using variational autoencoders [C]. International Conference on Artificial Neural Networks, 2018.

[8] WANG H, WANG J, WANG J, et al. Graphgan: Graph representation learning with generative adversarial nets [C]. AAAI conference on artificial intelligence, 2018.

[9] DE CAO N, KIPF T. MolGAN: An implicit generative model for small molecular graphs [J]. ArXiv: 1805. 11973, 2018.

[10] HAMILTON W, YING Z, LESKOVEC J. Inductive representation learning on large graphs [C]. Advances in Neural Information Processing Systems (NeurIPS), 2017.

[11] KIPF T N, WELLING M. Semi-supervised classification with graph convolutional networks [J]. ArXiv: 1609. 02907, 2016.

[12] VELIčKOVIć P, CUCURULL G, CASANOVA A, et al. Graph attention networks [J]. ArXiv: 1710. 10903, 2017.

[13] ZHANG M, WU S, YU X, et al. Dynamic graph neural networks for sequential recommendation [J]. IEEE Transactions on Knowledge and Data Engineering, 2022, 35 (5): 4741-4753.

[14] WANG X, JI H, SHI C, et al. Heterogeneous graph attention network [C]. The World Wide Web Conference (WWW), 2019.

第 8 章　Transformer 与 Mamba 架构

导　读

本章首先介绍深度学习中经典的注意力机制，包括自注意力机制的基本概念和数学逻辑，然后介绍 Transformer 与 Vision Transformer 的基本概念、原理、架构和实现。最后介绍 Mamba 和 Vision Mamba 的架构和实现，再以 Transformer 与 Mamba 的性能对比结束本章。

本章知识点

- 自注意力机制
- Transformer 架构和数学逻辑
- Vision Transformer 架构和实现
- Mamba 架构和实现

8.1　自注意力机制

自注意力机制是近年来深度学习领域的一个重要进展，为大语言模型的诞生奠定了基础。接下来，本节将对自注意力机制的基本概念和数学逻辑进行较为详细的介绍。

8.1.1　自注意力机制的定义

在第 4 章深入探讨神经网络处理文字问题的挑战时，我们不难发现，尽管神经网络能够接收形式多样、大小不一且彼此紧密关联的向量作为输入，但在实际训练过程中，它们往往难以全面捕捉并利用这些输入之间的深层关系，从而限制了模型的整体性能。尤其是在面对如机器翻译（一个典型的序列到序列任务，其中输出序列的长度由模型自身动态决定）、词性标注（每个输入向量直接映射到一个具体的词性标签）以及语义分析（多个输入向量共同指向一个复杂的语义标签）等复杂的文字处理任务时，这一局限性尤为明显。针对经典神经网络对多个相关输入无法建立起相关性这个问题，研究人员创造性地引入了自注意力机制（Self-Attention），旨在赋予神经网络一种全新的能力——即能够自动发现并聚焦于输入数据中不同部分之间的内在联系与相互影响。

自注意力机制是一种计算序列中各元素之间关系的技术，它使模型能够关注序列内部元素之间的关系，因此也被称为内部注意力机制。在标准的编码器-解码器框架中（见第 5.4 节），传统的注意力机制侧重于目标序列与源序列之间的联系，而自注意力机制则关注序列内部元素之间的关系，将所有关注点集中在输入序列本身。这种机制特别适用于处理可变长度的输入序列，并且能够建立全局依赖关系，扩大感受野。

自注意力机制通过计算序列中每个位置的查询（Query）、键（Key）和值（Value）之间的相似度来生成输出。在这一动态交互的进程中，模型智能地赋予序列内每个元素个性化的权重，明确指出了各元素在整体序列中的相对重要性和角色定位。这种动态生成的权重允许模型在每个时间步长上考虑整个序列的信息，从而捕捉到长距离的依赖关系。这种建立全局依赖关系的优点对于自然语言处理和图像处理等领域的任务非常有帮助。例如，在翻译任务中，模型能够同时考虑到源语言与目标语言里的每个单词；在词性标注中，每个单词的向量表示可以考虑到句子中所有其他单词的信息；在语义分析中，模型可以处理多个向量对应一个标签的情况。

8.1.2 自注意力机制的数学逻辑

假设输入序列为 $\boldsymbol{X}=(\boldsymbol{x}_1,\cdots,\boldsymbol{x}_N)^{\mathrm{T}}\in\mathbb{R}^{N\times D_x}$，输出序列为 $\boldsymbol{H}=(\boldsymbol{h}_1,\cdots,\boldsymbol{h}_N)^{\mathrm{T}}\in\mathbb{R}^{N\times D_v}$，自注意力机制的具体计算过程如下：

1. 对于每个输入，首先将其映射到三个不同的空间，得到三个列向量：查询向量 $\boldsymbol{q}_i\in\mathbb{R}^{D_k}$、键向量 $\boldsymbol{k}_i\in\mathbb{R}^{D_k}$ 和值向量 $\boldsymbol{v}_i\in\mathbb{R}^{D_v}$，

$$\boldsymbol{Q}=\boldsymbol{X}\boldsymbol{W}_q\in\mathbb{R}^{N\times D_k}$$
$$\boldsymbol{K}=\boldsymbol{X}\boldsymbol{W}_k\in\mathbb{R}^{N\times D_k}$$
$$\boldsymbol{V}=\boldsymbol{X}\boldsymbol{W}_v\in\mathbb{R}^{N\times D_v}$$

其中，$\boldsymbol{W}_q\in\mathbb{R}^{D_x\times D_k},\boldsymbol{W}_k\in\mathbb{R}^{D_x\times D_k},\boldsymbol{W}_v\in\mathbb{R}^{D_x\times D_v}$ 为参数矩阵，$\boldsymbol{Q}=(\boldsymbol{q}_1,\cdots,\boldsymbol{q}_N)^{\mathrm{T}},\boldsymbol{K}=(\boldsymbol{k}_1,\cdots,\boldsymbol{k}_N)^{\mathrm{T}}$，$\boldsymbol{V}=(\boldsymbol{v}_1,\cdots,\boldsymbol{v}_N)^{\mathrm{T}}$ 为查询向量、键向量和值向量构成的矩阵。

2. 给定任务相关的查询向量 $\boldsymbol{q}\in\boldsymbol{Q}$，使用缩放点积作为注意力打分函数，Softmax 归一化得到注意力权重，并对值向量做加权求和。Key-Value 注意力机制函数为

$$\begin{aligned}\operatorname{att}(\boldsymbol{q},\boldsymbol{K},\boldsymbol{V}) &= \sum_{n=1}^{N}\operatorname{Softmax}(\boldsymbol{k}_n,\boldsymbol{q})\boldsymbol{v}_n\\ &= \sum_{n=1}^{N}\frac{\exp(\boldsymbol{k}_n^{\mathrm{T}}\boldsymbol{q})}{\sum_{j=1}^{N}\exp(\boldsymbol{k}_j^{\mathrm{T}}\boldsymbol{q})}\boldsymbol{v}_n\end{aligned}$$

其中，$n,j\in[1,N]$ 为列向量的索引。

对整个查询向量矩阵 $\boldsymbol{Q}$ 进行运算，输出向量序列 $\boldsymbol{H}$ 可被表示为

$$\boldsymbol{H}=\operatorname{Attention}(\boldsymbol{Q},\boldsymbol{K},\boldsymbol{V})=\operatorname{Softmax}\left(\frac{\boldsymbol{Q}\boldsymbol{K}^{\mathrm{T}}}{\sqrt{D_k}}\right)\boldsymbol{V}$$

其中，$\operatorname{Softmax}(\cdot)$ 按行进行归一化，D_k 代表查询向量的长度，除以 $\sqrt{D_k}$ 是为了避免计算点积时出现数值过大的情况，确保 Softmax 在计算 exp( ) 时能够稳定学习。

8.1.3 多头自注意力

如图 8-1 所示，多头注意力是多组自注意力机制的组合，上文已经提到自注意力机制能帮助建立包括上下文信息的词特征表达，而多头注意力则能帮助学习到多种不同类型的上下

文特征，比如“今晚明月当空，正是赏月的好时候”，在不同情景下，“今晚”同“明月”“赏月”的相关性是不同的。一般而言，注意力头越多，越有利于捕获更大范围的相关性特征，进而增强模型的表达效果。

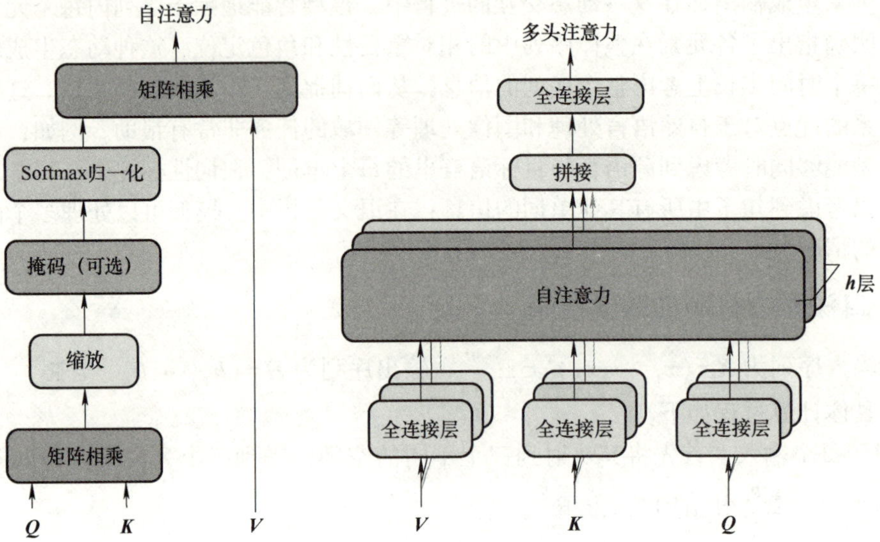

图 8-1　自注意力架构与多头自注意力架构示意图

多头注意力机制通过线性投影（全连接层）将查询向量矩阵 $\boldsymbol{Q}$、键向量矩阵 $\boldsymbol{K}$ 和值向量矩阵 $\boldsymbol{V}$ 分别投影到不同的低维空间。然后，这些投影后的查询、键和值在 h 个并行的注意力头中进行计算，将这些头的输出拼接后，再通过一个线性变换生成最终的输出。具体地，公式如下：

$$\mathrm{MultiHead}(\boldsymbol{Q},\boldsymbol{K},\boldsymbol{V})=\mathrm{Concat}(\boldsymbol{H}_1,\cdots,\boldsymbol{H}_h)\boldsymbol{W}^O$$

$$\boldsymbol{H}_i=\mathrm{Attention}(\boldsymbol{Q}\boldsymbol{W}_i^Q,\boldsymbol{K}\boldsymbol{W}_i^K,\boldsymbol{V}\boldsymbol{W}_i^V)$$

其中，i 表示第几个注意力头，$\boldsymbol{H}_i$ 是第 i 个自注意力头的输出，使用 Concat(·)对多个输出进行拼接，$\boldsymbol{W}_i^Q,\boldsymbol{W}_i^K,\boldsymbol{W}_i^V,\boldsymbol{W}^O$ 是全连接层中可学习的参数矩阵。

8.2　Transformer

8.2.1　定义与原理

Transformer 架构是一种深度神经网络模型，可以用于自然语言处理以及其他更为广泛的序列转换任务。2017 年，Vaswani 等人第一次提出这种模型，随之就得到了广泛关注，尤其是在机器翻译领域，它已经成了许多自然语言处理任务的基准模型。在此之前，处理序列数据主要依赖于循环神经网络 RNN 和长短期记忆网络 LSTM 这两种模型（见第 4 章）。然而，这些模型存在着难以并行化处理长序列、难以捕捉长距离依赖等限制。Transformer 模型通过引入自注意力机制来解决这些问题，它可以更好地处理长距离依赖问题，同时也能高效地并行计算。

Transformer 模型的核心思想是使用一系列堆叠的编码器和解码器模块。每个编码器（或解码器）模块都是由多头自注意力层（或者掩蔽多头注意力层）以及前馈神经网络层构成。自注意力机制是 Transformer 模型中的核心组件，它赋予模型在处理每个输入元素（如文本中的单词或字符）时，能够同时且动态地关注到整个输入序列中所有其他元素信息的能力。

这一机制突破了传统序列处理模型中长距离依赖的限制，使得模型能够捕捉到输入数据中更长远、更复杂的依赖关系。

8.2.2　模型结构

1. 整体架构

Transformer 由编码器和解码器两个部分组成，其结构如图 8-2 所示。

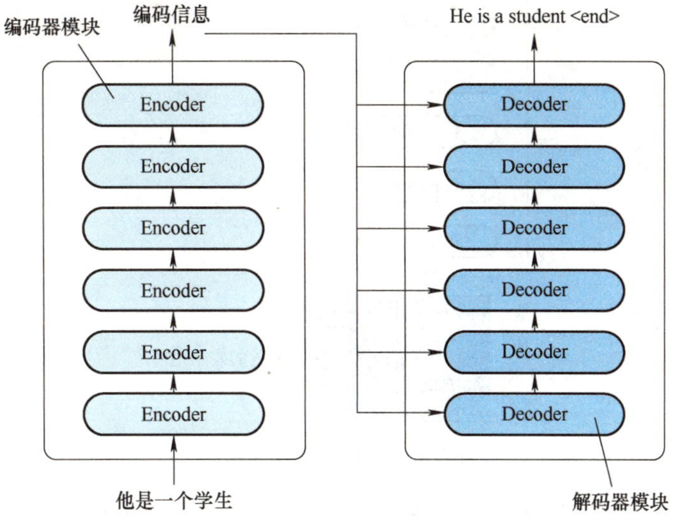

图 8-2　Transformer 整体流程图

Transformer 的工作流程如下：

首先，将输入语句中的每一个单词转换为对应的表示向量 $\boldsymbol{X}$，$\boldsymbol{X}$ 由单词的词嵌入（Embedding），即从原始数据提取出来的特征，和单词的位置嵌入（见本节后面介绍）相加得到（见图 8-3）。

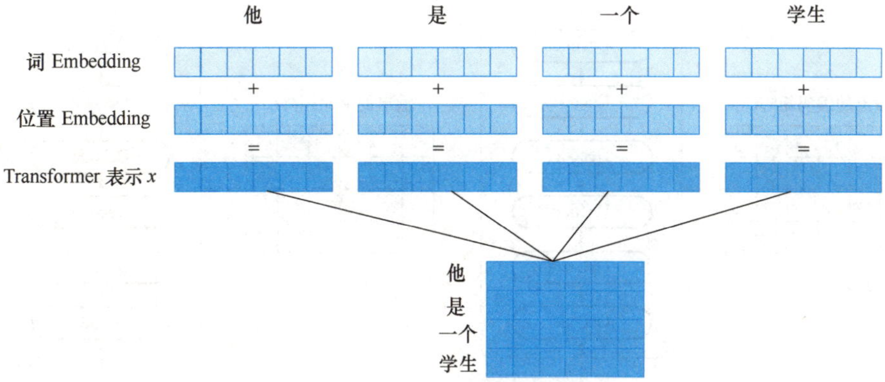

图 8-3　语句向量转换流程图

完成上一步后，就得到一个单词的表示向量矩阵（如图 8-3 所示，每一行是一个单词的表示向量），单词向量矩阵用 $\boldsymbol{X}_{n\times d}$ 表示，n 是句子中单词个数，d 是向量的维度。如图 8-4 所示，将该矩阵输入到编码器中，经过 6 个编码器模块处理后，得到包含句子中所有单词的编

码信息矩阵 C，每一个编码器模块输入与输出的矩阵维度保持不变。

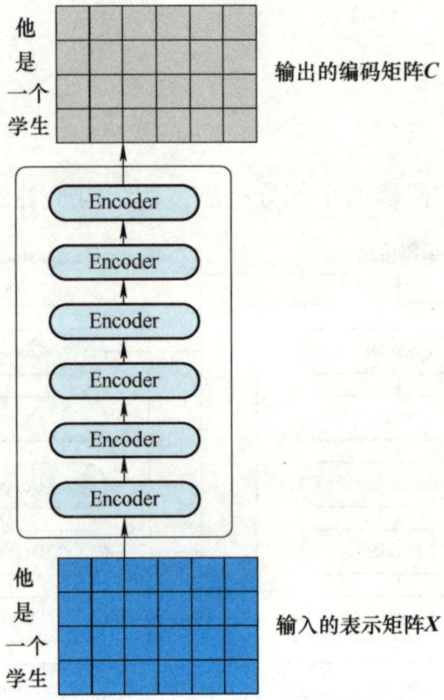

图 8-4　编码器流程示意图

最后，如图 8-5 所示，将编码器的编码信息矩阵 C 传递给解码器。解码器会根据已翻译的第 1 个到第 i 个单词，生成第 i+1 个单词。在翻译过程中，为了保证每个单词的生成只依赖于之前的单词，需要使用掩码（Mask）操作来遮挡第 i 个单词之后的所有单词（见本节后面介绍）。

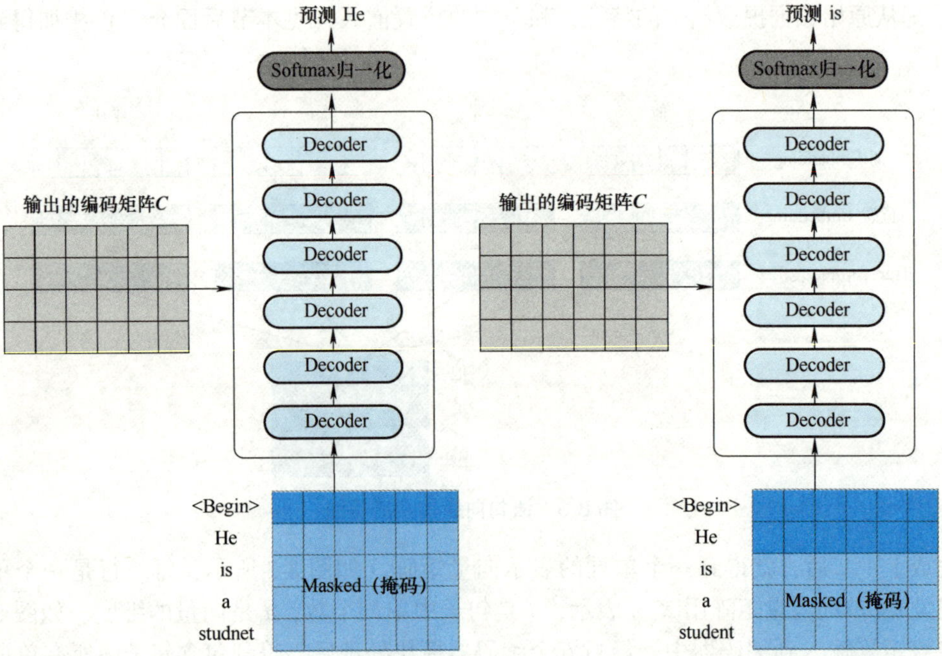

图 8-5　解码器流程示意图

例如，图 8-5 中解码器接收了编码器的编码矩阵 $\boldsymbol{C}$，同时解码器接收翻译开始符号"<Begin>"并预测第一个单词"He"。接下来，将"<Begin>"和"He"一同输入解码器，预测下一个单词"is"，以此类推。

2. 位置 Embedding

在 Transformer 中，除了单词的嵌入，还需要使用位置嵌入来表示单词在句子中的位置。由于 Transformer 不使用 RNN 结构，无法直接利用单词的顺序信息，但这些信息对自然语言处理任务至关重要。因此，Transformer 采用位置嵌入（PE）来表示单词在文本中的位置信息。位置嵌入可以通过两种方式获得，第一种是训练，第二种是公式计算。在 Transformer 中，采用了第二种方式，具体公式如下：

$$\mathrm{PE}_{(\mathrm{pos},2i)}=\sin(\mathrm{pos}/10000^{2i/d})$$

$$\mathrm{PE}_{(\mathrm{pos},2i+1)}=\cos(\mathrm{pos}/10000^{2i/d})$$

其中，pos 表示单词在句子中的位置，d 表示 PE 的维度（与词 Embedding 一样），$2i$ 表示偶数维度，$2i+1$ 表示奇数维度（$2i<d$，$2i+1<d$）。使用上述公式计算 PE 有以下优点：

1）计算得到的位置编码可以适用于不同长度的序列。例如，如果遇到一个长度超过训练集中最长语句的序列，公式计算的位置嵌入方法仍然能够为超出长度的位置生成对应的嵌入。

2）能够轻松地计算相对位置，对于固定的距离 k，可以用 $\mathrm{PE}_{(\mathrm{pos})}$ 推导出 $\mathrm{PE}_{(\mathrm{pos}+k)}$。

3. 编码器结构

如图 8-6 所示，左侧是 Transformer 的编码器模块，Add&Norm 层（即图中加 & 规范化层）由 Add 和 Norm 两部分组成，其计算公式如下：

$$\mathrm{LayerNorm}(\boldsymbol{X}+\mathrm{MultiHeadAttention}(\boldsymbol{X}))$$

$$\mathrm{LayerNorm}(\boldsymbol{X}+\mathrm{FeedForward}(\boldsymbol{X}))$$

其中，$\boldsymbol{X}$ 代表网络的输入，MultiHeadAttention($\boldsymbol{X}$)代表多头注意力层的输出，FeedForward($\boldsymbol{X}$) 代表前馈网络层的输出，输出的维度与输入相同，因此可以直接相加。Add 指的是一种残差结构（见 3.5.5 节），即将网络原本的输入与输出相加，这种方式常用于解决多层网络训练中遇到的优化困难、梯度消失等问题。Norm 指的是层规范化（Layer Normalization），这是一种通常用于神经网络模型训练的技术，可以加速收敛过程。

前馈层由两层全连接层组成，其中第一层使用 ReLU 激活函数，第二层则不使用激活函数，对应的公式如下：

$$\max(0,\boldsymbol{X}\boldsymbol{W}_1+\boldsymbol{b}_1)\boldsymbol{W}_2+\boldsymbol{b}_2$$

其中，$\boldsymbol{X}$ 表示输入，它的维度与前馈层最终产生的输出矩阵的维度相同。

根据上述描述，可以构建一个编码器模块。该模块接受一个输入矩阵 $\boldsymbol{X}_{n\times d}$，并生成一个输出矩阵 $\boldsymbol{O}_{n\times d}$。通过堆叠多个小编码器模块，可以组成模型的编码器。首个编码器层的输入是文本的词嵌入矩阵，后续层的输入则是之前层的输出。最后一个编码器模块的输出矩阵即为编码信息矩阵，该矩阵后续用于解码器中。

4. 解码器结构

Transformer 的解码器模块在结构上与编码器模块类似，但有以下几个关键区别：

1）包含两个多头注意力层；

2）第一个多头注意力层使用掩码机制；

3）使用编码器的编码信息矩阵 ***C***，计算得到 ***K*** 和 ***V*** 矩阵，结合上一个解码器模块的输出 ***Q***，并将它们作为第二个多头注意力层的输入；

4）使用一个 Softmax 层来得到下一个翻译单词的概率。

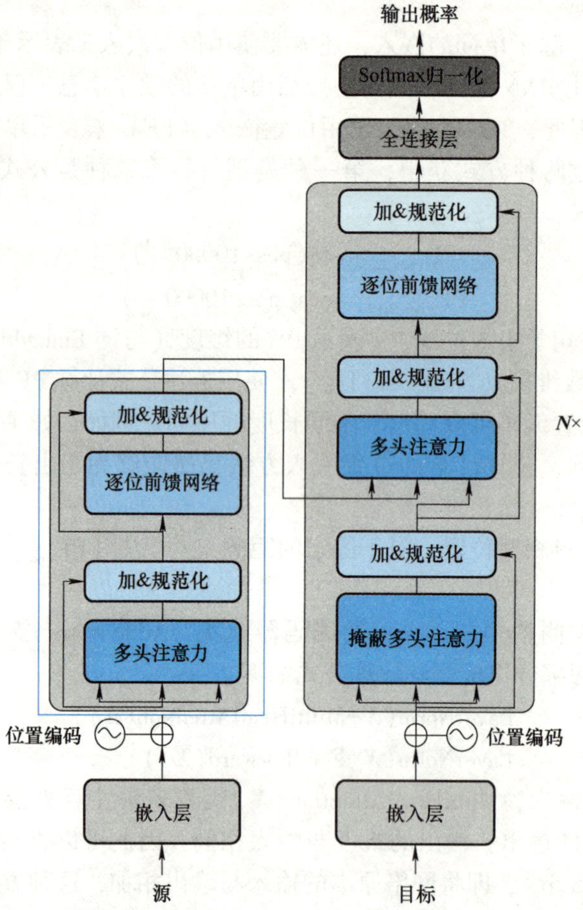

图 8-6　Transformer 整体结构图

解码器模块的第一个多头注意力层使用了掩码机制。这是因为翻译过程是顺序进行的，即在翻译第 i+1 个单词之前，必须先完成对前 i 个单词的翻译。掩码操作可以确保预测当前单词时，不会获取到当前单词之后的信息。下面以“他是一个学生”翻译成“He is a student”为例，具体阐释掩码操作。

解码器以先前的翻译内容为依据，确定当前最可能的翻译结果。以“<Begin> He is a student <end>”为例，首先根据输入“<Begin>”预测出第一个单词为“He”，然后根据输入“<Begin>”“He”预测下一个单词“is”。

解码器在训练的过程中将正确的单词序列（<Begin> He is a student）和对应输出（He is a student <end>）传递到 Decoder。在预测第 i 个输出时（如输出中的 a），需要遮蔽第 i 个之后的单词（如输入中的 a student）。注意，掩码操作是在自注意力机制的 Softmax 计算之前进行的。下面用 0，1，2，3，4 来表示“<Begin> He is a student”中的 5 个单词。

第一步　输入矩阵和掩码矩阵，输入矩阵包含“<Begin> He is a student”中所有单词的表示向量，掩码矩阵的大小为 5×5。在应用掩码之后，可以看到单词 0 只能访问单词 0 的信息，而单词 1 可以访问单词 0 和 1 的信息，即只能使用之前的单词信息。

第二步 如图 8-7 所示，通过输入矩阵 $\boldsymbol{X}$ 计算得到 $\boldsymbol{Q}$，$\boldsymbol{K}$，$\boldsymbol{V}$ 矩阵，然后计算 $\boldsymbol{Q}$ 和 $\boldsymbol{K}^{\mathrm{T}}$ 的乘积 $\boldsymbol{QK}^{\mathrm{T}}$。

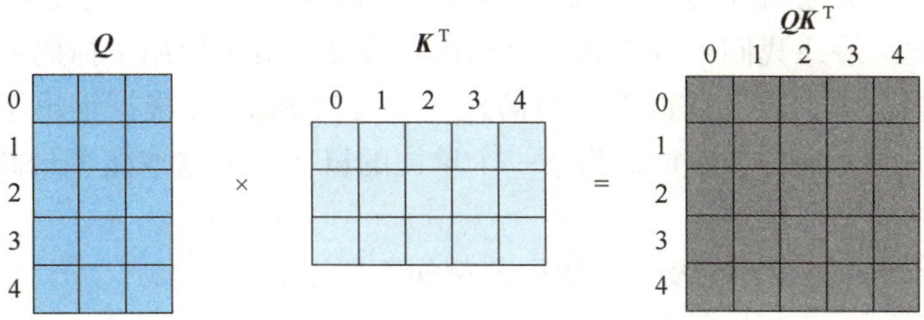

图 8-7 生成 Q 和 K^{T} 并计算 QK^{T}

第三步 如图 8-8 所示，在得到 $\boldsymbol{QK}^{\mathrm{T}}$ 之后需要通过 Softmax 函数计算注意力得分。在计算之前，需要使用掩码矩阵遮蔽每个单词之后的信息。图中深色表示遮蔽部分，白色表示未遮蔽部分。应用掩码之后，进行 Softmax 函数运算。需要注意的是，单词 0 在单词 1，2，3，4 上的注意力得分都为 0。

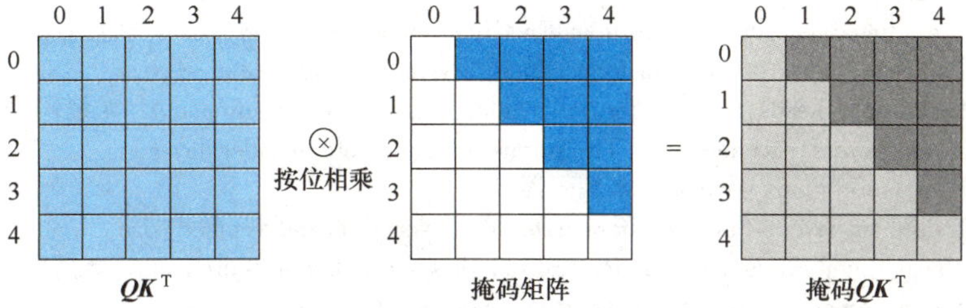

图 8-8 利用掩码矩阵获得掩码 QK^{T}

第四步 如图 8-9 所示，使用掩码 $\boldsymbol{QK}^{\mathrm{T}}$（Softmax 运算之后）与矩阵 $\boldsymbol{V}$ 相乘，得到输出 $\boldsymbol{Z}$，则单词 1 的输出向量 $\boldsymbol{Z}_1$ 只包含单词 0 和 1 的信息。

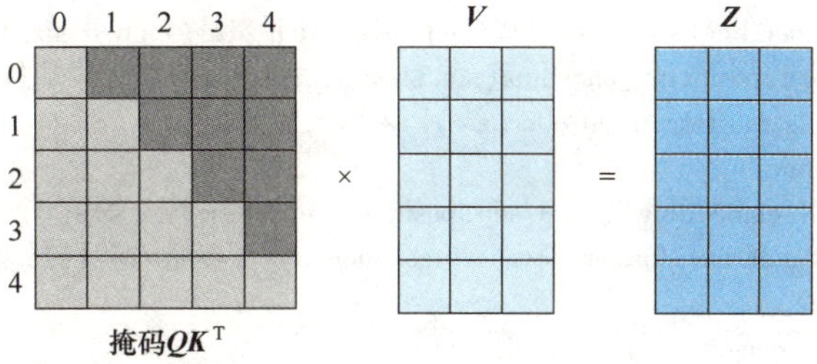

图 8-9 利用掩码 QK^{T} 与矩阵 V 计算输出

第五步 完成以上四步计算后，就可以得到一个掩码自注意力的输出矩阵 $\boldsymbol{Z}$，之后和编码器的工作过程类似，把多个注意力的输出 $\boldsymbol{Z}_i$ 拼接在一起，经过一个全连接层后就得到了第一个多头自注意力的输出 $\boldsymbol{Z}$，$\boldsymbol{Z}$ 与输入 $\boldsymbol{X}$ 维度一样。

解码器的第二个多头注意力的计算过程变化不大，主要区别在于其自注意力机制的 $\boldsymbol{K}$，$\boldsymbol{V}$ 矩阵的计算，使用的是编码器的编码信息矩阵 $\boldsymbol{C}$，而非上一个解码器模块的输出。具体而言，这个多头注意力的 ***K***，***V*** 矩阵是根据编码器的输出 ***C*** 计算得到，***Q*** 则是根据上一个解码器模块的输出 ***Z*** 计算得到（如果是第一个解码器模块，则使用输入矩阵 ***X*** 计算得到），以相同的方式得到后面模块的输出。这样，由于编码器的输出没有进行掩码处理，在解码过程中，预测每一个单词都可以利用到编码器中的所有单词的信息。

解码器模块最后的输出是通过 Softmax 函数计算的概率值，以其来预测下一个单词。通过前面的网络运算，最终我们可以得到一个输出矩阵 ***Z***，由于使用了掩码操作，每一个单词的输出 ***Z*** 只包含当前单词以及前面单词的信息。最后由 Softmax 根据输出矩阵的每一行预测下一个单词，得到词表中每个单词成为下一个单词的概率，并选取概率最高的单词作为预测结果。

Transformer 的 PyTorch API 及简单使用范例如下所示。

```
import torch
import torch.nn as nn
import math
class Transformer(nn.Module):
    def __init__(self, vocab_size: int, embed_size: int, num_heads: int, num_layers: int,
                                    hidden_size: int,num_classes: int, dropout: float = 0.1):
            super(Transformer, self).__init__()
            self.embedding = nn.Embedding(vocab_size, embed_size)  # 嵌入层
            self.positional_encoding = PositionalEncoding(embed_size, dropout)  # 位置编码
            self.encoder_layer = nn.TransformerEncoderLayer(d_model=embed_size,
             nhead=num_heads,dim_feedforward=hidden_size, dropout=dropout)  # 编码器层
            self.transformer_encoder = nn.TransformerEncoder(self.encoder_layer,
              num_layers=num_layers)  # 编码器
            self.decoder_layer = nn.TransformerDecoderLayer(d_model=embed_size,
              nhead=num_heads,dim_feedforward=hidden_size, dropout=dropout)  # 解码器层
            self.transformer_decoder = nn.TransformerDecoder(self.decoder_layer,
              num_layers=num_layers)  # 解码器
            self.fc_out = nn.Linear(embed_size, num_classes)  # 输出层

    def forward(self, src: torch.Tensor, tgt: torch.Tensor = None):  # 前向传播
            batch_size = src.size(1)  # 获取批大小
            src = self.embedding(src)  # 形状(seq_len, batch_size, embed_size)
            src = src + self.positional_encoding(src.size(0),batch_size) # 添加位置编码
            memory = self.transformer_encoder(src)  # 输入编码器
            if tgt is not None:
                tgt = self.embedding(tgt) + self.positional_encoding(tgt.size(0),batch_size)
                output = self.transformer_decoder(tgt, memory)  # 输入解码器
            else:
                output = memory
            output = self.fc_out(output)  # 输入全连接层
            return output  # 输出
```

8.2.3 架构分析

Transformer 模型的成功在很大程度上推动了深度学习在自然语言处理领域的发展，并激发了后续很多研究工作，例如 BERT、GPT 和 XLNet 等。Transformer 架构之所以展现出卓越的性能，主要得益于其多方面的核心优势，具体而言，这些优势包括：

（1）**自注意力机制**　自注意力机制在 Transformer 模型中的应用使得该模型能够高效地处理长序列，尽管其计算复杂度随着序列长度的增加而增加，但这种自注意力机制的工作方式使得它不需要像 RNN 那样顺序地遍历整个序列。由于自注意力机制能够同时考虑到序列中所有元素的信息，它不仅能够捕捉到元素间的局部依赖，还能够揭示出更远的、全局性的依赖关系。这种能力使 Transformer 模型能够更精细地展现文本中的语义和结构关系。

（2）**并行计算**　与传统的 RNN 和 LSTM 相比，Transformer 的优势之一是并行计算。自注意力机制的一个显著优势在于它能够独立地计算序列中每个位置的权重，允许模型在一次计算中同时处理整个序列，这种并行处理的能力大大减少了计算时间，提高了处理效率。

（3）**层次化表示**　Transformer 模型通过多层堆叠的方式，即所谓的“编码器-解码器”架构中的多个编码器层和解码器层，构建了一个深度神经网络。这种多层堆叠的设计赋予了模型强大的学习能力，使其能够逐步地、逐层地捕捉文本中的细节和复杂关系，进而学习并抽象出更高层次的语义特征。多头自注意力进一步加强了这种表示能力，让模型能够注意到多个不同的数据来源。

（4）**位置编码**　为了让 Transformer 模型能够感知序列中的位置信息，输入数据会被加入位置编码。这种编码方法让模型能够捕获序列中元素的相对和绝对位置，使得模型能够有效学习序列中的顺序关系，从而更好地理解文本。

（5）**大规模训练数据**　在预训练时，Transformer 通常会使用大量数据。在这个过程中，模型可以学习到大量多样的语言知识和上下文语境信息，模型的性能通常也会随着训练数据的增加得到显著提高。

（6）**优化技巧**　在训练过程中，采用了许多优化技巧，如学习率调整（见 5.2.5 节）、梯度裁剪等（见 5.2.6 节），以提高模型的训练速度和稳定性。

但 Transformer 在某些方面也存在缺点，例如：

（1）**对数据要求高**　Transformer 模型通常需要大量的数据和计算资源来进行预训练和微调。尤其是在一些细分领域的自然语言处理任务中，往往需要更加专业的数据和领域知识，以提高模型的泛化能力。

（2）**解释性差**　Transformer 模型采用自注意力机制对输入序列进行编码和表示学习，这使得这类模型的内部结构较为复杂，在解释和理解方面有一定困难。因此，在一些需要模型具有较高解释性的领域，Transformer 模型不一定是最优选择。

（3）**学习长距离依赖关系的能力有限**　Transformer 模型使用自注意力机制来实现上下文感知，但是对于较长的序列，模型的计算复杂度较高，学习能力仍然有限。这是由于自注意力机制对于不同位置之间依赖关系的建模是基于长度受限的局部上下文信息，随着序列长度的增加，模型的性能会受到一定的影响。

8.3 Vision Transformer

8.3.1 定义与原理

在 Vision Transformer（ViT）模型出来之前，人们通常使用的都是基于 CNN 的模型，经典的 CNN 模型有 ResNet，GoogleNet，AlexNet 等，但是 CNN 有一个不可忽视的缺点，即在大模型上容易出现过拟合的现象。如前所述，Transformer 模型采用自注意力机制来使得模型能够并行化训练且掌握全局信息，它在自然语言处理领域取得了很大的成功。为了将 Transformer 的并行计算和上下文推理能力推广到图像领域，Google 团队提出了 ViT 模型。ViT 可以视为 Transformer 在图像领域的应用，它将标准的 Transformer 模型以很少的变动直接迁移至图像领域。ViT 模型将输入的图像切分成一系列固定大小的子块（Patches），然后，每个子块被线性地嵌入到一个高维空间中，形成一个嵌入序列。嵌入序列被送入标准的 Transformer 编码器中进行处理，通过自注意力机制与其他子块的嵌入进行交互，从而捕捉到图像中的全局上下文信息。通过在输入端对图像进行分块和嵌入，ViT 不仅实现了对图像的降维处理（将二维图像转换为一维序列），还以一种类似于自然语言处理中词语编码的方式表示了图像内容。这种表示方式使得 ViT 能够利用 Transformer 的强大能力来捕捉图像中的复杂结构和语义信息。由于这一特性，很多在自然语言处理领域有重大突破的方法可以很方便地迁移到计算机视觉（Computer Vision，CV）中来。

8.3.2 模型结构

Vision Transformer 的结构如图 8-10 所示，基本流程为图像分割—展平—图像嵌入—位置嵌入—Transformer Encoder—MLP Head。Vision Transformer 主要包括三部分：

1）**Linear Projection of Flattened Patches 模块**（Embedding 层）将输入的图像数据转换为按顺序排列的向量，以方便 Transformer 的编码器处理。

2）**Transformer Encoder**（Transformer 编码层）Transformer 编码器处理由图像数据经过线性嵌入转化得到的序列。在 Transformer 模型中，编码器部分由多个编码器层堆叠而成，每个编码器层都包含两个主要的部分：多头自注意力机制和前馈神经网络，它们之间还通常包含残差连接和层归范化来辅助优化训练过程。

3）**MLP Head**（多层感知机头）在经过一系列 Transformer 编码器之后，模型的输出会被送入一个包含多层感知机（Multilayer Perceptron，MLP）的输出层中，用于最终的分类或其他计算机视觉任务。

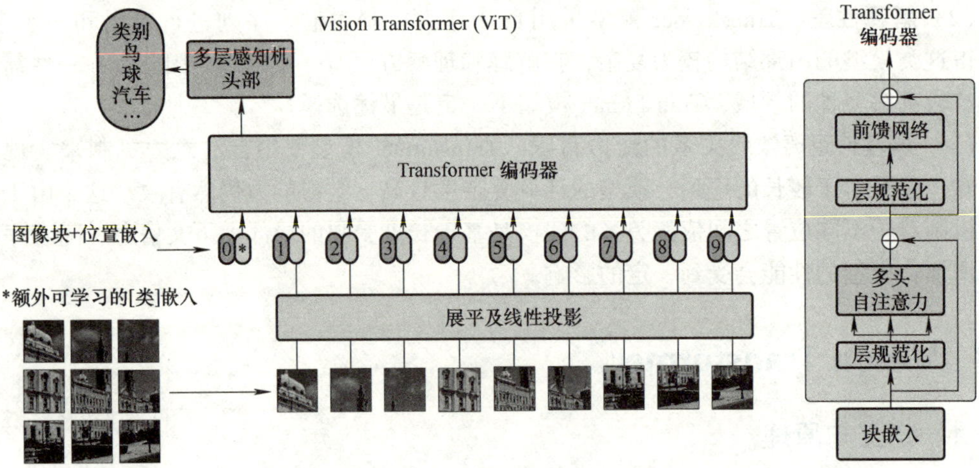

图 8-10 ViT 整体结构图

Transformer 所能处理的单个序列的长度不能太长，在自然语言处理领域中模型传递的是一个序列，它的输入通常都是长度为几百或者上千的数据，比如 BERT 模型中序列长度为 512。但是在计算机视觉领域中，最基础的深度学习模型处理的数据大小也是 224×224，如果将图像简单抽像成一个一维向量，它的序列长度就达到了 50176，这是 Transformer 无法接受的长度。基于这个原因，ViT 模型将整个 224×224 的图片分割成按一定顺序排列的图像块，每个图像块的大小为 16×16，形成一个长度为 196 的序列，这样就完成了从二维图片到一维序列的转换，可以把一维序列当成自然语言处理中的词元向量（Token）放入 Transformer 模块中进行训练。

将整个图片分割成图像块后，把每块图像展平为一维向量，通过线性投影（通常使用全连接层）提取图片的特征。而后加上类别（Class）标签（即图 8-10 中的类嵌入），以及位置编码，最后输入 Transformer 编码器中进行计算。

ViT 与 Transformer 的编码器模块结构相同。MLP Head 是指位于模型顶部的全连接前馈神经网络模块，这个模块的主要作用是对 ViT 模型通过 Transformer 编码器提取的特征进行进一步的映射和转换，以生成最终的分类结果或其他预测任务的输出。

Vision Transformer 的 PyTorch API 实现如下：

```
import torch   # 导入必要的库和模块
import torch. nn as nn
import torch. nn. functional as F
class VisionTransformer(nn. Module):# 定义 Vision Transformer 模型类
    def __init__(self,input_channels,patch_size,hidden_dim,num_heads,num_layers,num_classes):
        super(VisionTransformer,self). __init__()
        self. input_channels = input_channels   # 输入图像的通道数
        self. patch_size = patch_size # 分割后图像块的大小
        self. num_patches =(image_size // patch_size) * * 2   # 图像分块的数量
        self. patch_dim = input_channels * patch_size * * 2   # 图像分块的维度
        self. positional_encoding = PositionalEncoding(hidden_dim,self. num_patches)
        # 位置编码层添加位置信息到图像分块表示中
        self. patch_embedding = nn. Linear(self. patch_dim,hidden_dim)# 图像分块的嵌入层
        self. encoder_layers =nn. ModuleList([EncoderLayer(hidden_dim,num_heads)for
                            _ in range(num_layers)])   # 多个编码器层进行迭代
        self. fc = nn. Linear(hidden_dim,num_classes)
        # 全连接层将编码后的表示映射到类别数
    def forward(self,x):
    # 输入图像的形状：[batch_size,input_channels,image_size,image_size]
        patches = x. unfold (2,self. patch_size,self. patch_size). unfold(3,self. patch_size,
                            self. patch_size)
        # 图像分块，图像分块后的形状：[batch_size,input_channels,num_patches,
                                      patch_size,patch_size]
        patches=patches. contiguous(). view(patches. size(0),patches. size(1),-1,patches. size(-2),
                    patches. size(-1))
        # 图像分块重组后的形状：[batch_size,input_channels,num_patches,patch_dim]
        patches = patches. permute(0,2,1,3,4)
        # 图像分块的维度置换后的形状：[batch_size,num_patches,input_channels,
                                      patch_size,patch_size]
```

```
        patches = patches.flatten(2)
        # 图像分块扁平化后的形状：[batch_size,num_patches,hidden_dim]
        encoded = self.positional_encoding(patches)
        # 位置编码将位置信息添加到图像分块表示中，形状保持不变
        encoded = self.patch_embedding(encoded)
        # 图像分块的嵌入层将图像分块转换为嵌入表示
        for layer in self.encoder_layers:  # 通过多个编码器层进行迭代
            encoded = layer(encoded)
            # 每个编码器层都会对输入进行自注意力和前馈神经网络操作
        encoded = encoded.mean(1)
        # 对图像分块编码后的表示求平均值，形状变为[batch_size,hidden_dim]
        logits = self.fc(encoded)
        # 最后的全连接层将编码后的表示映射到类别数，形状为[batch_size,num_classes]
        return logits
```

8.3.3 架构分析

ViT 在相对小的数据集上展现出的性能普遍不如 ResNet。但是，随着数据集体量的增加，在 ImageNet-21k 这种中型的数据集上 ViT 性能与 ResNet 旗鼓相当，并逐渐超越 ResNet。当在 JFT-300M 这种大型数据集上时，ViT 开始全面超越 ResNet。ViT 模型相比于传统的 CNN 模型拥有以下几个优点：

由于采用了 Transformer 模型中的注意力机制，ViT 能够对整幅图像的全局信息进行建模。具体而言，CNN 利用局部感受野处理图像，因此仅能提取到图像的局部特征；而 ViT 凭借自注意力机制，建立起图像中各区域之间的全局关系，并学习它们之间的长距离依赖，从而更深入地理解图像的结构和语义。ViT 采用位置编码方式，将图像块的位置信息融入到模型中，学习各图像块的位置关系。而 CNN 在卷积和池化过程中可能会丢失空间信息，弱化对位置信息的敏感性。此外，ViT 在大规模数据集上表现出了优异的泛化能力。

尽管 ViT 模型在计算机视觉领域取得了突出进展，它仍面临一些挑战。ViT 模型需要对图像进行分块处理，将大图像分割成小块意味着每个小块只包含原图像的一部分信息。虽然自注意力机制能够学习不同块之间的关系，但这种分割本身可能会损失一些全局或局部的上下文信息，从而降低了模型精度。此外，ViT 在处理高分辨率图像时，图像分块的数量和模型参数量显著增加，为此需要更多的存储和计算资源。因此，在实际应用中，需要仔细权衡好 ViT 模型的性能与资源消耗之间的平衡。

总体而言，ViT 模型突破了传统 CNN 模型对局部感受野的依赖，通过引入全局注意力机制对图像的全局信息实现了高效建模，是一种创新且具有颠覆性的视觉识别模型。随着对 ViT 模型的进一步研究和改进，研究人员又提出了 Swin Transformer，它采用了分层的结构，将输入的图像分成多个小块，然后在每个小块上进行 Transformer 计算，从而减少计算量，提高了效率。它还采用跨层连接和多尺度特征融合等技术，从而有效地提高模型的精度。

8.4 Mamba 架构

8.4.1 定义与原理

自 2017 年 Transformer 被提出以来，其架构已经被广泛应用于 AI 大模型，但在处理超长序列的任务中，Transformer 还存在着明显的缺陷。其中，最显著的缺陷是二次复杂度，即模型中自注意力机制的计算量以序列长度的二次方增长。例如，当文本序列长度增加 30 倍时，计算量会增加约 1000 倍，导致训练时间变长，运行效率变低。为此，研究人员设计了很多注意力机制的变体，他们试图以牺牲一些有效性为代价来克服上述缺点。

为了解决 Transformer 的超高计算量带来的问题，新的序列模型—Mamba 脱颖而出，它由状态空间模型（State Space Model，SSM）发展为结构化状态空间模型（Structured State Space Model，S4），以及在 S4 基础上改进得到的选择性状态空间模型（Selective State Space Model，S6）演化而来。Mamba 在语言建模方面性能十分优越，它能够随着上下文长度的增加实现线性扩展，在实际数据中其性能可提升至百万 token 长度序列。作为通用序列模型的骨干，Mamba 在语言、音频和基因组学等多模态任务中均可以实现最优性能。

8.4.2 模型结构

Mamba 的主要贡献是改进了状态空间模型，使其可以处理文本等序列信息。状态空间模型是一个用于描述系统状态的数学模型，它是一种解决数学表示问题的方法。以穿越迷宫为例，“状态空间”是一张包含迷宫中所有潜在位置（即状态）的地图。其上的每一点，都代表迷宫中不同的位置，并包含如距离出口远近等具体信息。“状态空间表示”则是对此地图的精炼描述，既标明了当前位置（即当前状态），也揭示了可能的行进方向（未来状态）。神经网络中，“状态”常指向其隐藏状态，尤其在大型语言模型中，这是生成新词汇的关键要素之一。状态空间模型旨在描绘这些状态，并基于给定输入预测下一状态。具体而言，状态空间模型会将输入序列 $x(t)$（比如，在迷宫中依次向右、向上移动）转换为隐含的状态表示（如还有多远到达出口），进而推导出输出序列 $y(t)$（例如，下一次向右移动可以在最短的时间内到达出口）。值得指出的是，Mamba 与强化学习中使用的离散序列（如仅向左移动一次）不同，它将连续序列作为输入并预测输出序列。

在 t 时刻，状态空间模型通过两个核心方程对系统（比如在空间中移动的物体）的状态进行预测，如下所示：

$$h(t)'=\boldsymbol{A}h(t)+\boldsymbol{B}x(t)$$
$$y(t)=\boldsymbol{C}h(t)+\boldsymbol{D}x(t)$$

其中，$h(t)$表示任意时刻 t 的潜在状态表示，而 $x(t)$表示某个输入。状态方程描述了当前输入（通过矩阵 $\boldsymbol{B}$）和状态（通过矩阵 $\boldsymbol{A}$）通过矩阵如何影响状态的变化。输出方程描述了如何将状态表示转化为输出（通过矩阵 $\boldsymbol{C}$），以及输入如何影响输出（通过矩阵 $\boldsymbol{D}$）。这两个方程是状态空间模型的核心，其目标是找到状态表示 $h(t)$，这样根据输入序列和状态表示就能够得到输出序列。

8.4.3 架构分析

研究人员在探索状态空间模型（SSM）的过程中，针对序列建模的基本问题——如何将上下文压缩成更小的状态，进行了深入的思考和实验。他们基于这一视角，分析了流行序列模型的特点，提出了选择机制以及硬件感知算法，以优化状态空间模型的性能。

（1）**选择机制的激发与合并** 研究人员利用合成任务的直觉来激发选择机制。这一机制旨在让模型能够根据输入内容自适应地调整其行为，从而选择性地处理信息。通过将这一选择机制合并到状态空间模型中，使其能够根据当前输入动态地调整其状态转移和输出，进而提高了模型的灵活性和效率。

（2）**技术挑战与硬件感知算法** 由于时变状态空间模型无法使用卷积，这对如何有效地计算它们带来了技术挑战。针对这个问题，研究人员采用了硬件感知算法。这个算法通过优化内存访问和计算流程，使得状态空间模型能够在硬件上高效运行。具体而言，算法减少了对慢速内存的反复读写，利用更高速的内存执行离散化和递归操作，再将输出写回慢速内存，从而提高了整体的计算效率。

（3）**状态空间模型架构的简化** 研究人员提出了一个简单的状态空间模型架构，该架构没有注意力机制，甚至没有多层感知机（MLP）模块。这一简化设计不仅降低了模型的复杂度，还提高了其计算效率。通过去除这些冗余组件，状态空间模型能够更专注于序列建模的核心任务，即根据输入序列预测输出序列。

（4）**选择机制的附加属性** 除了提高状态空间模型的性能外，选择机制还具有一些附加属性。例如，它能够使模型更加关注重要的输入信息，而忽略其他无关信息，从而提高模型的鲁棒性和泛化能力。此外，选择机制还能够使模型在处理长序列时更加高效，因为它能够动态地调整状态转移和输出，避免不必要的计算和资源浪费。

（5）**序列建模的权衡分析** 从序列建模的基本问题出发，研究人员深入分析了注意力机制和循环模型的利弊。注意力机制能够高效传递信息并对复杂数据进行建模，因此它在某些方面非常有效。然而，它也存在低效的一面，由于它需要显式地存储整个上下文（即 KV 缓存），这导致了训练和推理过程中计算成本很高。相比之下，循环模型更为高效，原因在于它具有有限的状态，这意味着推理时间是恒定的，而训练时间也将是线性的。然而，注意力的有效性受到上下文长度的限制。因此，研究人员在状态空间模型中引入选择机制，旨在结合注意力机制和循环模型的优点，同时克服它们的缺点。

如图 8-11 所示为三种任务的运行过程，图中展示了线性时不变模型的局限性以及选择性机制如何有效解决这些问题。复制（Copying）任务展示了线性时不变模型（如卷积或者线性递归操作）如何直接传递信息，由于输入输出元素之间的距离固定，模型可以轻松地将输入中的多种元素直接复制到输出中。在选择性复制（Selective Copying）任务中，输入元素之间的距离是随机的，需要通过时变模型保留信息，使模型能够选择性地复制特定特征，忽略不相关的输入信息。在图 8-11 中，它过滤掉白色标记。归纳头（Induction Heads）是一种通过上下文感知推理生成输出的关联回忆机制，不仅进行了特征的选择性复制，还通过归纳过程生成了新的特征。

实验表明，Mamba 不仅在预训练方面表现优秀，它还可以应用于多种模态和环境的各种任务中，因此具有成为基础模型核心框架的潜力。以下列举 Mamba 在不同任务中的应用情况。

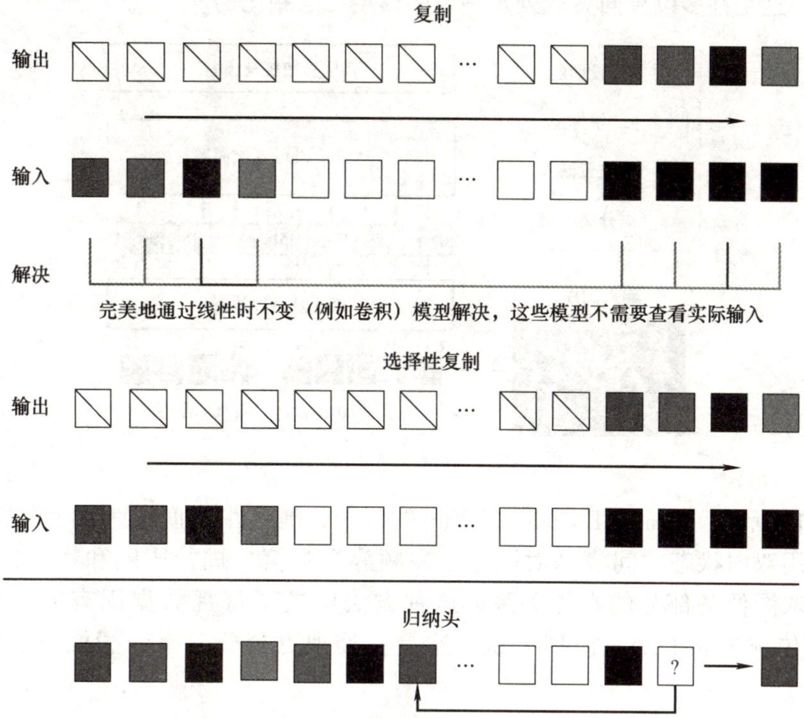

图 8-11　三种任务的运行过程

1. 合成任务

Mamba 能够完成诸如复制或归纳等重要的合成任务，并且能够推断出超过百万 token 的解决方案。

2. 音频和基因组学

与 SaShiMi、Hyena 和 Transformers 等模型相比较，Mamba 在音频波形和 DNA 序列建模等方面都展现出更好的性能，其性能随着上下文长度的增加而提高，在预训练的质量和下游指标上的表现优于其他模型。

3. 语言建模

作为首个线性时间序列模型，Mamba 在某些方面的性能（比如训练复杂度或者下游任务评估等）与 Transformer 旗鼓相当。

8.5　Vision Mamba

虽然 ViT 在图像领域的功能强大，但它在处理图像，特别是处理高分辨率图像时，计算量通常很大。视觉曼巴（Vision Mamba，Vim）旨在通过提供更有效的替代方案来解决这个问题，Vim 的结构如图 8-12 所示。Vim 模型首先将输入图像划分为小块，然后将小块投影到令牌中。这些令牌随后被输入到 Vim 编码器中。对于像 ImageNet 分类这样的任务，在令牌标记序列中添加了一个额外的可学习分类标记。和 Mamba 模型在文本序列建模中的应用不同，Vim 编码器在前后两个方向同时处理标记序列，这种双向处理能力是 Vim 的一个突出特点，它可以使 Vim 模型能够更好地提取上下文信息，从而更准确地完成图像分类和语义分割等任务，这是许多以单向方式处理图像的模型无法相比的。

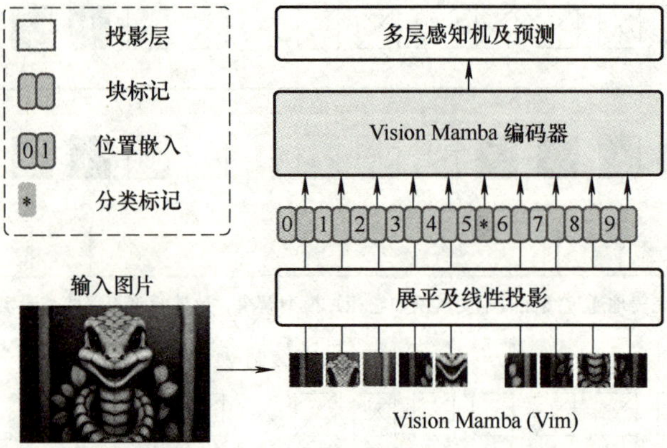

图 8-12　Vision Mamba 结构图

如图 8-13 所示，Mamba Encoder 是 Vim 的一个关键组件，通过使用位置嵌入标记图像序列，并采用双向状态空间模型对图像、视频等视觉信息进行压缩和特征提取，使 Vim 能够有效提取图像各部分的整体关系。这种方法解决了可视数据固有的位置敏感性问题，而对于传统 Transformer 模型来说，这是在处理更高分辨率的图像时面临的一个重要挑战。

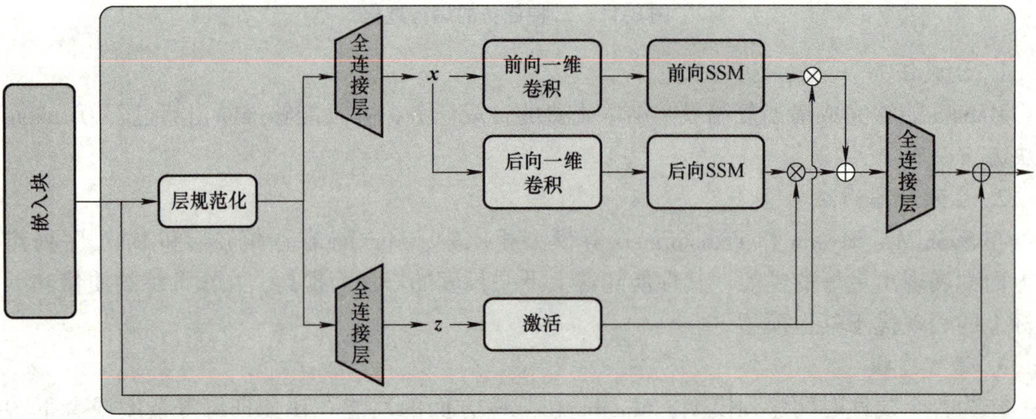

图 8-13　Vision Mamba 编码器结构图

Vim 的提出显示了它作为下一代视觉基础模型的巨大潜力。紧随其后，中国科学院、华为等机构的研究团队开发了视觉状态空间模型（Visual State Space Model，VMamba）。他们通过研究指出，ViT 的强拟合能力主要源于其全局感受野和动态权重，他们因此设计了 VMamba 模型，这种模型在保持线性复杂度的情况下，同时具备了全局感受野和动态权重两方面的优势。

VMamba 的成功之处在于采用了 S6 模型。S6 通过使一维向量中的每个元素（如文本序列）与之前扫描过的内容交互，成功地将二次复杂度降为线性复杂度，使模型在运行效率和计算时间方面优于 ViT 的注意力机制。然而，由于视觉信号（如图像）不像文本序列那样自然有序，S6 的扫描方法不能直接应用于视觉信号。为此，研究人员设计了 Cross-Scan 扫描机制，这种机制从特征图的四个角同时扫描，它能确保特征中的每个元素都能从不同方向整合来自其他位置的信息，在保持线性复杂度的同时，可以形成全局感受野。

在此基础上，研究人员进一步设计了二维选择性扫描（2D-Selective-Scan，SS2D）模块。如图 8-14 所示，这个模块步骤如下：

首先是扫描扩展模块，如图 8-14 中所示，将二维特征沿四个不同方向展开为一维向量；然后，将这四个一维向量独立送入 S6 模块操作；最后进行扫描合并，将这四个一维向量融合为一个二维特征，并从模型中输出。

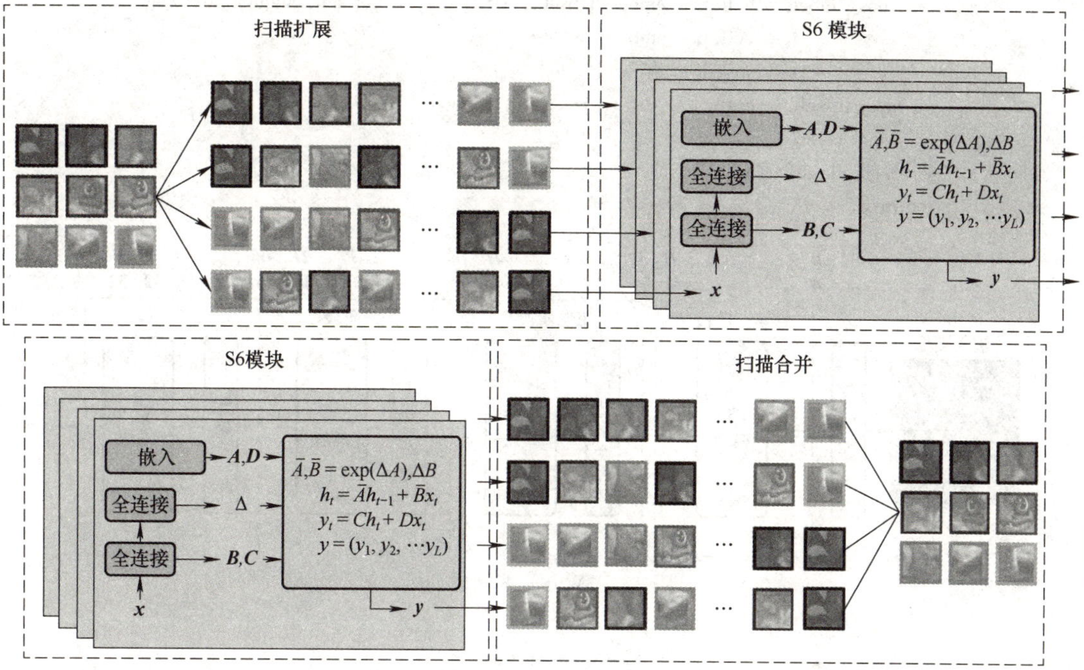

图 8-14　二维选择性扫描结构图

如图 8-15a 和图 8-15b 所示，VMamba 的总体结构与主流视觉模型区别不大，主要不同在于 VSS 模块引入了之前提到的二维选择性扫描操作，这确保 VMamba 能够在保持线性复杂度的同时，实现全局感受野。

VMamba 的 PyTorch API 搭建过程如下：

```
# Vmamba 代码量过大，这里只展示初始化与前向传播的代码，具体实现请看网站：
# https://github.com/MzeroMiko/VMamba/blob/main/classification/models/vmamba.py
class VSSM(nn.Module):
    def __init__(
        self,
        patch_size=4,
        in_chans=3,
        num_classes=1000,
        depths=[2,2,9,2],
        dims=[96,192,384,768],
        …  # 这里省略
        posembed=False,
```

```
            imgsize=224,
            _SS2D=SS2D,
            **kwargs,):
        …   #这里省略
    def forward(self, x: torch.Tensor):
        x = self.patch_embed(x)
        if self.pos_embed is not None:
            pos_embed = self.pos_embed.permute(0,2,3,1) if not self.channel_first else
                        self.pos_embed
            x = x + pos_embed
        for layer in self.layers:
            x = layer(x)
        x = self.classifier(x)
        return x
```

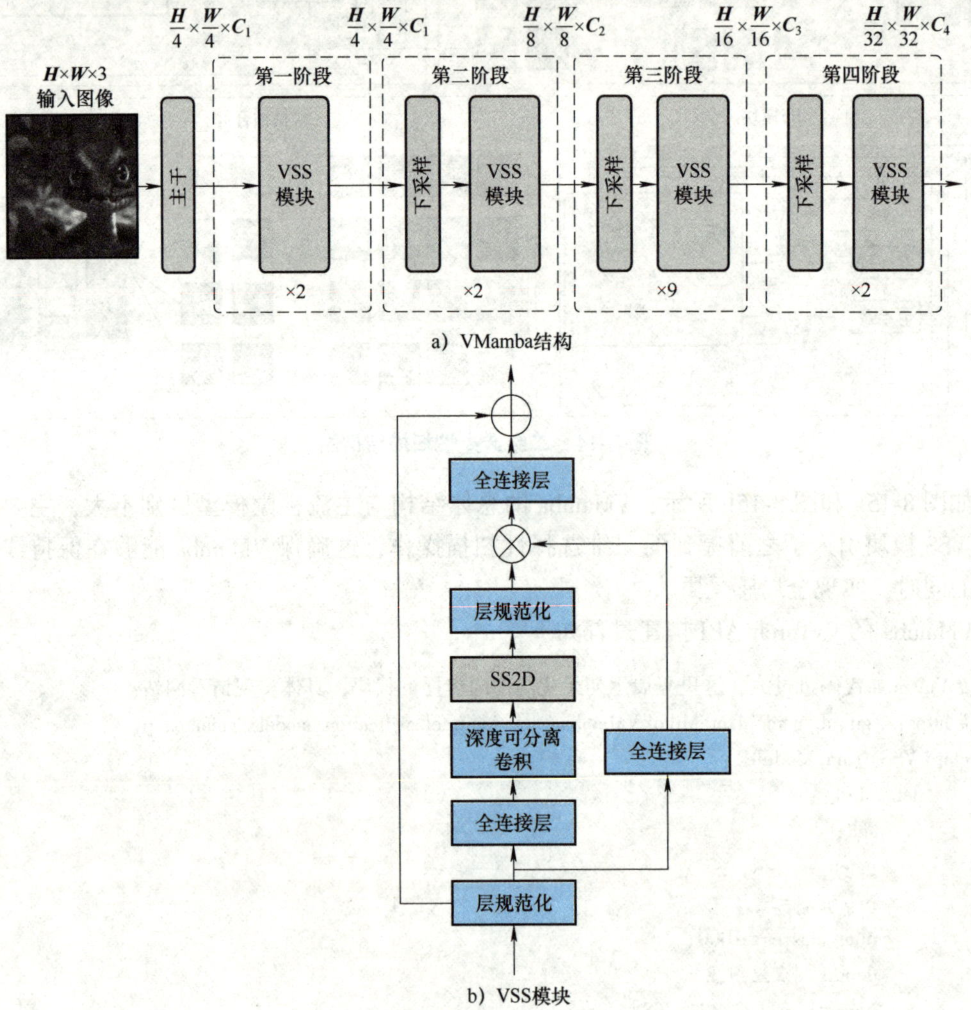

图 8-15 VMamba 整体框架

8.6 性能对比

8.6.1 Transformer 性能分析

1. Transformer 的优势

（1）**并行计算能力**　Transformer 模型中的自注意力机制允许模型在每个时间步骤上同时处理整个输入序列，从而实现更好的并行化，使训练和推理速度更快。

（2）**长距离依赖性**　在使用传统的循环神经网络 RNN 和长短期记忆网络 LSTM 处理长序列时，时常出现梯度消失或者梯度爆炸的情况。Transformer 模型通过自注意力机制有效地捕获了长距离依赖性，使其能够更好地处理长序列。

（3）**可扩展性**　Transformer 模型的架构相对简单，并且模块化程度高，这使得它更容易进行修改和扩展，包括引入新的模型层或者调整超参数等。

（4）**预训练和微调**　在大规模语料上的预训练使 Transformer 模型能够通过微调来适应特定任务，这使得它在文本分类、命名实体识别、语言建模等自然语言处理任务中表现非常出色。

（5）**全局特征捕获**　得益于自注意力机制，Transformer 模型能够在每个时间步中同时关注整个输入序列，实现更全面的信息处理，从而更好地捕获全局上下文信息，这对于机器翻译等任务十分有效。

2. Transformer 的劣势

（1）**对计算资源需求高**　Transformer 模型的计算复杂度较高，当处理大规模数据或者长序列时对计算资源要求非常高。在资源受限的条件下，由于无法满足其对计算资源和内存的大量需求，Transformer 的应用往往受到限制。

（2）**序列位置信息处理不精确**　在 Transformer 模型中，自注意力机制使用位置编码来表示序列中各元素的位置，并没有直接处理输入序列的位置信息，这可能导致模型对位置信息的处理不够精确。

（3）**过拟合**　在训练数据不足或模型参数过多的情况下，Transformer 模型容易出现过拟合的现象，尤其是在处理小样本任务时这种情况更为突出。所以，必须谨慎调整模型的复杂程度，并采用适当的正则化方法或者其他方式来遏制过拟合现象。

（4）**对稀疏数据的处理不佳**　由于自注意力机制的特性，Transformer 模型对于处理稀疏数据（例如稀疏特征）并不是很有效，这可能导致其在一些稀疏数据集上的性能不佳。

8.6.2 Mamba 架构性能分析

1. Mamba 的优势

（1）**线性时间复杂度**　Mamba 模型在处理长序列数据时，计算资源的消耗与序列长度呈线性关系，这意味着它能以相对较低的计算成本处理更大规模的数据集，而 Transformer 模型的计算复杂度随序列长度呈二次方增长，相比之下，Mamba 更具优势。

（2）**高效的内存使用**　由于使用了硬件感知算法，Mamba 能够在有限的硬件资源下处理更长的序列，同时保持高效的计算性能。这种算法可以优化 GPU 内存层次结构中的数据传输，提高内存的使用效率。

（3）**灵活性和通用性** Mamba 模型通过将状态空间模型参数函数化，使其可以根据输入变化进行调整，从而满足不同数据类型和任务的需求，这种通用性使得 Mamba 可以轻松地集成到各种端到端的神经网络架构中。此外，Mamba 模型能够使其内部的状态根据输入变化进行动态调整；Mamba 模型的硬件感知算法采用并行递归的计算方式，可以大大减少 GPU 内存层次的数据传输，并具有更快的计算速度。

尽管 Mamba 在线性时间复杂度、高效的内存使用等多个方面展现出相比其他模型更大的优势，但它仍然存在一些缺点和不足。

2. Mamba 的劣势

（1）**长序列泛化能力待验证** 虽然 Mamba 能够处理长序列数据，但在超出训练长度时，这种模型的泛化能力还有待进一步验证。

（2）**内存需求高** 和其他模型相比，虽然 Mamba 在处理长序列时占用的计算资源和内存相对较少，但为了完成某些特定的任务，它在训练过程中仍然对内存资源有很高的需求，这也限制了它在资源受限环境中的应用。

（3）**性能受硬件影响** 为了提高 GPU 的运行效率，Mamba 引入了硬件感知算法，但不同的硬件平台可能需要不同的优化策略，这可能会影响到 Mamba 在非 GPU 平台上的表现。

（4）**模型理解和实现复杂** 和 Transformer 模型相比，Mamba 模型做出了一些简化并且采用了新的选择性状态空间概念和硬件感知算法，这也增加了模型理解和实现的复杂性。

8.6.3 对比与展望

由于 Transformer 在处理长序列时，计算的复杂度与序列长度呈平方增长，其训练的时间和使用的计算资源也随之快速增加，这也就造成了基本的 Transformer 模型在长序列任务的训练过程中不稳定，在长输入分类任务上表现得没有其他模型优秀。

Mamba 的主要优势还是计算效率。Mamba 的网络结构对于 GPU 的计算来说十分友好，特别是在数据存取交互上，Mamba 结构的数据交互主要集中在静态随机存取存储器（Static Random Access Memory，SRAM）和 GPU 之间，这部分数据交互的速度很快。

Mamba 模型实际可以理解为改进版本的 RNN，但是它在计算上可以卷积化，可以进行并行训练，从而提高了效率，同时也处理了梯度消失等问题。

本章小结

本章主要介绍经典的 Transformer（包含自注意力机制）和 Mamba 框架的基础知识，包括二者的网络结构、数学原理和基于 PyTorch 的实现，比较了二者的性能优异。注意力机制是深度学习领域的主流模型，为大模型提供了架构基础，值得重点关注。

思考题与习题

1. Attention 和 self-attention 的区别是什么？
2. Transformer 如何捕获长序列信息？

3. Mamba 为什么会节省内存和计算量？
4. 尝试 Transformer，Mamba 结构实现，观察训练结果是否正确。

参考文献

[1] VASWANI A, SHAZEER N, PARMAR N, et al. Attention is all you need [J]. Advances in Neural Information Processing Systems (NeurIPS), 2017.
[2] DOSOVITSKIY A, BEYER L, KOLESNIKOV A, et al. An image is worth 16x16 words: Transformers for image recognition at scale [J]. ArXiv: 2010. 11929, 2020.
[3] LIU Z, LIN Y, CAO Y, et al. Swin transformer: Hierarchical vision transformer using shifted windows [C]. International Conference on Computer Vision (ICCV), 2021.
[4] GU A, DAO T. Mamba: Linear-time sequence modeling with selective state spaces [J]. ArXiv: 2312. 00752, 2023.
[5] ZHU L, LIAO B, ZHANG Q, et al. Vision mamba: Efficient visual representation learning with bidirectional state space model [J]. ArXiv: 2401. 09417, 2024.
[6] LIU Y, TIAN Y, ZHAO Y, et al. Vmamba: Visual state space model [J]. ArXiv: 2401. 10166, 2024.

第 9 章　强化学习

导　读

本章首先介绍了强化学习算法建模的基本理论马尔可夫决策过程，然后介绍基于值函数的深度强化学习算法 DQN 算法和直接策略搜索算法。在直接策略搜索算法中，介绍三类经典算法，分别是策略梯度算法、近端策略优化算法和深度确定性策略梯度算法。第 4 节介绍常用的多智能体深度强化学习算法，最后第 5 节给出典型应用实例，进一步阐释深度强化学习的广泛应用场景。

本章知识点

- 有限马尔可夫决策过程
- DQN 算法的思想及实现
- 常用的直接策略搜索算法
- 常用的多智能体强化学习算法

9.1　有限马尔可夫决策过程

在现实生活中，我们遇到的智能决策问题，需要做多个阶段的序贯决策。在这些问题中，由于动作的实施会导致各个阶段之间状态的转移，因此对当前状态处每个动作的评估不仅跟立即回报有关，还与当前阶段转移到的后继状态的好坏有关。为此，我们引入有限马尔可夫决策过程的概念。

9.1.1　形式化定义

一般我们可以用(S,A,R,p,γ)来描述一个有限马尔可夫决策过程。其中 S,A,R 分别为有限个元素的状态集，动作集和回报集，p 为环境模型，包括状态转移模型和回报模型，γ 为折扣因子。在马尔可夫决策过程中，环境模型需要满足马尔可夫性，即环境反馈回的新的状态 S_{t+1} 和 R_{t+1} 仅仅依赖当前的状态 S_t 和动作 A_t。即满足：

$$p(s_{t+1},r_{t+1} \mid s_t,a_t)=p(s_{t+1},r_{t+1} \mid s_t,a_t,s_{t-1},a_{t-1},\cdots) \tag{9-1}$$

上式表示状态与回报的联合概率分布。

9.1.2 策略与值函数

对于一个序贯决策问题，我们可以通过将其建模为一个马尔可夫决策过程来描述它。而我们的最终目标是在每个状态处找到最优的策略使得获得的总回报最大。下面我们先给出策略和值函数的定义。

策略的定义：一个策略 π 是给定状态 s 时，动作集上的一个分布，即 $\pi(a|s)=p(A_t=a|S_t=s)$。

策略使用条件概率来表示，对于一个状态总数为 $|S|$ 的有限马尔可夫决策过程来说，所谓一个策略是指在每个状态处都在相应的动作空间分配一个概率分布。

策略可以分为随机策略和确定性策略。确定性策略是指每个状态处指定唯一的动作，随机策略是指每个状态处在动作空间里指定一个分布。设两个策略 $\pi_1(a|s)$ 和 $\pi_2(a|s)$，我们说这两个策略相等 $\pi_1=\pi_2$ 是指这两个策略在任何状态 s 处都指定相同的动作空间概率分布。也就是说，即便是只有在一个状态处，两个策略的概率分布不同，这两个策略也是不同的。常见的策略包括贪婪策略、ε-贪婪策略、玻尔兹曼策略、高斯策略。

式（9-2）给出了贪婪策略的公式：

$$\pi(a|s)=\begin{cases}1, & a=\underset{a\in A}{\operatorname{argmax}}\, q(s,a)\\ 0, & \text{其他}\end{cases} \tag{9-2}$$

如图 9-1 所示为贪婪策略的概率分布图。贪婪策略是一个确定性策略，在每个状态处指定唯一的动作。值得注意的是每个状态 s 处的值函数各不相同，因此不同状态处指定的动作也不一样。即便是同一状态，当估计的值函数 $q(s,a)$ 发生变化时，指定的动作也会随之发生变化。当动作空间为连续空间时，常用的策略为高斯策略。

$$\pi(a|s)\sim\mathcal{N}(\mu(a|s),\sigma(a|s)^2) \tag{9-3}$$

式（9-3）给出了高斯策略的公式。我们通过在每个状态处指定均值函数和标准差函数来指定该状态处的策略。利用高斯策略采样动作时，我们可以利用该处的正态分布产生样本。

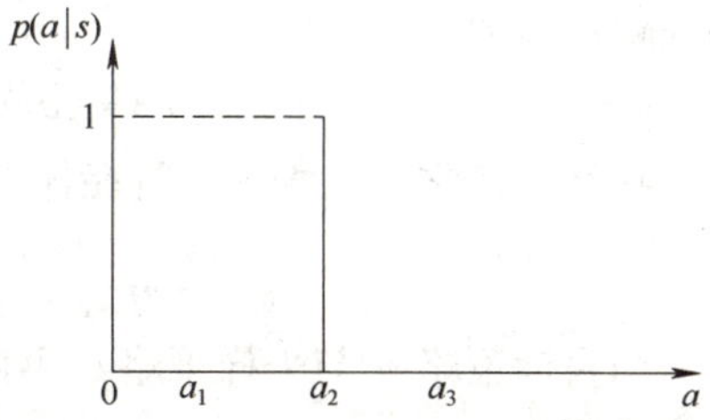

图 9-1 贪婪策略概率分布

我们可以利用折扣累积回报 $G(S_0)$ 的期望来衡量策略分布 $\pi(a_t|s_t)$ 的好坏。即

$$v_\pi(S)=E_\pi[G_t|S_t=s]=E_\pi\left[\sum_{k=0}^{\infty}\gamma^k R_{t+k+1}\,|\,S_t=s\right],\ \text{对所有}\ s\in S \tag{9-4}$$

其中，$E_\pi[\cdot]$ 的含义是由策略 π 诱导的随机变量的期望，即从状态 S 开始智能体采取策略 π 与环境进行交互而产生的轨迹计算的折扣累积回报的期望。我们称 $v_\pi(s)$ 为策略 π 的**状态值函数**。

在某个状态处，值函数的大小可以衡量策略 π 的好坏，但无法衡量此策略下具体的某个动作的好坏，为此我们定义策略 π 的**行为值函数**。

$$S_0\xrightarrow{A_0}R_1,S_1\xrightarrow{\pi(A_1|S_1)}R_2,S_2\xrightarrow{\pi(A_2|S_2)}R_3,S_3\rightarrow\cdots$$

如上述轨迹所示，在策略 π 下状态动作对 (S_0,A_0) 的行为值函数定义为在状态 S_0 处采取动作 A_0 并在后继状态处采取策略 π 所得到的折扣累积回报的期望。策略 π 下，任意状态动作对的**行为值函数**的定义如下：

$$q_\pi(s,a)=E_\pi[G_t \mid S_t=s,A_t=a]=E_\pi\left[\sum_{k=0}^{\infty}\gamma^k R_{t+k+1} \mid S_t=s,A_t=a\right] \tag{9-5}$$

9.1.3 最优策略与最优值函数

有了策略和值函数的定义，我们知道对于每个策略 π，都有唯一的值函数 $v_\pi(S)$ 与之对应。我们将值函数最大的那个或那些策略称为最优策略，其相应的值函数称为最优值函数。为此，我们可以将强化学习形式化为如下问题：

$$\max_\pi v_\pi(S)=\max_\pi E_\pi[G_t \mid S_t=s]=\max_\pi E_\pi\left[\sum_{k=0}^{\infty}\gamma^k R_{t+k+1} \mid S_t=s\right] \tag{9-6}$$

9.2 深度值函数强化学习

本节首先介绍 Q 学习（Q-Learning）算法，然后介绍 Q-Learning 算法的深度神经网络版本 DQN，最后介绍 DQN 算法的改进。

9.2.1 Q 学习算法

当进行策略评估时，只用到一步后继状态的行为值函数时，我们称为单步时间差分估计方法。根据采样策略与目标策略是否相同，单步时间差分方法可以分为同策略（On-Policy）时间差分方法和异策略（Off-Policy）时间差分方法。

设采样策略为 $\mu(a \mid s)$，目标策略为 $\pi(a \mid s)$，根据行为值函数的定义，对于目标策略的评估可写为

$$\hat{q}_\pi(s_t,a_t)\leftarrow r(s_t,a_t)+\gamma\hat{q}_\pi(s_{t+1},\pi(s_{t+1}))$$

在智能体学习过程中，智能体通过采样策略与环境进行交互，产生样本轨迹如下：

$$s_t \xrightarrow{a_t} r_{t+1},s_{t+1} \xrightarrow{a_{t+1}=\mu(s_{t+1})} r_{t+2},s_{t+2} \xrightarrow{a_{t+2}=\mu(s_{t+2})} \cdots$$

当目标策略 π 与采样策略 μ 不同时，称为异策略强化学习。最常见的异策略时间差分强化学习为 Q-Learning。在 Q-Learning 算法中，采样策略为随机策略，目标策略为贪婪策略。设采样策略 μ 所产生的轨迹如下：

$$s_t \xrightarrow{a_t} r_{t+1},s_{t+1} \xrightarrow{a_{t+1}=\mu(s_{t+1})} r_{t+2},s_{t+2} \xrightarrow{a_{t+2}=\mu(s_{t+2})} \cdots$$

根据定义，我们要评估的是目标策略，即 $\hat{q}_\pi(s_t,a_t)\leftarrow r(s_t,a_t)+\gamma\hat{q}_\pi(s_{t+1},\pi(s_{t+1}))$，由于目标策略与采样策略不同，因此我们将采样轨迹中的 $(s_t,a_t,r_{t+1},s_{t+1})$ 作为最基本的单元，在状态 s_{t+1} 处的动作，由 $\pi(s_{t+1})$ 产生。因此，异策略的策略评估公式为

$$\hat{q}_\pi(s_t,a_t)\leftarrow r(s_t,a_t)+\gamma\hat{q}_\pi(s_{t+1},\pi(s_{t+1})) \tag{9-7}$$

同样地，我们可以利用图来描述 Q-Learning 的回溯学习，采样轨迹中的状态-动作对 (s_t,a_t) 处的行为值函数由采样轨迹中的立即回报 r_{t+1}，后继状态 s_{t+1} 及对应的目标策略采样的动作 $\pi(s_{t+1})$ 处的行为值函数决定。

Q-Learning 算法伪代码如算法 9-1 所示。

算法 9-1 Q-Learning 算法

初始化 $q(s,a), \forall s \in S, a \in A(s)$，给定参数 α, γ

Repeat

给定起始状态 s，并根据 ε 贪婪策略在状态 s 选择动作 a

Repeat

(a) 根据 ε 贪婪策略在状态 s 选择动作 a，得到回报 r 和下一个状态 s'，在状态 s' 根据 ε 贪婪策略得到动作 a'

(b) 利用时间差分方法进行策略评估：

$$\hat{q}_\pi(s,a) \leftarrow \hat{q}_\pi(s,a) + \alpha\left[r(s,a) + \gamma \max_{a_i} \hat{q}_\pi(s',a_i) - \hat{q}_\pi(s,a)\right]$$

(c) 利用新估计的值函数改善当前策略：

$$\pi'(a \mid s) \leftarrow \begin{cases} 1-\varepsilon+\dfrac{\varepsilon}{|A|}, & a=\operatorname{argmax}\hat{q}_\pi(s,a) \\ \dfrac{\varepsilon}{|A|}, & a \neq \operatorname{argmax}\hat{q}_\pi(s,a) \end{cases}$$

(d) $s=s'$，$a=a'$

Until s 是终止状态

Until 所有的 $\hat{q}(s,a)$ 收敛

输出最终贪婪策略：$\pi_*(s) = \underset{a}{\operatorname{argmax}}\, q(s,a)$

9.2.2 深度 Q 网络

深度 Q 网络（Deep Q-Network，DQN）算法是 Q-Learning 算法的扩展，使用深度卷积神经网络表示行为值函数。DQN 的整个训练框架类似于 Q-Learning，同时还具有三个特性：

1. DQN 利用卷积神经网络逼近行为值函数

如图 9-2 所示 DQN 的行为值函数逼近网络。在神经网络里参数是每层网络的权重，我们用 $\boldsymbol{\theta}$ 表示。用公式表示的行为值函数为：$Q(s,a;\boldsymbol{\theta})$，注意，我们这时候对值函数进行更

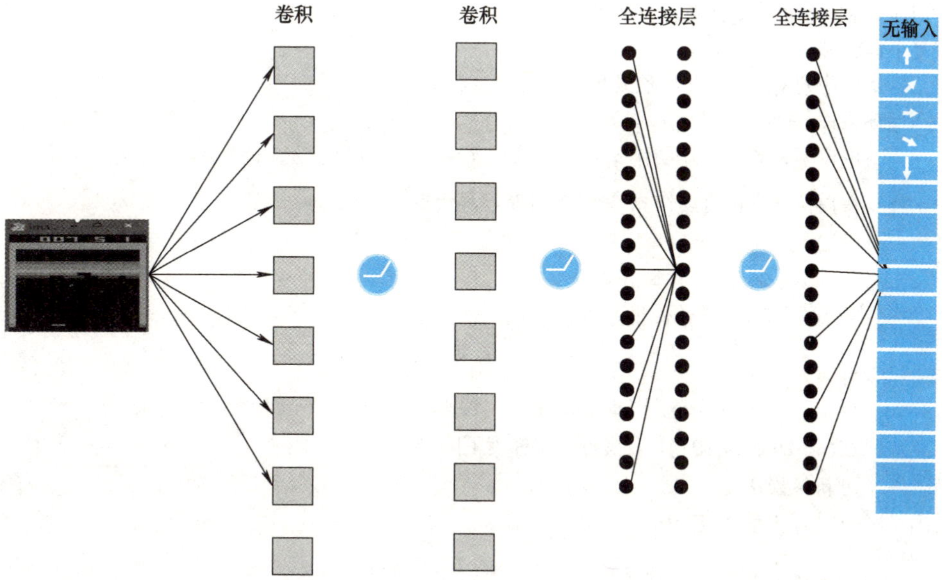

图 9-2 DQN 行为值函数逼近网络

新时，其实更新的是参数 $\boldsymbol{\theta}$，当网络结构确定时，$\boldsymbol{\theta}$ 就代表值函数。DQN 所用的网络结构是三个卷积层+两个全连接层。

2. DQN 利用经验回放对神经网络进行训练

如图 9-3 所示在强化学习过程中，智能体将数据存储到一个数据库中，然后利用均匀随机采样的方法从数据库中抽取数据，然后利用抽取的数据对神经网络进行训练。这种经验回放的技巧可以打破数据之间的关联性。

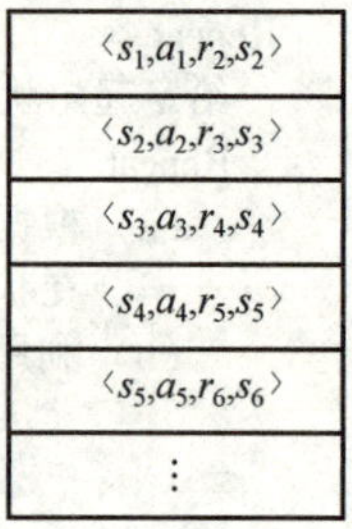

图 9-3　经验回放

3. DQN 设置了目标网络来单独处理 TD 算法中的 TD 偏差

利用神经网络对值函数进行逼近时，值函数的更新步骤更新的是参数 $\boldsymbol{\theta}$，更新方法是梯度下降法。其梯度下降法为

$$\boldsymbol{\theta}_{t+1}=\boldsymbol{\theta}_t+\alpha\left[r+\max_{a'}Q(s',a';\boldsymbol{\theta})-Q(s,a;\boldsymbol{\theta})\right]\nabla Q(s,a;\boldsymbol{\theta}) \tag{9-8}$$

$r+\gamma\max\limits_{a'}Q(s',a';\boldsymbol{\theta})$ 为 TD 目标，在计算 $r+\gamma\max\limits_{a'}Q(s',a';\boldsymbol{\theta})$ 值时用到的网络参数为 $\boldsymbol{\theta}$。

我们称计算 TD（Temporal Difference，时间差分）目标时所用的网络为 TD 网络。以往的神经网络逼近值函数时，计算 TD 目标的动作值函数所用的网络参数 $\boldsymbol{\theta}$，与梯度计算中要逼近的值函数所用的网络参数相同，这样就容易使得数据间存在关联性，训练不稳定。为了解决这个问题，DeepMind 提出计算 TD 目标的网络表示为 $\boldsymbol{\theta}^-$，计算值函数逼近的网络表示为 $\boldsymbol{\theta}$；用于动作值函数逼近的网络每一步都更新，而用于计算 TD 目标的网络每过固定的步数更新一次。

因此值函数的更新变为

$$\boldsymbol{\theta}_{t+1}=\boldsymbol{\theta}_t+\alpha\left[r+\max_{a'}Q(s',a';\boldsymbol{\theta}^-)-Q(s,a;\boldsymbol{\theta})\right]\nabla Q(s,a;\boldsymbol{\theta}) \tag{9-9}$$

最后给出 DQN 的伪代码算法 9-2。

算法 9-2　DQN 算法

初始化容量为 N 的回放记忆单元 D，使用随机权重 θ 初始化行为值函数 Q
使用权重 $\boldsymbol{\theta}^-=\boldsymbol{\theta}$ 初始化目标行为值函数
重复采样轨迹 $e=1,\cdots,M$
　　初始化序列 $s_1=\{x_1\}$ 并且预处理序列为 $\phi_1=\phi(s_1)$
　　循环采样 $t=1,\cdots,T$
　　　　以概率 ε 随机选择动作 a_t，否则选择 $a_t=\arg\max\limits_a Q(\phi(s_t),a;\boldsymbol{\theta})$
　　　　在模拟器中执行动作 a_t 并观测回报 r_t 和图像 x_{t+1}
　　　　设定 $s_{t+1}=s_t,a_t,x_{t+1}$ 并预处理 $\phi_{t+1}=\phi(s_{t+1})$
　　　　将 $(\phi_t,a_t,r_t,\phi_{t+1})$ 存储在 D 中
　　　　从 D 中随机采样迷你批数据 $(\phi_j,a_j,r_j,\phi_{j+1})$
　　　　设置：$y_j=\begin{cases}r_j,\ \text{如果轨迹在第 } j+1 \text{ 步结束}\\ r_j+\gamma\max_{a'}\hat{Q}(\phi_{j+1},a';\boldsymbol{\theta}^-),\ \text{其他}\end{cases}$
　　　　在 $(y_j-Q(\phi_j,a_j;\boldsymbol{\theta}))^2$ 上执行一个梯度下降步
　　　　更新参数 $\boldsymbol{\theta}$
　　　　每隔 C 步重置 $\boldsymbol{\theta}^-=\boldsymbol{\theta}$
　　结束循环采样
结束重复采样轨迹

9.2.3 DQN 的改进算法

DQN 算法被提出来后，研究人员对其从各方面进行改进，又提出 Double DQN（DDQN）、优先回放 DQN、对抗 DQN、循环回放分布式 DQN、Never Give Up（NGU）、Agent57、First Return Then Explore. 下面我们对这几种算法进行简单介绍。

DDQN 算法 DQN 的框架还是 Q-Learning，DQN 只是利用了卷积神经网络表示动作值函数，并利用了经验回放和单独设立目标网络这两个技巧。DQN 无法克服 Q-Learning 本身所固有的缺点——过估计。为了解决值函数过估计的问题，Hasselt 提出了 Double Q-Learning 的方法。所谓 Double Q-Learning 是将动作的选择和动作的评估分别用不同的值函数来实现。

优先回放 DQN DQN 在进行经验回放时利用均匀分布进行采样并不是一个高效利用数据的方法。因为智能体的经验，也就是经历过的数据，对于智能体的学习并非具有同等重要的意义。智能体在某些状态的学习效率比其他状态的学习效率高。优先回放 DQN 的基本思想就是打破均匀采样，赋予学习效率高的状态以更大的采样权重。如何选择权重？一个理想的标准是智能体学习的效率越高，权重越大。符合该标准的一个选择是 TD 偏差。TD 偏差越大，说明该状态处的值函数与 TD 目标的差距越大，智能体的更新量越大，因此该处的学习效率越高。

对抗 DQN 对抗 DQN 是从网络结构上对 DQN 进行了改进，将行为值函数分解为状态值函数和优势值函数，这两个头分开表示。

循环回放分布式 DQN 在 DQN 算法中，为了克服单帧图像带来的部分可观性，我们将连续的多帧图像串联起来构建状态，使得雅达利游戏的状态表示服从马尔可夫性。然而，简单地将图像串联起来存在以下问题：1）无法确定最佳的串联长度。2）如果将连续的帧数确定为很大的固定值，那么对于很多游戏存在信息冗余问题，而且会造成输入状态空间过大，学习速度严重降低的问题。为了解决上述状态表示的问题，学者们提出利用记忆网络来表示值函数。最常用的记忆神经网络包括 RNN、LSTM、Transformers 等。这些记忆神经网络能够将关键的历史信息记住，利用记忆网络的这个特点，我们可以构建记忆状态（又称为循环状态）来解决部分可观马尔可夫决策过程的问题。

NGU 为了鼓励智能体探索，常常人为加上鼓励探索的奖励，该项常用的一种设置是使用状态的新颖性。然而，这种内部奖励的设置会带来如下问题：1）智能体总是去探索新的状态而不会再访问那些已经很熟悉的状态，即使那些状态可能是很好的。这就导致探索只是一味地追求新的状态而不是好的状态。2）随着智能体对环境的状态越来越熟悉，内部奖励就会消失，只剩下环境的外部奖励，因此失去了探索能力。为了克服上述问题，NGU 算法提出以下解决方案：1）提出一种新的内部回报设置方法将短期回报和长期回报融合。2）同时学习独立的探索策略和利用策略。

Agent57 探索与利用平衡问题也是强化学习算法中最核心的问题之一，尤其是探索问题。智能体通过对环境进行探索获得好的回报，由此学习好的动作。正像上节所分析的那样传统 DQN 采用 ε-贪婪策略的方式进行探索，这种探索方式会重复地访问旧的动作，而对于那些需要经过很多动作才能获得回报的任务，我们希望智能体能进行更深入地探索。就像 NGU 算法一样，Agent57 算法也将回报分为环境回报和鼓励探索的好奇心回报，并利用该方法进行探索。为了解决探索问题和置信分配问题，Agent57 做了如下两点创新：1）分解状态-动作值函数的表示。2）对一类策略的自适应探索。

First Return Then Explore 在很多任务中，回报是稀疏的，也就是说智能体只有在很少的状态处能获得回报。为了学习这样的任务，通常的做法是人为设定稠密回报。然而，人为设定的稠密回报往往具有误导性，使得智能体陷入到局部最优。解决稀疏回报的根本办法是对状态空间进行充分地探索。然而，阻碍有效探索的根源主要有两个方面：1）分离，即智能体很容易忘记如何到达以前访问过的状态。尤其对于多个区域需要探索时，智能体会先探索一个区域，然后再探索第二个区域，但是此时智能体就会忘记如何访问第一个区域。2）脱轨，即智能体在探索开始前无法到达该状态。为了解决这两个问题，研究人员提出 Go-Explore 算法。Go-Explore 算法的核心思想：1）利用存档的方法解决分离问题，即将访问过的状态存起来，从而确保状态不会被忘记，并且智能体会反复访问存起来的状态，尤其是那些值函数高的状态。2）不是从零位置开始探索，而是通过存储轨迹的方法首先返回到那些好的状态，然后再进行探索。

9.3 直接策略搜索方法

从宏观上来说，直接策略搜索算法包括两个步骤：第一，智能体使用当前的策略（探索和利用平衡策略）与环境交互采样数据，得到一系列的状态、动作和回报数据；第二，利用第一步采样得到的数据，采用策略更新算法，得到新的策略，如此循环迭代直到得到最优策略。

9.3.1 策略梯度算法

策略梯度算法是最基本的直接策略搜索算法。对于轨迹 τ 来说，设其折扣累计回报的概率为$P(\tau;\theta)$，则折扣累计回报的期望可表示为

$$U(\boldsymbol{\theta}) = \sum_{\tau} P(\tau;\boldsymbol{\theta})R(\tau) \tag{9-10}$$

即期望等于累计回报的概率和，其中 $P(\tau;\boldsymbol{\theta})$ 为轨迹 τ 发生的概率。

有了目标函数 $U(\boldsymbol{\theta})$，我们便可以直接对参数 $\boldsymbol{\theta}$ 求梯度了。

$$\nabla_{\theta} U(\boldsymbol{\theta}) = \sum_{\tau} \nabla_{\boldsymbol{\theta}} P(\tau;\boldsymbol{\theta})R(\tau) \approx \frac{1}{m}\sum_{i=1}^{m}\sum_{t=0}^{T}\nabla_{\boldsymbol{\theta}}\log\pi(a_t^{(i)} \mid s_t^{(i)})\left(\sum_{k=t}^{T} R(s_k^{(i)})\right) \tag{9-11}$$

按照状态-动作对进行分解，式（9-11）可以写为：

$$\nabla_{\boldsymbol{\theta}} U(\boldsymbol{\theta}) \approx \frac{1}{m}\sum_{i=1}^{m}\sum_{t=0}^{T}\boldsymbol{g}_t^i \tag{9-12}$$

其中，$\boldsymbol{g}_t^i = \nabla_{\boldsymbol{\theta}}\log\pi(a_t^{(i)} \mid s_t^{(i)}) \cdot \left(\sum_{k=t}^{T}\gamma^{k-t} r_k\right)$，为采样轨迹 τ 上数据点(s_t, a_t)处的局部梯度。

式（9-12）进一步告诉我们，策略梯度是由采样轨迹点上所有的局部梯度求平均而得到。局部梯度公式如下：

$$\boldsymbol{g}_t^i = \nabla_{\boldsymbol{\theta}} \log \pi(a_t^{(i)} \mid s_t^{(i)}) \cdot \left(\sum_{k=t}^{T} \gamma^{k-t} r_k\right) \tag{9-13}$$

该局部梯度公式由两项组成，分别是$\nabla_{\boldsymbol{\theta}} \log \pi(a_t^{(i)} \mid s_t^{(i)})$和$\left(\sum_{k=t}^{T} \gamma^{k-t} r_k\right)$，第一项表示概率密度函数的对数 $\log \pi(a_t^{(i)} \mid s_t^{(i)})$对参数的梯度方向，参数在该方向上更新可以使得该动作$a_t^{(i)}$的概率增大；第二项$\left(\sum_{k=t}^{T} \gamma^{k-t} r_k\right)$为梯度的幅值大小，智能体在状态 $s_t^{(i)}$ 处，采用动作$a_t^{(i)}$，所得到的折扣累积回报为正且值越大，则该局部梯度正向的幅值越大，参数更新后该动作被采样到的概率越大；相反，若所得到的折扣累积回报为负，则该局部梯度的方向反转，参数更新后，该动作被采样到的概率降低。算法 9-3 为策略梯度算法伪代码。

算法 9-3　基于蒙特卡罗的强化学习算法

输入：可微的参数化策略 $\pi(a \mid s;\boldsymbol{\theta})$

算法参数：步长 $\alpha>0$，N 为采样轨迹数，M 为 minibatch 中样本数量

初始化：随机初始化策略参数 $\boldsymbol{\theta}$

Reapeat：

　利用当前策略 $\pi(a \mid s;\boldsymbol{\theta})$采样 N 条轨迹

　对于轨迹中的每个时间步，进行如下计算：$R_t^i \leftarrow \sum_{t'=t}^{T} \gamma^{t'-t} r_{t'}^i$

　随机采样 M 个 minibatch 数据计算策略梯度并更新参数：

$$\boldsymbol{\theta} \leftarrow \boldsymbol{\theta} + \alpha \frac{1}{M} \sum_{i=0}^{M} \nabla_{\boldsymbol{\theta}} \log \pi(a_i \mid s_i;\boldsymbol{\theta}) R_i$$

9.3.2　近端策略优化算法

随机策略梯度算法的缺点是难以确定合适的更新步长，为了保证迭代过程策略稳定，近端策略优化算法寻找新的替代回报函数，并在优化过程中将参数的更新量限制在一定的区间范围内。

近端策略优化（Proximal Policy Optimization，PPO）算法替代回报函数为：

$$L_t^{CLIP+VF+S}(\boldsymbol{\theta}) = \hat{E}_t[L_t^{CLIP}(\boldsymbol{\theta}) - c_1 L_t^{VF}(\boldsymbol{\theta}) + c_2 S[\pi_{\boldsymbol{\theta}} \mid s_t]] \tag{9-14}$$

其中，$\hat{E}_t[\cdot]$表示期望，在本实验中使用平均值来求得。$L_t^{CLIP}(\boldsymbol{\theta})$为剪切替代回报函数，$L_t^{VF}(\boldsymbol{\theta})$为值函数损失，$S[\pi_{\boldsymbol{\theta}} \mid s_t]$为熵，常数 c_1 和 c_2 为各优化指标的系数。

替代回报函数 $L_t^{CLIP}(\boldsymbol{\theta})$表达式如下：

$$L_t^{CLIP}(\boldsymbol{\theta}) = \hat{E}_t[\min(r_t(\boldsymbol{\theta})\hat{A}_t, \mathrm{CLIP}(r_t(\boldsymbol{\theta}), 1-\varepsilon, 1+\varepsilon))\hat{A}_t] \tag{9-15}$$

其中，$r_t(\boldsymbol{\theta})$为新旧策略之比，$r_t(\boldsymbol{\theta}) = \dfrac{\pi_{\boldsymbol{\theta}}(a_t \mid s_t)}{\pi_{\boldsymbol{\theta}_{old}}(a_t \mid s_t)}$，$\hat{A}_t$ 为优势函数，在这里我们使用广义优势函数，即

$$\hat{A}_t = \delta_t + (\gamma\lambda)\delta_{t+1} + \cdots + (\gamma\lambda)^{T-t+1}\delta_{T-1} \tag{9-16}$$

其中，$\delta_t = r_t + \gamma V(s_{t+1}) - V(s_t)$

图 9-4 展示了 PPO 剪切替代回报函数 $L_t^{CLIP}(\boldsymbol{\theta})$，在该示意图中横坐标为新旧策略比，纵坐标为优化函数。从图 9-4 中我们可以看到，替代优化目标取的是 $r_t(\boldsymbol{\theta})\hat{A}_t$ 的下界，即得到的新策略使得原回报函数的下界尽量大。算法 9-4 为 PPO 算法的伪代码。

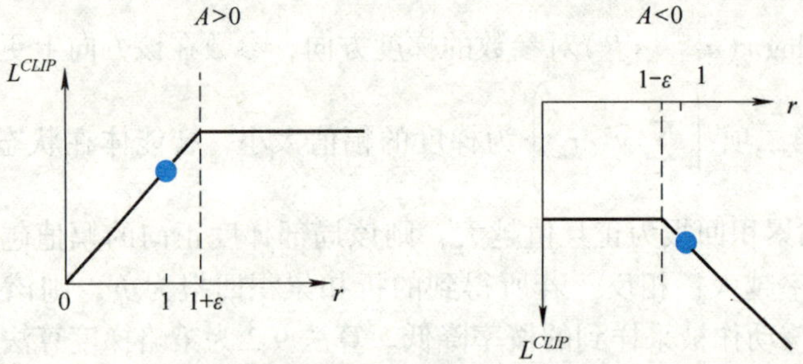

图 9-4　PPO 的剪切替代回报函数

算法 9-4　PPO 算法

输入：可微的参数化策略 $\pi(a \mid s;\boldsymbol{\theta}_{old}) = \pi(a \mid s;\boldsymbol{\theta})$，可微分的参数化状态值函数 $V(s;\boldsymbol{\omega})$

超参数：$\alpha^{\theta}>0$，$\alpha^{\omega}>0$

初始化：残疾初始化策略参数 $\boldsymbol{\theta}$，状态值函数参数 $\boldsymbol{\omega}$

Repeat：

初始化状态 S

采样多条轨迹：

利用当前策略 $\pi(\cdot \mid s;\boldsymbol{\theta})$ 采样 $\{s_t, a_t, r_t\}$

如果 $s_t = s_T$ 或 $s_t = s_{mb}$，$\hat{Q}_t = V(s')$

否则：$\hat{Q}_t = \sum_{t'=t}^{T'-1} \gamma^{t'-t} r_{t'} + \gamma^{T'-t} V(s_T;\ \boldsymbol{\omega})$

采样多个 minibattch 数据优化策略参数 $\boldsymbol{\theta}$ 和值函数参数 $\boldsymbol{\omega}$

策略参数 θ 更新如下：

$$\min L(\boldsymbol{\theta}) = \min \hat{E}_t[\min(r_t(\boldsymbol{\theta})(\hat{Q}_t - V(s_t;\boldsymbol{w})), \text{clip}(r_t(\boldsymbol{\theta}), 1-\varepsilon, 1+\varepsilon)(\hat{Q}_t - V(s_t;\boldsymbol{w})))]$$

其中，$r_t(\boldsymbol{\theta}) = \dfrac{\pi_{\boldsymbol{\theta}}(a_t \mid s_t)}{\pi_{\boldsymbol{\theta}_{old}}(a_t \mid s_t)}$

值函数参数的更新公式为

$$\boldsymbol{\omega} \leftarrow \boldsymbol{\omega} + \frac{\alpha_w}{mT} \sum_{i=0}^{m} \sum_{j=0}^{T'} (Q_j^{(i)} - V_w(s_t)) \nabla V_w(s_t;\boldsymbol{\omega})$$

9.3.3　深度确定性策略梯度算法

在进行梯度计算或者损失函数计算时，由于随机策略的引入，需要在状态空间以及每个状态的动作空间中进行大量采样，根据大数定理，只有当采样数量接近于无穷时，才可以逼近真实值。如果动作空间是高维的，则需要在整个高维的动作空间中进行大量采样，从而带来计算压力。若所评估的策略为确定性策略，即给定任意状态 s 时，指定唯一的动作 a，那么梯度的计算就不需要在动作空间进行采样和积分了，这对于高维动作空间任务可以很大程度上减小采样量。基于这样的考虑，本节介绍确定性策略的梯度算法。

如图 9-5 所示为深度确定性策略梯度算法（Deep Deterministic Policy Gradient，DDPG）的网络结构。从该结构中，我们很容易看到 DDPG 是一个 Actor-Critic 算法。DDPG 网络结构包括两个网络：Critic 网络和 Actor 网络。Actor 网络的输入为状态 S，输出为动作 a，参数为 $\boldsymbol{\theta}$；Critic 网络用来计算策略的行为值函数 $Q_u(s,a)$，设策略$a=\mu$ 为确定性策略，则利用求导的链式规则，行为值函数对参数的梯度很容易写为

$$\frac{\partial Q(s,a)}{\partial \boldsymbol{\theta}}=\frac{\partial Q(s,a)}{\partial a}\cdot\frac{\partial \mu}{\partial \boldsymbol{\theta}}\Big|_{a=\mu_{\boldsymbol{\theta}}}=\nabla_{\boldsymbol{\theta}}\mu_{\boldsymbol{\theta}}\cdot\nabla_a Q(s,a)\Big|_{a=\mu_{\boldsymbol{\theta}}} \tag{9-17}$$

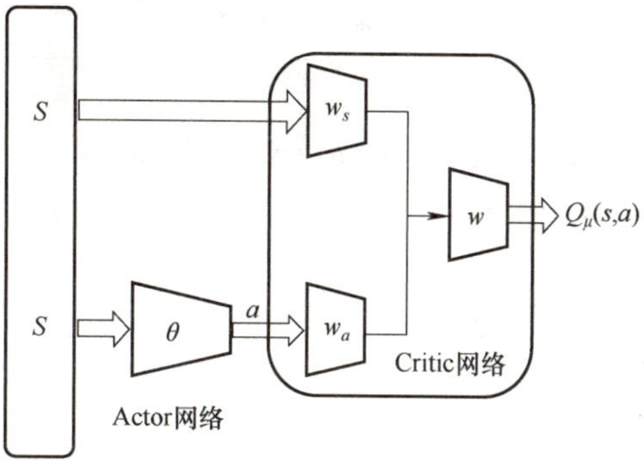

图 9-5　DDPG 的网络结构

DDPG 采用异策略的方法对确定性策略梯度进行计算。因为确定性策略本身没有探索性，那么它本身的策略所产生的数据就缺少探索能力，因此没办法进行学习。而异策略的方法是智能体利用具有探索性的策略产生数据，根据这些数据来计算策略梯度。我们用 β 来表示行为策略，则

$$\nabla_\theta J_\beta(\mu_\theta)=\nabla_\theta E_{s\sim\rho^\beta}[Q(s,a)]=E_{s\sim\rho^\beta}[\nabla_\theta\mu_\theta\cdot\nabla_a Q(s,a)|_{a=\mu_\theta}] \tag{9-18}$$

其中，策略网络是状态的函数，行为值函数是状态和动作的函数，两个函数都可以使用神经网络来逼近，网络结构如图 9-5 所示。

对于策略网络，本文使用前向神经网络进行逼近，其损失函数为

$$\text{Loss}=-Q(s,\mu_\theta(s)) \tag{9-19}$$

其中，可训练的参数为 θ。

对于行为值函数网络，本文使用如图 9-5 所示的结构，其输入为当前状态 s，采样动作 a，两个特征分别经过一层神经网络进行特征提取，然后两个特征进行相加，最后输入到表示层得到行为值函数 $Q_\mu(s,a;w)$；其损失函数为状态-动作对(s,a)处的 TD 误差的均方和。根据值函数的时间差分方法公式，TD 目标为

$$Q_{\text{target}}(s,a)=r(s,a)+\gamma Q^{w^-}(s',\mu^{\theta'}(s')) \tag{9-20}$$

其中，$r(s,a)$，s'分别为智能体在状态 s，采取动作 a 后得到的立即回报以及环境转移到的下一个状态 s'。根据定义，行为值函数 TD 目标的定义需要下一个状态 s'处的动作 a'。需要注意的是，DDPG 使用了目标策略网络来计算该动作，即 $a'=\mu^{\theta'}(s')$，其中 θ'为目标策略网络的参数。TD 目标中使用 $Q^{w^-}(s',\mu^{\theta'}(s'))$ 来计算目标值函数。

综上，行为值函数的损失函数可写为

$$\mathrm{loss}_w = E[(r+\gamma Q^{w^-}(s',\mu^{\theta'}(s'))-Q^w(s,a))^2] \tag{9-21}$$

其中，可训练的参数为 w。

由式（9-19）~式（9-21），我们得到参数的更新公式为

$$\begin{aligned}
&\delta_t = r_t+\gamma Q^{w^-}(s_{t+1},\mu^{\theta^-}(s_{t+1}))-Q^w(s_t,a_t)\\
&\boldsymbol{w}_{t+1} = \boldsymbol{w}_t+\alpha_w\delta_t\nabla_w Q^w(s_t,a_t)\\
&\boldsymbol{\theta}_{t+1} = \boldsymbol{\theta}_t+\alpha_{\boldsymbol{\theta}}\nabla_{\boldsymbol{\theta}}\mu_{\boldsymbol{\theta}}\cdot\nabla_a Q^w(s,a)\big|_{a=\mu_{\boldsymbol{\theta}}}
\end{aligned} \tag{9-22}$$

独立目标网络参数的更新由下式给出：

$$\begin{aligned}
&\boldsymbol{\theta}^- = \tau\boldsymbol{\theta}+(1-\tau)\boldsymbol{\theta}^-\\
&\boldsymbol{w}^- = \tau\boldsymbol{w}+(1-\tau)\boldsymbol{w}^-
\end{aligned} \tag{9-23}$$

算法 9-5 DDPG 算法

```
随机初始化 critic 网络 Q(s,a;θ^Q) 和 actor 网络 μ(s;θ^μ) 初始化目标网络
θ^Q' ← θ^Q， θ^μ' ← θ^μ，初始化回放缓存器 R
for episode=1， M do:
    初始化随机过程 N 进行动作探索
    接收初始观测状态 s
    for t=1， T do:
        根据当前的策略和探索噪音选择动作 a_t=μ(s_t;θ^μ)+N_t
        执行动作 a_t，观测回报 r_t，观测新的状态 s_{t+1}
        将交互数据(s_t,a_t,r_t,s_{t+1})存储到经验缓存器 R 中
        从经验缓存器 R 中随机采样 N 个 mini-batch 数据
        利用（9-20）设置 critic 网络目标
        最小损失函数（9-21）更新 critic 网络
        采用（9-18）更新策略网络
        采用（9-23）更新目标网络
    end for
end for
```

9.4 多智能体强化学习

本节首先分析了将单智能体强化学习算法直接应用于多智能体系统存在的问题，接着介绍了集中式训练分布式执行的 MADDPG 算法，并根据多智能之间的协作和竞争关系分别介绍了面向协作任务的多智能体强化学习算法和面向竞争任务的多智能体强化学习算法。

9.4.1 多智能体系统的挑战性

多智能体系统的状态转移需要每个智能体都做出动作后才能进行。从每个智能体的视角来看，其他智能体是环境的一部分，但其他智能体也在不断学习，因此其他智能体的策略在不断发生变化，这就导致除当前智能体外，其他部分是一个非稳态系统。所以，从单智能体的视角看，单智能体所面对的环境不服从马尔可夫性。从每个智能体的立即回报来看，单智

能体系统智能体的立即回报只取决于自身的动作，而对于多智能体系统，由于其他智能体的影响，每个智能体的立即回报不仅取决于本身的动作还取决于其他智能体的动作。

如果将多智能体系统中的每个智能体都使用单智能体强化学习的算法来学习，那么从单个智能体的角度来看，其他的智能体都是环境。

常用的值函数的方法为 DQN，即每个智能体都优化自身的值函数 $Q_i(s,a_i)$，具体的损失函数为

$$\mathcal{L}(\theta)=E_{s,a,r,s'}[(Q^*(s,a\mid\boldsymbol{\theta})-y)^2] \tag{9-24}$$

其中，$y=r+\gamma\max_{a'}\bar{Q}^*(s',a')$

在 DQN 算法中，智能体存储的经验为(s,a,r,s')

如果多智能体系统中每个单智能体依然按照这种方式进行学习，那么智能体 i 会忽略其他智能体的动作。然而，在多智能体系统中，不管是下一个状态 s'还是立即回报 r_i，都与其他智能体的动作有关。因此，对于智能体 i 及其动作 a_i，对于其他智能体不同的动作，立即回报 r_i 是不同的。因此 DQN 算法不适用于多智能体系统中单智能体策略的学习。

对于单智能体系统中的策略梯度算法，策略的梯度公式为（9-25）：

$$\nabla_{\boldsymbol{\theta}}J(\boldsymbol{\theta})=E_{s\sim p^{\pi},a\sim\pi_{\boldsymbol{\theta}}}[\nabla_{\boldsymbol{\theta}}\log\pi_{\boldsymbol{\theta}}(a\mid s)Q^{\vec{\pi}}(s,a)] \tag{9-25}$$

策略梯度算法最大的问题是其方差非常大。将策略梯度直接应用于多智能体系统时，由于行为值函数 $Q^{\vec{\pi}}(s,a)$还与其他智能体的动作有关，这就导致策略梯度的方差进一步增大，因此在多智能体系统中策略梯度算法也不适用

9.4.2 MADDPG 算法

在多智能体系统中，单个智能体在当前状态下所做出的动作的好坏跟其他智能体的动作有关，因此对于单智能体的动作的评估需要考虑其他智能体的动作。为此，学者们提出集中式训练的方法，即在训练时将其他智能体的动作也纳入进来。具体而言，就是对 N 个多智能体系统中，智能体 i 的动作 a_i 的评估在训练时不使用 $Q_i(s,a_i)$，而是使用 $Q_i(s,a_1,\cdots,a_i,\cdots,a_N)$。

如图 9-6 所示为多智能体深度确定性策略梯度（Multi-Agent Deep Deterministic Policy Gradient，MADDPG）的训练和执行框架。为了提升其通用性，MADDPG 做了如下约定：(1) 在执行阶段，每个智能体 i 仅使用自己的局部观测 o_i；(2) 对动力学系统不做可微约束；(3) 不限制和假设智能体之间的任何通讯结构。基于这三个约定，MADDPG 可以处理通用的多智能体系统，如完全协作关系、完全竞争关系以及协作与竞争混合的情况。该框架为集中式训练，分布式执行。集中式训练是指使用所有智能体的观测和动作对当前智能体的动作进行评估，即使用 $Q_i(\vec{x},a_1,\cdots,a_N)$来评估当前的动作，其中 $\vec{x}=(o_1,\cdots,o_N)$。

具体而言，考虑 n 个智能体，智能体的策略参数化为 $\vec{\theta}=\{\theta_1,\cdots,\theta_n\}$，令 $\vec{\pi}=\{\pi_1,\cdots,\pi_n\}$为 n 个智能体的策略，其中第 i 个智能体对应的策略为 π_i，相应的参数为 θ_i，在联合策略 $\vec{\pi}$ 下，智能体 i 对应的行为值函数为 $Q_i^{\vec{\pi}}(\vec{x},a_1,\cdots,a_N)$。

根据上述定义，在训练阶段使用中心式行为值函数 $Q_i^{\vec{\pi}}(\vec{x},a_1,\cdots,a_N)$来优化分布式策略，令智能体 i 的回报期望为 $J(\theta_i)=E[R_i]$，其随机策略 π_i 的梯度计算如下：

$$\nabla_{\boldsymbol{\theta}_i}J(\boldsymbol{\theta}_i)=E_{s\sim p^{\mu},a_i\sim\pi_i}[\nabla_{\boldsymbol{\theta}_i}\log\pi_i(a_i\mid o_i)Q_i^{\vec{\pi}}(\vec{x},a_1,\cdots,a_N)] \tag{9-26}$$

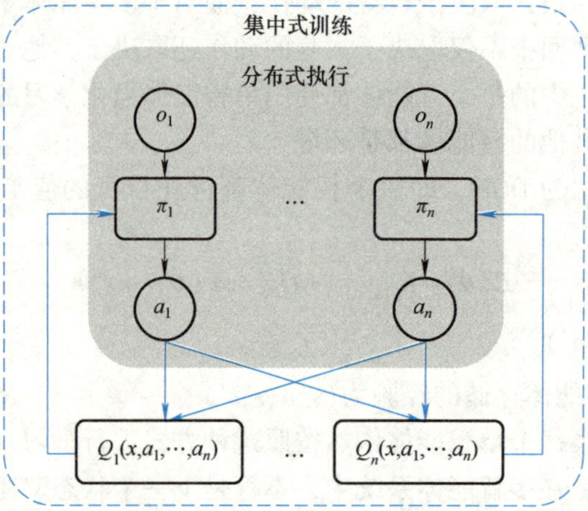

图 9-6　集中式训练分布式执行

对于 N 个智能体组成的多体系统，由 N 个 $Q_i^{\vec{\pi}}$ 构成，每个行为值函数独立学习，因此多智能体系统可以允许具有任意的奖励结构，包括完全竞争环境中的相互冲突的奖励。MADDPG 将上述随机策略梯度扩展到确定性的情况。假设 N 个智能体构成的多体系统，每个智能体的策略为确定性策略 μ_{θ_i}，其对应的参数为 θ_i，则确定性策略梯度可以写为

$$\nabla_{\boldsymbol{\theta}_i} J(\mu_i) = E_{x,a\sim D}[\nabla_{\boldsymbol{\theta}_i}\mu_i(a_i \mid o_i)\nabla_{a_i}Q_i^{\mu}(\vec{x},a_1,\cdots,a_N)\mid_{a_i=\mu_i(o_i)}] \tag{9-27}$$

对于中心式训练，智能体与环境进行交互时，需要同时存储联合观测，联合动作，以及所有智能体的立即回报，即基本的数据存储单元包括 $(\vec{x},\vec{x}',a_1,\cdots,a_N,r_1,\cdots,r_N)$，其中每个智能体联合行为值函数的更新通过最小化 TD 误差的均方值，具体的损失函数如下：

$$\mathcal{L}(\boldsymbol{\theta}_i^Q) = E_{\vec{x},a,r,\vec{x}'}[(Q_i^{\vec{\mu}}(\vec{x},a_1,\cdots,a_N)-y)^2], y=r_i+\gamma Q_i^{\mu'}(x',a_1',\cdots,a_N')\mid_{a_j'=\mu_j'(o_j)} \tag{9-28}$$

MADDPG 的伪代码如算法 9-6 所示。

算法 9-6　MADDPG 算法

For episode = 1，M：
　　初始化一个随机过程 $\mathcal{N}$ 用于动作探索
　　接收初始状态 $\vec{x}$
　　for t = 1，T：
　　　　对于每个智能体 i，使用随机策略 $a_i\sim\mu_{\theta_i}(o_i)+\mathcal{N}_t$ 选择动作
　　　　执行动作 $\vec{a}=(a_1,\cdots,a_N)$，观测回报 r 并得到新的状态 $\vec{x}'$
　　　　将数据 $(\vec{x},\vec{a},r,\vec{x}')$ 存储到经验回放 D 中
　　　　对智能体 i=1 到 N 循环：
　　　　从经验回放 D 中随机采样 mini-batch 数据 $(\vec{x},\vec{a},r,\vec{x}')$
　　　　通过最小化（9-28）损失函数更新值网络
　　　　通过（9-27）更新策略网络
　　　　对每个智能体 i 更新目标网络参数：$\boldsymbol{\theta}_i'\leftarrow\tau\boldsymbol{\theta}_i+(1-\tau)\boldsymbol{\theta}_i'$
　　end for
end for

9.4.3　值分解强化学习算法

多智能体系统的关键问题是单个智能体的回报不只与自身的动作和状态有关，还与其他智能体的动作有关。因此，与单智体系统不同，多智能体系统对智能体动作的评估需要使用联合行为值函数。然而，在实际的多智能体系统中，单个智能体往往无法获知其他智能体的动作和状态，一个折中的方法是集中式训练和分布式执行。也就是使用单智能体局部观测来表示策略，而在训练时使用全局观测和联合行为值函数进行训练。上节所讲的 MADDPG 就是该框架的一个实现。

MADDPG 针对的是通用多智能体系统的学习问题，每个智能体 i 有自己的联合行为值函数 $Q_i^{\mu}(\vec{x},a_1,\cdots,a_N)$ 来评估自己的策略 μ_i。本节要讲的 QMIX 算法要解决的是多个同类型（同质）智能体的协同任务，比如机器人蜂群和自动驾驶汽车。

跟一般化的多智能体系统相比，同质多智能体协同任务有更多的特殊性，可以利用这些特殊性将智能协同问题简化。其特殊性表现在所有的智能体都是同质的，即每个智能体的观测、动作、回报都是相同的。可以充分利用这条性质将多智能体系统进行简化，比如 N 个同质智能体系统的联合值函数网络都可共享，即仅用一个联合行为值函数来评估多智能体系统中的智能体策略。

可以使用形式化的语言分布式部分可观察马尔可夫过程（Decentralized Partially Observable Markov Decision Process，Dec-POMDP）来描述多智能体完全协作任务。Dec-POMDP 包括元组 $G=\langle S,U,P,r,Z,O,n,\gamma\rangle$，其中 S 为环境的真实状态。在每个时间步，每个智能体 $a\in A\equiv\{1,\cdots,n\}$ 选择一个动作 $u^a\in U$，从而形成联合动作 $\vec{u}\in\vec{U}\equiv U^n$，在这之后环境会转移一步，即 $P(s'\mid s,\vec{u}):S\times\vec{U}\times S\to[0,1]$。所有智能体共享相同的立即回报函数 $r(s,\vec{u}):s\times\vec{U}\to\mathbb{R}$，并且 $\gamma\in[0,1)$ 为折扣因子。

除此之外，QMIX 算法还对多智能体系统中的联合行为值函数进行了假设，即该联合行为值函数 $Q_{tot}(\vec{\tau},\vec{u})$ 可以分解为多个单智能体效用函数 $Q_i(\tau^i,u^i;\theta^i)$。为了确保通过对联合行为值函数 $Q_{tot}(\vec{\tau},\vec{u})$ 对动作求贪婪得到的最优策略与通过对单体效用函数 $Q_i(\tau^i,u^i;\theta^i)$ 求贪婪得到的最优策略是一致的，QMIX 需要满足以下约束（9-29）：

$$\underset{\vec{u}}{\operatorname{argmax}}Q_{tot}(\vec{\tau},\vec{u})=\begin{pmatrix}\underset{u^1}{\operatorname{argmax}}Q_1(\tau^1,u^1)\\ \vdots\\ \underset{u^n}{\operatorname{argmax}}Q_n(\tau^n,u^n)\end{pmatrix}\tag{9-29}$$

为了满足贪婪策略的一致性要求式（9-29），联合行为值函数 $Q_{tot}(\vec{\tau},\vec{u})$ 与单智体效用函数 $Q_i(\tau^i,u^i;\theta^i)$ 之间应满足单调性要求，即式（9-30）：

$$\frac{\partial Q_{tot}}{\partial Q_a}\geqslant 0,\ \forall a\in A\tag{9-30}$$

为了实现联合行为值函数的分解，并同时满足联合行为值函数与分解效用函数的关系，QMIX 的网络结构设置如下：

如图 9-7 所示的 QMIX 网络结构，对于每个智能体 i，其对应的效用函数为 $Q_i(\tau^i,u^i;\theta^i)$，该效用函数的输入为智能体 i 的局部观测和动作，输出为实数值函数。对于 N 智能体系统而言，N 个局部效用函数 $Q_i(\tau^i,u^i;\theta^i)$ 通过混合网络合成联合行为值函数，为了保证单调性，混合网络的权重非负。

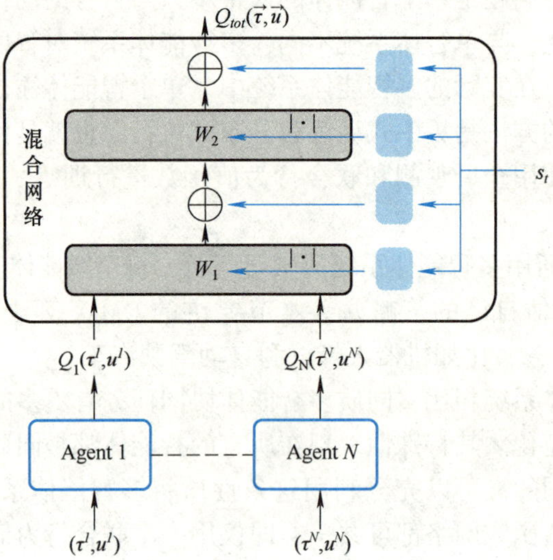

图 9-7　QMIX 网络结构

QMIX 网络使用 DQN 算法进行训练，损失函数如下式（9-31）：

$$\mathcal{L}(\boldsymbol{\theta})=\sum_{i=1}^{b}\left[\left(y_i^{tot}-Q_{tot}(\vec{\tau},\vec{u},s;\boldsymbol{\theta})\right)^2\right] \tag{9-31}$$

其中，TD 目标 $y^{tot}=r+\gamma\max\limits_{\vec{u}'}Q_{tot}(\vec{\tau}',\vec{u}',s';\boldsymbol{\theta}^-)$，QMIX 网络的训练过程与 DQN 类似。

9.4.4　MAPPO 算法

本节介绍如何将 PPO 算法应用到同质多智能体协同任务中。在 PPO 算法的训练过程中，智能体需要同时学习两个网络，即策略网络 π_θ 和值网络 $V_\phi(s)$。其中，值网络 $V_\phi(s)$ 的作用是减少方差。将 PPO 用于多智能体系统有两类算法，一种算法称为 IPPO（Independent PPO）算法，另外一种称为 MAPPO（Multi-Agent PPO）。IPPO 使用分散式值函数减小策略梯度的方差，而 MAPPO 使用集中式值函数来减小策略梯度的方差，除此之外，两者没有差别。具体而言，对于 MAPPO 算法，$V_\phi(s)$ 需要使用全局的状态 s。这也体现了集中式训练分散式执行的思想。尽管在多智能体系统中，每个智能体只能得到局部的观测，但是在训练时我们往往能得到全局观测。因此，在训练过程中使用全局状态 s 来训练全局的值函数。而策略网络仅输入智能体的局部观测。与 MADDPG 和 QMIX 类似，MAPPO 只有在训练时使用全局状态和值函数 $V_\phi(s)$，在执行时不需要全局状态。

MAPPO 策略网络的损失函数可表示为如下式（9-32）：

$$L(\boldsymbol{\theta})=\left[\frac{1}{Bn}\sum_{i=1}^{B}\sum_{k=1}^{n}\min\left(r_{\boldsymbol{\theta},i}^{(k)}A_i^{(k)},\mathrm{CLIP}\left(r_{\boldsymbol{\theta},i}^{(k)},1-\varepsilon,1+\varepsilon\right)A_i^{(k)}\right)\right]+\sigma\frac{1}{Bn}\sum_{i=1}^{B}\sum_{k=1}^{n}S\left[\pi_\theta\left(o_i^{(k)}\right)\right] \tag{9-32}$$

其中，第 1 项为替代回报函数，第 2 项为策略的熵项。优势函数 A 通过广义优势函数计算，计算过程使用全局值函数 $V_\phi(s)$。

全局值函数 $V_\phi(s)$ 的训练损失函数如下式（9-33）：

$$L(\phi)=\frac{1}{Bn}\sum_{i=1}^{B}\sum_{k=1}^{n}(\max[(V_\phi(s_i^{(k)})-\hat{R}_i)^2,(\mathrm{CLIP}(V_\phi(s_i^k),V_{\phi_{old}}(s_i^{(k)})-\varepsilon,V_{\phi_{old}}(s_i^{(k)})+\varepsilon)-\hat{R}_i)^2]) \tag{9-33}$$

影响 MAPPO 算法最大的 5 个因素，分别是值的正则化、值函数的输入、训练数据的使用、策略或值的裁剪、batch 大小的选择，下面分别进行介绍。

值的正则化　在学习过程中，通过不同的轨迹反向计算出来的回报目标值 $\hat{R}_i$ 经常差别很大，这就导致值的学习不稳定。为了解决该问题，需要对计算出来的目标值进行求均值和方差，并利用该均值和方差对值目标进行归一化，最后利用归一化的值函数进行优势值函数的计算。

值函数输入　使用全局状态变量作为值函数的输入可以大大提升训练效果。如何构建全局状态变量非常关键。传统的方法是将所有智能体的局部观测串成一个向量，我们称之为本地观察、串联（Concatenation of Local，CL）状态。然而 CL 状态容易使智能体忽略重要的全局信息，因此可以使用环境提供的全局状态（Environment-Provided Global State，EP），EP 状态本身对所有的智能体都是一样的，容易忽略智能体本身的局部信息，为了解决该问题，可以将全局状态和局部信息一起使用形成所谓的智能体指定的全局状态（Agent-Specific Global，AS）状态。AS 状态的缺点是信息冗余，而且会增加输入维度，因此可以人为消除冗余信息，使用特征剪枝的智能体指定全局状态（Featured-Pruned Agent-Specific Global State，FP 状态）。

训练数据的使用　因为每个智能体都在改变策略，所以跟单智能体相比，多智能体系统对于策略的改变更加敏感。PPO 的训练用到重要性采样，即需要使用旧的策略样本对新的策略进行估计，因此要想使得多智能体策略的学习更稳定，不能重复使用旧的数据进行多次策略的更新。因为，每更新一次策略，新的策略与旧的策略差别就越大。这就要求多智能体系统应该以尽量少的次数利用同一批数据进行学习。另外，多智能体系统中 minibatch 中的样本尽量大，从而减小策略梯度估计的方差。

策略或值的裁剪　策略和值的损失函数（9-32）和（9-33）中裁剪的作用是减少策略迭代间策略的更新，从而克服多智能体系统中的非静态特性。其作用跟上面更新较小的训练周期（epoch）作用是类似的。

batch 大小的选择　更大的 batch 可以实现更精确的梯度估计，但可能会需要更多的内存和时间，为了优化学习效率可以适当减小 batch 大小。

9.5　典型应用举例

本节介绍深度强化学习技术在可控核聚变、AlphaGo 和 AlphaStar 中的应用。

9.5.1　可控核聚变

可控核聚变技术是人类实现清洁能源的重要核心技术之一。目前主要构型如图 9-8 所示，其工作原理是采用超强电磁场将高速等离子体束缚在托马克装置内进行核聚变反应。

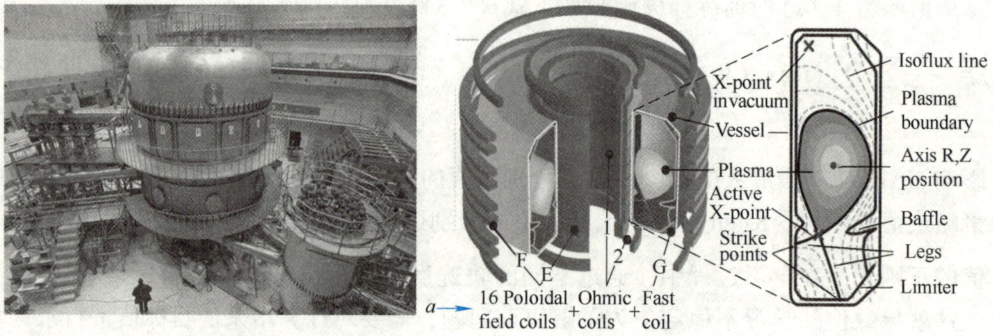

a）托马克装置　　b）托马克装置剖面　　c）等离子体截面

图 9-8　核聚变控制

核聚变反应所释放出来的热量多少与正在受控反应的等离子体的截面形状（如水滴形、雪花形等）有关，可控核聚变的技术关键就是调节电磁场来控制等离子的截面形状。在本例中，智能体需要根据当前系统的状态，控制 19 个线圈的电压大小，从而调整电磁场进而改变等离子体的截面以满足放热需求。可控核聚变技术的基本思路是首先构建核聚变的模拟器，其次使用 Actor-Critic 的强化学习训练框架训练策略网络，最后将训练好的策略网络迁移到实际的托马克装置上来控制 19 个线圈。

与其他任务相比，核聚变的线圈控制频率要求很高，一般需要达到 10kHz，即每个控制周期要小于 100μs，这给策略网络的计算带来巨大挑战。为了满足控制的实时性要求，策略网络参数不能太大，目前策略网络一般只用 4 层的前向神经网络。而 Critic 网络只在训练中使用，在部署和执行时不需要，因此 Critic 网络可以使用更大的循环神经网络。

9.5.2　AlphaGo 系列机器人

围棋起源于中国，博弈双方分别执白子和黑子，在 19×19 的棋盘上轮流落子，按照围棋的规则判断胜负。

围棋盘上有 361 个交叉点，每个点有三种可能状态（黑、白、无子），理论上的状态空间可以达到 3^{361} 种配置。虽然有些配置违反了围棋的规则，不是所有的配置都是合规的围棋局面，但即便是合规的局面数也非常巨大，甚至超过宇宙中估计的原子总数（大约为 10^{80}）。因此，这种庞大的状态空间使围棋成为一个极具挑战的游戏，对于传统棋类的搜索算法和人类的直觉来说都非常复杂。这也是为什么围棋在很长一段时间内被认为是人工智能研究领域中的一个巨大挑战，直到 2016 年 DeepMind 公司开发的 AlphaGo 诞生，图 9-9 展示了 AlphaGo 与围棋世界冠军柯洁对弈的过程。

AlphaGo 使用了自对抗强化学习算法优化策略网络和值网络。具体而言，训练过程分为自对抗数据产生过程和策略优化过程。

在自对抗过程中的每一步，智能体使用蒙特卡罗树搜索技术通过前向仿真和模拟得到当前状态下最优的策略，在蒙特卡罗树搜索的过程中，通过策略网络剪枝树的宽度，通过值网络剪枝树的深度；然后将蒙特卡罗树策略采样动作用于围棋对弈；每一步重复这个步骤，同时将蒙特卡罗树策略及每一步的状态信息保存下来，直到本局对抗结束，得到胜负数据，将这些数据保存起来。

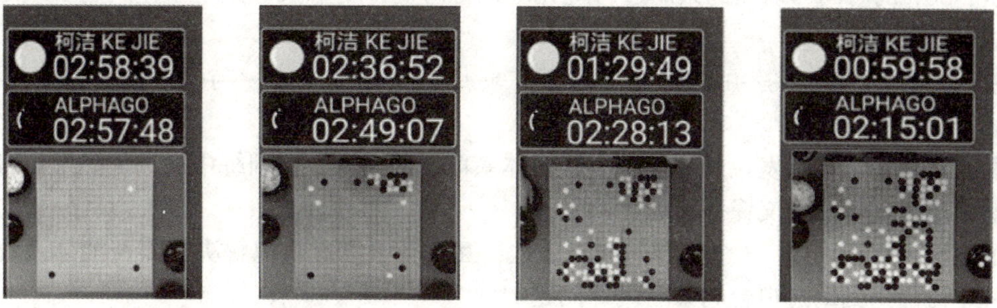

a)　　b)　　c)　　d)

图 9-9　2017 年 AlphaGo Master 围棋机器人与围棋世界冠军柯洁对弈的过程

在策略优化过程中，利用自对抗数据进行策略网络和值网络的优化。其中策略网络的优化利用的是保存的蒙特卡罗树搜索策略数据，值网络的优化利用的是每局胜负数据。

2016 年之后，AlphaGo 技术形成了一个系列，如未使用人类专家数据的 AlphaGo Zero，可以解决象棋、围棋、日本将棋的 AlphaZero，以及基于强化学习模型具有高学习效率的 MuZero。

9. 5. 3　AlphaStar

《星际争霸 Ⅱ》是由暴雪娱乐开发的即时战略游戏，图 9-10 展示了针对《星际争霸 Ⅱ》的 AlphaStar——一种具有划时代意义的 AI。在这个游戏中，玩家通过策略性地采矿、建设基地、组建军队并升级技术来与对手较量，目标是摧毁敌方的基地。比赛通常设置为 1 对 1 模式，玩家可以选择人族、神族或虫族进行对战。由于游戏规模较大有长期规划的需求、信息的不完全性以及零和博弈特性，为游戏找到最优策略极具挑战。AlphaStar 通过训练，击败了 99. 8%的专业玩家，达到了大师级水平。

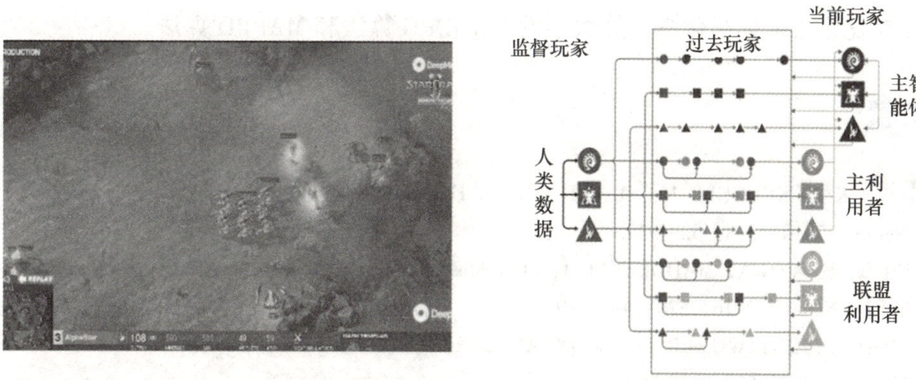

a）星际争霸 Ⅱ 对战画面　　b）联盟训练

图 9-10　星际争霸大师 AlphaStar

与单一智能体的训练相异，AlphaStar 使用了一种多智能体强化学习算法进行联盟训练，其联盟智能体由主智能体、主利用者和联盟利用者 3 部分组成，各自的职责如下：

主智能体 作为训练的中心，主智能体在训练中扮演多种角色，其中 35%的时间用于自对抗，50%的时间与以往的策略进行优先虚拟自对抗，剩余 15%则与联盟利用者或之前的策略进行对抗。

主利用者 专注于挖掘主智能体的潜在弱点，进行训练时，与主智能体进行频繁的对战。

联盟利用者 旨在发现并利用整个联盟体系可能的漏洞，在训练中通过优先虚拟自对抗与联盟中的其他智能体交锋。

通过这种联盟训练，3 个智能体同时进化，互相竞争，有效地解决了多智能体系统在学习过程中可能遇到的过拟合和策略循环问题。

本章小结

本章首先介绍了强化学习算法建模的基本理论马尔可夫决策过程，然后介绍了基于值函数的深度强化学习算法 DQN 算法和直接策略搜索算法。在直接策略搜索算法中，介绍了 3 类经典算法，分别是策略梯度算法、近端策略优化算法和深度确定性策略梯度算法。第 4 节介绍了常用的多智能体深度强化学习算法 MADDPG、QMIX 和 MAPPO 算法，最后第 5 节给出典型应用实例，包括可控核聚变、AlphaGo 系列机器人、AlphaStar。

思考题与习题

1. 在雅达利游戏和围棋游戏中，如何设置状态使得状态服从马尔可夫性。
2. DQN 算法中为什么要设置独立的目标网络。
3. 如何减小策略梯度的方差。
4. PPO 算法调试过程中有哪些技巧。
5. DDPG 算法的后续扩展算法有哪些。
6. 试对比多智能体强化学习算法中的 MADDPG 算法和 MAPPO 算法。

参考文献

[1] MNIH V，KAVUKCUOGLU K，SILVER D. et al. Human-level control through deep reinforcement learning [J]. Nature，2015，518：529-533.

[2] SILVER D，HUANG A，MADDISON C J， et al. Mastering the game of Go with deep neural networks and tree search [J]. Nature，2016，529：484-489.

[3] SILVER D，SCHRITTWIESER J，SIMONYAN K， et al. Mastering the game of go without human knowledge [J]. Nature，2017，550：354-359.

[4] SCHRITTWIESER J，ANTONOGLOU I，HUBERT T. et al. Mastering atari，go，chess and shogi by planning with a learned model [J]. Nature，2020，588：604-609.

[5] DEGRAVE J，FELICI F，BUCHLI J. et al. Magnetic control of tokamak plasmas through deep reinforcement learning [J]. Nature，2022，602：414-419.

[6] VINYALS O，BABUSCHKIN I，CZARNECKI W M. et al. Grandmaster level in StarCraft II using multi-agent

reinforcement learning [J]. Nature, 2019, 575: 350-354.

[7] SUTTON R S. Reinforcement learning an introduction [J]. Bradford Book, 2018.

[8] WILLIAMS R J. Simple statistical gradient-following algorithms for connectionist reinforcement learning [J]. Machine Learning, 1992, 8: 229-256.

[9] LILLICRAP P, HUNT J, PRITZEL A, et al. Continuous control with deep reinforcement learning [J]. ArXiv: 1509.02971, 2015.

[10] SCHULMAN J, WOLSKI F, DHARIWAL P, et al. Proximal policy optimization algorithms [J]. ArXiv. 1707.06347, 2017.

第 10 章　计算机视觉

导　读

本章首先从日常生活出发，以身边的计算机视觉应用为案例，如智能手机的人脸解锁、自动驾驶等，引出计算机视觉的概念。然后介绍在新技术革命的推动下，计算机视觉发展的历史进程。紧接着，本章深入浅出地介绍计算机视觉的三个核心任务，即图像分类、目标检测和语义分割。其中，每个任务均从基本概念、代表性方法、应用场景、发展趋势四个维度进行综合性介绍。通过这些内容，读者不仅能理解计算机视觉的基本原理，还能洞察其在现代社会中的重要价值与无限潜力，激发对未来智能生活的无限遐想。

本章知识点

- 计算机视觉的时代背景以及发展过程
- 计算机视觉的核心任务
- 计算机视觉的基本方法
- 计算机视觉的应用场景和发展趋势

10.1　概述

计算机视觉是一个融合了计算机科学、人工智能、数学、信号处理及机器学习的前沿领域，旨在赋予机器“视觉”，即解析、理解和解释图像及视频中的丰富信息。自 20 世纪 60 年代起，它经历了从理论探索到技术实践的漫长旅程，如今，特别是在深度学习革命之后，计算机视觉已深深嵌入我们的日常生活中，从智能手机的人脸解锁到自动驾驶汽车的道路识别，其影响无处不在。

计算机视觉的核心任务在于模拟人类的视觉感知过程，将复杂、非结构化的视觉数据转换成可被计算机理解的形式。这一过程始于图像的获取，例如通过摄像头捕捉现实世界的图像，或从数据库中提取数字图像等。接着是预处理阶段，包括噪声过滤、灰度化、色彩校正、图像增强等，这些操作有助于提升后续分析的精度和效率。

特征提取是计算机视觉中的关键环节，涉及从原始像素中抽取出对识别目标有区分度的特征，如边缘、角点、纹理等。早期方法依赖于手动设计的特征，如尺度不变特征变换（Scale-Invariant Feature Transform，SIFT）、加速稳健特征（Speeded Up Robust Features，SURF）等，但它们往往难以适应所有场景。进入 21 世纪第 2 个 10 年，深度学习技术的兴起彻底改变了这一局面。尤其是 CNN 的出现，通过多层结构自动学习图像的层次特征，不仅大幅提升了识别精度，还简化了特征工程的复杂度。

深度学习模型，尤其是 AlexNet 在 2012 年 ImageNet 图像识别竞赛上的成功，标志着计算机视觉新时代的到来。CNN 通过模仿生物视觉系统中的感受野机制，能够高效地识别和学习视觉模式，进而实现了在图像分类、目标检测、语义分割等领域的显著进步。此外，序列模型如 RNN 和 LSTM 的引入，使得计算机视觉能够处理时序图像数据，如视频分析和动作识别。GAN 的创新则开启了图像生成和编辑的新篇章，能够创造出几乎与真实照片无异的合成图像。ViT 通过自注意力机制，能够捕捉图像中的长距离依赖关系，带来了计算机视觉领域的又一次技术飞跃。

计算机视觉的应用领域广泛且深入。在医疗健康方面，通过图像识别技术，医生可以更准确地诊断疾病，如皮肤癌、糖尿病、视网膜病变等；在农业领域，无人机搭载的视觉系统能帮助农民精准监测作物生长状况，优化灌溉和施肥策略；零售业中，视觉技术用于顾客行为分析，提升购物体验和库存管理效率；在安全监控领域，智能视频分析能够实时识别异常行为，有效预防犯罪和事故。

尽管计算机视觉取得了巨大成就，但仍面临诸多挑战，包括如何在小样本情况下实现高效学习、如何在复杂动态环境中保持鲁棒性以及如何解决隐私保护与伦理道德问题。随着算法的不断优化、硬件能力的提升以及跨学科合作的加深，计算机视觉的未来将充满无限可能，持续推动科技与社会的深度融合与发展。

10.2 图像分类

10.2.1 基本概念

1. 图像分类的定义

图像分类是指将输入图像归类到预定义的类别中的任务。例如，ImageNet 大规模视觉识别挑战赛（ImageNet Large Scale Visual Recognition Challenge，ILSVRC）要求图像分类模型识别出上千种不同的物体类别。

一般的图像分类任务通常涉及的类别相对宽泛，例如图 10-1 左所示，将图片分类为鸟、狗或橘子。细粒度图像分类任务要求在已经分出基本类别的基础上，进行更加精细的子类划分。例如图 10-1 右所示，模型不但需要识别出图像中是狗，还需要精确对狗的品种（哈士奇、萨摩耶犬和阿拉斯加雪橇犬等）进行识别。

无论是一般图像分类还是细粒度分类，它们都基于机器学习技术，且使用类似的评价指标。总的来说，两者都是图像分类的范畴，但细粒度图像分类在任务难度、特征需求和应用场景上提出了更高要求。

2. 图像分类的基本流程

图像分类的基本流程主要包括五个步骤，分别是数据收集、数据预处理、模型训练、模型评估和模型部署。这里我们以 MNIST 手写数字识别进行图像分类演示。

（1）**数据收集** 需要获取足够的标注过的图像数据集。

（2）**数据预处理** 使用图像缩放、归一化和数据增强等算法对原始图像进行预处理，以方便后续的特征提取。

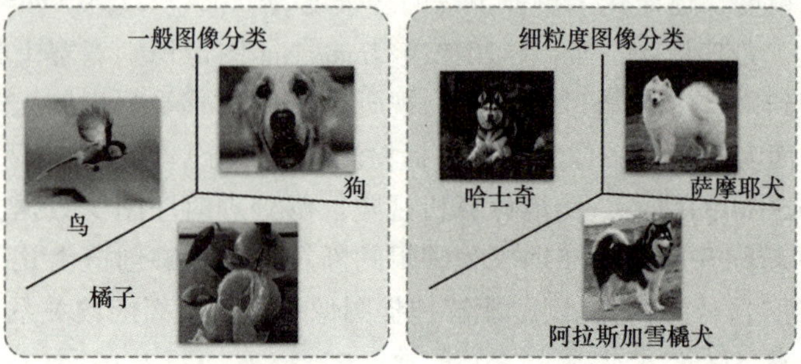

图 10-1 一般图像分类和细粒度图像分类

```
# 导入所需的包，这里我们使用常用的 PyTorch 深度学习框架
import matplotlib.pyplot as plt
import torch,os
from torchvision.datasets import MNIST
from torchvision import transforms
from torch.utils.data import DataLoader
from torch import nn
from PIL import Image
import numpy as np

# 定义图像预处理归一化方法
transform = transforms.Compose([
    transforms.ToTensor(),
    transforms.Normalize((0.1307,),(0.3081))
])

# 训练数据集
train_data = MNIST(root='./data',train=True,download=True,transform=transform)
train_loader = DataLoader(train_data,shuffle=True,batch_size=64)

# 测试数据集
test_data = MNIST(root='./data',train=False,download=True,transform=transform)
test_loader = DataLoader(test_data,shuffle=False,batch_size=64)
```

（3）**模型训练** 使用设计好的深度学习模型对预处理后的数据进行训练。

```
# 构建模型
class Model(nn.Module):
    def __init__(self):
        super(Model,self).__init__()
        self.linear1 = nn.Linear(784,256)
        self.linear2 = nn.Linear(256,64)
        # 10 个手写体数字，对应最终输出 10 个类别
        self.linear3 = nn.Linear(64,10)
```

```
    def forward(self,x):
        x = x.view(-1,784)
        x = torch.relu(self.linear1(x))
        x = torch.relu(self.linear2(x))
        x = torch.relu(self.linear3(x))
        return x

# 实例化模型对象
model = Model()
# 定义损失函数，这里使用交叉熵损失
criterion = nn.CrossEntropyLoss()

# 定义模型训练函数
def train():
    for index,data in enumerate(train_loader):
        # input 为输入数据，target 为标签
        input,target = data
        # 梯度清零
        optimizer.zero_grad()
        # 模型预测
        y_predict = model(input)
        # 计算损失
        loss = criterion(y_predict,target)
        # 反向传播
        loss.backward()
        # 更新参数
        optimizer.step()
        # 每一百次保存一次模型，打印损失
        if index% 100 == 0:
            # 保存模型参数
            torch.save(model.state_dict(),"./model/model.pkl")
            # 保存优化器参数
            torch.save(optimizer.state_dict(),"./model/optimizer.pkl")
            print("损失值为:%.2f" % loss.item())
```

（4）**模型评估**　使用评估指标对模型性能进行定量评估。

```
# 定义模型测试函数
def test():
    # 正确预测的测试图片个数
    correct = 0
    # 测试图片总数
    total = 0
    # 测试时禁用梯度
    with torch.no_grad():
        for data in test_loader:
            # input 为输入数据，target 为标签
            Input,target = data
```

```
        # output 输出 10 个类别的预测概率，其中最大的即为预测类别
        output = model(input)
        # probability 为最大概率值，predict 为最大概率值对应的类别
        probability,predict=torch.max(output.data,dim=1)
        # 统计已测试的图片个数
        total+= target.size(0)
        # 计算预测类别 predict 和标签类别 target 相同的图片个数
        correct+=(predict == target).sum().item()
    # 计算预测准确率
    print("准确率为:%.2f"%(correct / total))

# 进行 10 轮训练和测试
for i in range(10):
    train()
    test()
```

（5）**模型部署** 将训练好的模型应用到实际场景中。这里，我们使用训练好的模型，对自己拍摄的图像进行识别。

```
# 自定义手写图像预测函数
def test_mydata():
    # 读取自定义手写图像
    image = Image.open('./test/test_one.png')
    # 裁剪尺寸为 28*28
    image = image.resize((28,28))
    # 转换为灰度图像
    image = image.convert('L')
    transform = transforms.ToTensor()
    image = transform(image)
    image = image.resize(1,1,28,28)
    # 模型预测
    output = model(image)
    # 获取预测概率和预测结果
    probability,predict=torch.max(output.data,dim=1)
    print("手写数字为:%d,概率为:%.2f"%(predict[0],probability))
    plt.title('手写数字为:{}'.format((int(predict))),fontname="SimHei")
    # 可视化输入的自定义手写图像
    plt.imshow(image.squeeze())
    plt.show()

# 运行测试函数
test_mydata()
```

3. 图像分类的主要挑战

图像分类的挑战主要来自以下四个方面：

（1）**数据质量** 由于深度学习模型是数据驱动的，因此标注数据的准确性和多样性对模型性能至关重要。

（2）**计算资源** 深度学习模型的训练需要大量计算资源，通常我们需要使用高性能

图像处理器（GPU）和专为人工智能设计的张量处理单元（TPU）等进行模型训练和推理等操作。

（3）**泛化能力**　深度学习模型的泛化能力是指模型在未见过的新数据上表现良好的能力，即模型不仅能在训练数据上取得良好的性能，还能在测试数据或实际应用中的数据上取得同样优秀的性能，而这些数据通常与训练数据的数据分布不同。

（4）**实时性**　在自动驾驶和工业产线检测等实际应用中，图像分类不仅要求高精度，还要求高效率，需要在极短的时间内完成分类任务。

4. 图像分类数据集介绍

（1）**CIFAR-10**　CIFAR-10 数据集是一个广泛用于机器学习和计算机视觉研究的图像数据集。它由加拿大高级研究院（Canadian Institute For Advanced Research，CIFAR）和多伦多大学的 Alex Krizhevsky、Vinod Nair 和 Geoffrey Hinton 于 2009 年发布。CIFAR-10 由 60000 张分辨率为 32×32 的彩色图像组成。每张图像都标有十个相互排斥的类别之一：飞机、汽车、鸟、猫、鹿、狗、青蛙、马、船和卡车。数据集中，每类有 6000 张图像，并以 5∶1 的比例被划分为训练集和测试集。每个类别都包含复杂的背景和多种姿态、尺寸、颜色的对象，因此该数据集对图像分类任务提出了一定的挑战。

（2）**ImageNet**　ImageNet 是一个用于视觉对象识别算法研究的大型可视化数据库，由斯坦福大学的李飞飞教授团队创建。这个数据集包含超过 1400 万张带有标注的图像，涵盖超过 2 万个类别，是计算机视觉领域中被广泛使用的数据集之一。每个图像都有一个与之关联的标签，标签对应着图像所属的类别。每个类别都有数千到数百万张不同角度和环境下的图像，这些图像被用于图像分类、目标检测和语义分割等任务中。

10.2.2　图像分类基本方法

1. 传统图像分类方法

图像分类需要模型理解图像中的关键特征，并将这些特征与已知类别匹配。传统图像分类方法主要包括特征提取和特征分类两个步骤。首先使用手工设计的特征器提取图像特征，之后再使用传统机器学习分类器对特征进行分类，这些方法在深度学习兴起之前被广泛应用。

特征提取　从图像中提取能够代表图像内容的特征来帮助后续算法有效地进行分类。常用的特征提取技术包括：颜色特征，如颜色直方图、颜色矩和颜色相关图等；纹理特征，如灰度共生矩阵（Gray-Level Co-occurrence Matrix，GLCM）、Gabor 滤波器和局部二值模式（Local Binary Pattern，LBP）等；形状特征，如 Sobel 边缘提取、轮廓提取和霍夫变换等；关键点特征，如尺度不变特征变换（SIFT）、加速稳健特征（SURF）和方向梯度直方图（Histogram of Oriented Gradient，HOG）等。

特征分类　在完成特征提取后，传统图像分类方法通常使用机器学习算法进行分类，例如 K 近邻算法、支持向量机、决策树、随机森林、朴素贝叶斯和线性判别分析等。

2. 深度学习图像分类方法

（1）**卷积神经网络**　尽管传统图像分类方法在早期的图像分类任务上取得了巨大成功，但这些方法在处理复杂场景和大规模数据集时却表现不尽如人意。随着深度学习尤其是 CNN 的兴起，图像分类的性能得到了显著提升，基于 CNN 的图像分类方法是当前最主流和成功的图像分类方法之一。

第一个用于图像分类任务的典型 CNN 是 1998 年由 Yann LeCun 提出的 LeNet，其主要用来进行手写字符的识别与分类。后来，AlexNet、VGG、GoogleNet、ResNet 等经典网络不断涌现，接连刷新 ILSVRC 比赛的性能记录，极大地提升了图像分类的性能。值得注意的是，上述经典网络中的多尺度学习和残差学习思路被广泛应用于后续的网络设计中，启发了许多其他深度学习模型的创新，如 DenseNet、ResNeXt 等。

由于本书的第 3 章对卷积神经网络的基本原理和代表性方法进行了系统性的介绍，本章不再赘述。

（2）**数据增强与正则化技术** 在深度学习中，数据增强和正则化技术是提高模型泛化能力、减少过拟合的重要手段。数据增强技术的应用不仅可以扩展训练数据集，还可以使模型更具鲁棒性和适应性，能够更好地处理不同的输入变体，在一定程度上减少了模型过拟合。正则化技术通过在损失函数中加入额外项来限制模型的复杂度，防止模型过拟合。

常见的数据增强技术主要包括四大类，分别是几何变换、颜色变换、噪声添加和混合方法。几何变换通常对图像进行旋转、翻转、裁剪、缩放和平移等变换。颜色变换包括随机改变图像的亮度、对比度、饱和度和色调，模拟不同光照条件下的图像等。噪声添加包括在图像中添加高斯噪声和椒盐噪声等。具有代表性的混合方法包括 Cutout、Mixup 和 CutMix 等。Cutout 方法在图像中随机遮挡部分区域，Mixup 方法将两张图像按照一定比例混合生成新的图像，CutMix 方法将一张图像的某个区域替换为另一张图像的对应区域。

常见的正则化技术包括 L_2 正则化（权重衰减）、L_1 正则化、Dropout、批量正则化（Batch Normalization）、Early Stopping 和数据正则化。L_2 正则化在损失函数中加入权重参数的平方和乘以一个正则化系数，通过惩罚大权重，促使模型权重分布更加平滑，从而减少过拟合。L_1 正则化在损失函数中加入权重参数的绝对值和乘以一个正则化系数，促使模型权重稀疏化，有利于特征选择和模型解释。Dropout 在每次训练过程中，随机将一部分神经元的输出置为 0，通过在训练过程中随机失活一部分神经元，减少神经元间的相互依赖，从而提高模型的泛化能力。Batch Normalization 在每一层的输入上做标准化，使其均值为 0，方差为 1，并引入可学习的缩放和平移参数，通过标准化输入，减少内部协方差偏移，加速模型训练，提高模型的稳定性和泛化能力。Early Stopping 在验证集上监控模型的性能，当验证集性能不再提升时提前停止训练，避免模型在训练集上过拟合，提高泛化能力。数据正则化通过在训练数据中增加噪声或者进行平滑处理，使得模型更加鲁棒，减少过拟合。

通过结合数据增强和正则化技术，可以显著提高深度学习模型的泛化能力，使其在实际应用中表现更加稳定和可靠。这些技术在图像分类任务中得到了广泛应用，是深度学习模型训练过程中不可或缺的重要环节。

（3）**预训练模型与迁移学习** 随着深度学习技术的进步，图像分类的准确性得到了显著提升。然而，训练一个高性能的图像分类模型通常需要大量标注数据和计算资源，这成为许多研究和应用的瓶颈。预训练模型与迁移学习技术的出现，为这一挑战提供了有效的解决方案。

预训练模型是指在大规模图像数据集（如 ImageNet）上预先训练好的深度学习模型，这些模型通常基于复杂的网络架构，如 VGG、ResNet 等。预训练过程中，模型学会了从大量的原始像素数据中抽取有用的特征，这些特征对于图像内容的理解至关重要。预训练模型捕获的低级至高级特征可用于多种图像识别和理解任务，不必从头开始学习。这样，对于新任务，尤其是数据量有限的情况，预训练模型可以作为强大的特征提取器，显著提升模型的泛化能力。同时，利用预训练模型作为起点，可以缩短训练时间，减少对计算资源的需求。

迁移学习是一种机器学习方法，它允许我们将一个任务上学到的知识（如预训练模型）应用到另一个相关但不同的任务上。在图像分类中，这意味着将预训练模型调整以适应新的分类任务，而不是从零开始训练模型。最直接的迁移学习策略是冻结预训练模型的所有层（或除输出层外的所有层），仅在顶部添加新的分类层，并针对新任务微调这些新层。在某些情况下，除了添加新层外，还会解冻部分或全部预训练模型的层进行微调，以适应新数据集的特征，这要求目标任务数据量足够大以避免过拟合。另外，在某些复杂场景下，可以同时在多个相关任务上训练模型，共享不同任务低级特征的同时学习每个任务特有的高层特征。

下面我们给出一个利用预训练模型进行迁移学习的步骤示例：

选择预训练模型　根据任务需求选择合适的预训练模型，需考虑模型的大小、复杂度以及与任务的相关性。

模型结构调整　根据是否微调确定调整模型结构的方式，添加或修改输出层以匹配新任务的类别数。

数据准备　准备并预处理目标数据集，确保其与预训练模型的输入格式兼容。

训练与微调　执行特征提取或微调流程，监控模型性能，适时调整学习率、批次大小等超参数。

评估与优化　使用验证集评估模型性能，根据结果调整模型或训练策略，直至达到满意的准确率。

综上所述，预训练模型与迁移学习极大地促进了图像分类乃至整个计算机视觉领域的进步，降低了资源门槛，加速了算法的开发周期。随着模型规模的不断扩大和算法技术的持续创新，预训练模型与迁移学习在未来的图像识别和理解任务中将继续扮演重要角色，推动人工智能技术的普及与深化应用。

3. 图像分类的评价指标

在评估图像分类的模型时，可以使用多个不同评价指标综合评价模型的好坏。这些评价指标可以帮助我们理解模型的优势和缺陷。

（1）**二分类任务评价指标**

二分类任务是指目标类别只有两个的分类任务，如 0、1 分类。二分类任务的评价指标主要包括准确率、精确率、召回率、F1-Score、AUC、ROC、P-R 曲线等。

混淆矩阵（Confusion Matrix）　混淆矩阵是用来总结一个分类器结果的矩阵，它通过比较模型的预测类别与真实类别，系统地总结了模型在分类任务上的表现。它包括 TP、FP、TN、FN 四个值，许多常用的评价指标都是通过混淆矩阵的统计结果计算出来的。

True Positive（TP）　被正确地划分为正例的个数，即实际为正例且被分类器划分为正例的实例数。

False Positive（FP）　被错误地划分为正例的个数，即实际为负例但被分类器划分为正例的实例数。

True Negative（TN）　被正确地划分为负例的个数，即实际为负例且被分类器划分为负例的实例数。

False Negative（FN）　被错误地划分为负例的个数，即实际为正例但被分类器划分为负例的实例数。

值得注意的是，TP、FP、TN、FN 的和是总样本数。

准确率（Accuracy）　表示模型正确预测的样本数占总样本数的比例。计算公式如下：

$$\text{Accuracy}=\frac{\text{TP}+\text{TN}}{\text{TP}+\text{TN}+\text{FP}+\text{FN}} \tag{10-1}$$

特异度（Specificity）　表示模型正确预测的负样本数占总负样本数的比例。计算公式如下：

$$\text{Specificity}=\frac{\text{TN}}{\text{TN}+\text{FP}} \tag{10-2}$$

FPR（False Positive Rate）　表示模型预测的正样本中的实际负样本占所有负样本的比例。FPR 越大，预测正样本中的实际负样本越多。计算公式如下：

$$\text{FPR}=\frac{\text{FP}}{\text{TN}+\text{FP}} \tag{10-3}$$

精确率（Precision）　又称查准率，表示模型正确预测的正样本数占预测的总正样本数的比例。计算公式如下：

$$\text{Precision}=\frac{\text{TP}}{\text{TP}+\text{FP}} \tag{10-4}$$

召回率（Recall）　又称查全率，表示正样本中，被模型正确预测为正样本的比例。计算公式如下：

$$\text{Recall}=\frac{\text{TP}}{\text{TP}+\text{FN}} \tag{10-5}$$

F1-Score　表示精确率和召回率的调和平均值，用于同时衡量模型的精确率和召回率。计算公式如下：

$$\frac{2}{F_1}=\frac{1}{\text{Precision}}+\frac{1}{\text{Recall}} \tag{10-6}$$

$$F_1=\frac{2\times\text{Precision}\times\text{Recall}}{\text{Precision}+\text{Recall}} \tag{10-7}$$

P-R 曲线（Precision-Recall Curve）　表示横纵坐标分别为召回率和精确率的曲线。我们通常需要一个阈值来区分模型预测的类别，例如我们通常使用 0.5 为一个阈值，预测结果大于 0.5 分类为正类，预测结果小于 0.5 分类为负类。P-R 曲线可以帮我们找到一个合适的阈值让模型同时具备较高的精确率和召回率。P-R 曲线的示例图如图 10-2 所示。

AP（Average Precision）　AP 是 P-R 曲线下面积。通常来说，AP 值越高，模型分类效果越好。AP 可以看作是 P-R 曲线的一个量化指标。

ROC 曲线（Receiver Operating Characteristic）　ROC 曲线的横纵坐标分别为 FPR 和 TPR

(True Positive Rate)，其中 TPR 与召回率相同。ROC 曲线可以评价模型在不同阈值时的表现。ROC 曲线有一个很好的特性，当测试集中的正负样本比例分布变化时，ROC 曲线能够保持不变，即它对正负样本不均衡问题不敏感。所以对不均衡样本问题，通常选择 ROC 曲线作为评价标准。ROC 曲线示例图如图 10-3 所示，ROC 曲线越接近左上角，表示模型的性能越好，若一个模型的 ROC 曲线在另一个模型的 ROC 曲线的左上方，那么可以判断前者的性能要更好。

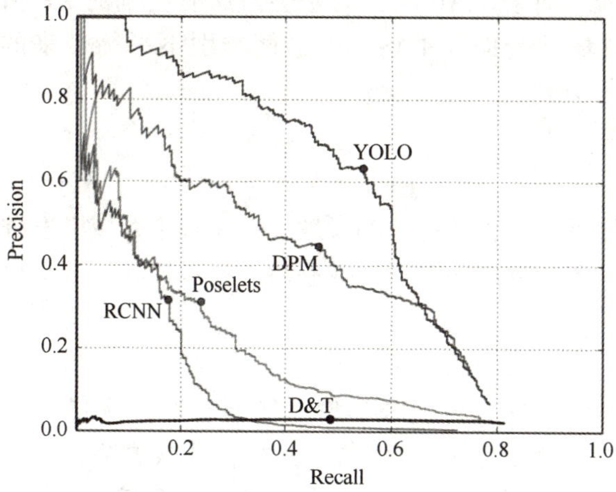

图 10-2 不同模型的 P-R 曲线示例图

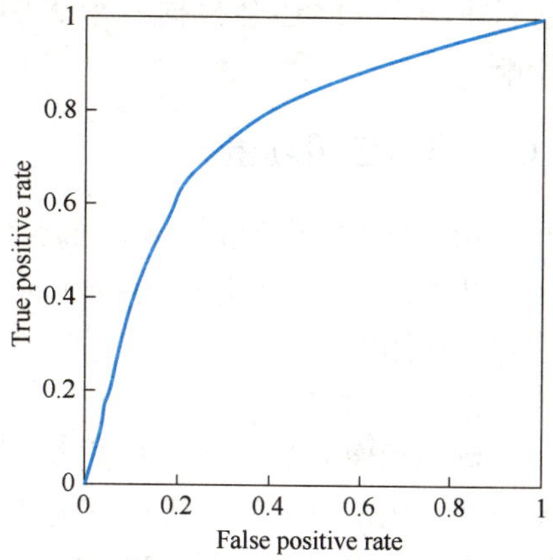

图 10-3 ROC 曲线示例图

AUC（Area Under Curve） AUC 为 ROC 曲线下的面积，取值范围在 0~1 之间。当 AUC 等于 0.5 时，相当于随机预测；AUC 越接近 1 则模型分类性能越好，越接近 0 则模型性能越差。AUC 可以看作 ROC 曲线的一个量化指标。

（2）**多分类任务评价指标**

Accuracy_top1 Accuracy_top1 也称为 Top-1 准确率，指的是模型预测的最高概率类别与真实的类别完全匹配的比例。换句话说，如果模型对于每个样本预测的最有可能的类别就是实际类别，那么这个样本就被认为是正确分类的。Top-1 准确率衡量的是模型直接给出正确答案的能力。

Accuracy_top5 Accuracy_top5 即 Top-5 准确率，放宽了正确答案的标准。在这个指标下，如果模型预测的最高概率的五个类别中包含真实类别，就算作预测正确。这意味着即使模型没有将最正确的类别排在第一位，只要它在前五名之内，也会被计入成功预测。Top-5 准确率在类别很多的情况下更为宽容，尤其适用于如 ImageNet 这样包含大量细分类别的数据集。

Macro 指标 Macro 指标即宏观平均，对于每一个类别，首先独立计算该类别的精确率、召回率或 F1 分数。然后，将所有类别的这些指标取平均值得到最终的 Macro 指标。这意味着每个类别在计算过程中拥有平等的权重，不管类别中的样本数量有多少。值得注意的是，Macro 平均对类别不平衡的数据集更为敏感，因为它给予每个类别相同的关注，样本少的类别的影响不会被样本多的类别所淹没。当所有类别的性能都非常重要时，Macro 平均是一个合适的选择。

Micro 指标 Micro 指标即微观平均，首先，对所有的预测结果（而非每个类别单独）

进行汇总，计算总的TP、FP、TN和FN。然后，基于这些总量计算整体的精确率、召回率或F1分数。Micro平均关注的是整体的分类性能，而不是单个类别的表现。Micro平均不太受类别不平衡的影响，因为它基于所有类别的总和进行计算。在类别数量较多且某些类别样本量悬殊的情况下，Micro平均可以提供一个整体性能的直观评估。

mAP（mean Average Precision） mAP是对所有类别分别计算AP之后的平均值。这意味着，mAP考虑了模型在所有类别上的平均表现，而不仅是表现最好的几个类别，因此它能够更全面地评估模型在多类别任务上的性能。计算mAP时，通常会对所有类别的AP值进行平均，有时还会根据每个类别的样本数量进行加权平均，以平衡类别不平衡带来的影响。

10.2.3 应用场景

深度学习在图像分类领域的突破，极大地推动了各行各业的发展，并在多个领域中发挥了重要作用。随着深度学习技术的不断发展，图像分类的精度和效率将进一步提高，推动更多创新应用的实现。

1. 医学诊断

利用图像分类技术可以进行医学诊断和病例分析等。医学诊断能够对医疗影像（如X光片、MRI、CT等）进行分类和分析，辅助医生进行疾病诊断。例如，乳腺癌筛查中的乳腺X光片分类，脑部MRI扫描中的肿瘤检测等正是应用了此技术。病例分析可以自动化分类病理切片图像，识别癌细胞等病变组织，提高病理分析效率。例如，相关人员可以利用图像分类对病理显微镜图像中的细胞分类与计数等。

2. 自动驾驶

利用图像分类技术可以进行障碍物检测和交通信号识别等。障碍物检测通过图像分类识别道路上的行人、车辆、交通标志等障碍物，辅助自动驾驶系统做出决策。例如，Tesla、Waymo等自动驾驶汽车研发的实时图像识别系统。交通信号识别可以识别交通信号灯和交通标志，确保自动驾驶系统遵守交通规则，具体应用于自动驾驶中的交通标志分类与识别等。

3. 安防监控

利用图像分类任务可以进行异常行为检测和身份识别等。异常行为检测利用图像分类技术监控视频流，检测异常行为如入侵、打架等。例如，智能监控系统能够对异常行为识别与报警。身份识别通过人脸识别技术对监控视频中的人员进行身份验证和追踪，具体应用于公共场所如机场中的人脸识别安防系统等。

4. 工业质量检测与缺陷识别

利用图像分类任务可以进行产品质量检测和缺陷分类。利用图像分类技术对工业生产中的产品进行质量检测，识别瑕疵和缺陷。例如，制造业中的自动化检测系统，如PCB缺陷检测。缺陷分类对检测到的缺陷进行分类，以便采取相应的维修或改进措施，例如对汽车制造中的零部件缺陷进行分类等。

5. 增强现实（AR）与虚拟现实（VR）

利用图像分类任务可以进行物体识别和场景理解等。在AR/VR环境中，利用图像分类技术识别和追踪真实世界中的物体。例如，AR应用能够进行物体识别与交互，具体应用有

Snapchat 的 AR 滤镜等。图像分类也可以理解和分类虚拟环境中的场景和对象，增强用户体验。例如，VR 游戏可以对场景分类、识别互动对象等。

6. 电子商务中的图像搜索与推荐

利用图像分类任务可以进行图像搜索和个性化推荐等。图像分类技术实现以图搜图，从而提高用户在电商平台上的搜索效率。具体应用于淘宝、Amazon 等平台的图像搜索功能等。根据用户浏览的图像内容进行商品推荐，提升用户体验和购买率。例如，电商平台能够根据用户浏览和搜索的图片进行个性化商品推荐等。

7. 环境监测

利用图像分类技术监测自然环境中的变化，如森林火灾、海洋污染等。具体应用于卫星图像中的环境变化检测与分类等。

8. 农业科技

在农业中应用图像分类技术识别作物病害、估算产量等。具体应用于无人机图像中的作物健康监测与病虫害识别等。

9. 社交媒体与内容审核

利用图像分类任务可以进行内容审核和图像标签与分类等。自动化识别并过滤违规内容，如暴力、色情、仇恨言论等。具体应用于 Facebook、X（原 Twitter）等平台的内容审核系统等。对用户上传的图片进行自动分类和标签，便于内容管理和推荐。具体应用于 Instagram 的图片分类与标签推荐系统等。

10.2.4 发展趋势

图像分类技术在近年来取得了显著进展，并且在未来有望继续推动计算机视觉领域的发展。然而，尽管目前已经取得了显著的成就，图像分类的未来仍充满挑战和机遇。下面介绍一些未来极具前景的研究方向和发展趋势。通过这些发展趋势，图像分类技术将在未来继续取得突破，并在更多应用场景中展现其强大的能力。技术的进步不仅会提升分类精度和效率，还将推动图像分类在实际应用中的普及和创新。

1. 注意力机制（Attention Mechanisms）

近年来，注意力机制已成为深度学习领域的一项革命性技术，特别是在自然语言处理和计算机视觉任务中展现出了显著效果。注意力机制的核心思想在于使模型能够动态地聚焦于输入数据中最重要的部分，而不是均匀分配计算资源。这种“按需”处理信息的能力，提高了模型对复杂数据的理解和处理能力。在图像分类任务中，注意力机制可以通过强调图像的关键区域来提升分类性能，例如 SENet 通过学习对通道的加权来实现更有效的特征再校准。

2. 视觉自注意力模型（Vision Transformer，ViT）

自从 Vaswani 等人于 2017 年提出 Transformer 模型以来，它凭借其并行处理能力和对长序列的强大处理能力，迅速成为了 NLP 领域的基石。近年来，Transformer 架构也被成功应用于计算机视觉任务，如图像分类、物体检测、图像分割等，展现出甚至超越基于 CNN 的模型的性能。ViT 通过将图像分割成多个图像块，并将其视为序列输入到 Transformer 中处理，实现了对全局上下文的有效建模。此外，通过引入位置编码、分层结构和局部注意力机制等改进，Transformer 在 CV 领域的应用变得更加灵活和高效。

3. 混合架构

随着对模型效率和性能平衡需求的增加，混合架构成为研究热点。结合 CNN 的局部感受野优势和 Transformer 的全局注意力能力，研究人员设计出了一系列混合模型。例如，将 Transformer 块嵌入到 CNN 架构中，或者在 Transformer 之前使用轻量级 CNN 作为特征提取器，以减少计算量同时保留强大的表达能力。这种结合方式旨在融合两种架构的优点，提升模型在资源受限环境下的表现。

4. 自适应与轻量化设计

针对计算资源有限的设备，轻量化和自适应设计成为图像分类模型发展的一个重要趋势。这包括模型压缩、量化、剪枝以及针对特定任务或硬件的神经网络架构搜索（Neural Artchitecture Search，NAS）等技术。轻量级 Transformer 的变种，如 Tiny Transformer、MobileViT 等，旨在减少模型参数和计算量，同时保持较高的分类精度，使得自注意力模型能够在移动设备和边缘计算场景中广泛应用。

5. 数据增强与合成

获取多样化的数据对于数据驱动的深度学习模型至关重要。然而，采集大量的标注数据会带来巨大的经济和人力成本。利用对抗训练、GAN 等技术生成高质量的合成数据，可以增强训练集多样性，提高模型泛化能力。同时，利用 3D 建模和渲染技术生成多样化的训练数据，减少对真实数据的依赖。

6. 自监督与弱监督学习

鉴于高质量标注数据的稀缺性，自监督和弱监督学习方法在图像分类中逐渐受到重视。这些方法通过设计创新的预训练任务，从无标注或部分标注数据中学习有用的表征，随后在下游任务中进行微调。实例包括 MoCo（Momentum Contrast）、SwAV（Swapping Assignments between multiple Views of the same image）等自监督学习框架，它们通过对比学习或聚类策略促进了视觉表示的泛化能力。

7. 可解释性与可信性

目前的深度学习方法仍是一个黑盒模型。我们希望提升图像分类模型的可解释性，帮助用户理解模型决策过程，增加信任度。尽管已经有一些方法，例如 Grad-CAM（Gradient-weighted Class Activation Mapping）等，尝试解释图像分类模型的决策依据，但其应用场景仍然受限。同时，确保图像分类模型在不同人群和场景中的公平性，避免偏见和歧视，遵循伦理规范至关重要。如何评估和消除模型中的性别、种族偏见，遵循 AI 伦理规范，仍有待进一步探索。

10.3 目标检测

在数字化时代的浪潮中，目标检测技术以其独特的魅力和无可比拟的实用价值，成为计算机视觉领域的璀璨明珠。目标检测技术旨在模仿人类视觉系统的功能，通过算法和模型识别和定位图像或视频中的具体物体。从早期的简单算法到现今的深度学习方法，这一领域经历了飞速的发展，其应用范围也从简单的图像分类扩展到了复杂的三维空间识别。本书旨在为读者提供一个目标检测领域的基本介绍，包括其基本概念、主流技术、评价指标、应用场景和发展趋势等。我们会深入探讨目标检测的各种基本概念，再到新兴的检测技术，并讨论如何通过各种评价指标来衡量目标检测模型的性能。最后，我们将展望目标检测的未来发展方向，这些方向不仅令人激动，同时也充满了挑战。

10.3.1　基本概念

目标检测（Object Detection）算法是一种计算机视觉算法，旨在让计算机能够像人眼一样识别和定位图像中的物体。具体来说，它不仅需要识别出图像中有哪些对象，还要确定它们在图像中的位置以及它们的类别。目标检测的本质是对视觉信息进行解析，使计算机能够理解图像中的内容。这涉及图像处理、特征提取、模式识别和机器学习等多个层面。常见的目标检测算法包括传统的基于特征的方法以及基于深度学习的方法。

10.3.1.1　传统目标检测

传统的基于特征的目标检测算法通常是基于手工设计的特征和机器学习分类器的组合。这些算法通常包括以下步骤：特征提取、生成候选区域、将特征输入分类器和边界框回归。

1. 特征提取

使用各种计算机视觉技术和特征描述符来提取图像中的特征。传统的特征包括 HOG（方向梯度直方图 Histogram of Oriented Gradient）、SIFT（尺度不变特征变换，Scale Invariant Feature Transform）和 SURF（加速稳健特征，Speeded Up Robust Feature）等。

2. 生成候选区域

使用候选生成算法在图像中生成目标候选区域。常用的算法包括滑动窗口（Sliding Window）和选择性搜索（Selective Search）等。

3. 将特征输入分类器

将提取的特征输入到分类器中，以区分目标和非目标区域。常用的分类器包括支持向量机（Support Vector Machine，SVM）、AdaBoost 和级联分类器等。

4. 边界框回归

对于被分类为目标的区域，使用回归算法来精确定位目标的边界框。

10.3.1.2　深度学习目标检测

2012 年起，卷积神经网络（CNN）的广泛应用使得目标检测也开启了新的征程。2014 年，区域卷积神经网络（R-CNN）算法横空出世，目标检测开始以前所未有的速度快速发展。主流的目标检测模型通常基于卷 CNN 和 R-CNN，通过训练大量数据集，可以学习到图像中的特征表示和目标的空间位置信息，从而实现准确的目标检测。在深度学习时代，目标检测算法根据检测思想的不同通常可以分为两大类别：双阶段（Two-stage）目标检测和单阶段（One-stage）目标检测。

双阶段目标检测算法基于区域候选框，是一个“由粗到细”的过程。首先产生区域候选框，其次提取每个候选框的特征，最后产生位置框并预测对应的类别，特点是精度高但速度慢。最早期的 R-CNN 算法利用“选择性搜索”方法产生候选框、卷积神经网络提取特征、支持向量机分类器进行分类和预测。虽然 R-CNN 算法具有一定的开创性，但生成的候选框大量重叠，存在计算冗余的问题。

单阶段目标检测算法基于边界框的回归，是一个“一步到位”的过程。单阶段检测网络在产生候选框的同时进行分类和边界框回归，特点是速度快但精度稍逊。2016 年 YOLO

算法提出，该算法将图像分割成 $S \times S$ 个网格，基于每个网格对应的包围框直接预测类别概率和回归位置信息。

基于深度学习的目标检测方法在过去十年中取得了显著的发展，大量方法和模型被设计出来用于解决不同的任务和难题，下文介绍了几种代表性的目标检测算法。

1. R-CNN 系列

区域卷积神经网络（Region-based Convolutional Neural Networks，R-CNN）是深度学习目标检测的开创性工作之一。R-CNN 通过选择性搜索（Selective Search）算法生成候选区域，然后使用 CNN 对每个候选区域进行分类和边界框回归。随后，Fast R-CNN 和 Faster R-CNN 进一步优化了速度和准确性。

2. YOLO 系列

YOLO（You Only Look Once）是一种实时目标检测方法，通过将目标检测任务转化为回归问题，直接在图像上预测目标的边界框和类别。YOLOv1 提出了全新的检测框架，随后的 YOLOv2、YOLOv3 和 YOLOv4 进一步提升了准确性和速度。

3. SSD

SSD（Single Shot MultiBox Detector）是一种单阶段的目标检测模型。SSD 在图像的不同尺度上预测目标的边界框和类别，并使用多个卷积层来提取不同尺度的特征，具有较快的检测速度和较好的检测性能。

4. RetinaNet

RetinaNet 是一种基于特征金字塔网络（Feature Pyramid Network，FPN）的目标检测模型。RetinaNet 通过融合不同尺度的特征图来提高小目标的检测性能，并使用一种有效的损失函数（Focal Loss）来应对目标检测中的类别不平衡问题。

5. EfficientDet

EfficientDet 是一系列高效而准确的目标检测模型。它利用了特征提取和模型扩展方面的最新研究成果，通过优化网络结构和参数设置，取得了较好的性能和效率平衡。

除了以上几种模型外，还有许多其他的深度学习目标检测方法，如 Cascade R-CNN、Mask R-CNN、CornerNet、CenterNet 等。这些方法不断推动着目标检测的发展，提高了检测的准确性、速度和适用性。

10.3.2 常用数据集

1. PASCAL VOC

VOC 数据集是目标检测经常用的一个数据集，自 2005 年起每年举办一次比赛，最开始只有 4 类，到 2007 年扩充为 20 个类，共有两个常用的版本：VOC 2007 和 VOC 2012。

2. MS COCO

COCO 数据集是微软团队发布的一个可以用来做目标检测、语义分割和图像字幕任务的数据集，该数据集收集了大量包含常见物体的日常场景图片，并提供像素级的实例标注用来更精确地评估检测和分割算法的效果，致力于推动场景理解的研究进展。依托这一数据集，每年举办一次比赛，现已涵盖检测、分割、关键点识别、注释等机器视觉的中心任务，COCO 竞赛是继 ImageNet 以来最有影响力的学术竞赛之一。相比于 ImageNet，COCO 更加偏好目标与其场景共同出现的图片，即非标志性图像。这样的图片能够反映视觉上的语义，更符合图像理解的任务要求，而相对的标志性图像则更适合浅语义的图像分类等任务。

COCO 的检测任务共含有 80 个类，在 2014 年发布的数据中，训练集、验证集和测试集分别为 8 万、4 万、4 万张图片，学术界较为通用的划分是使用训练集和 3.5 万张验证集作为训练集，使用剩余的验证集作为本地测试集，同时向官方的评估系统提交结果以得到最终的测试结果。除此之外，COCO 官方也保留一部分测试数据作为比赛的评测集。

3. Google Open Image

Open Image 是谷歌团队发布的数据集。最新发布的 Open Images V4 包含 190 万个图像、600 个种类，1540 万个边界框标注，是当前最大的带物体位置标注信息的数据集。这些边界框大部分都是由专业注释人员手动绘制的，这样确保了它们的准确性和一致性。另外，这些图像是非常多样化的，并且通常包含有多个对象的复杂场景（平均每个图像 8 个对象）。

4. DOTA

DOTA 是遥感航空图像检测的常用数据集，包含 2806 张航空图像，尺寸大约为 4000×4000 分辨率，包含 15 个类别共计 188282 个实例，其中 14 个主类，small vehicle 和 large vehicle 都是 vehicle 的子类。其标注方式为四点确定的任意形状和方向的四边形。航空图像区别于传统数据集，有其自己的特点，如：尺度变化性更大；密集的小物体检测；检测目标的不确定性。数据划分为 1/6 验证集，1/3 测试集，1/2 训练集。目前发布了训练集和验证集，图像尺寸从 800×800 到 4000×4000 不等。

10.3.3 R-CNN 系列模型

10.3.3.1 R-CNN

R-CNN（Region-based Convolutional Neural Network）是一种目标检测算法，它在 2014 年由 Girshick 等人提出，其整体框架如图 10-4 所示。R-CNN 的主要思想是首先生成一组候选区域，然后对每个候选区域进行特征提取和分类，最后对分类结果进行边界框回归，以获得最终的目标检测结果。具体流程如下：

1）输入图像被划分为多个候选区域，这些候选区域可以通过选择性搜索（Selective Search）等算法生成；

2）对每个候选区域，使用预训练的卷积神经网络（如 AlexNet、VGG 等）提取特征；

3）将提取的特征输入到一个支持向量机（SVM）进行分类，判断该区域是否包含目标物体；

4）对于被分类为包含目标物体的区域，使用线性回归模型进行边界框回归，以获得更准确的目标位置。

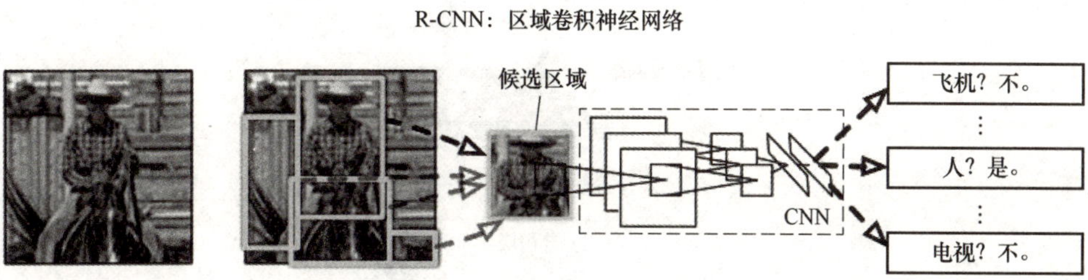

图 10-4 R-CNN 算法流程示意图

R-CNN 算法虽然能够取得较好的检测结果，但其缺点也比较明显，如候选区域生成速度慢、训练和测试过程烦琐等。同时，R-CNN 作为 R-CNN 系列的第一代算法，其实没有过多的使用深度学习思想，而是将深度学习和传统的计算机视觉的知识相结合。但是相比于传统目标检测算法，R-CNN 使得基于深度学习的目标检测算法在精度上有了质的飞跃，为后续目标检测领域的发展奠定了里程碑式的基础。

10.3.3.2 Fast R-CNN

Fast R-CNN 模型在 R-CNN 的基础上做了一定的改进，使得我们可以在相同的网络配置下同时训练一个检测器和边框回归器。该网络首先输入图像，图像被传递到 CNN 中提取特征，并返回感兴趣区域 ROI，之后在 ROI 上运用池化层以保证每个区域的尺寸相同，最后这些区域的特征被传递到全连接层的网络中进行分类，并用 Softmax 和线性回归层同时返回边界框。

具体流程如下：

1）输入一张图片和它对应的 Ground Truth 边界框；

2）使用预训练的 CNN 提取图片的特征；

3）将特征图和 Ground Truth 边界框送入 ROI 池化层，将不同尺寸的 ROI 映射到固定大小的特征图上；

4）把 ROI 映射后的特征通过全连接层进行分类和回归，得到每个 ROI 的类别概率和边界框坐标调整值；

5）使用非极大值抑制（Non-Maximum Suppression，NMS）来排除重叠的边界框，最终输出检测结果。

这种算法的优点是能够共享卷积特征提取过程，因此在处理多个 ROI 时可以节省计算时间。此外，Fast R-CNN 还引入了 ROI 池化层，解决了原始 R-CNN 中不同大小的 ROI 输入固定大小 CNN 的问题，提高了模型的准确性。

10.3.3.3 Faster R-CNN

经过 R-CNN 和 Fast-RCNN 的积淀，Ross B. Girshick 在 2015 年提出了新的两阶段目标检测模型 Faster R-CNN，其整体检测框架如图 10-5 所示。Faster R-CNN 是第一个端到端，最接近于实时性能的深度学习检测算法，该网络的主要创新点就是提出了区域选择网络用于生成候选框，能极大提升检测框的生成速度。具体流程如下：

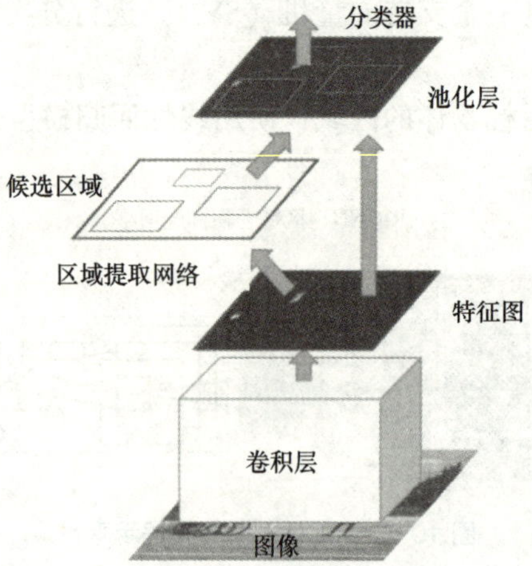

图 10-5 Faster R-CNN 算法流程示意图

1）输入图像经过 CNN 提取特征；

2）区域提取网络（Region Proposal Network，RPN）在特征图上滑动窗口，并输出一系列候选区域和对应的边界框偏移信息；

3）对于每个候选区域，通过 ROI 池化层将其转化为固定大小的特征图；

4）将特征图输入全连接层进行分类和回归，得到目标的类别和位置信息。

10.3.4　YOLO 系列模型

10.3.4.1　YOLOv1

YOLO（You Only Look Once）是继 R-CNN 系列模型之后，针对双阶段目标检测速度问题提出的另一种框架，其核心思想是将目标检测任务当作回归问题（Regression Problem）来处理，直接通过整张图片的所有像素得到 Bounding Box 的坐标、Box 中包含物体的置信度和所属类别的概率。通过 YOLO，每张图像只需要看一眼就能得出图像中都有哪些物体和这些物体的位置。其整体框架如图 10-6 所示。

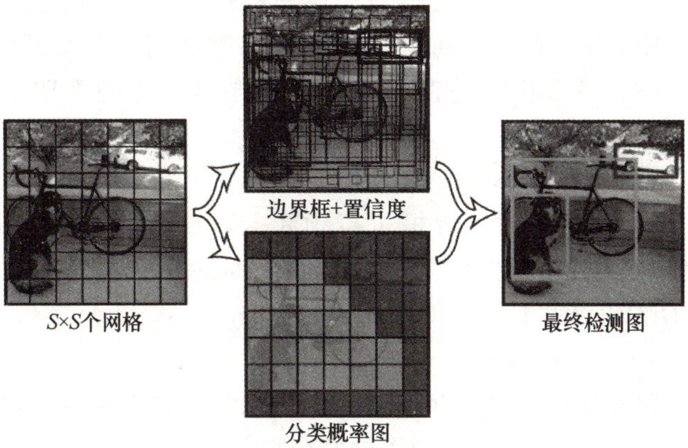

图 10-6　YOLOv1 算法网格划分示意图

具体来说，YOLO 的 CNN 网络将输入的图片分割成 $S\times S$ 网格，然后每个单元格负责去检测那些中心点落在该格子内的目标，如图 10-6 所示，可以看到狗这个目标的中心落在左下角一个单元格内，那么该单元格负责预测这只狗。每个单元格会预测 B 个边界框以及边界框的置信度。所谓置信度其实包含两个方面，一是这个边界框含有目标的可能性大小，二是这个边界框的准确度。前者可以理解为当该边界框是背景时（即不包含目标），此时 $P(\text{object})=0$。而当该边界框包含目标时，$P(\text{object})=1$。边界框的准确度可以用预测框与实际框的 IoU 值来表征。

YOLOv1 算法开创了单阶段目标检测的先河，它将物体分类和物体检测网络合二为一，都在全连接层完成。虽然它极大降低了目标检测的耗时，提高了实时性；但是它的缺点也十分明显：

1）YOLOv1 每个网格只能预测一个类别，让所有同一个网格预测出来的多个框属于一个类别，所以对于相邻目标的预测效果不好；

2）网格数太少，每个网格中图像块的面积太大，导致对小目标的检测效果不好；

3）物体出现新的不常见的长宽比和不规则形状时，泛化能力偏弱；

4）使用全连接层预测丢失了位置信息，而且只能检测固定尺度的图像；

5）大量的负样本无法匹配到 GT，没有计算背景的回归损失，存在正负样本不平衡的问题。

10.3.4.2 YOLOv2

相比于 YOLOv1，YOLOv2 在精度、速度和分类数量上都有了很大的改进。在速度上，YOLOv2 使用 DarkNet19 作为特征提取网络，该网络比 VGG-16 要更快。在分类上，YOLOv2 使用目标分类和检测的联合训练技巧，结合 Word Tree 等方法，使得 YOLOv2 的检测种类扩充到了上千种。YOLOv2 相比于 YOLOv1 在提高检测精度上的改进策略如下所示：

1. 批量正则化（Batch Normalization，BN）

YOLOv2 在每个卷积层后加上 BN 层，去掉了 dropout 操作。BN 层可以起到一定的正则化效果，能提升模型收敛速度，防止模型过拟合。

2. 高分辨率分类器（High Resolution Classifier）

原来的 YOLO 网络在预训练的时候采用的是 224×224 分辨率的输入，然后在检测的时候采用 448×448 的输入，这会导致从分类模型切换到检测模型时，模型还要适应图像分辨率的改变。而 YOLOv2 则将预训练分成两步：先用 224×224 的输入从头开始训练网络，然后再将输入调整到 448×448，最后再在检测的数据集上微调，实验表明这样可以提高约 4%的 mAP。

3. Convolutional With Anchor Boxes

YOLOv1 利用全连接层直接对边界框进行预测，导致丢失较多空间信息，定位不准。YOLOv2 去掉了 YOLOv1 中的全连接层，使用 Anchor Boxes 预测边界框，同时为了得到更高分辨率的特征图，YOLOv2 还去掉了一个池化层。

4. 维度聚类（Dimension Cluster）

在 Faster R-CNN 和 SSD 中，先验框都是手动设定的，带有一定的主观性。YOLOv2 采用 *K*-means 聚类算法对训练集中的边界框做了聚类分析，选用 Boxes 之间的 IoU 值作为聚类指标，通过对比实验，发现用聚类分析得到的先验框比手动选择的先验框有更高的平均 IoU 值，这使得模型更容易训练学习。

5. 直接定位预测（Direct Location Prediction）

由于没有对偏移量进行约束，每个位置预测的边界框可以落在图片任何位置，会导致模型不稳定，加长训练时间。YOLOv2 沿用 YOLOv1 的方法，根据所在网格单元的位置来预测坐标，则 Ground Truth 的值介于 0~1 之间。网络中将得到的网络预测结果再输入 Sigmoid 函数中，让输出结果介于 0~1 之间。

6. 细粒度特征（Fine-Grained Feature）

YOLOv2 借鉴 SSD 使用多尺度的特征图做检测，提出 Pass Through 层将高分辨率的特征图与低分辨率的特征图联系在一起，从而实现多尺度检测。

7. 尺度训练（Multi-Scale Training）

YOLOv2 中使用的 DarkNet 19 网络结构中只有卷积层和池化层，所以其对输入图片的大小没有限制。采用多尺度训练策略，可以适应不同大小的图片输入，当采用低分辨率的图片输入时，mAP 值略有下降，但速度更快，当采用高分辨率的图片输入时，能得到较高 mAP 值，但速度有所下降。

10.3.4.3　YOLOv3

YOLOv3 在 YOLOv2 的基础上做了一些尝试性改进，有的尝试取得了成功，而有的尝试并没有提升模型性能。其主要的改进点在于使用了 DarkNet53 作为新的主干网络，它包含 53 个卷积层（目标检测任务中去掉最后 3 层），每个卷积后面跟随着 BN 层和 Leaky ReLU 层。YOLOv3 没有池化层，它使用步幅为 2 的卷积层替代池化层进行特征图的降采样过程，这样可以有效阻止由于池化层导致的低层级特征的损失。

分类器用 Logistic 取代了 Softmax，并借鉴了 FPN 思想采用三条分支（三个不同尺度/不同感受野的特征图）去检测具有不同尺寸的对象。这种方法使得能够从上采样的特征图中获得更有意义的语义信息，同时可以从更前的层中获取更细粒度的信息。然后，再添加几个卷积层来处理这个组合的特征图，并最终预测出一个类似的张量。最后，再次使用相同的设计来预测最终尺寸的边界框。

10.3.5　评价指标

在评估目标检测模型的性能时，通常使用多种评价指标来综合评估模型的好坏，它们共同构成了评价模型性能的框架，帮助我们从不同角度理解模型的优势和不足（具体见 10.2.2 节第 3 部分）。

10.3.6　应用场景

目标检测的应用极其广泛，涵盖了安防监控、自动驾驶、工业自动化、医疗图像分析、零售分析以及智能视频分析等多个领域。

1. 行人检测

行人检测作为目标检测的一项重要应用，在自动驾驶、视频监控、刑事侦查等诸多领域受到广泛关注。一些早期的行人检测方法（如 HOG 检测器和 ICF 检测器）在特征表示、分类器设计和检测加速方面为目标检测技术奠定了坚实的基础。近年来，一些通用的目标检测算法，例如 Faster R-CNN 被用于行人检测，极大地推动了行人检测领域的进步。

2. 人脸检测

早期的人脸检测（如 VJ 检测器）极大促进了目标检测的发展，其中许多检测思想即使在今天的目标检测中也仍然发挥着重要作用。目前人脸检测已应用到各行各业，如数码相机中的微笑检测，电子商务中的刷脸，手机应用中的面部化妆等等。

3. 文本检测

文本检测的任务是判断一张图片中是否存在文字，若有文字，则需要计算机对图片中的文字进行定位并识别文字的具体内容，所以文本检测具有两个子任务：文本定位与文本识别。文本检测可以帮助视障人士阅读路牌或货币，在地理信息系统中，门牌号和街道标值的检测与识别也使数字地图的构建变得更加容易。

4. 交通信号检测

随着自动驾驶技术的发展，交通标志和红绿灯的自动检测近年来备受关注。对于像交通灯和交通标志这样的固定场景的标志检测，仍然具有不小的挑战。

5. 遥感目标检测

近年来，随着遥感图像分辨率的提高，遥感图像目标检测（如飞机、船舶、油罐等的检测）成为研究热点，遥感图像目标检测具有广泛的应用，如军事侦察、灾害救援、城市交通管理等。

10.3.7 发展趋势

目标检测作为计算机视觉的核心领域，在过去 20 年里取得了巨大的进步。从初步的图像处理到复杂的深度学习模型，这一技术领域一直在不断进化。然而，尽管取得了显著的成就，目标检测的未来仍充满挑战和机遇。下面介绍一些未来极具前景的研究方向和发展趋势。

1. 轻量级目标检测

随着边缘计算设备的兴起，轻量级目标检测变得至关重要。我们期望的是检测算法能够在低功耗设备上快速运行，以支持移动增强现实、自动驾驶、智慧城市等应用。目前，检测速度与人眼的差距仍然很大，特别是在检测小型物体或使用多源信息检测时。未来的研究需要在提升速度的同时保证检测的准确性和可靠性。

2. 端到端目标检测

尽管已有方法可以以端到端的方式实现对象检测（从图像到边界框），但大多数仍采用一对多的标签分配方法，并独立设计非极大值抑制操作。未来的研究可能会集中在设计既保持高检测精度又保持高效率的端到端流程上。

3. 小目标检测

在大场景中检测小物体长期以来一直是一个挑战。这一研究方向的潜在应用包括人群或露天动物的计数以及从卫星图像中检测军事目标。进一步的研究方向可能包括集成视觉注意力机制和设计高分辨率轻量级网络。

4. 3D 目标检测

尽管在 2D 目标检测方面取得了进展，但诸如自动驾驶之类的应用依赖于获取 3D 世界中物体的位置和姿态。目标检测的未来将在 3D 世界中获得更多关注，并充分利用多源和多视角数据，例如，来自多个传感器的 RGB 图像和 3D 激光雷达点。

5. 视频中的检测

在高清视频中实时进行目标检测和跟踪对于视频监控和自动驾驶至关重要。传统的目标检测器通常是针对图像检测设计的，忽略了视频帧之间的相关性。在计算限制下，通过探索时空关联来提高检测能力是一个重要的研究方向。

6. 跨模态检测

使用多种数据源和模态的目标检测，例如 RGB-D 图像、激光雷达、流、声音、文本、视频等，对于更准确的检测系统至关重要，这能实现类似人类感知的性能。一些未解决的问题包括如何将训练有素的检测器迁移到不同模态的数据上，如何进行信息融合以提高检测性能等。

7. 开放世界的目标检测

跨领域的泛化、零次学习检测和增量检测是目标检测中新兴的话题。大多数研究试图减少灾难性遗忘或利用补充信息，这是因为人类本能地能在环境中发现未知类别的物体，当给出相应的知识（标签）时，人类将从中学习新知识，并保留此模式。然而，对于当前的目标检测算法来说，掌握未知类别物体的检测能力是困难的。开放世界中的目标检测旨在在没有明确给出或部分给出监督信号时发现未知类别的物体，这在机器人和自动驾驶等应用中具有巨大的应用前景。

10.4　语义分割

10.4.1　基本概念

语义分割是计算机视觉领域中的一个关键任务，旨在将图像中的每个像素分配给预定义的语义类别。与传统的目标检测任务不同，语义分割不仅要求检测出图像中的物体，还需要精确地划分出每个物体的边界。通过语义分割，我们可以将图像分割成具有语义意义的区域，从而更好地理解和解释图像内容。

从宏观意义上来说，语义分割是一项高层次的任务，为实现场景的完整理解铺平了道路。场景理解作为一个核心的计算机视觉问题，其重要性在于越来越多的应用程序通过从图像中推断知识来提供服务。这些应用包括自动驾驶、人机交互、计算摄影学、图像搜索引擎、增强现实等。为了实现这些目标，研究人员和工程师们提出了各种算法，近年来随着深度学习的普及，许多语义分割问题正在采用深层次的结构来解决，极大提高了语义分割的准确率和效率。

1. 传统语义分割

早期的语义分割方法主要是基于传统的特征提取技术，如阈值处理、区域生长和使用 K 均值技术的聚类。然而，这些基于特征的方法有一个共同的关键点：它们取决于提取的特征的质量。在更先进的算法中，通常使用活动轮廓、图割、马尔可夫条件随机场和基于稀疏性的方法。尽管如此，传统图像处理的方法通常需要手动定义一些特征和规则来进行图像的分割，但由于图像的复杂性和多样性，这些方法往往难以达到较高的准确率和鲁棒性。

2. 深度学习语义分割

随着深度学习的快速发展，基于深度学习的语义分割方法逐渐成为主流。这类方法通常将语义分割任务视为像素级别的分类问题，通过在像素级别上进行预测来实现图像的分割。常用的深度学习模型包括全卷积网络、残差网络、注意力机制等。

10.4.2　常用数据集

语义分割的数据集众多，不同的子领域也有各自对应的数据集。从完整性角度考虑，图 10-7 总结了部分经典数据集。

1. 城市风光数据集（Cityscapes Dataset）

该数据集是一个大规模的关注于城市街道场景理解的数据集，提供了 8 种 30 个类别的语义级别、实例级别以及密集像素标注的图片，包括平坦表面、人、车辆、建筑、物体、自然、天空等。该数据集包括约 5000 张精细标注的图片，20000 多张粗略标注的图片。数据是从 50 个城市中持续数月采集而来，涵盖不同的时间以及好的天气情况。数据以视频形式存储，然后按照以下特点进行采样得到图片数据集：大量的动态物体，变化的场景布局以及变化的背景。

2. CamVid 数据集

CamVid 是第一个具有目标类别语义标签的视频集合。数据库提供 32 个语义标签，将每个像素与语义类别之一相关联。该数据集是一个道路、驾驶场景理解数据集。

Name	Purpose	Year	Classes	Data	Resolution	Synthetic/Real	Samples (training)	Samples (validation)	Samples (test)
PASCAL VOC 2012 Segmentation	Generic	2012	21	2D	Variable	R	1464	1449	Private
PASCAL-Context	Generic	2014	540 (59)	2D	Variable	R	10103	N/A	9637
PASCAL-Part	Generic - Part	2014	20	2D	Variable	R	10103	N/A	9637
SBD	Generic	2011	21	2D	Variable	R	8498	2857	N/A
Microsoft COCO	Generic	2014	+80	2D	Variable	R	82783	40504	81434
SYNTHIA	Urban (Driving)	2016	11	2D	960 × 720	S	13407	N/A	N/A
Cityscapes (fine)	Urban	2015	30 (8)	2D	2048 × 1024	R	2975	500	1525
Cityscapes (coarse)	Urban	2015	30 (8)	2D	2048 × 1024	R	22973	500	N/A
CamVid	Urban (Driving)	2009	32	2D	960 × 720	R	701	N/A	N/A
CamVid-Stuttgart	Urban (Driving)	2009	11	2D	960 × 720	R	367	100	233
KITTI-Layout	Urban / Driving	2012	3	2D	Variable	R	323	N/A	N/A
KITTI-Ros	Urban / Driving	2015	11	2D	Variable	R	170	N/A	46
KITTI-Zhang	Urban / Driving	2015	10	2D/3D	1226 × 370	R	140	N/A	112
Stanford background	Outdoor	2009	8	2D	256 × 256	R	725	N/A	N/A
SiftFlow	Outdoor	2011	33	2D	256 × 256	R	2688	N/A	N/A
YouTube-Objects-Jain	Objects	2014	10	2D	480 × 360	R	10167	N/A	N/A
Adobe's Portrait Segmentation	Portrait	2016	2	2D	600 × 800	R	1500	300	N/A
MINC	Materials	2015	23	2D	Variable	R	7061	2500	5000
DAVIS	Generic	2016	4	2D	480p	R	4219	2023	2180
NYUDv2	Indoor	2012	40	2.5D	480 × 640	R	795	654	N/A
SUN3D	Indoor	2013	-	2.5D	640 × 480	R	19640	N/A	N/A
SUNRGBD	Indoor	2015	37	2.5D	Variable	R	2666	2619	5030
RGB-D Object Dataset	Household objects	2011	51	2.5D	640 × 480	R	207920	N/A	N/A
ShapeNet	Object / Part	2016	55/60	3D	Variable	R	31,963	N/A	N/A
Stanford-2D-3D-S	Indoor	2017	13	2D/2.5D/3D	1080 × 1080	R	70469	N/A	N/A
3D Mesh	Object / Part	2009	19	3D	N/A	S	380	N/A	N/A
Sydney Urban Objects Dataset	Urban (Objects)	2013	26	3D	N/A	R	41	N/A	N/A
Large-Scale Point Cloud Classification Benchmark	Urban / Nature	2016	8	3D	N/A	R	15	N/A	N/A

图 10-7　常用大规模数据集总览

3. KITTI 数据集

该数据集是用于移动机器人及自动驾驶研究的最受欢迎的数据集之一，包含了由多种形式的传感器得出的数小时的交通场景数据，包括高分辨率 RGB、灰度立体摄像机以及三维激光扫描器。尽管很受欢迎，该数据集本身并没有包含真实语义分割标注，但是，众多的研究者手工地为该数据集的部分数据添加标注以满足其问题的需求。

10.4.3 经典语义分割模型

1. 全卷积神经网络（FCN）

FCN 将卷积神经网络 CNN 修改为全卷积网络，通过对分割任务进行微调，将它们学习的表征转移到网络中。然后，定义了一种新的架构，它将深的、粗糙的网络层的语义信息和浅的、精细的网络层的表层信息结合起来，来生成精确和详细的分割。

简单地说，FCN 在网络上的改变就是基于当时最好的图像分类模型，将最后的全连接层替换成了卷积层，这样最后汇聚到一个点的网络结构，变成了汇聚成缩小一定比例的分类图，最后利用反卷积层（见 3.2.1 节）实现上采样恢复分辨率作为解码器，实现端到端训练的全卷积网络。图 10-8 展示了 FCN 的基本架构。

使用全卷积网络做语义分割的矛盾就在于，图片中的语义信息在大的感受野条件下，可以得到很好的分类结果；但是过大的感受野会丢失细节信息，丢失边缘及局部信息，又不利于局部分割信息的恢复。如何设计网络平衡这个矛盾是个比较重要的问题。毫无疑问，FCN 提出了一个很不错的方法，为未来的研究提供了思路和方向。

2. U-Net

U-Net 的提出者为了解决生物医学领域的细胞分割任务，通过对可用的训练图像应用弹性变形来获得大量扩增的数据，只需很少的训练图像就可以进行更精确的分割。U-Net 可用于解决小样本的简单问题分割，比如医疗影片的分割。其网络结构如图 10-9 所示。它遵循的基本原理与 FCN 一样：

（1）Encoder-Decoder 结构

前半部分为多层卷积池化，不断扩大感受野，用于提取特征。后半部分上采样回复图片尺寸。和 FCN 相比，U-Net 的第一个特点是完全对称，也就是左边和右边是很类似的，而 FCN 的解码器相对简单，只用了一个反卷积的操作。

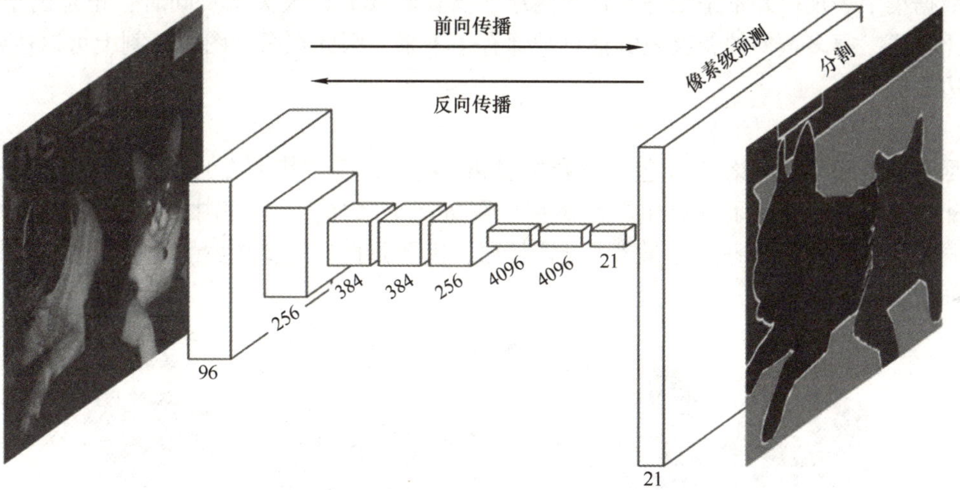

图 10-8　全卷积神经网络（FCN）基本架构图

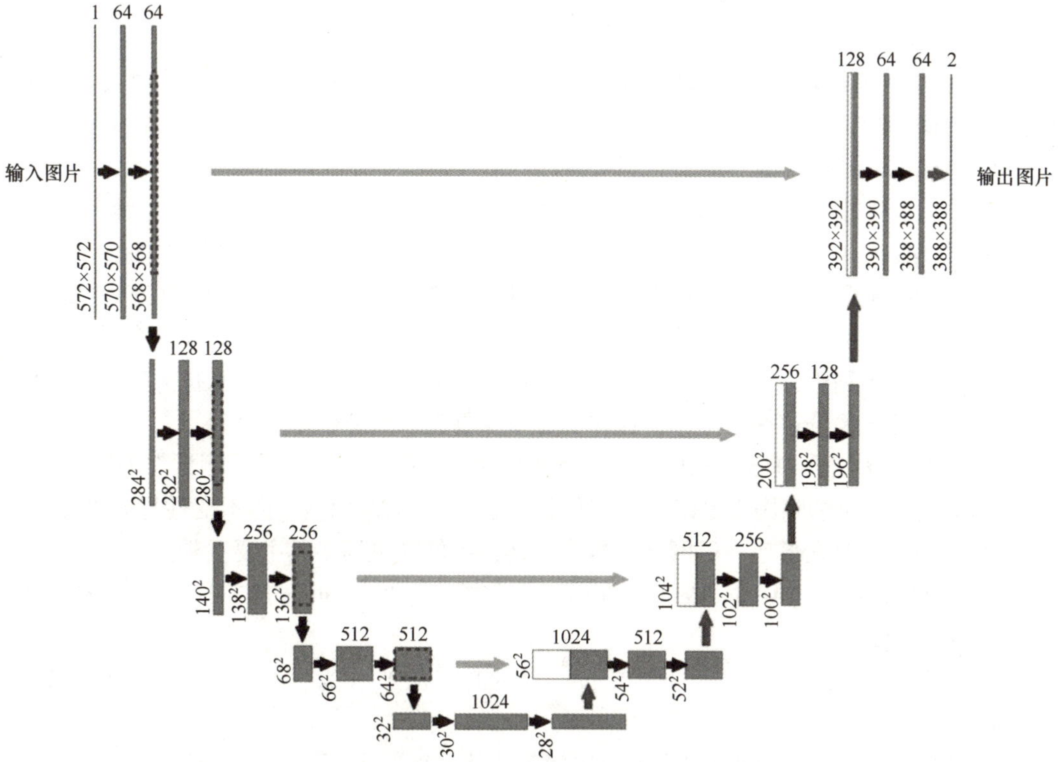

图 10-9　U-Net 网络结构图

（2）更丰富的信息融合

U-Net 强化了 FCN 中特征融合的思想，每一层中都加入了低级通道的特征图，并且采用了通道叠加，而不是直接加和的思想，这样给了网络充足的能力去选择不同的区域叠加不同的通道，而不是暴力加和。

目前 U-Net 在医疗图像分割领域应用较为广泛，分割效果也很不错，但在很复杂的语义分割数据集中表现得并不是很好，这跟网络本身比较浅有较大关系。同时，正是由于 U-Net 本身比较浅，很多重要的低层视觉信息被保存了下来，因此在医疗图像分割上可以达到很精准的边缘提取。

（3）SegNet

尽管全卷积神经网络 FCN 包含反卷积层和一些短连接，其生成的分割图仍然比较粗糙。SegNet 在解码器中使用了反池化操作对特征图进行上采样，在分割中保持高频细节的完整性。同时，SegNet 的编码器舍弃掉了全连接层，因此是拥有较少参数的轻量级网络。其网络结构如图 10-10 所示。

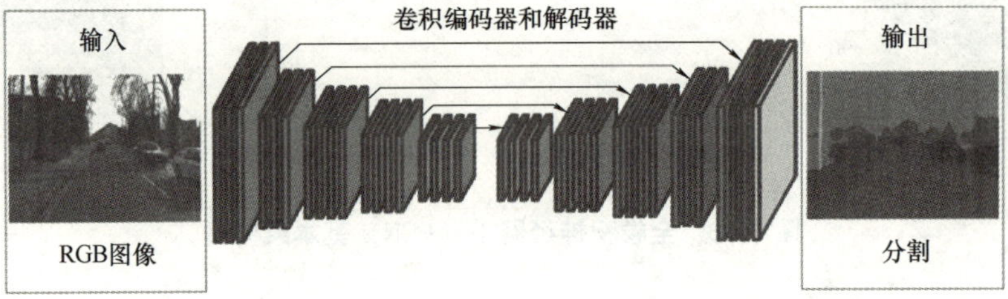

图 10-10　SegNet 网络结构图

SegNet 与 FCN 等语义分割网络比较，结果揭示了在实现良好的分割性能时所涉及的内存与精度之间的权衡。

（4）DeepLab 系列模型

DeepLab 系列进一步把多尺度融合的思路发扬光大，并引入了空洞卷积（见 3.2.2 节）增加卷积的感受野。因为主流的网络为了获取较大的感受野（理论上来说大的感受野有助于分类），都采用了卷积中加上步长，或者采用池化来让神经网络高层获得的感受野更大，这样分类结果会更准确，但带来的缺点就是图像分辨率会下降，同时池化操作会丢失图像的部分细节信息，不利于分割任务。所以在 DeepLab 中大范围用空洞卷积来扩大感受野，同时也尽量避免降低图像分辨率的操作，这样更容易恢复到原始分辨率大小。

DeepLab　v1 结合 DCNN 和概率图模型来解决语义分割问题，其检测框架如图 10-11 所示。DCNN 最后一层的响应不足以精确定位目标边界，这是 DCNN 的不变性导致的。DeepLab v1 的解决方法是在最后一层网络后结合全连接条件随机场。其主要贡献是：

1）使用空洞卷积（Atrous Convolution），又称扩张卷积（Dilated Convolution）来解决网络中的下采样问题。

2）使用条件随机场（Conditional Random Field，CRF）作为后处理，恢复边界细节，达到准确定位效果。

3）附加输入图像和前四个最大池化层的每个输出到一个两层卷积，然后拼接到主网络的最后一层，达到多尺度预测效果。

DeepLab　v2 在 v1 的基础上做出了改进，引入了空洞空间金字塔池化 ASPP（Atrous Spatial Pyramid Pooling）的结构。ASPP 使用多个采样率的过滤器和有效的视野探测传入的卷积特征层，从而在多个尺度上捕获目标和图像上下文。再结合 DCNN 方法和概率图形模型，改进了目标边界的定位。

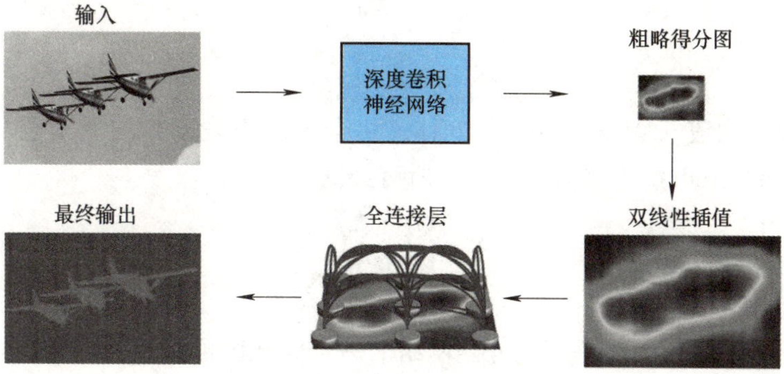

图 10-11　DeepLab　v1 结构图

DCNN 中常用的最大池化和下采样的组合实现了不变性，但对定位精度有一定的影响。DeepLabv2 通过将 DCNN 最后一层的响应与一个全连接条件随机场（Fully Connected，CRF）相结合来克服这个问题。

DeepLab　v3 依旧使用了 ResNet 作为主干网络，也依旧应用空洞卷积结构。为了解决多尺度目标的分割问题，DeepLab　v3 设计了能够捕捉多尺度上下文的模块，模块中采用不同的空洞率。此外，DeepLab　v3 增强了先前提出的空洞空间金字塔池化模块，增加了图像级特征来编码全局上下文，使得模块可以在多尺度下探测卷积特征。最后，DeepLab　v3 模型在没有 CRF 作为后处理的情况下显著提升了性能。

DeepLab　v3+可以看作将原来的 Deeplab　v3 当作编码器，添加解码部分得到新的模型。编码器通过 ASPP 模块产生多尺度的高层语义信息，解码器主要融合低层特征产生精细的分割结果。除此之外，DeepLab　v3+将空洞卷积和深度分离卷积相结合，能够在维持相同性能的情况下，大大降低计算复杂度。在解码的过程中运用了不同层级特征的融合，并添加了 Xception 的结构减少参数量，以提高运行速度。

（5）RefineNet

使用空洞卷积的方法的局限在于它的计算成本比较高，且需要占用大量内存用于处理大量高分辨率的特征图。因此，RefineNet 使用编码器-解码器结构。编码部分是 ResNet-101 模块，解码器包括 RefineNet 模块，将编码器下的高分辨率特征与 RefineNet 模块的低分辨率特征级联融合。RefineNet 中，不同尺度（也可能只有一个输入尺度）的特征输入首先经过两个 Residual 模块的处理，之后是不同尺寸的特征进行融合。在第二个模块中，所有特征上采样至最大的输入尺寸，然后进行加和，其中上采样之前的卷积模块是为了调整不同特征的数值尺度。最后是一个链式的池化模块。

10.4.4　评价指标

为了评估语义分割算法的性能，研究者们提出了一些常用的评估指标，包括像素准确率（Pixel Accuracy）、像素准确率平均值（Mean Pixel Accuracy，MPA）、平均交并比（Mean Intersection over Union，mIoU）等。这些指标可以帮助研究者比较不同算法的性能，并推动算法的进一步改进。

像素准确率（PA）　正确分类的像素数量与所有像素数量的比值。

$$\mathrm{PA}=\frac{\sum_{i=0}^{k}p_{ii}}{\sum_{i=0}^{k}\sum_{j=0}^{k}p_{ij}}$$

像素准确率平均值（MPA） PA 的变体，每个类内正确分类的像素数量和该类的所有像素点数（Ground Truth）的比值，之后求所有类的平均值。

$$\mathrm{MPA}=\frac{1}{k+1}\sum_{i=0}^{k}\frac{p_{ii}}{\sum_{j=0}^{k}p_{ij}}$$

平均交并比（MIoU） 这是语义分割网络的一个标准评价指标，它通过计算两个集合的交并比来度量，两个集合分别是真实值和预测值。IoU 基于每个类别计算，然后再求均值。

$$\mathrm{MIoU}=\frac{1}{k+1}\sum_{i=0}^{k}\frac{p_{ii}}{\sum_{j=0}^{k}p_{ij}+\sum_{j=0}^{k}p_{ji}-p_{ii}}$$

10.4.5 应用场景

目前语义分割的应用领域主要有地理信息系统、自动驾驶、医学影像分析、视频监控、智能家居等。

1. 地理信息系统

可以通过训练神经网络让机器输入卫星遥感影像，自动识别道路、河流、庄稼、建筑物等，并且对图像中每个像素进行标注。

2. 自动驾驶

自动驾驶技术是当前人工智能领域的热门话题之一，而语义分割技术在自动驾驶领域中有着重要的作用。实现自动驾驶需要对车辆周围的环境进行实时感知和理解，从而做出正确的决策。语义分割技术可以帮助车辆对路面、交通标志、行人等进行精细化分析和识别，并为他们分配相应的类别标签，从而更加精准地判断周围环境，做出更加智能化的驾驶决策，提高自动驾驶的安全性和可靠性。

3. 医学影像分析

随着人工智能的崛起，将神经网络与医疗诊断结合也成为研究热点，智能医疗研究逐渐成熟。医学影像通常包含大量的细节信息，如病灶、器官、血管等，而语义分割技术可以帮助医生对这些信息进行精细化分析和识别，从而提高疾病的诊断和治疗效果。例如，在肺癌诊断中，语义分割技术可以帮助医生对肺部 CT 图像中的病灶进行自动分割和定位，从而提高诊断的准确性和效率。

4. 视频监控

视频监控系统需要对监控画面中的不同物体实时地识别和跟踪。语义分割技术可以帮助系统对监测对象进行类别识别、行为分析等工作，加强视频监控系统的警戒能力，在城市管理、社会治安等领域中提高安全性和监控效率。

5. 智能家居

语义分割技术在智能家居领域中也有重要的应用。通过对家庭环境中的图像进行语义分割，可以实现对家具、电器、人物等的自动识别和定位，从而实现智能家居的自动化控制和智能化服务。例如，智能家居系统可以通过语义分割技术识别出家庭成员的面部特征，从而实现自动开门、自动调节室温等功能。

10.4.6　发展趋势

虽然语义分割任务属于计算机图像视觉方向的基础任务之一，但是其对于很多高级任务来说至关重要，有着许多未来研究的可能方向。

1. 数据集构建

目前大多数研究仍然缺乏对于数据集的研究，尤其是三维语义分割数据集。虽然已经有了一些不错的成果，但我们仍然需要更多、更好、更富变化的数据集。值得注意的是，真实世界的三维数据是极其重要的，因为目前几乎所有的工作都使用的是合成数据集。此外，目前仅有少数几个数据集是基于序列的，这些数据集对于利用时间序列信息的方法的发展很有利。从本质上将二维及三维高质量数据联系起来必将引领新的研究方向。

2. 上下文知识

虽然 FCN 是语义分割领域中的一种实用的方法，但是 FCN 网络缺乏对于上下文等特征的建模，而这些信息可能会提高模型的准确率。将 CRF 重写为 RNN 来创造一种端对端的解决方法是一个可行的方法，可以提高真实生活场景下的性能。多尺度及特征融合方法也取得了较大的进展。总之，这些方法已经取得了不小的进步，但是仍然有许多问题亟待解决。

3. 实时分割

在很多应用场景下，准确率很重要，但是，能够处理达到常见的摄像机帧率（至少 25 帧每秒）的输入速度也很关键。目前多数的方法远远达不到这个帧率，比如，FCN-8 处理一张低分辨率的 PASCAL VOC 数据集中的图像需要 100ms，而 CRFasRNN 需要 500ms。因此，未来几年，我们可以期待会有一系列的工作关注于实时处理的限制，这些工作将必须在准确率与运行时间之间寻求一个平衡。

4. 融合多模态信息

除了利用图像本身的信息进行分割，最新的图像语义分割算法还试图将多模态信息，如深度图像、红外图像、激光雷达等，融合到分割过程中。这种融合可以提供更丰富的输入特征，从而改善分割结果的准确性。同时，多模态信息的融合也有助于解决部分单模态图像难以分割的问题。例如，在自动驾驶领域，融合激光雷达和图像信息可以帮助精确分割道路和障碍物。

5. 弱监督语义分割

传统的图像语义分割算法通常需要大量标注的像素级标签数据来训练模型。然而，标注大规模图像数据是一项耗时费力的工作。最新的图像语义分割算法开始探索利用弱监督学习方法来降低对标注数据的依赖性。弱监督学习方法通过利用较低精度的标签或辅助信息来训练模型，例如图像级标签、边界框或图像级标签估计。这样可以大幅度降低标注数据的需求，并且保持分割结果的准确性。

6. 增强学习

增强学习是指智能体通过与环境的交互来学习如何做出决策以最大化累积奖励的过程。最新的图像语义分割算法开始尝试将增强学习方法应用于任务中。通过利用增强学习算法，可以让模型主动地选择合适的像素标签，从而改善分割结果的准确性和鲁棒性。增强学习还可以用于自动调整算法的超参数，提高模型的性能。

7. 对抗性学习

对抗学习是指通过让生成模型和判别模型相互对抗的方式来提高模型的性能和生成样本的质量。最新的图像语义分割算法开始将对抗性学习引入到分割任务中。通过引入一个生成网络和一个判别网络，可以生成更真实、更准确的分割结果。对抗性学习还可以帮助模型更好地理解图像的语义信息，提高分割结果的稳定性和鲁棒性。

本章小结

计算机视觉是深度学习领域中最具活力和影响力的研究方向之一。通过对图像数据进行深入分析，计算机视觉技术在许多应用场景中展现了卓越的能力。在本章中，我们深入探讨了计算机视觉的三个核心任务：图像分类、目标检测和语义分割。通过对它们的深入研究，我们可以看到计算机视觉在深度学习的推动下取得了巨大的进步。通过本章的学习，读者应对计算机视觉的基本概念、关键技术和应用场景有了全面的了解。希望这些知识能够为读者在深度学习和计算机视觉领域的研究与应用提供坚实的基础，并激发进一步探索的兴趣与热情。

思考题与习题

1. 图像预处理在计算机视觉中非常重要，请简述图像预处理的作用与常见方法。

2. 请对比 YOLO 系列的方法，找出新方法在哪些地方进行了改进，并思考作者做出改进的原因。

3. 对比不同的评价指标，思考每种评价指标的优势和不足。思考有哪些指标更适用于类别不平衡的分类任务?

4. ResNet 是一个经典卷积神经网络，至今仍在许多计算机视觉任务中发挥重要作用，其源代码的网址是 https://github.com/KaimingHe/deep-residual-networks，请尝试运行源码并复现其图像分类的结果。

参考文献

[1] REDMON J, DIVVALA S, GIRSHICK R, et al. You only look once: Unified, real-time object detection [C]. Conference on Computer Vision and Pattern Recognition (CVPR), 2016.

[2] ZOU Z, CHEN K, SHI Z, et al. Object detection in 20 years: A survey [J]. Proceedings of the IEEE, 2023, 111 (3): 257-276.

[3] REDMON J, FARHADI A. Yolov3: An incremental improvement [J]. ArXiv: 1804.02767, 2018.

[4] GIRSHICK R, DONAHUE J, DARRELL T, et al. Region-based convolutional networks for accurate object detection and segmentation [J]. IEEE Transactions on Pattern Analysis and Machine Intelligence, 2015, 38 (1): 142-158.

[5] GIRSHICK R. Fast R-CNN [C]. International Conference on Computer Vision (ICCV), 2015.

[6] REN S, HE K, GIRSHICK R, et al. Faster R-CNN: Towards real-time object detection with region proposal networks [J]. IEEE Transactions on Pattern Analysis and Machine Intelligence, 2016, 39 (6): 1137-1149.

[7] GARCIA-GARCIA A, ORTS-ESCOLANO S, OPREA S, et al. A review on deep learning techniques applied to semantic segmentation [J]. ArXiv: 1704.06857, 2017.

[8] MINAEE S, BOYKOV Y, PORIKLI F, et al. Image segmentation using deep learning: A survey [J]. IEEE Transactions on Pattern Analysis and Machine Intelligence, 2021, 44 (7): 3523-3542.

[9] SULTANA F, SUFIAN A, DUTTA P. Evolution of image segmentation using deep convolutional neural network: A survey [J]. Knowledge-Based Systems, 2020, 201: 106062.

[10] CHEN C, PAPANDREOU G, SCHROFF F, et al. Rethinking atrous convolution for semantic image segmentation [J]. ArXiv: 1706.05587, 2017.

[11] CHEN L C, ZHU Y, PAPANDREOU G, et al. Encoder-decoder with atrous separable convolution for semantic image segmentation [C]. European Conference on Computer Vision (ECCV), 2018.

[12] LIN G, MILAN A, SHEN C, et al. Refinenet: Multi-path refinement networks for high-resolution semantic segmentation [C]. Conference on Computer Vision and Pattern Recognition (CVPR), 2017.

第 11 章　自然语言处理

导　读

本章介绍自然语言处理的基本知识以及深度神经网络在其中的应用。首先概述自然语言处理在当今社会的若干应用，介绍自然语言理解和自然语言生成中的基本任务。然后，介绍词嵌入及自监督学习，最后以情感分析和聊天机器人两个应用为例，介绍如何使用深度学习解决自然语言处理问题。

本章知识点

- 自然语言理解任务和自然语言生成任务
- 词嵌入和自监督学习
- 深度学习在情感分析中的应用
- 深度学习在聊天机器人中的应用

11.1　概述

语言在人类社会中起到了至关重要的作用，倘若没有语言的表达和理解，人们的信息交流、思想传递、知识共享和人类社会的发展都会受到极大的限制。如英国诗人塞缪尔约翰逊所述：“语言是思想的外衣”，语言在人类生活的方方面面有着不可替代的作用。

当人工智能被引入人类社会，参与人们的社会生产和日常生活时，研究者的一个自然的想法就是如何让机器能够学习和了解人类语言的基本知识。人类和机器之间流畅而自然的信息交流和传递将会加速机器的工作效率和功能。因此，如何在人类和机器之间构筑起一道语言交流的桥梁，便是自然语言处理（Natural Language Processing，NLP）所关注的问题。

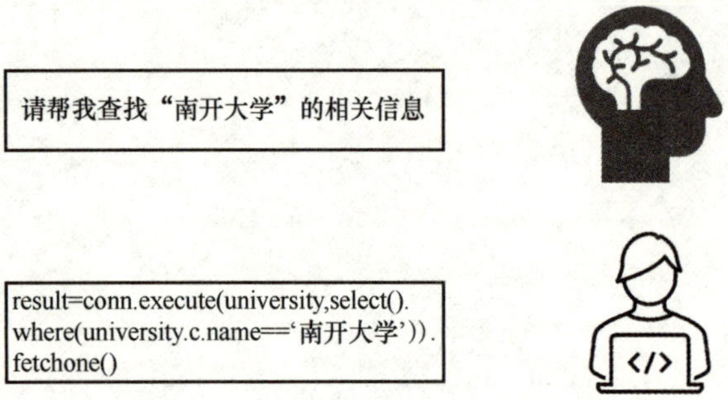

图 11-1　人类语言与机器语言

我们在使用计算机编程的时候，对于同一件事的表征往往和人类交流时不相同，举个简单的例子，如图 11-1 所示，当我们在数据库中利用学校名字来查找南开大学的具体信息时，与向人询问获得学校的信息，是两种截然不同的表达形式。也就是说，让“人类”听懂和交流的语言，与让“机器”听懂和交流的语言是不一样的。

在自然语言处理中，“自然语言”指的是人类在日常交流中使用的语言，如英语、中文、西班牙语等。它与人工语言（如编程语言）不同。自然语言通常包含词汇、语法、语义和语用等方面的要素，是人与人之间进行沟通和交流的主要工具。NLP 的目标之一是使计算机能够理解、解释和生成自然语言的文本数据，从而能够处理和分析这些文本数据，实现诸如文本分类、语义理解、机器翻译等任务。

NLP 的应用非常广泛，覆盖了从基本的文本处理到复杂的语言理解和生成的各个方面。以下是 NLP 的一些主要应用领域：

搜索引擎　NLP 技术使搜索引擎能够理解用户的查询意图和上下文，提供更准确的搜索结果。它可以解析和理解自然语言查询，从而改进关键词搜索。随着 NLP 技术的进步，搜索引擎已经逐渐向语义搜索和问题回答方向发展。语义搜索不再局限于简单的关键词匹配，而是能够理解用户的查询意图，并基于语义相关性提供更准确和全面的搜索结果。例如，用户可以通过自然语言提出问题，而不是简单地输入关键词，搜索引擎则能够理解问题的含义，并直接给出相关的答案或解决方案，这极大地提高了搜索效率和准确性。基于 NLP 技术，搜索引擎还可以实现情境感知搜索，即根据用户的特定情境和需求调整搜索结果。例如，当用户处于不同的地理位置、时间段或设备环境时，搜索引擎可以自动调整搜索结果的排序和内容，以便更好地满足用户的实际需求。这种情境感知搜索使搜索引擎更加智能化和个性化，为用户提供更加贴近实际情况的搜索体验。另外，NLP 技术还可以帮助搜索引擎更好地理解用户的兴趣和偏好，为用户提供更相关和个性化的广告和推荐内容。通过分析用户的搜索历史、点击行为以及社交媒体信息，搜索引擎可以精准地识别用户的需求，为其推荐相关的产品、服务或信息。这种个性化推荐不仅提升了用户体验，也为广告商提供了更高的转化率和投资回报率。

机器翻译　如谷歌翻译和百度翻译等服务，它们使用 NLP 技术来理解原文本的语义，并尝试以用户理解的另一种语言准确地转换这些信息。机器翻译可以用于跨语言信息检索和知识共享。通过 NLP 技术，用户可以使用母语进行搜索，并获取来自其他语言的相关信息。这种跨语言信息检索不仅拓宽了用户获取信息的渠道，也促进了知识的跨语言共享和传播，有助于加强不同文化之间的交流与合作。机器翻译在商务交流和国际合作中也扮演着重要角色。在商务交流中，通过 NLP 技术，商务文件、会议记录、合同条款等可以被准确翻译成不同语言，促进了企业间的国际合作与交流。这种跨语言沟通的便利性不仅提升了商务合作的效率，也降低了沟通误解的风险，为国际经济发展和贸易往来提供了有力支持。

聊天机器人和虚拟助手　如 Siri、Alexa 和 Google Assistant 等，这些应用利用 NLP 技术来理解用户的语音或文本输入，并提供相关的回答或执行特定的任务。聊天机器人和虚拟助手作为 NLP 技术的重要应用，不仅可以执行用户指定的任务，还能够提供个性化服务和智能建议。它们通过分析用户的语音或文本输入，了解用户的偏好、习惯和需求，从而为用户提供定制化的服务体验。例如，用户可以向虚拟助手询问天气、交通情况、新闻资讯等，助手则会根据用户的位置、日程安排等因素，给出相应的回答和建议，提高了用户生活和工作的便利性。聊天机器人也被广泛应用于学习和培训领域，利用 NLP 技术帮助用户获取知识和技能。虚拟助手可以作为学习伙伴，回答用户的问题、提供学习资料、组织课程内容等。

在培训方面，企业可以利用虚拟助手进行员工培训，提供工作指导和解答常见问题，提高培训效率和质量。NLP 技术的应用还使得聊天机器人在医疗健康领域发挥着重要作用。用户可以通过语音或文本与医疗健康类聊天机器人交流，询问疾病症状、药物副作用、健康建议等。这些虚拟健康助手基于 NLP 技术能够提供及时准确的医疗信息，帮助用户更好地了解自身健康状况，同时也为医护人员减轻了一部分咨询压力。聊天机器人还可以提供情感支持和心理咨询功能。一些虚拟助手被设计用于与用户进行情感交流，倾听用户的抱怨、疑虑或愿望。通过 NLP 技术，这些机器人可以模拟人类对话，提供安慰、建议或引导，帮助用户缓解压力、焦虑或孤独感。

拼写和语法校正 如 Grammarly 和 Microsoft Word 中的校正工具，帮助用户改进书写，提供语法、拼写和风格建议。通过诸如 Grammarly 和 Microsoft Word 等工具，用户可以轻松地检查和修正拼写错误、语法问题以及风格不当之处，从而提升其写作的质量和专业性。这些工具利用 NLP 技术分析用户输入的文本，识别潜在的语言问题，并提供针对性的建议和修改，帮助用户撰写更加准确、流畅的文稿。拼写与语法检测工具不仅能够指出错误，还能够根据用户的写作习惯和语言偏好提供个性化的建议。通过分析用户的写作风格和频繁出现的错误模式，这些工具可以为用户提供针对性的学习机会，帮助其理解并纠正常见的语言问题，逐步提升写作水平。这种个性化的学习和建议机制使得用户能够更加高效地改进自己的写作能力，从而在工作、学习和社交等方面取得更好的表现。

生物医疗文本挖掘 在生物医学领域，NLP 用于从临床文本记录、研究文章中提取有价值的信息，帮助研究人员发现新的见解，如疾病关联、药物作用等。此类 NLP 助手通过视觉等多模态信息检测自然语言有关的文本信息，并提供特定的帮助和建议，推动了生物医疗领域基于大量信息处理的工作流程和发展。

近年来，有关 NLP 的产品逐渐深入人类生活之中，对此，简单介绍几款 NLP 相关的产品，如图 11-2 所示。

图 11-2　常见的基于 NLP 技术的产品

谷歌翻译（Google Translate） Google Translate 是一款由谷歌开发的免费在线翻译服务。它基于自然语言处理技术，能够将文本、语音、图像等多种形式的输入翻译成多种语言。Google Translate 利用神经机器翻译和语言模型等先进技术，能够实现准确流畅的翻译。用户可以通过网页版、手机应用或 API 接口等方式使用这一服务，在跨语言交流和跨文化交流中发挥重要作用。

亚马逊语音助手（Amazon Alexa） Amazon Alexa 是亚马逊开发的智能语音助手。通过自然语言处理，它可以通过语音指令执行各种任务，如播放音乐、回答问题、设定提醒、控制智能家居设备等。Alexa 能够理解自然语言，并根据用户的需求做出相应的反应，从而为用户提供智能化的生活体验。通过不断的学习和优化，Alexa 的语音识别和理解能力得到了持续提升，成为智能家居领域的领先产品之一。

语法助手（Grammarly）　Grammarly 是一款智能写作助手，利用 NLP 技术来提供拼写、语法和风格的校正建议。它能够分析用户输入的文本，识别并纠正拼写错误、语法问题和风格不当之处，帮助用户撰写更加准确、流畅的文稿。Grammarly 提供了网页版、桌面客户端和浏览器插件等多种形式的应用，广泛应用于写作、编辑和校对领域，为用户提供了强大的写作辅助工具。

11.2　NLP 问题简介

在第 11.1 节中，我们概述了自然语言处理的基本概念和主要任务，涵盖词法分析、句法分析、语义分析以及一些顶层应用。然而，随着深度学习和大规模计算能力的迅速发展，NLP 领域经历了一场革命，催生了更复杂、更智能的模型和方法。本节将从自然语言理解和自然语言生成两个方面，介绍深度学习时代甚至大模型时代的 NLP 问题。

对于任何自然语言，使用者需要先理解其含义，然后生成并使用该语言与他人交流沟通，因此，NLP 问题主要分为自然语言理解和自然语言生成两大类。

11.2.1　自然语言理解

自然语言理解问题可以根据语料粒度和自然语言理解层次分为不同的层级，如图 11-3 所示。

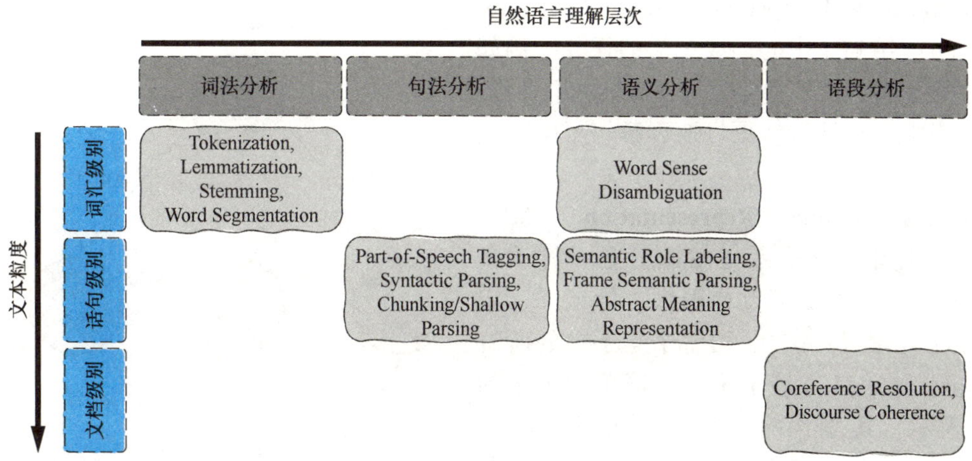

图 11-3　自然语言理解任务

接下来我们简单介绍一些基本的自然语言理解任务。

Tokenization/Segmentation　单词标记是将给定的一个字符序列划分为单词或词组的任务。对于中文，单词标记这一过程便是中文词汇分割，将一个句子分割成一个词汇序列。典型的例子便是“下雨天留客天留我不留”的分割问题，两种分割方法“下雨，天留客．天留，我不留！”与“下雨天，留客天。留我不？留！”会得到对该句话完全不同的理解。在英文等由词汇和空格组成句子的语言中，分词这一过程变得相对简单，但是不同粒度的子词的分词在某些情况下具有重要意义，它们可以一定程度上减少需要存储的词表的大小。因此在处理不同的问题时，不同的分词粒度也需要研究者考虑和选择。

Lemmatization/Stemming 词形还原是将词的表面形式和派生形式简化为常见的词基和词根，如将 improving 还原为 improve。词干提取是形态学分析的简单版本，仅去除词缀，如将 improving 提取为 improv。这一任务在英语等自然语言中经常出现。在中文等语言中，也会少量出现这种情况，例如儿化音和语气助词等，也需要类似的理解过程。

Part-of-Speech Tagging 词性（Part-of-Speech，POS）是具有相似语法功能的一组词的名称，如名词、动词、代词、副词和连词等。词性标记是为句子中的每个单词分配词性标记（如名词、动词、形容词）的任务。

Syntactic Parsing 句法（Syntax）研究的是语言结构和规则，即词、短语、句子如何组合成有意义的表达。句法解析，用于解析句子的句法结构，例如主谓结构、动宾结构等。句法分析能够帮助机器更好地理解句子，为高级 NLP 技术提供基础。

Chunking/Shallow（Partial）Parsing 分块（Chunking）是识别句子中的片段，例如名词短语、动词短语、形容词短语和介词短语。例如：[NP：The morning flight] from Hongkong [VP：has arrived]，其中 The morning flight 和 has arrived 分别是语句中的名词块和动词块。

Word Sense Disambiguation 大多数单词都有多个不同含义，词义消歧（WSD）是确定一个词在特定上下文中的使用词义的任务。例如在英文中“can”一词既可以作“能够，可以”的意思，也可以表示“罐头，圆柱形金属容器”的意思。在中文或其他自然语言中，这样的情况同样存在。

Semantic RoleLabeling 语义角色标记是将角色分配给句子中的词或短语的任务，例如谓词、施事者、受事者、时间、地点、工具等。这项任务能够让智能体更好地理解句子中不同成分的逻辑关系。

Abstract Meaning Representation（AMR）Parsing 抽象意义表示（AMR）是一种语义表示语言。AMR 图可以是根图、标记图、定向图、无环图（DAG），由整个句子中的所有词汇组成。图 11-4 展示了一个简单句子中的 AMR 表示，其蕴含的逻辑关系可以表示为 ARG0-> Instance-> ARG1，即 I want believe 和 you believe I，合到一起的逻辑为 I want you to believe me。

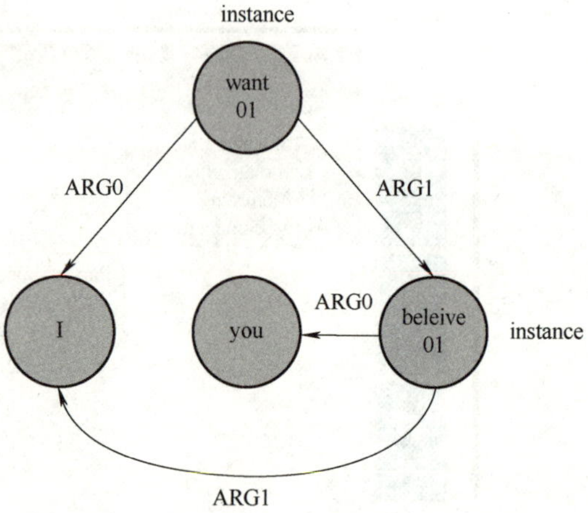

图 11-4 抽象意义表示任务

Coreference Resolution（CR） 在信息提取中，实体是现实世界的对象，例如人员、位置、组织、产品等，可以用专有名称表示。指代消解（CR）是确定两个提及的实体是否指代同一对象。

11.2.2　自然语言生成

自然语言生成（Natural Language Generation，NLG）问题往往是基于上述对于自然语言的分析和理解，进而需要下一步实现的步骤。很多时候，自然语言的理解和生成处于同一框架之中。我们给出了部分自然语言生成的方案如下：

上下文无关文法（Context-Free Grammar，CFG）　这种方法是对自然语言中的结构进行建模的最广泛使用的形式化方法，其中基本结构包括：词典，包括单词（如苍蝇、星期日）和句法符号（如名词（N）、名词短语（NP））；规则，即表达语言的每个单词和符号可以进行的组合和排序。CFG 利用词典和规则形成句子结构。

基于模板的生成　基于已经固定的生成规则来调用已有信息并生成新的语句。这种方案往往较为传统，但是在某些固定的情形下仍然高效且有效。如：

模板："［用户名］您好！今天是［日期］，天气［天气情况］，温度［温度］摄氏度。"

输入数据：用户名="张三"，日期="2024 年 4 月 21 日"，天气情况="晴"，温度="25"

生成文本："张三您好！今天是 2024 年 4 月 21 日，天气晴，温度 25 摄氏度。"

在当前基于神经网络的 NLP 方案越来越普及的情形下，这种传统方案正逐渐失去其影响力。

基于统计（N-Gram）**或神经语言模型的生成**（Word-by-Word Generation）　这也是一种使用广泛的语言生成模型，其本质是基于神经网络模型或者概率模型，基于已经出现的句子成分和顺序关系，来预测词表中的词汇在接下来的位置的出现概率。

当使用 N-Gram 模型进行自然语言生成时，我们首先需要训练模型，然后利用训练好的模型生成文本。这里给出一个简单的例子来说明 N-Gram 模型的自然语言生成过程。假设我们有以下训练数据：

"今天 天气 晴朗，我们 决定 去 郊游。"

"明天 天气 雨天，我们 可能 呆 在 家里。"

我们将使用 2-Gram（Bigram）模型来生成文本。首先，我们需要统计每个词组的出现频率。接着，我们构建出现的词组及其后续词的频率字典：

```
{
  "今天":{"天气":1},
  "天气":{"晴朗":1,"雨天":1},
  "晴朗":{",":1},
  ",":{"我们":2},
  "我们":{"决定":1,"可能":1},
  "决定":{"去":1},
  "去":{"郊游":1},
  "郊游":{"。":1},
  "。":{"明天":1},
  "明天":{"天气":1},
  "雨天":{",":1},
  "可能":{"呆":1},
```

```
    "呆":{"在":1},
    "在":{"家里":1},
    "家里":{"。":1}
}
```

接下来，我们使用这些统计信息来生成文本。我们从一个起始词开始，然后根据每个词组的概率选择下一个词，直到生成所需长度的文本或达到终止条件为止。假设我们以"明天"作为起始词生成文本，我们可以按以下步骤生成：选择下一个词，下一个词是"天气"，然后我们在"晴朗"和"雨天"中随机选择一个，比如选择"晴朗"；继续选择，直到生成所需长度的文本或遇到终止条件。通过这种方式，我们可以生成类似训练数据的文本，例如“明天天气晴朗，我们决定去郊游。”以上就是使用 N-Gram 模型进行自然语言生成的基本过程。

不同语言风格的生成和转换 针对不同的使用场合，人们往往需要不同的语言风格和表达方式，一般来说，基于神经网络的自然语言生成方案可以通过重新训练或者微调等方式来转换其生成的语言风格，得到不同风格的语言。

总的来说，自然语言生成（NLG）在各个领域都有广泛应用，包括自动化报告生成、虚拟助手、智能客服、新闻摘要、医疗诊断报告等。这项技术的发展使得计算机能够更加自然地与人类进行沟通，为许多行业带来了效率和便利性的提升。

11.3 词嵌入

词嵌入（Word Embedding）作为深度学习的基础组件之一，为许多 NLP 任务提供了有效的语义表示。本节将介绍词嵌入的基本概念以及它在 NLP 中扮演的关键角色。

要使计算机能够理解文本，就要为文本制定合理的表示方式。作为自然语言处理中使用深度学习算法的前奏，词嵌入承担着将计算机无法理解的自然语言转化为其可以理解的数值语言的功能。从概念上讲，它是指将词表中的词元嵌入到向量空间中的过程。词嵌入的结果可以放入各种深度学习框架，应用于多种自然语言处理任务。

本节首先介绍词嵌入中基于自监督学习进行预训练的具体概念；随后，从数学原理上具体介绍一种名为 word2vec 的基础词嵌入技术，包括其模型表示及训练方法；最后，从实用性的角度出发，说明如何利用负采样降低计算复杂度。

11.3.1 预训练

高质量的训练数据对机器学习模型的性能具有重要影响。当面临大型语料库时，使用完全标注的数据来训练模型几乎是不可能的，即使耗费昂贵的人力成本标注了一些词元数据，对于动辄上亿的庞大语料库来说也是杯水车薪。如何避免训练过程对于标签的苛刻需求呢？现代 NLP 通过在无标签的大规模文本语料库上进行**预训练**，**自监督**地从海量文本数据中学习，不需要昂贵的标签标注。预训练之后的模型再使用少量标注语料进行**微调**（Fine-Tuning）来完成各种 NLP 任务。具体地来说，预训练可以得到词元的向量表示，这些向量可以应用到处理各种 NLP 任务的深度学习模型上。

图 11-5 展示了采用自监督学习可以实现的几种任务。在由数个词元组成的窗口中，可

以由两侧词对中心词进行预测（Center Word Prediction），也可以由中心词预测邻近词（Neighbor Word Prediction）。使用前面的词元对后面的词元进行正序预测的任务可以由自回归语言建模（Auto-Regressive Language Modeling）实现，倒序预测亦可。掩去句子中的词元，使用上下文对其进行预测的方式称为掩码语言建模（Masked Language Modeling）。此外，自监督学习产生的向量还可以对句子之间的关联语义进行表示，基于此可以完成预测下一句（Next Sentence Prediction）或邻近句（Neighbor Sentence Prediction）的任务。

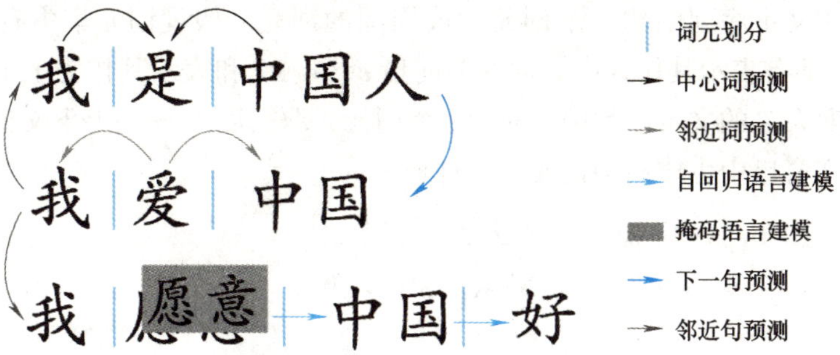

图 11-5 自监督学习的几种任务

图 11-5 彩图

自监督学习为词元产生向量表示，这些向量存储着该词元与其余词元的联系。在现有研究中，较为经典的方法是 word2vec。它将每个词映射到一个固定长度的向量，这些向量能更好地表达不同词之间的相似性和类比关系。本节将于后续内容中对这一基础词嵌入方式的数学原理做具体介绍。除了词元之间的联系之外，上下文窗口内的词共现可以携带丰富的语义信息。相较于 word2vec 而言，全局向量的词嵌入方法（Global Vectors for Word Representation，GloVe）的突出特点是假设词语的共现信息可以表示为词向量之间的线性关系。例如，它可以捕捉到英文单词 “king” 和 “queen” 之间的关系与 “man” 和 “woman” 之间的关系相似，这是因为在大规模语料库中，“king” 和 “queen” 通常会以类似的上下文一起出现。然而，word2vec 和 GloVe 都没有对词语的内部结构进行探讨，它们在面对未录入词时，无法提供有意义的嵌入表示。对于稀有或未见过的词汇，它们只能通过上下文的相似性来推断其意义。相对而言，一种称为子词嵌入的方法可以将单词拆分为子词（如字符、字母）来建模。这样可以利用子词级别的信息来丰富词向量的表示能力，并为未录入词提供有意义的嵌入。子词嵌入方法具有更好的泛化性，特别适用于处理未见过的或稀有的词汇。在 2018 年，谷歌公司发布了一种来自 Transformers 的双向编码器表示（Bidirectional Encoder Representation from Transformers，BERT）。这种预训练的语言表征模型的特征是，不再像以往一样采用传统的单向语言模型的方法进行预训练，而是生成深度的双向语言表征。在预训练之后，word2vec 和 GloVe 的输出可以被认为是一个矩阵，每一行表示一个定义词元的向量，这种模型是与上下文无关的。例如，英文中常见一词多义现象，同一个词在不同的上下文中表示的意义不同，word2vec 和 GloVe 则无法表征这样的区别，而 BERT 对上下文敏感，能够根据上下文赋予词元不同的表示。此外，其余对上下文敏感的词嵌入模型还有语言模型增强的序列标记器（Language Model Augmented Sequence Tagger，TagLM）、来自语言模型的嵌入（Embeddings from Language Models，ELMo）等。

11.3.2 Word2Vec

本节就相对基础的Word2Vec模型及其训练中涉及的数学表达进行详细介绍。Word2Vec包含两个模型，即跳字模型（Skip-Gram）和连续词袋模型（Continuous Bag of Words, CBOW），下面将对它们进行详细的介绍。

11.3.2.1 跳字模型及其训练

跳字模型考虑可以用文本序列中的一个词元生成周围的词元。假设词元集中有 N 个词元，对第 t 个词元 $w^{(t)}$，都有表示其作为中心词的词向量 $\boldsymbol{c}^{(t)} \in \mathbb{R}^N$ 和表示其作为上下文词的词向量 $\boldsymbol{o}^{(t)} \in \mathbb{R}^N$。在长度为 T 的文本序列中，对第 t 个词元，取长度为 m 的上下文窗口，则跳字模型在该词元上下文窗口中生成周围词元的条件概率为

$$P(w^{(t+j)} \mid w^{(t)}) = \frac{\exp(\boldsymbol{o}^{(t+j)} \cdot \boldsymbol{c}^{(t)})}{\sum_{i=1}^{N} \exp(\boldsymbol{o}^{(i)} \cdot \boldsymbol{c}^{(t)})} \tag{11-1}$$

其中，$\boldsymbol{o} \cdot \boldsymbol{c} = \sum_{i=1}^{N} \boldsymbol{o}_i \boldsymbol{c}_i$ 表示两个向量的内积。进而，可以求得跳字模型的似然函数（见1.5.5节）为

$$L_{\mathrm{SG}} = \prod_{t=1}^{T} \prod_{-m \leqslant j \leqslant m,\, j \neq 0} P(w^{(t+j)} \mid w^{(t)})$$

其中，超出文本边界的概率运算可省去。

跳字模型的训练过程就是最大化似然函数 L_{SG} 的过程，也即最小化如下损失函数的过程：

$$\begin{aligned} f_{\mathrm{SG}} &= -\log L_{\mathrm{SG}} \\ &= -\sum_{t=1}^{T} \sum_{-m \leqslant j \leqslant m,\, j \neq 0} \log P(w^{(t+j)} \mid w^{(t)}) \end{aligned}$$

其中，条件概率的对数项可由式（11-1）进一步计算为

$$\log P(w^{(t+j)} \mid w^{(t)}) = \boldsymbol{o}^{(t+j)} \cdot \boldsymbol{c}^{(t)} - \log\left(\sum_{i=1}^{N} \exp(\boldsymbol{o}^{(i)} \cdot \boldsymbol{c}^{(t)})\right)$$

由此可以求得其对于中心词向量 $\boldsymbol{c}^{(t)}$ 的梯度：

$$\begin{aligned} \frac{\partial \log P(w^{(t+j)} \mid w^{(t)})}{\partial \boldsymbol{c}^{(t)}} &= \boldsymbol{o}^{(t+j)} - \frac{\sum_{j=1}^{N} \exp(\boldsymbol{o}^{(j)} \cdot \boldsymbol{c}^{(t)}) \boldsymbol{o}^{(j)}}{\sum_{i=1}^{N} \exp(\boldsymbol{o}^{(i)} \cdot \boldsymbol{c}^{(t)})} \\ &= \boldsymbol{o}^{(t+j)} - \sum_{j=1}^{N} \left(\frac{\exp(\boldsymbol{o}^{(j)} \cdot \boldsymbol{c}^{(t)})}{\sum_{i=1}^{N} \exp(\boldsymbol{o}^{(i)} \cdot \boldsymbol{c}^{(t)})} \right) \boldsymbol{o}^{(j)} \\ &= \boldsymbol{o}^{(t+j)} - \sum_{j=1}^{N} P(w^{(j)} \mid w^{(t)}) \boldsymbol{o}^{(j)} \end{aligned} \tag{11-2}$$

使用式（11-2），可以通过梯度下降最小化损失 f_{SG}。对于词元集的任意一个词元（假设其索引为 i），通过训练可获得其作为中心词的词向量 $\boldsymbol{c}^{(i)}$ 和作为上下文词的词向量 $\boldsymbol{o}^{(i)}$。其中，

作为中心词的词向量 $\boldsymbol{c}^{(i)}$ 通常作为词嵌入的结果，应用于下游的深度学习框架。

11.3.2.2　连续词袋模型及其训练

连续词袋模型与跳字模型恰好相反，它考虑中心词是基于其在文本序列中的周围上下文词生成的。在长度为 m 的上文窗口中给定上下文词 $\mathcal{W}_o^{(t)}=\{w^{(t-m)},w^{(t-m+1)},\cdots,w^{(t+m-1)},w^{(t+m)}\}$，利用它们生成任意中心词的条件概率为

$$P(w^{(t)}\mid\mathcal{W}_o^{(t)})=\frac{\exp(\boldsymbol{c}^{(t)}\cdot\bar{\boldsymbol{o}}_m)}{\sum_{i=1}^{N}\exp(\boldsymbol{c}^{(i)}\cdot\bar{\boldsymbol{o}}_m)}$$

其中，$\bar{\boldsymbol{o}}_m$ 的具体表达如下：

$$\bar{\boldsymbol{o}}_m=\frac{1}{2m}(\boldsymbol{o}^{(t-m)}+\boldsymbol{o}^{(t-m+1)}+\cdots+\boldsymbol{o}^{(t+m-1)}+\boldsymbol{o}^{(t+m)})$$

之后，对于长度为 T 的文本序列，可以求得连续词袋模型的似然函数为给定上下文词生成所有中心词的概率：

$$L_{\text{CBOW}}=\prod_{t=1}^{T}P(w^{(t)}\mid\mathcal{W}_o^{(t)})$$

在训练中，我们通过最小化如下损失函数来最大化似然函数 L_{CBOW}：

$$\begin{aligned}f_{\text{CBOW}}&=-\log L_{\text{CBOW}}\\&=-\sum_{t=1}^{T}\log P(w^{(t)}\mid\mathcal{W}_o^{(t)})\end{aligned}$$

其中条件概率的对数项可以具体算得：

$$\log P(w^{(t)}\mid\mathcal{W}_o^{(t)})=\boldsymbol{c}^{(t)}\cdot\bar{\boldsymbol{o}}_m-\log\left(\sum_{i=1}^{N}\exp(\boldsymbol{c}^{(i)}\cdot\bar{\boldsymbol{o}}_m)\right)$$

接下来可求其关于上下文词向量的梯度，以用于训练。为了便于表示，定义 $w^{(r)}\in\mathcal{W}_o^{(t)}$，其对应的上下文词向量为 $\boldsymbol{o}^{(r)}$。之后，可以计算 $\log P(w^{(t)}\mid\mathcal{W}_o^{(t)})$ 关于窗口中任意上下文词向量的梯度：

$$\begin{aligned}\frac{\partial\log P(w^{(t)}\mid\mathcal{W}_o^{(t)})}{\partial\boldsymbol{o}^{(r)}}&=\frac{1}{2m}\left(\boldsymbol{c}^{(t)}-\sum_{j=1}^{N}\frac{\exp(\boldsymbol{c}^{(j)}\cdot\bar{\boldsymbol{o}}_m)\boldsymbol{c}^{(j)}}{\sum_{i=1}^{N}\exp(\boldsymbol{c}^{(i)}\cdot\bar{\boldsymbol{o}}_m)}\right)\\&=\frac{1}{2m}\left(\boldsymbol{c}^{(t)}-\sum_{j=1}^{N}P(w^{(j)}\mid\mathcal{W}_o^{(t)})\boldsymbol{c}^{(j)}\right)\end{aligned}$$

基于此，可以通过梯度下降最小化损失函数。

11.3.3　负采样

无论是跳字模型，还是连续词袋模型，其梯度计算中都含有整个词表大小的求和计算。可想而知，在一个需要操作大型词元集的任务中，梯度计算耗费的算力成本十分庞大。负采样方法的提出就是为了降低训练的复杂度。下文以跳字模型为例对负采样进行介绍。

首先，考虑如下负采样策略中的似然函数：

$$L_{SG}=\prod_{t=1}^{T}\prod_{-m\leqslant j\leqslant m,j\neq 0}P(D=1\mid w^{(t)},w^{(t+j)})$$

上式中的概率项为 $w^{(t)}$ 和 $w^{(t+j)}$ 两个词元来自该窗口的概率，在这里规定其为

$$P(D=1\mid w^{(t)},w^{(t+j)})=\sigma(\boldsymbol{o}^{(t+j)}\cdot\boldsymbol{c}^{(t)}) \tag{11-3}$$

其中，σ 为 Sigmoid 激活函数 $\sigma(x)=\dfrac{\exp(x)}{1+\exp(x)}$。显然，此概率的梯度计算简单。然而，式（11-3）似乎是一个很不恰当的表述，因为它只考虑了正样本的事件，即窗口中包含的上下文词。因此，需要另外添加一些负标本，基于这样的思想去优化梯度计算的方法称为负采样。

具体而言，从词元集中找出 K 个不属于上下文窗口的噪声词元。在这个概念下，词元集被看作预定义分布 $P(w)$，噪声词元用 $w_{(k)}$ 表示。则条件概率式（11-1）可以重写为

$$P(w^{(t+j)}\mid w^{(t)})=P(D=1\mid w^{(t)},w^{(t+j)})\prod_{\substack{k=1\\ w_{(k)}\sim P(w)}}^{K}P(D=0\mid w^{(t)},w_{(k)})$$

此时，对数损失可以计算为

$$\begin{aligned}-\log P(w^{(t+j)}\mid w^{(t)})&=-\log P(D=1\mid w^{(t)},w^{(t+j)})-\sum_{\substack{k=1\\ w_{(k)}\sim P(w)}}^{K}\log P(D=0\mid w^{(t)},w_{(k)})\\&=-\log\sigma(\boldsymbol{o}^{(t+j)}\cdot\boldsymbol{c}^{(t)})-\sum_{\substack{k=1\\ w_{(k)}\sim P(w)}}^{K}\log(1-\sigma(\boldsymbol{o}_{(k)}\cdot\boldsymbol{c}^{(t)}))\\&=-\log\sigma(\boldsymbol{o}^{(t+j)}\cdot\boldsymbol{c}^{(t)})-\sum_{\substack{k=1\\ w_{(k)}\sim P(w)}}^{K}\log\sigma(-\boldsymbol{o}_{(k)}\cdot\boldsymbol{c}^{(t)})\end{aligned}$$

上式中加法运算的次数与超参数 K 的选取有关，而与词表大小无关，这样就可以大大降低训练所需成本。

至此，词嵌入中的基于自监督学习的预训练方法涉及到的基本概念和其中较为基础的 Word2Vec 模型及其训练就介绍完了。基于本节所述内容，读者不仅能掌握关于词嵌入技术的基础知识，而且能够获得自主深入学习有关知识的能力。在 11.4 节中，我们将给出一个使用深度学习处理自然语言的完整例子，其中包含了词嵌入部分的代码实现。

11.4 情感分析

情感分析作为 NLP 领域中的一个重要任务，旨在从文本中提取出作者的情感倾向，通常分为正面情感和负面情感。在信息爆炸的时代，人们在互联网上产生了大量的文本数据，这些数据蕴含着丰富的情感信息。因此，情感分析不仅可以应用于商业场景，如社交媒体舆情监测、产品评论分析等，还可以在社会科学研究、心理学分析等领域发挥重要作用。

本节将提供一个完整的代码实现，以便读者深入理解情感分析的实现过程。我们将使用深度学习模型，包括 RNN、CNN 和 Transformer 等，来解决情感分析问题。通过学习这些方法，读者将掌握如何利用自然语言处理技术来分析和理解文本中蕴含的情感信息，为今后的学习和研究打下坚实的基础。

11.4.1　情感分析及数据预处理

本案例使用经典数据集：IMDb 电影评论数据集（https：//ai. stanford. edu/~amaas/data/sentiment/）。该数据集包含了来自 IMDb 网站的电影评论，其中一半为正面评论，另一半为负面评论。通过基于该数据集的实验，我们将展示如何利用深度学习模型来进行情感分析。

11.4.1.1　环境配置

（1）**PyTorch**　用于构建和训练深度学习模型的框架。

（2）**TorchText**　用于处理自然语言处理任务中的文本数据。

（3）**spaCy**（https：//spacy. io/usage）　用于进行自然语言处理任务的工具包，包括分词、词性标注等功能。

（4）**Transformers**（https：//huggingface. co/docs/transformers/installation）　用于处理和使用预训练的语言模型（例如 BERT、GPT 等）的库。

11.4.1.2　数据预处理

首先，导入一些必须的模块和库。

```
import torch
import torch.nn as nn
from torchtext.legacy import data,datasets
import spacy
import os
import random
import numpy as np
```

设置随机种子以确保实验的可重复性。

```
# 定义一个名为 seed_torch 的函数，用于设置随机种子
def seed_torch(seed):
    # 设置 Python 的随机种子
    random.seed(seed)
    # 设置环境变量 'PYTHONHASHSEED'，禁止 hash 随机化，以使得实验可复现
    os.environ['PYTHONHASHSEED'] = str(seed)
    # 设置 NumPy 的随机种子
    np.random.seed(seed)
    # 设置 PyTorch 的随机种子
    torch.manual_seed(seed)
    torch.cuda.manual_seed(seed)
    torch.cuda.manual_seed_all(seed)  #如果使用多 GPU，则需要调用此函数。
    # 禁用 CuDNN 的随机性以确保实验的可重复性
    torch.backends.cudnn.benchmark = False
    torch.backends.cudnn.deterministic = True
# 调用 seed_torch 函数，设置随机种子为 123
SEED = 123
seed_torch(SEED)
```

定义 torchtext 中的“Field”和“LabelField”对象，分别用于处理文本数据以及对应

标签。

```
# 定义用于处理文本数据的 Field 对象
# tokenize 指定了使用'spacy'分词器对文本进行分词处理
# tokenizer_language 指定了分词器的语言为英语
# include_lengths 启用该参数，以在处理变长序列时返回序列长度信息
text_field = data.Field(tokenize='spacy',tokenizer_language='en_core_web_sm',
                        include_lengths=True)
# 定义用于处理标签数据的 LabelField 对象
# dtype 指定了标签数据的数据类型为 torch.float
label_field = data.LabelField(dtype=torch.float)
```

接下来，使用 torchtext 中的 datasets 模块加载 IMDB 数据集，并将数据集分为训练集、验证集和测试集。

```
# 使用 torchtext 中的 datasets 模块加载 IMDB 数据集，并使 text_field 和 label_field 对象进
# 行处理，这将会加载 IMDB 数据集的训练集和测试集，并将它们分别存储在 train_data
# 和 test_data 中
train_data,test_data = datasets.IMDB.splits(text_field,label_field)
# 使用训练集的 split()方法将训练数据进一步划分为训练集和验证集
train_data,_ = train_data.split(random_state=random.seed(SEED))
```

构建文本数据和标签数据的词汇表。对于文本数据，构建其词汇表，其中指定了词汇表的最大大小，同时使用 GloVe 的预训练词向量进行初始化，超出词汇表大小的词汇将被忽略。对于标签数据，构建标签的词汇表。


```
# 设置词汇表的最大大小，即最多保留的词汇数量 max_size = 25000
# 使用 train_data 的 build_vocab()方法构建文本数据的词汇表
# max_size 参数指定了词汇表的最大大小，超出此大小的词汇将被忽略
# vectors 参数指定了预训练词向量的名称或路径，这里使用的是名为"glove.6B.100d"的预
# 训练词向量
# unk_init 参数指定了未知词汇的初始化方法，这里使用的是 torch.Tensor.normal_方法进行
# 正态分布初始化
text_field.build_vocab(train_data,max_size=max_size,vectors="glove.6B.100d",
                       unk_init=torch.Tensor.normal_)
# 使用 train_data 的 build_vocab()方法构建标签数据的词汇表
label_field.build_vocab(train_data)
```

最后，创建数据迭代器，用于对训练集、验证集和测试集进行批量处理。

```
# 设置每个批次的大小
batch_size = 64
# 根据当前环境选择是否使用 GPU 进行训练
device = torch.device('cuda'if torch.cuda.is_available() else 'cpu')
# 使用 data.BucketIterator.splits()方法创建数据迭代器
# 参数(train_data,test_data)指定了要创建迭代器的数据集
# batch_size 参数指定了每个批次的大小
# sort_within_batch 参数指定了在每个批次内是否按照序列长度进行排序
# device 参数指定了数据迭代器使用的设备，即 'cuda'(如果可用)或 'cpu'
```

```
train_iter,test_iter = data.BucketIterator.splits((train_data,test_data),
                                                   batch_size=batch_size,
                                                   sort_within_batch=True,
                                                   device=device)
```

11.4.2 使用循环神经网络

实现一个基于双向 LSTM 的循环神经网络模型。通过在 nn.Embedding 层中传入 padding_idx 参数，将 padding token 的索引作为参数传入，以确保模型不会对其进行训练，从而避免学习与句子情感无关的内容。由于使用了双向 LSTM，最后的隐藏状态向量包含了前向和后向的隐藏状态，因此在下一层 nn.Linear 层中的输入形状是隐藏层维度的两倍。在将词嵌入输入到 RNN 之前，通过 nn.utils.rnn.pack_padded_sequence 将它们打包，以确保 RNN 只会处理非 padding 的 token，从而避免对 padding token 进行处理。通过 nn.utils.rnn.pad_packed_sequence 将输出的句子解压转换成一个张量。最后，通过合并最后两个隐藏层的前向和后向隐藏状态，将其输入到线性层进行处理。

```
class RNN(nn.Module):
    def __init__(self,vocab_size,embed_size,num_hiddens,num_layers,padding_idx):
        super().__init__()
        # 词嵌入层：将输入的单词索引映射为密集的词嵌入表示
        self.embedding = nn.Embedding(vocab_size,embed_size,padding_idx=padding_idx)
        # LSTM 编码器：接受词嵌入表示的序列作为输入，进行序列建模
        self.encoder = nn.LSTM(embed_size,num_hiddens,num_layers=num_layers,
                               bidirectional=True,dropout=0.5)
        # 全连接层解码器：将 LSTM 最后一个时间步的输出转换为模型的最终输出
        self.decoder = nn.Linear(num_hiddens * 2,1)
        # Dropout 层：用于防止过拟合，随机地将输入张量中的一些元素设置为零
        self.dropout = nn.Dropout(0.5)
def forward(self,text,text_lengths):
        # 对输入文本进行词嵌入，并使用 dropout 进行正则化
        embedding = self.dropout(self.embedding(text))
        # 将填充过的序列数据打包，以便 LSTM 层只处理有效的词嵌入序列
        packed_embedded = nn.utils.rnn.pack_padded_sequence (embedding,
                                                              text_lengths.to('cpu'))
        # 将打包过的序列数据输入到 LSTM 编码器中进行前向传播
        packed_out,(hidden,_)= self.encoder(packed_embedded)
        # 对 LSTM 编码器的输出进行解包，以便进行全连接层的操作
        output,output_lengths = nn.utils.rnn.pad_packed_sequence(packed_out)
        # 将 LSTM 的最终隐藏状态通过全连接层进行映射，并返回模型的输出结果
        hidden = self.dropout(torch.cat((hidden[-2,:,:],hidden[-1,:,:]),dim=1))
        return self.decoder(hidden)
```

接下来，定义模型的超参数，然后根据这些超参数实例化之前定义的 RNN 模型。

```
# 获取文本数据词汇表的大小
vocab_size = len(text_field.vocab)
```

```
# 定义词嵌入维度、隐藏单元数和层数
embed_size,num_hiddens,num_layers = 100,256,2
# 获取填充标记的索引值和未知标记的索引值
padding_idx = text_field.vocab.stoi[text_field.pad_token]
unknown_idx = text_field.vocab.stoi[text_field.unk_token]
# 创建 RNN 模型的实例,并传入相关的参数
net = RNN(vocab_size,embed_size,num_hiddens,num_layers,padding_idx)
```

下面用预训练的词嵌入初始化模型的词嵌入层权重。

```
# 获取预训练的词嵌入向量
pretrained_embed = text_field.vocab.vectors
# 将预训练的词嵌入向量复制到模型的词嵌入层权重中
net.embedding.weight.data.copy_(pretrained_embed)
# 将未知标记和填充标记的词嵌入向量设置为零向量
net.embedding.weight.data[unknown_idx] = torch.zeros(embed_size)
net.embedding.weight.data[padding_idx] = torch.zeros(embed_size)
```

在训练开始之前，先要初始化优化器和损失函数。

```
# 初始化 Adam 优化器,传入模型的参数 net.parameters()
optimizer = torch.optim.Adam(net.parameters())
# 初始化二分类交叉熵损失函数 loss_bce
loss_bce = nn.BCEWithLogitsLoss()
# 将模型 net 和损失函数 loss_bce 移动到设备上(GPU 或 CPU)
net = net.to(device)
loss_bce = loss_bce.to(device)
```


定义训练函数。

```
def train(net,iterator,optimizer,loss_bce):
    # 初始化 epoch 的损失和准确率
    epoch_loss = 0
    epoch_acc = 0
    # 将模型设置为训练模式
    net.train()
    # 遍历数据迭代器中的每个批次数据
    for batch in iterator:
        # 梯度清零
        optimizer.zero_grad()
        # 获取当前批次的文本数据和文本长度
        text,text_lengths = batch.text
        # 模型前向传播,得到预测结果
        preds = net(text,text_lengths).squeeze(1)
        # 计算损失
        loss = loss_bce(preds,batch.label)
        # 计算准确率
        rounded_preds = torch.round(torch.sigmoid(preds))
        corrects = (rounded_preds == batch.label).float()
```

```
        accuracy = corrects.sum()/ len(corrects)
        # 反向传播计算梯度
        loss.backward()
        # 使用优化器更新模型参数
        optimizer.step()
        # 累加当前批次的损失和准确率到 epoch 的损失和准确率中
        epoch_loss+= loss.item()
        epoch_acc+= accuracy.item()
    # 返回平均每个批次的损失和准确率
    return epoch_loss / len(iterator),epoch_acc / len(iterator)
```

定义测试函数。

```
def evaluate(net,iterator,loss_bce):
    # 初始化 epoch 的损失和准确率
    epoch_loss = 0
    epoch_acc = 0
    # 将模型设置为评估模式
    net.eval()
    # 禁用梯度计算上下文，因为在评估阶段不需要进行反向传播
    with torch.no_grad():
        # 遍历数据迭代器中的每个批次数据
        for batch in iterator:
            # 获取当前批次的文本数据和文本长度
            text,text_lengths = batch.text
            # 模型前向传播，得到预测结果
            preds = net(text,text_lengths).squeeze(1)
            # 计算损失
            loss = loss_bce(preds,batch.label)
            # 计算准确率
            rounded_preds = torch.round(torch.sigmoid(preds))
            # 将正确预测的数量转换为浮点数，用于后续的除法计算
            corrects =(rounded_preds == batch.label).float()
            accuracy = corrects.sum()/ len(corrects)
            # 累加当前批次的损失和准确率到 epoch 的损失和准确率中
            epoch_loss+= loss.item()
            epoch_acc+= accuracy.item()
    # 返回平均每个批次的损失和准确率
    return epoch_loss / len(iterator),epoch_acc / len(iterator)
```

训练模型并在训练结束后评测模型。

```
num_epochs = 5  # 定义训练的总轮数
# 循环进行训练，每轮训练都打印出训练损失和准确率
for epoch in range(num_epochs):
    # 调用 train 函数进行模型训练，得到训练损失和准确率
    train_loss,train_acc = train(net,train_iter,optimizer,loss_bce)
    # 打印当前轮数、训练损失和准确率
    print(f'Epoch:{epoch+1:01},Loss={train_loss:.3f},Accuracy={train_acc * 100:.0f}%')
```

```
# 训练结束后，调用 evaluate 函数评估模型在测试集上的性能，得到测试损失和准确率
test_loss,test_acc = evaluate(net,test_iter,loss_bce)
# 打印测试损失和准确率
print(f'Test Loss={test_loss:.3f},Test Accuracy={test_acc * 100:.0f}%')
```

定义以下函数来使用训练好的模型预测文本序列的情感。

```
def predict_sentiment(net,sentence):
    # 将模型设置为评估模式
    net.eval()
    # 使用 spaCy 加载英语标记器并对句子进行分词
    tokenized = [tok.text for tok in spacy.load('en_core_web_sm').tokenizer(sentence)]
    # 将分词后的单词转换为对应的索引值
    indexed = [text_field.vocab.stoi[t]for t in tokenized]
    # 将索引值列表转换为 PyTorch 的 LongTensor，并将其移动到指定的设备上
    tensor = torch.LongTensor(indexed).to(device)
    # 将张量进行形状调整，以匹配模型的输入要求
    tensor = tensor.unsqueeze(1)
    # 创建一个张量，包含句子的长度信息
    length_tensor = torch.LongTensor([len(indexed)])
    # 使用模型进行情感预测，并通过 Sigmoid 函数将输出值转换为概率值
    prediction = torch.sigmoid(net(tensor,length_tensor))
    # 返回预测结果(概率值)
return prediction.item()
```


最后使用两个例子来进行测试。

```
print(predict_sentiment(net,"The film is terrible"))
print(predict_sentiment(net,"The film is great"))
```

11.4.3 使用卷积神经网络

与 11.4.2 节不同的是，CNN 的输入张量要求第一维为 batch 的大小，所以处理文本数据的 Field 对象定义如下。

```
text_field = data.Field(tokenize='spacy',tokenizer_language='en_core_web_sm',
                        include_lengths=True,batch_first=True)
```

下面，我们将实现一个卷积神经网络模型。该 CNN 模型首先创建一个词嵌入层，用于将单词索引转换为词嵌入向量。然后，通过循环创建多个不同卷积核大小的一维卷积层来捕获多尺度相邻词元之间的局部特征。接着，创建一个全连接层，用于将所有卷积层的输出特征汇聚并映射到输出类别的分数。另外，创建一个 Dropout 层用于防止过拟合，并使用 ReLU 激活函数来引入非线性。

```
class CNN(nn.Module):
    def __init__(self,vocab_size,embed_size,out_channels,kernel_sizes,padding_idx):
        super().__init__()
        # 创建词嵌入层，用于将单词索引转换为词嵌入向量
```

```
        self. embedding = nn. Embedding( vocab_size,embed_size,padding_idx= padding_idx)
        # 创建一维卷积层的列表，卷积核大小分别为 kernel_sizes 中的每个值
        self. convs = nn. ModuleList( )
        for kernel_size in kernel_sizes:
            self. convs. append( nn. Conv1d( embed_size,out_channels,kernel_size))
        # 创建全连接层，用于将卷积层的输出特征映射到输出类别的分数
        self. decoder = nn. Linear( len( kernel_sizes) * out_channels,1)
        # 创建 Dropout 层，用于防止过拟合
        self. dropout = nn. Dropout( 0. 5)
        # 创建 ReLU 激活函数层
        self. relu = nn. ReLU( )
    def forward( self,text,_):
        # 将输入的文本数据索引转换为词嵌入向量，
        # 并调整形状使其适用于卷积层的输入要求
        embedded = self. embedding( text). permute(0,2,1)
        # 对输入的文本数据进行卷积操作，并通过 ReLU 激活函数进行非线性变换
        conved = [ self. relu( conv( embedded))for conv in self. convs]
        # 对卷积后的特征进行最大池化操作，以获取最重要的特征
        pooled = [ nn. MaxPool1d( conv. shape[2])( conv). squeeze(2)for conv in conved]
        # 对池化后的特征进行拼接操作，并通过 Dropout 层防止过拟合
        cat = self. dropout( torch. cat( ( pooled),dim=1))
        # 将拼接后的特征输入到全连接层中，得到最终的分类分数
        return self. decoder( cat)
```


接下来，定义模型的超参数，然后根据这些超参数实例化之前定义的 CNN 模型。

```
# 获取词汇表的大小
vocab_size = len( text_field. vocab)
# 定义词嵌入维度、输出通道数和卷积核大小
embed_size,out_channels,kernel_sizes = 100,100,[3,4,5]
# 创建 CNN 模型实例
net = CNN( vocab_size,embed_size,out_channels,kernel_sizes,padding_idx)
```

与 11. 4. 2 节所述相同，用预训练的词嵌入初始化模型的词嵌入层权重，初始化优化器和损失函数，定义训练和测试函数，训练和评测模型。然后，定义以下函数来使用训练好的模型预测文本序列的情感，并用 11. 4. 2 节相同的两个例子测试。

```
def predict_sentiment( model,sentence,min_len=5):
    # 将模型设置为评估模式
    model. eval( )
    # 使用 spaCy 加载英语标记器并对句子进行分词
    tokenized = [ tok. text for tok in spacy. load('en_core_web_sm'). tokenizer( sentence) ]
    # 如果句子长度不足最小长度，使用'<pad>'标记进行填充
    if len( tokenized) < min_len:
        tokenized+= ['<pad>'] * ( min_len-len( tokenized))
    indexed = [ text_field. vocab. stoi[t]for t in tokenized]
    tensor = torch. LongTensor( indexed). to( device)
    # 将张量进行形状调整，以匹配模型的输入要求
```

```
        tensor = tensor.unsqueeze(0)
        prediction = torch.sigmoid(model(tensor,0))
    return prediction.item()
print(predict_sentiment(net,"The film is terrible"))
print(predict_sentiment(net,"The film is great"))
```

11.4.4 使用 Transformer

除了需要导入与前两小节中相同的库以外，还需要使用 Hugging Face（https://huggingface.co/）的 Transformers 库中的 BERT 分词器和模型。然后定义用于将输入的句子进行分词的函数。

```
# 导入 Hugging Face 的 Transformers 库中的 BERT 分词器和模型
from transformers importBertTokenizer,BertModel
# 从预训练的'bert-base-uncased'模型加载分词器
tokenizer = BertTokenizer.from_pretrained('bert-base-uncased')
# 获取'bert-base-uncased'模型的最大输入长度
max_length = tokenizer.max_model_input_sizes['bert-base-uncased']
# 定义一个函数用于将输入的句子进行分词
deftokenization(sentence):
    # 使用分词器对句子进行分词
    tokens = tokenizer.tokenize(sentence)
    # 将分词后的 tokens 截断到最大长度减去特殊 token([CLS]和[SEP])的长度
    tokens = tokens[:max_length-2]
    # 返回分词后的 tokens
    return tokens
```


与前两小节不同的是，在 text_field 定义过程中使用了之前定义的函数进行分词，并根据 BERT 分词器指定其他一些特殊 token 的索引值。

```
# 从分词器中获取特殊 token 的索引值
init_token,eos_token = tokenizer.cls_token_id,tokenizer.sep_token_id
pad_token,unk_token = tokenizer.pad_token_id,tokenizer.unk_token_id
# 创建一个 Field 对象用于处理文本数据
text_field = data.Field(
    batch_first=True,                  # 将 batch 的第一个维度设为 batch size
    use_vocab=False,                   # 不使用词汇表
    include_lengths=True,              # 包含句子的长度信息
    tokenize=tokenization,             # 使用之前定义的 tokenization 函数进行分词
    # 将分词后的 tokens 转换为对应的索引
    preprocessing=tokenizer.convert_tokens_to_ids,
    init_token=init_token,             # 起始 token 的索引值
    eos_token=eos_token,               # 结束 token 的索引值
    pad_token=pad_token,               # 填充 token 的索引值
    unk_token=unk_token                # 未知 token 的索引值
)
```

从 Hugging Face 的 Transformers 库中加载一个 BERT 预训练模型实例。注意，与前两小

节不同的是，由于使用 BERT 的预训练模型，无须使用预训练的词嵌入初始化模型的词嵌入层权重。

```
bert = BertModel.from_pretrained('bert-base-uncased')
```

定义一个情感分类模型，它首先使用 BERT 对输入的文本进行嵌入表示，然后将这些嵌入表示传递给一个双向 GRU 层，最后使用全连接层进行分类。在前向传播过程中，首先使用预训练的 BERT 模型对输入进行嵌入表示，但不更新 BERT 的参数。然后，将嵌入表示传递给 GRU 层，并获取隐藏状态。最后，将双向 GRU 的最后一个隐藏状态拼接在一起，并将其传递给全连接层进行分类。

```
class BERTGRU(nn.Module):
    def __init__(self,
                 bert,                 # 预训练的 BERT 模型
                 hidden_size,          # GRU 的隐藏层大小
                 out_size,             # 输出大小
                 num_layers):          # GRU 的层数
        super().__init__()
        # BERT 模型作为嵌入层
        self.bert = bert
        # 获取 BERT 输出的嵌入维度
        embed_dim = bert.config.to_dict()['hidden_size']
        # GRU 层,接收 BERT 输出的嵌入维度作为输入
        self.rnn = nn.GRU(embed_dim,hidden_size,num_layers=num_layers,
                          bidirectional=True,batch_first=True,dropout=0.25)
        # 全连接输出层
        self.out = nn.Linear(hidden_size * 2,out_size)
        # Dropout 层
        self.dropout = nn.Dropout(0.25)
    def forward(self,text,_):
        # 使用预训练的 BERT 模型对输入进行嵌入表示,不更新参数
        with torch.no_grad():
            embedded = self.bert(text)[0]
        # 将嵌入表示传递给 GRU 层,并获取隐藏状态
        _,hidden = self.rnn(embedded)
        # 将双向 GRU 的最后一个隐藏状态拼接在一起
        hidden = self.dropout(torch.cat((hidden[-2,:,:],hidden[-1,:,:]),dim=1))
        # 使用全连接层进行分类
        output = self.out(hidden)
        return output
# 定义隐藏层大小、输出大小和 GRU 层数
hidden_size = 256
out_size = 1
num_layers = 2
# 创建 BERTGRU 模型实例
net = BERTGRU(bert,hidden_size,out_size,num_layers)
```

冻结 BERT 模型的参数，使其在训练过程中不会更新。

```
# 遍历网络模型中的所有参数和参数名称
for name,param in net. named_parameters():
    # 如果参数名称以'bert'开头(即属于 BERT 模型的参数)
    if name. startswith ('bert'):
        # 将参数的 requires_grad 属性设置为 False,表示在训练过程中不更新该参数
        param. requires_grad = False
```

定义以下函数来使用训练好的模型预测文本序列的情感，并用与上一小节相同的两个例子测试。

```
def predict_sentiment(model,tokenizer,sentence):
    # 将模型设置为评估模式
    model. eval()
    # 对句子进行分词
    tokenized = tokenizer. tokenize(sentence)
    # 截断 tokens 到最大长度减去特殊 token([CLS]和[SEP])的长度
    tokenized = tokenized[:max_length- 2]
    # 将分词后的 tokens 转换为索引，并在开头和结尾添加特殊 token 的索引
    indexed = [init_token]+tokenizer. convert_tokens_to_ids(tokenized)+[eos_token]
    # 将索引列表转换为 PyTorch 的 LongTensor，并将其移动到指定的设备上
    tensor = torch. LongTensor(indexed). to(device)
    # 调整张量的形状，以匹配模型的输入要求
    tensor = tensor. unsqueeze(0)
    # 使用模型进行情感预测，并通过 Sigmoid 函数将输出值转换为概率值
    prediction = torch. sigmoid(model(tensor,0))
    # 返回预测结果（概率值）
return prediction. item()
print(predict_sentiment(net,tokenizer,"The film is terrible"))
print(predict_sentiment(net,tokenizer,"The film is great"))
```


11.5 NLP 应用——聊天机器人

本节探究自然语言处理技术在问答系统特别是聊天机器人领域的应用。首先简要介绍问答系统的基本概念、分类及其常见的应用领域和实现方法，然后进一步探讨如何利用现有的大语言模型 API 部署一个聊天机器人。通过详细地介绍该理论研究成果和实践案例，本节不仅向读者展示了从 API 调用到聊天机器人的实际运行的全过程，还让读者理解聊天机器人的技术实现和应用场景，使读者能够实际操作并理解聊天机器人的工作原理及其在现代人工智能技术生态中的应用价值。

11.5.1 问答系统简介

11.5.1.1 定义与分类

问答系统（Question Answering，QA）是自然语言处理技术的一个重要应用分支，是指能够理解并回答以人类自然语言提出的问题的系统。问答系统的核心目的是准确理解问题并提供正确且有用的答案，这类系统的工作流程通常包括以下五个基本步骤：

（1）**文本预处理** 对问题进行预处理（比如无关信息去除，文本格式标准化)。这一步

骤通常包括分词、词形还原以及停用词去除等技术。

（2）**问题理解**　分析经过预处理的问题，提取相关的实体和概念，并识别问题的类型。这一步骤可以使用命名实体识别、依存句法分析和词性标注等技术。

（3）**信息检索**　通过对文本语料数据库的检索，得到与问题最相关的若干个信息。这一步骤可以通过关键词搜索或语义搜索等信息检索技术实现。

（4）**答案生成**　通过分析检索到的若干信息，提取出问题对应的具体答案。这一步骤可以通过基于学习的方法、基于规则的系统或它们的组合来完成。

（5）**答案排名**　根据相关性和置信度等指标的分析来对提取出的答案进行排序。

通常来说，输入问答数据的质量、数据预处理步骤、分词技术及模型架构的优化均为构建高效问答系统的关键组成部分。问答系统的模型训练通常需要利用一个包含众多问题及相应答案的大规模数据集。例如，有些问答系统构建于庞大的知识库之上，而另一些则可能主要利用大数据环境下的信息检索或答案生成技术。通过这些技术的综合运用，问答系统能够在多个应用环境中提供精确且即时的反馈，显著增强信息获取与决策制定的效率。问答系统的开发依赖于其底层架构及其旨在解决的自然语言问题类型，主要有以下五种不同的实现方法：

（1）**基于信息检索的问答系统**　通过搜索含有答案的相关文档或段落来自动回答问题。该方法利用信息检索技术，例如关键词搜索或语义搜索，识别最有可能包含问题答案的文档或段落。

（2）**基于知识的问答系统**　通过查询知识库中的相关信息来自动回答问题。这种策略基于从结构化的数据库中搜索问题来找到答案。

（3）**基于规则的问答系统**　通过基于问题中的关键词或预定义的模式规则集自动回答问题。这种方法基于许多问题可以通过匹配预定义的规则或模板来回答的原理。

（4）**生成式问答系统**　使用生成模型（如深度神经网络）自动生成给定问题的自然语言答案。该方法基于机器能够学习理解并创造自然语言文本的原理，提供语法和含义上正确的答案。

（5）**混合式问答系统**　上述单一类型的问答系统都有各自的局限性，而混合式问答系统通过结合多种问答方法来自动回答问题。这种方法基于不同问答方法各有优势和劣势的理念，通过整合它们来提升问答系统的整体性能。

11.5.1.2　应用与工具

近年来，问答系统广泛应用于多个行业领域，以下是问答系统在常见领域中的一些关键应用：

（1）**在线客服**　问答系统能够迅速准确地回答用户提出的问题，减少了对人工客服的依赖，提高了服务效率和客户满意度，并降低了人工成本。

（2）**搜索引擎**　传统的搜索引擎返回相关文档列表，而集成了问答功能的搜索引擎可以直接回答具体问题，使搜索结果更加精确和有价值。

（3）**语音助手**　问答系统可以与语音虚拟助手相连，用户可通过自然对话的方式获得所需答案。

（4）**教育**　问答系统能够为学生提供即时的反馈，帮助他们更好地学习和理解复杂概念知识。

(5) **金融** 问答系统能够为经济专家顾问提供最新的市场趋势和投资策略，支持高效的金融决策。

(6) **医疗** 问答系统能为患者提供关于健康状况和治疗选项的准确可靠信息，辅助患者更好地了解自身状况。

(7) **电子商务** 问答系统可以推荐产品并解答消费者关于产品特性及库存情况的询问。

(8) **聊天机器人**（ChatBot） 将问答系统与聊天机器人结合，可以提供更自然的用户交互体验，有效地解答用户的各种查询。

随着自然语言处理技术和人工智能技术的不断发展，目前已经有许多成熟的自然语言处理工具和框架可用于构建问答系统。这些工具不仅支持基本的文本处理功能，还提供了从文本生成到语义分析等高级自然语言处理任务的实现。以下是一些常见的可用于开发问答系统的主要工具和框架的介绍：

(1) **BERT**（Bidirectional Encoder Representations from Transformers） 一个基于 Transformer 的预训练模型，专门用于处理 NLP 任务，包括自然语言问答。BERT 在大规模文本语料上进行预训练，已在多个 NLP 基准测试中取得了领先性能。它可以针对特定数据集进行微调，从而适应具体的问答任务，并可以轻松集成到其他模型中。

(2) **GPT-4**（Generative Pre-trained Transformer 4） 同样是一个基于 Transformer 的预训练模型，主要用于处理包括问答在内的多种 NLP 任务。GPT-4 在庞大的文本数据上进行训练，其性能在多个 NLP 领域都达到了前沿水平。研究者通过对特定数据集的微调，使 GPT-4 可以高效执行问答任务，并简易地与其他模型进行集成。

(3) **Hugging Face** 一个开源平台，该平台集成了广泛的预训练 NLP 模型，包括用于问答的模型。这些模型可以针对特定数据集进行调整，并与其他模型集成，从而简化问答系统的实现流程。

(4) **NLTK** 自然语言工具包（NLTK）是一个广泛使用的 Python 库，用于处理人类语言数据。它提供了丰富的文本预处理工具，如分词、词干提取、标注、解析和语义推理等。

(5) **OpenNLP** 一个开源的自然语言处理库，提供了分词、词干提取、标注、解析和命名实体识别等工具。这些工具可以与其他库和工具结合使用，实现基于 NLP 的应用程序，如问答系统。

11.5.2 基于大语言模型的聊天机器人实践

11.5.2.1 项目概述

本节详细介绍如何利用开源应用部署平台及预训练大语言模型，迅速构建一个能够理解和响应用户查询的聊天机器人。本项目的核心目标是通过实际操作，深化读者对大语言模型在实际场景应用中的理解，同时激发读者对自然语言处理技术的进一步学习和探索的热情。通过完成本项目，读者不仅可以获得关于聊天机器人开发的直接经验，还能够理解 NLP 技术的实际工作原理和应用潜力。

项目的实施将包括以下几个关键步骤：选择合适的开源平台和预训练模型、设置开发环境、调用大语言模型 API 以及测试聊天机器人的性能。每一步都是理解和实践自然语言处理技术的重要环节，将帮助读者构建出能够有效响应各种用户需求的聊天机器人系统。完成此项目后，读者将具备使用先进的 NLP 模型来解决实际问题的能力，为未来在自然语言处理领域的深入研究和应用开发奠定坚实的基础。

11.5.2.2　开发环境

本节介绍的聊天机器人系统搭建主要使用两个关键开发工具和框架：

1. 大语言模型：通义千问

通义千问（https：//tongyi. aliyun. com/qianwen）是由阿里云自主研发的一款大语言模型，旨在通过深入理解和分析用户输入的自然语言，提供跨领域的服务与帮助。该模型结合了最新的自然语言处理技术，能够准确地捕捉和理解语言的多样性和复杂性，从而在文字创作、文本处理、辅助编程、翻译服务等多种任务和应用场景中提供智能解决方案（见图 11-6）。用户可以调用通义千问的 API 接口来使用该模型的强大语言处理能力以构建一个多功能的人工智能工具，能够满足广泛的个人和企业需求。

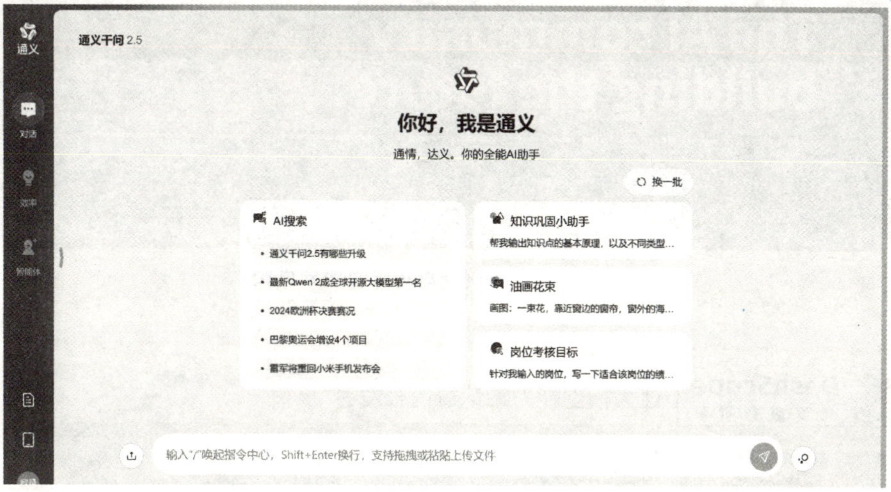

图 11-6　通义千问官网页面

2. 开源 AI 应用部署平台：Hugging Face

Hugging Face（https：//huggingface. co/）是一家专注于自然语言处理领域的企业，提供模型训练与部署的平台服务。该平台包含一个广泛的模型库，支持多种 NLP 任务，如语言翻译、文本生成和问答系统等（见图 11-7）。这些模型均在多个数据集上进行了训练，旨在优化其在各类自然语言处理任务中的性能。此外，Hugging Face 提供了一系列工具和框架，支持用户在特定数据集上对预训练模型进行微调，以增强模型在特定领域或语言上的应用适应性。平台还提供了一套 API，方便用户在应用程序中调用这些预训练模型。同时，用户还可以利用平台工具构建定制模型，并将其部署至跨平台兼容的云环境中。

11.5.2.3　项目部署

本节将详细介绍如何部署聊天机器人应用程序。此过程涉及在阿里云上注册账户、配置大语言模型 API-KEY，并在 Hugging Face 平台上设置和部署应用程序。

首先，开发者需要在阿里云（https：//cn. aliyun. com/）上创建账户并开通 DashScope 灵积模型服务（https：//dashscope. aliyun. com/），如图 11-8 所示。此服务提供了一套完整的管理工具，使用户能够轻松创建和管理自己的 API 密钥。在本项目中，我们将通过这个 API 密钥调用“通义千问”系列大模型，这些模型为聊天机器人提供自然语言理解和生成能力。

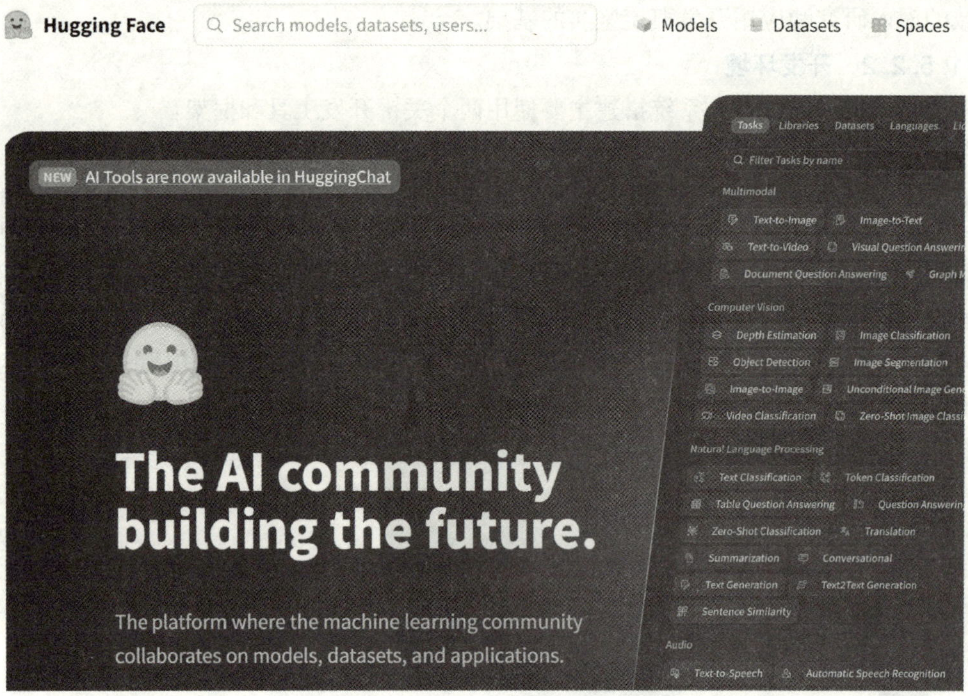

图 11-7　Hugging Face 官网部分页面

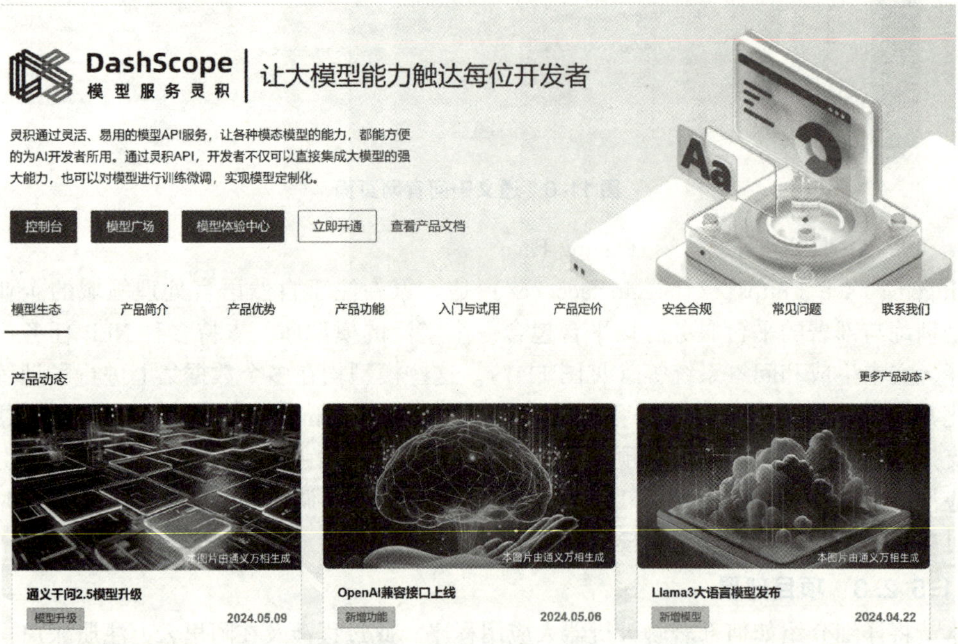

图 11-8　灵积 DashScope 官网部分页面

开通服务后，用户可以在阿里云控制台（https://dashscope.console.aliyun.com/apiKey）的管理中心找到并创建自己的 API-KEY。关于 API 的具体细节、调用限额和计费政策等信息，用户可以在如图 11-9 所示的阿里云官方文档中找到详细介绍，确保在项目开发中合理使用资源。

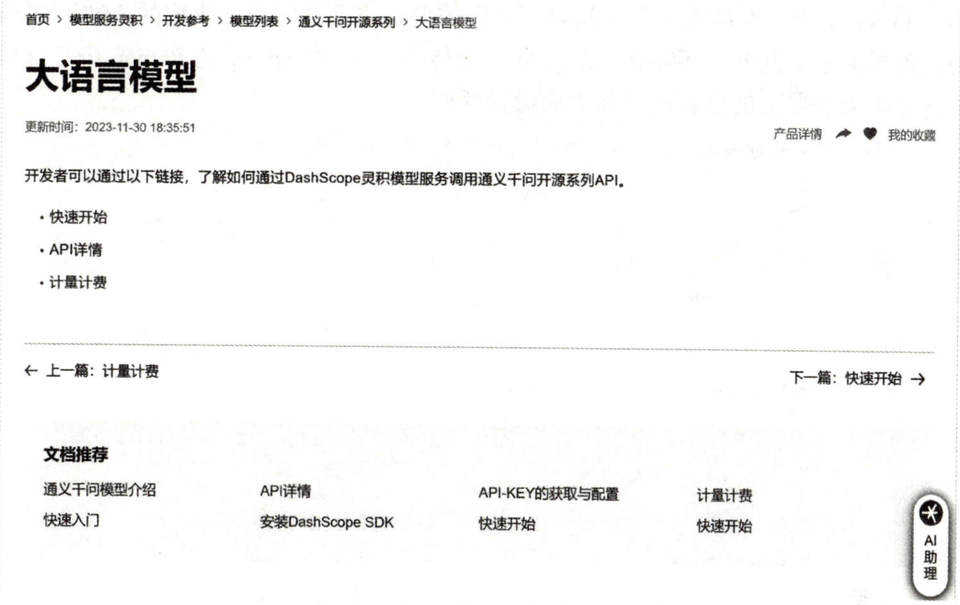

图 11-9　DashScope 灵积服务控制台部分页面

接下来，我们需要在 Hugging Face 平台（https://huggingface.co/）注册账户，并开通一个共享空间（https://huggingface.co/spaces/launch）以托管聊天机器人应用程序。如图 11-10 所示，在这个共享空间中，我们主要采用 Gradio 框架来开发应用程序。Gradio 是一个允许用户通过简单的界面与机器学习模型交互的框架，非常适合用来快速部署原型和应用。

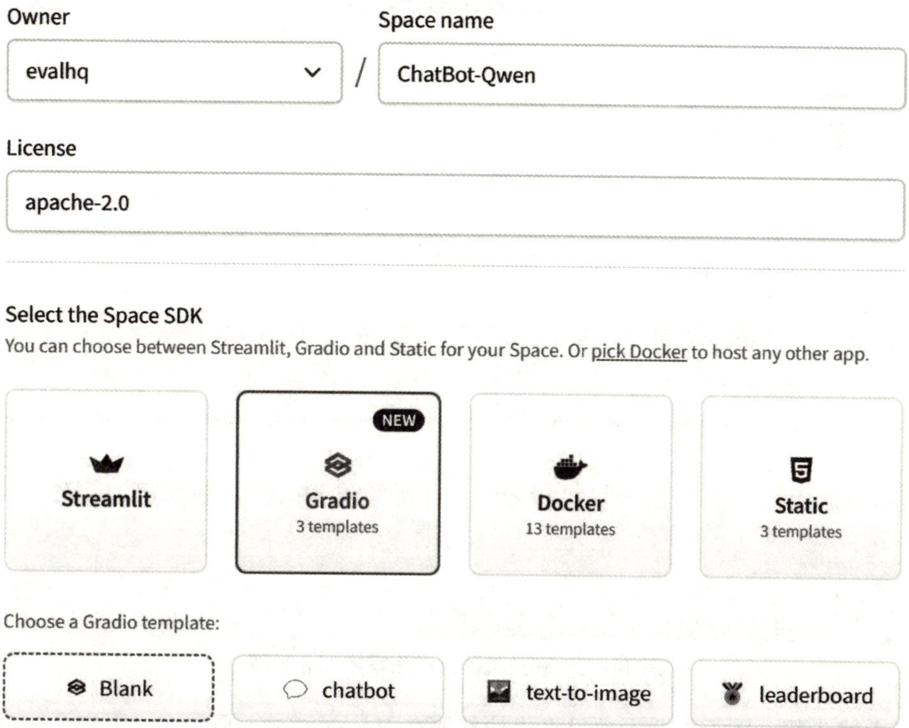

图 11-10　Hugging Face 创建新空间设置页面

如图 11-11 所示，在设置共享空间时，我们需要将之前在阿里云生成的 API KEY 保存在空间的设置界面中。此外，还需在空间文件中上传一个名为 app. py 的 Python 脚本文件，该文件包含了聊天机器人的核心逻辑和界面设计代码。

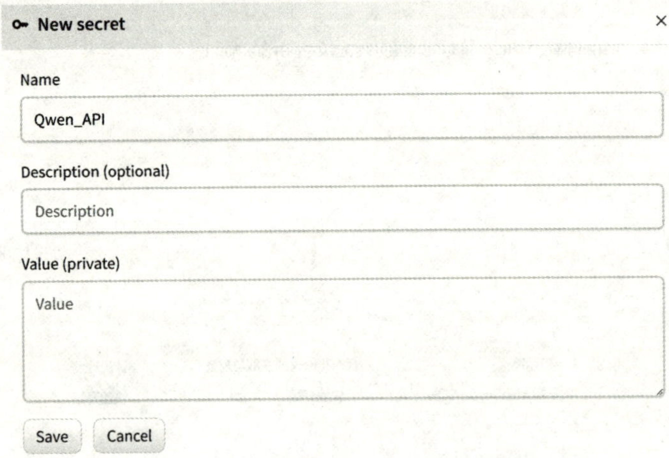

图 11-11　Hugging Face 空间设置 API 密钥

部署完成后，聊天机器人的程序运行界面将允许用户直接与机器人进行自然语言交流。开发者可以在这个界面中定义机器人的“身份”，例如为其设置一个名字或角色，使交互更加人性化和有趣。如图 11-12 所示，用户可以通过文本输入与聊天机器人对话，实时获得响应。

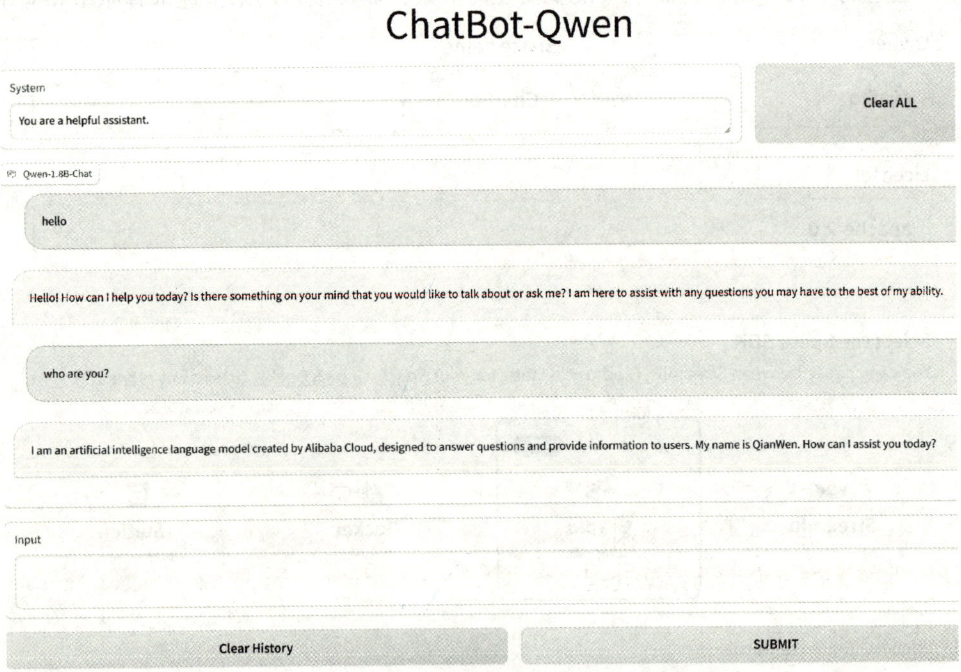

图 11-12　聊天机器人应用程序部分页面

通过上述步骤，聊天机器人项目将成功部署在 Hugging Face 平台上，用户可通过预设的界面与之交互。

11.5.2.4 代码分析

本节将详细解析聊天机器人应用程序中的核心代码文件 app.py，读者将理解每个代码块的功能和目的，以及它们是如何协同工作来实现聊天机器人的整体功能。

导入模块与初始化 首先我们需要导入必要的 Python 模块，包括操作系统接口、网络状态码、类型注解以及错误处理。其中，dashscope 模块用于调用通义千问大语言模型，而 gradio 用于创建与用户交互的前端界面。

```
import os
os.system('pip install dashscope')

import dashscope
from dashscope import Generation
from dashscope.api_entities.dashscope_response import Role
import gradio as gr
from http import HTTPStatus
from typing import List,Optional,Tuple,Dict
from urllib.error import HTTPError
```

环境变量与 API 配置 系统配置聊天机器人的默认角色描述作为默认系统响应，并通过环境变量获取 API 密钥并赋予 dashscope，以满足模型调用的需求。

```
default_system = 'You are a helpful assistant.'

YOUR_API_TOKEN = os.getenv('Qwen_API')
dashscope.api_key = YOUR_API_TOKEN
```

辅助函数定义 定义两个函数来分别完成清除聊天历史和修改聊天机器人的系统身份与会话功能。

```
History = List[Tuple[str,str]]
Messages = List[Dict[str,str]]

def clear_session()-> History:
    return '',[]

def modify_system_session(system:str)-> str:
    if system is None or len(system)==0:
        system = default_system
    return system,system,[]
```

消息和历史处理 定义两个函数来分别完成历史转消息和消息转历史的功能，这样的格式转化有助于大语言模型的数据处理。

```
def history_to_messages(history:History,system:str)-> Messages:
    messages = [{'role':Role.SYSTEM,'content':system}]
    for h in history:
        messages.append({'role':Role.USER,'content':h[0]})
        messages.append({'role':Role.ASSISTANT,'content':h[1]})
```

```
        return messages

    def messages_to_history(messages:Messages)-> Tuple[str,History]:
        assert messages[0]['role'] == Role.SYSTEM
        system = messages[0]['content']
        history = []
        for q,r in zip(messages[1::2],messages[2::2]):
            history.append([q['content'],r['content']])
        return system,history
```

通义千问大语言模型调用 实现与 dashscope 灵积模型的交互逻辑，处理用户查询并生成回应。这里我们默认使用的模型是 qwen-1.8b-chat，它是通义千问对外开源的、经过人类指令对齐的大语言模型，拥有 1.8B 规模参数量。

```
def model_chat(query:Optional[str],history:Optional[History],system:str)-> Tuple[str,str,History]:
    if query is None:
        query = ''
    if history is None:
        history = []
    messages = history_to_messages(history,system)
    messages.append({'role':Role.USER,'content':query})
    gen = Generation.call(
        model = "qwen-1.8b-chat",
        messages=messages,
        result_format='message',
        stream=True
    )
    for response in gen:
        if response.status_code == HTTPStatus.OK:
            role = response.output.choices[0].message.role
            response = response.output.choices[0].message.content
            system,history = messages_to_history(messages+ [{'role':role,'content':response}])
            yield '',history,system
        else:
            raise HTTPError('Request id:%s,Status code:%s,error code:%s,error message:%s'%(
                response.request_id,response.status_code,
                response.code,response.message
            ))
```

Gradio 界面定义 使用 Gradio 的 Blocks API 定义聊天机器人的用户界面，包括文本输入框、聊天窗口和按钮。我们将定义的函数绑定到界面元素的交互动作上进行事件绑定，如提交查询和清除历史。

```
with gr.Blocks()as ChatBot:
    gr.Markdown("""<center><font size=8>ChatBot-Qwen</center>""")

    with gr.Row():
```

```
        with gr.Column(scale=3):
            system_input = gr.Textbox(value=default_system,lines=1,label='System')
        with gr.Column(scale=1):
            modify_system = gr.Button("Clear ALL",scale=2)
        system_state = gr.Textbox(value=default_system,visible=False)
    chatbot = gr.Chatbot(label='Qwen-1.8B-Chat')
    textbox = gr.Textbox(lines=2,label='Input')

    with gr.Row():
        clear_history = gr.Button("Clear History")
        sumbit = gr.Button("SUBMIT")

    sumbit.click(model_chat,
                 inputs=[textbox,chatbot,system_state],
                 outputs=[textbox,chatbot,system_input])
    clear_history.click(fn=clear_session,
                        inputs=[],
                        outputs=[textbox,chatbot])
    modify_system.click(fn=modify_system_session,
                        inputs=[system_input],
                        outputs=[system_state,system_input,chatbot])
```

服务部署　最后设置 Gradio 应用的部署参数，如线程数和界面高度，启动服务以供用户访问。


```
ChatBot.queue(api_open=False).launch(max_threads=10,height=800,share=False)
```

将上述代码整合成一个 app.py 的 Python 文件并上传至之前创建的 Hugging Face 空间文件中，即可以成功部署这个聊天机器人应用程序。

本章小结

本章探讨了自然语言处理及其在人工智能和人类社会中的应用。首先介绍了语言在人类社会中的重要性，以及人工智能在 NLP 领域的应用潜力，然后介绍了自然语言理解和自然语言生成中的若干任务以及词嵌入和自监督学习。最后以情感分析和聊天机器人两个案例为例，详细介绍了深度学习模型在 NLP 任务中的部署。

随着大模型的火爆，NLP 技术在近几年取得了飞速的发展，并孵化出了若干振奋人心的应用。以 Transformer 为基础的深度学习模型是 NLP 技术进步的基石，深度学习的学习者或从业者应当抓住这一波浪潮与机遇，做出自己的贡献。

思考题与习题

1. 思考本书中描述的自然语言理解任务之间有什么关联，其功能是否可以相互补充或者可以互相替代？

2. 思考本书中描述的自然语言理解和生成任务，在不同的语言体系（如英语和中文）中存在哪些差异？试分析其中的原因。

3. 尝试对中文古文语句或古诗词进行自然语言分析，注意其中的不同成分以及不同的句法结构。

4. 尝试分析跳字模型和连续词袋模型的适用场景，并举例分析其各自优缺点。

5. 情感分析习题

1）解释 torch. manual_seed(SEED)的作用和原理。

2）说明为什么在模型训练之前需要设置随机种子，并举例说明一个设置随机种子的场景。

3）解释在深度学习中调整 batch size 对模型训练和测试精度的影响。给出至少两个例子来支持你的观点。

4）讨论如何调整学习率以提高模型的训练和测试精度。给出至少两种调整策略，并说明它们的优缺点。

5）探讨调整网络架构对模型精度的影响。举例说明如何通过增加或减少网络层、调整节点数量或引入新的结构来改善模型性能。

6）对比 RNN 和 CNN 在文本分类任务中的优缺点。BERT 模型相较于传统的 RNN 和 CNN 模型有哪些优势？列举一个使用 BERT 模型解决的 NLP 任务。

7）在 BERTGRU 类中，为什么使用 with torch. no_grad()：来处理 BERT 的输出。

6. 请参考章提供的示例代码在本地环境部署属于自己的聊天机器人应用，并观察记录对话内容。通过尝试修改聊天机器人的默认身份定义和不同的大语言模型 API 版本，观察在同样的对话问题下聊天机器人的响应时间和回答内容有何变化。

参考文献

[1] MIKOLOV T, CHEN K, CORRADO G, et al. Efficient estimation of word representations in vector space [J]. Arxiv: 1301. 3781, 2013.

[2] PENNINGTON J, SOCHER R, MANNING D. Glove: Global vectors for word representation [C]. Conference on Empirical Methods in Natural Language Processing (EMNLP), 2014.

[3] DEVLIN J, CHANG W, LEE K, et al. Bert: Pre-training of deep bidirectional transformers for language understanding [C]. Conference of the North American Chapter of the Association for Computational Linguistics: Human Language Technologies, 2019.

[4] PETERS E, AMMAR W, BHAGAVATULA C, et al. Semi-supervised sequence tagging with bidirectional language models [J]. Arxiv: 1705. 00108, 2017.

[5] PETERS M, NEUMANN M, IYYER M, et al. Deep contextualized word representations [J]. ArXiv: 1802. 05365, 2018.

[6] MIKOLOV T, SUTSKEVER I, CHEN K, et al. Distributed representations of words and phrases and their compositionality [C]. Advances in neural information processing systems (NeurIPS), 2013.

第 12 章　大语言模型

导　读

本章按照大语言模型出现的时间依次介绍以 Transformer 编码器为基础模块的 BERT 语言大模型和以 Transformer 解码器为基础模块的 GPT 系列模型。然后介绍大模型常用的微调方法和大语言模型的后续发展多模态语言大模型，最后介绍大语言模型驱动的智能体系统即 Agent 以及当前实现的 Agent 实例。

本章知识点

- BERT 大模型的基本架构、预训练方法
- GPT 大模型的基本架构、预训练方法
- 大语言模型的常用微调方法
- 多模态语言大模型的基本架构及训练方法
- 大语言模型驱动的 Agent 系统架构

12.1　BERT 模型

2017 年谷歌提出具有编码器和解码器结构的 Transformer 模型，2018 年谷歌研究人员通过堆叠多个 Transformer 模型中的双向编码器构建出具有数亿参数的 BERT 语言大模型，该模型利用上下文对词进行表示。为了实现真正的上下文表示，BERT 在预训练时采用掩码语言模型（Masked Language Modeling，MLM）。除此之外，为了使得模型具有能够理解句子间关系的能力，BERT 在预训练时还采用下一个句子预测的任务（Next Sentence Prediction，NSP）。下面对 BERT 的模型架构、预训练以及如何表示文本进行详细介绍。

12.1.1　BERT 模型架构

如图 12-1 所示为 BERT 大语言模型的架构图，其中 E_i 为输入表示层，*Trm* 为经过 Transformer 的双向编码器模块处理的编码层，从图中可以看到由于使用双向编码器，每个词向量都关注句子的上下文，T_i 为输出层。下面对输入表示层和编码层分别进行介绍。

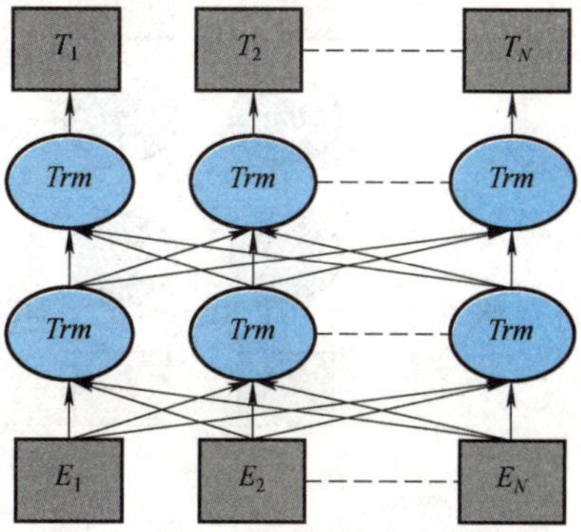

图 12-1　BERT 模型架构

1. 输入表示层

BERT 输入层由词嵌入、片段嵌入和位置嵌入三部分加和而成。如图 12-2 所示。为了实现对文本的分类，在每个序列的首位插入特殊的字符［CLS］；为了分割不同的句子，BERT 在每个句子后面加了分割表示符［SEP］，下面对 BERT 输入层的三个部分进行详细介绍。

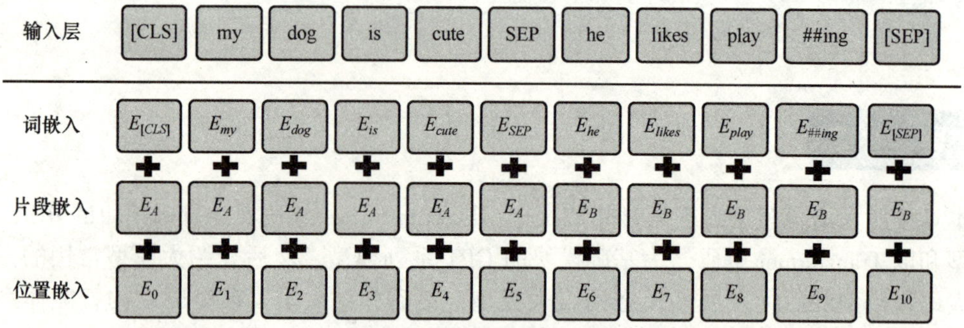

图 12-2　BERT 模型的输入表示层

（1）**BERT 的词嵌入层**（Token Embeddings）　在原文中该层使用 WordPiece 对句子进行词元切分，并将各个词映射成维度为 768 维的向量。参数量为词表大小×768。

（2）**段表征**（Segment Embeddings）　用于区分每个 token 属于哪个句子，若属于第一个句子则该值赋为 0，若属于第二个句子，则赋值为 1。

（3）**位置表征**（Position Embedding）将词所在的位置映射成一个向量，BERT 句子最长词汇为 512，因此该层的参数量为 512×768。

不同于 Transformer 中的输入表示层，BERT 的词嵌入层和位置表征都是通过学习得到的。

2. 编码层

如图 12-3 所示，BERT 编码层使用双向的 Transformer 编码器结构，其特点是包括双向的多头自注意力模块。而 GPT 模型使用的是受约束的自注意力层，即只关注前面词的单向自注意力层。

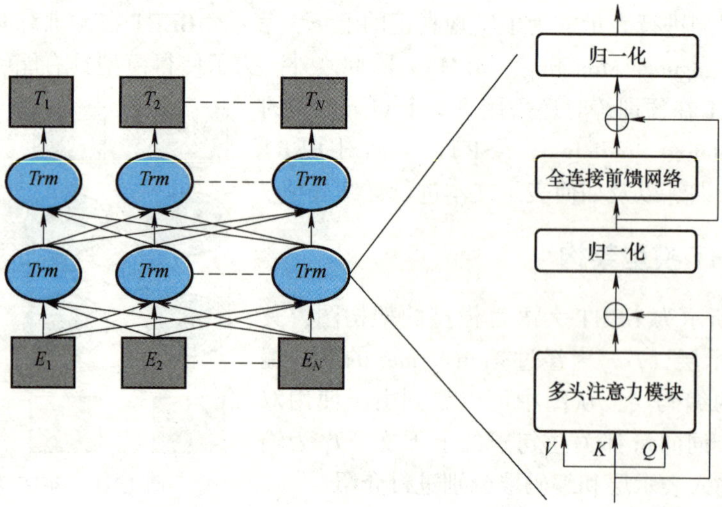

图 12-3　BERT 中编码层的结构

BERT 模型包括两个型号：$\text{BERT}_{\text{BASE}}$ 和 $\text{BERT}_{\text{LARGE}}$，使用 L 表示编码器模块的数量，H 表示每个词对应的隐向量的维度，A 表示多头注意力模块的头数，那么 BERT 两个型号参数分别为 $\text{BERT}_{\text{BASE}}$：$L=12$，$H=768$，$A=12$；$\text{BERT}_{\text{LARGE}}$：$L=24$，$H=1024$，$A=16$。其中基本型的总参数量为 110M，大尺寸型号参数量为 340M。

12.1.2　BERT 预训练技术

BERT 的预训练任务包括掩码语言模型和下一句预测。下面对这两种预训练任务进行详细描述：

1. 掩码语言模型

在该预训练任务中，作者以 15%的概率随机屏蔽掉输入的词，并使用［MASK］这个词替换屏蔽掉的词，并训练 BERT 来预测屏蔽掉的词。由于在预训练中加入了［MASK］这个词，而在下游的微调任务中从没见过［MASK］，这就导致预训练和微调不匹配。为了解决这个问题，作者提出在预训练时按照如下方式进行预训练：

1）80%的时间将单词替换为［MASK］，比如“I like robots”处理成“I like［MASK］”；

2）10%的时间用一个随机词替换为该词，比如：“I like robots”处理成“I like dogs”；

3）10%的时间保持单词不变，比如：“I like robots”处理成“I like robots”。

该训练任务的构建是为了充分利用上下文信息预测中间的词，从而实现词汇的上下文表示。

2. 下一句预测

为了理解两句文本之间的关系，作者预训练了一个二元的下一句预测任务。预训练时，我们选择句子 A 和 B，其中 50%的时间 B 是 A 实际的下一个句子，50%的时间 B 是来自语料库中随机的句子。

最终的损失函数由掩码语言模型和下一句预测损失函数线性组合。

12.1.3　用 BERT 表示文本

BERT 进行预训练后，可在多个下游任务上进行微调。下游任务主要包括分类任务和序列标注任务。对于分类任务，不管是单句分类任务还是文本对分类任务，如图 12-4a 和图 12-4b 所示，都是使用初始 token［CLS］的表征，将该表征输入到分类网络中实现下游任务的微调。对于序列标注任务，则是使用序列中每个 token 的表征，如图 12-4c 和图 12-4d 所示，将这些表征输入到 token 级别的分类网络进行微调。

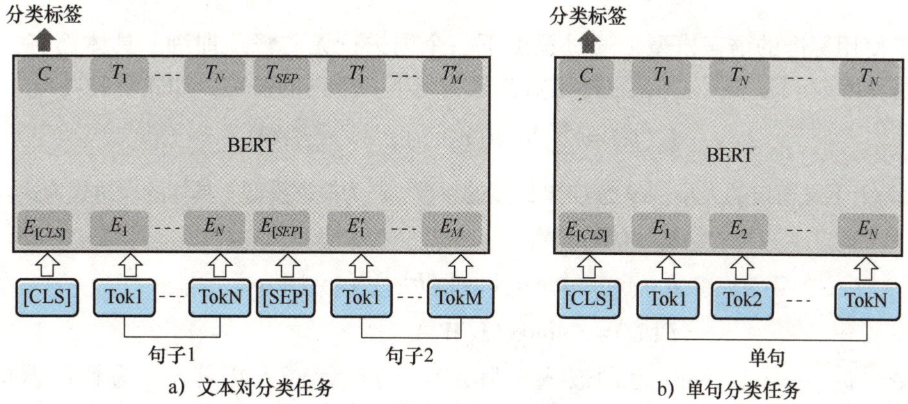

图 12-4　BERT 下游任务分类

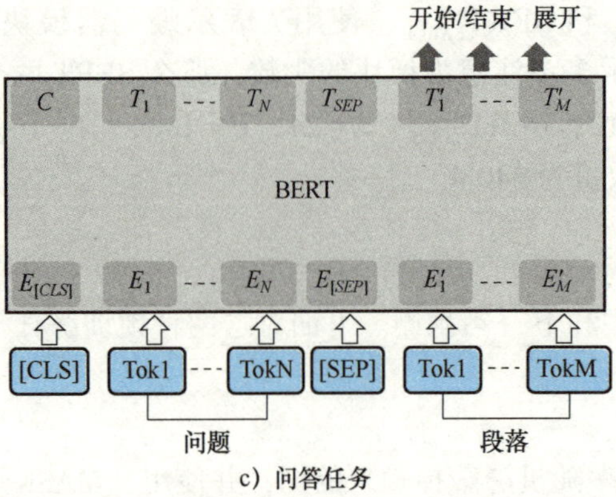

图 12-4　BERT 下游任务分类（续）

12.2　GPT 模型

为了提升不同语言任务上的解决能力，2018 年 OpenAI 科学家提出通用的预训练模型 GPT。其基本结构是堆叠多个 Transformer 解码器构成预训练模型，并使用自回归语言模型的方式进行预训练。下面我们将对 GPT 的模型架构、预训练以及 GPT 系列模型进行介绍。

12.2.1　GPT 模型架构

GPT 模型架构如图 12-5 所示，包括文本和位置嵌入层，12 个 Transformer 解码器模块，以及任务层。其中解码器模块最重要的部分是掩码多头自注意模块。与 BERT 的编码器使用双向自注意力编码上下文信息不同，GPT 使用了单向自注意力层，即使用了掩码方法（见 8.2.2 节），当前词元只关注到序列中前面的词。

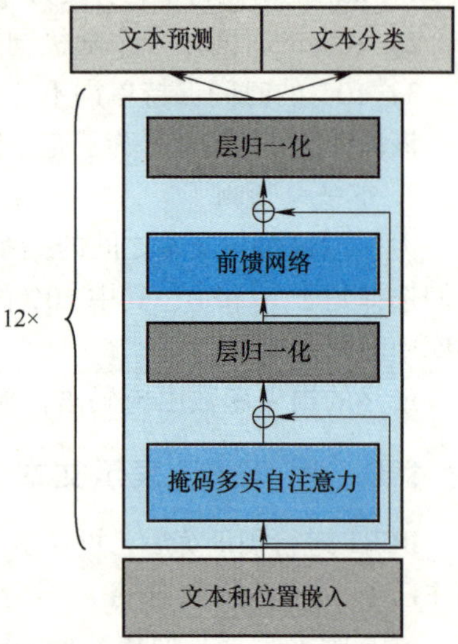

图 12-5　GPT 模型架构

12.2.2　GPT 预训练

GPT 使用标准的语言模型，通过预测下一个词进行无监督预训练。具体而言，给定无监督的语料库 $\mathcal{U}=\{u_1,\cdots,u_n\}$，目标函数为最大化下一个词的概率，如式（12-1）。

$$L_1(\mathcal{U})=\sum_i \log P(u_i \mid u_{i-k},\cdots,u_{i-1};\boldsymbol{\Theta}) \tag{12-1}$$

其中，k 为上下文窗口的大小，$\boldsymbol{\Theta}$ 为 GPT 模型的参数，P 为概率模型，具体的表达式为式（12-2）。

$$\begin{aligned} &\boldsymbol{h}_0=\boldsymbol{U}\boldsymbol{W}_e+\boldsymbol{W}_p \\ &\boldsymbol{h}_l=\text{transformer\_block}(\boldsymbol{h}_{l-1})\ \forall i\in[1,n] \\ &P(U)=\text{Softmax}(\boldsymbol{h}_n\boldsymbol{W}_e^{\mathrm{T}}) \end{aligned} \tag{12-2}$$

其中，$\mathcal{U}=\{u_1,\cdots,u_n\}$，$\boldsymbol{W}_e$ 为词嵌入矩阵，$\boldsymbol{W}_p$ 为位置嵌入矩阵，n 为解码器的数量，GPT1 中为 12。

12.2.3　GPT1 到 GPT4 的联系与区别

GPT 系列模型根据发布时间，包括 GPT1，GPT2，GPT3，GPT3.5 和 GPT4。这些模型的异同点如表 12-1 所示。

表 12-1　GPT 系列版本性能对比

对比项	GPT1	GPT2	GPT3	GPT3.5/ChatGPT	GPT4
发布时间	2018.6	2019.2	2020.5	2022.11	2023.3
模型架构	12 层解码器	48 层解码器	96 层解码器，交替密度和局部带状稀疏注意力模块	96 层解码器	增加视觉语言模型组件
模型参数量	117M	1.5B	175B	175B	未知
训练方法及特点	无监督预训练和有监督微调	无监督预训练，zero shot	无监督预训练，few shot	有监督微调，RLHF 学习奖励函数，PPO 强化学习	有监督微调，RLHF 学习奖励函数，构造基于规则的奖励模型，PPO 强化学习

GPT1 发布于 2018 年 6 月，其目的是解决自然语言处理中的多任务问题，采取的模式为无监督预训练和下游任务微调。基本模型的参数总量为 117M。

GPT2 发布于 2019 年 2 月，其目的是在多个任务上进行训练，在新的任务上无须进行微调直接迁移即可解决新的任务，即 zero-shot. 为了实现该目的，GPT2 增大了模型的参数，其基本思想是当模型的容量非常大且数据足够丰富时，仅依靠预训练就能学到所有知识。所以在 GPT2，OpenAI 研究人员将模型参数增加到 1.5B。

GPT2 在 zero-shot 的情况下表现并不好，因此 GPT3 考虑像人类学习的方式，仅使用极少数样本就可以掌握某一个任务。通过 few-shot 学习，模型使用少量样本在下游任务上去做微调，参数总量为 175B。

GPT3.5 或 ChatGPT 发布于 2022 年 11 月，是 GPT 在聊天任务上的一个微调版本，使用的微调方法为强化学习。

GPT4.0 发布于 2023 年 3 月，为多模态大语言模型，除了可以接受语言输入还接受图片输入。因此，GPT4.0 不只有 Transformer 解码器还有图片编码器。模型通过强化学习进行微调。

12.3　大语言模型微调方法

大语言模型经过预训练之后，具体应用到下游任务时，往往需要进行微调。最直接的微调方法是收集下游任务的数据，并利用这些数据对预训练过的大模型参数进行全参数微调。这种微调方法的好处是微调后的大模型能更好地解决下游任务，微调效果好。但全参数微调存在以下几个问题：

(1) **全参数微调需要的计算资源大**　大语言模型的参数往往都达到几十亿甚至上千亿个参数，对这些参数进行微调需要充足的计算资源；

（2）**全参数微调需要的存储资源大** 下游任务的种类很多，如果采用全参数微调，那么每种下游任务都对应着一套新的大模型参数。这就需要存储多套大模型参数，因此需要大量的存储空间。

为了解决这两个问题，大模型在预训练后，也可以使用部分参数微调的方法。具体的技术包括提示词调优、前缀调优、LoRA（Low-Rank Adaption）和适配器调优等。当然，随着技术的发展，各种其他微调方法也逐渐被提出来。下面我们对这四种方法进行简单介绍。

12.3.1 提示词调优

提示词调优（Prompt Tuning）是在进行大模型微调时，冻结预训练模型的参数，只对输入的提示词（Prompt）进行优化，如图 12-6 所示。

在大模型研究中，通过往输入 $\boldsymbol{X}$ 前加一串 token $\boldsymbol{P}$ 来完成 Prompt 的定义。大语言模型的预测模型为 $P_{\boldsymbol{\theta}}(\boldsymbol{Y} \mid [\boldsymbol{P};\boldsymbol{X}])$，其中 $\boldsymbol{Y}$ 为大语言模型预测的下一个词，$\boldsymbol{\theta}$ 为预训练的大模型参数。Prompt Tuning 的思想是针对不同的任务，提示符有自己专用的可训练的参数 $\boldsymbol{\theta}_p$，因此大语言模型变为 $P_{\boldsymbol{\theta};\boldsymbol{\theta}_p}(\boldsymbol{Y} \mid [\boldsymbol{P};\boldsymbol{X}])$。在微调大模型时，固定参数 $\boldsymbol{\theta}$，通过预测 $\boldsymbol{Y}$ 只通过梯度后向传播，微调参数 $\boldsymbol{\theta}_p$。

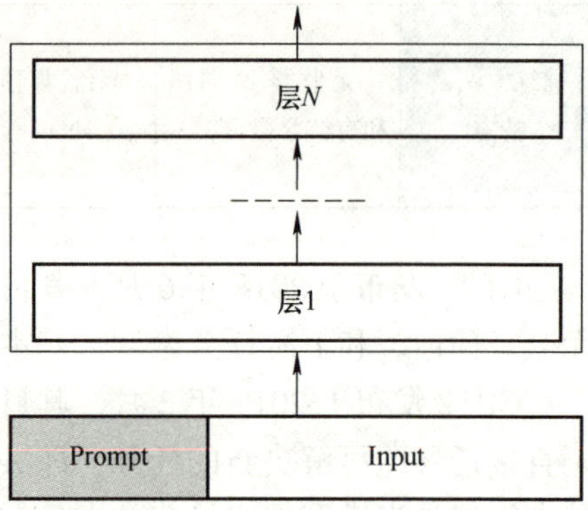

图 12-6 提示词调优结构图

设大模型的输入为一串长度为 n 的词，即 $\{x_1, x_2, \cdots, x_n\}$。大模型首先将这些词进行嵌入表示，得到一个 $n\times e$ 的嵌入矩阵 $\boldsymbol{X}_e \in \mathbb{R}^{n\times e}$，其中 e 为嵌入空间的维度。相应的软-提示词的表示为参数矩阵为 $\boldsymbol{P}_e \in \mathbb{R}^{p\times e}$，其中 p 为提示词的长度。输入嵌入和提示词嵌入拼接起来形成单独的矩阵 $[\boldsymbol{P}_e;\boldsymbol{X}_e] \in \mathbb{R}^{(p+n)\times e}$ 输入到大模型中，仅参数 $\boldsymbol{P}_e$ 被更新。

影响 Prompt Tuning 效果的超参数包括提示词的长度以及初始化。实验表明，即便是提示词的长度为 1 也有效果，提示词的长度为 20 时，效果最佳；在初始化方面，实验对比随机初始化，采样大模型词汇，分类标签词汇，结果表明后两者比第一种效果要好；这两个超参数的差异都会随着模型规模的变大而变小。

12.3.2 前缀调优

前缀调优（Prefix Tuning），是指在大模型微调时，只调整输入的前缀。Prefix Tuning 的提出时间要早于上一节讲述的 Prompt Tuning。两者的区别是，Prompt Tuning 只训练输入提示词的嵌入；而 Prefix Tuning 则是训练大模型中每层前缀（见图 12-7）。

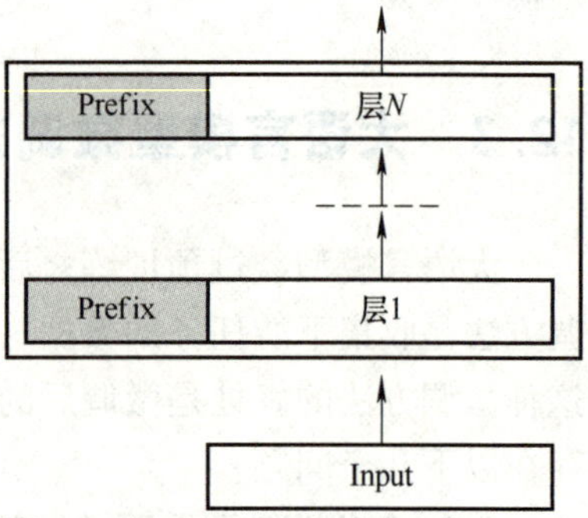

图 12-7 前缀调优结构图

前缀调优将前缀 prefix 添加在自回归大模型的前面，得到 $z=[\boldsymbol{PREFIX};\boldsymbol{x};\boldsymbol{y}]$，或者将前缀添加到编码器和解码器的前面，得到 $z=[\boldsymbol{PREFIX};\boldsymbol{x};\boldsymbol{PREFIX}';\boldsymbol{y}]$，使用 $\boldsymbol{P}_{idx}$ 表示前缀序列，隐藏层表示为

$$\boldsymbol{h}_i=\begin{cases}\boldsymbol{P}_\theta[i,:], i\in \boldsymbol{P}_{idx}\\ \mathrm{LM}_\phi(z_i,\boldsymbol{h}_{<i}), \text{其他}\end{cases} \tag{12-3}$$

微调的损失函数为

$$\max_\phi \log p_\phi(\boldsymbol{y}\mid \boldsymbol{x})=\max_\phi \sum_{i\in Y_{idx}} \log p_\phi(z_i\mid \boldsymbol{h}_{<i}) \tag{12-4}$$

在实验中，直接优化更新 $\boldsymbol{P}_\theta$ 的参数会导致优化的不稳定以及表现性能的下降，因此通过使用较小的矩阵 $\boldsymbol{P}'_\theta$ 重参数化 $\boldsymbol{P}_\theta$，具体可使用 MLP 来重参数化 $\boldsymbol{P}_\theta$，即：

$$\boldsymbol{P}_\theta[i,:]=\mathrm{MLP}_\theta(\boldsymbol{P}'_\theta[i,:]) \tag{12-5}$$

其中，$\boldsymbol{P}_\theta$ 和 $\boldsymbol{P}'_\theta$ 具有相同的行维度。当训练完成后，重参数化的参数被丢掉，只有 $\boldsymbol{P}_\theta$ 需要被保存下来。

12.3.3 LoRA

LoRA（Low-Rank Adaptation）利用矩阵低秩分解来进行参数微调，其灵感来自于大模型有一个低维的内部表示。LoRA 的结构图如图 12-8 所示。

设大语言模型的预训练权重为 $\boldsymbol{\Phi}_0$，对于每个下游任务，全参数都对应着一套新的增量参数 $\Delta\boldsymbol{\Phi}$，我们采用重参数化，增量参数可以表示为 $\Delta\boldsymbol{\Phi}=\Delta\boldsymbol{\Phi}(\boldsymbol{\Theta})$，其中 $\boldsymbol{\Theta}$ 为用于直接优化的参数。对于大语言模型，损失函数可以写为式（12-6）。

$$\max_{\boldsymbol{\Theta}} \sum_{(x,y)\in Z} \sum_{t=1}^{|y|} \log(p_{\boldsymbol{\Phi}_0+\Delta\boldsymbol{\Phi}(\boldsymbol{\Theta})}(y_t\mid x,y_{<t})) \tag{12-6}$$

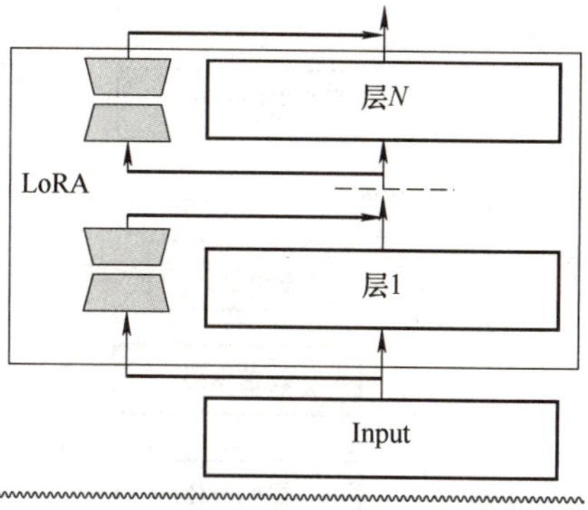

图 12-8　低秩分解调优结构图

在 LoRA 算法中，设预训练权重矩阵为 $\boldsymbol{W}_0\in\mathbb{R}^{d\times k}$，使用低秩分解来表示参数增量，即 $\boldsymbol{W}_0+\Delta\boldsymbol{W}=\boldsymbol{W}_0+\boldsymbol{BA}$，其中 $\boldsymbol{B}\in\mathbb{R}^{d\times r}$，$\boldsymbol{A}\in\mathbb{R}^{r\times k}$，秩 $r\ll\min(d,k)$。在微调训练过程中，$\boldsymbol{W}_0$ 被冻结不进行更新，$\boldsymbol{B}$ 和 $\boldsymbol{A}$ 包括可以训练的参数。由于秩 r 远小于 d 和 k 中的最小值，因此微调的参数远少于大模型参数 $\boldsymbol{W}_0$。对于前向传播过程，$\boldsymbol{h}=\boldsymbol{W}_0\boldsymbol{x}$ 变为

$$\boldsymbol{h}=\boldsymbol{W}_0\boldsymbol{x}+\Delta\boldsymbol{W}\boldsymbol{x}=\boldsymbol{W}_0\boldsymbol{x}+\boldsymbol{BA}\boldsymbol{x} \tag{12-7}$$

12.3.4 适配器调优

适配器调优（Adapter Tuning）是谷歌研究人员于 2019 年提出的针对 BERT 的微调方式，也是本章介绍的四种非全参微调最早的算法。该算法的基本思想是面对下游任务时，如果进行全参调优，那么效率太低；所以研究人员提出固定预训练的某些层，只微调靠近下游任务的几层参数。

如图 12-9 所示为 Adapter 调优的结构图，其基本思想是对下游任务进行微调时，冻结预训练模型的参数，同时向原来的神经网络层中添加 Adapter 模块，在微调训练时，只对 Adapter 模块中的参数进行训练。

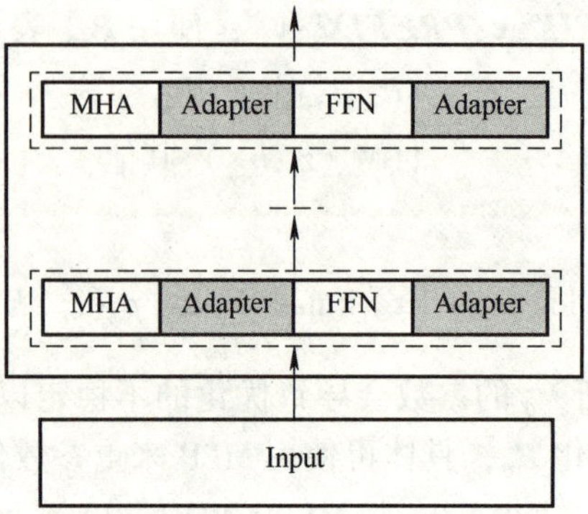

图 12-9　Adapter 调优结构

如图 12-10 所示为 Transformer 层添加 Adapter 模块的结构图。如图 12-10 左图所示，在每个 Transformer 层添加两个 Adapter 模块，分别在多头注意力层的投影后和两个前馈层后面。图 12-10 右图为所加的 Adapter 模块的具体的结构图，该结构相对于原来的 Transformer 的注意力层和前馈层具有非常少的参数量。值得注意的是，Adapter 模块也包括一个跳层连接。如图 12-10 中右图参数部分为学习下游任务时需要训练的参数，包括 Adapter 模块的参数，层归一化参数和最终的分类层参数。

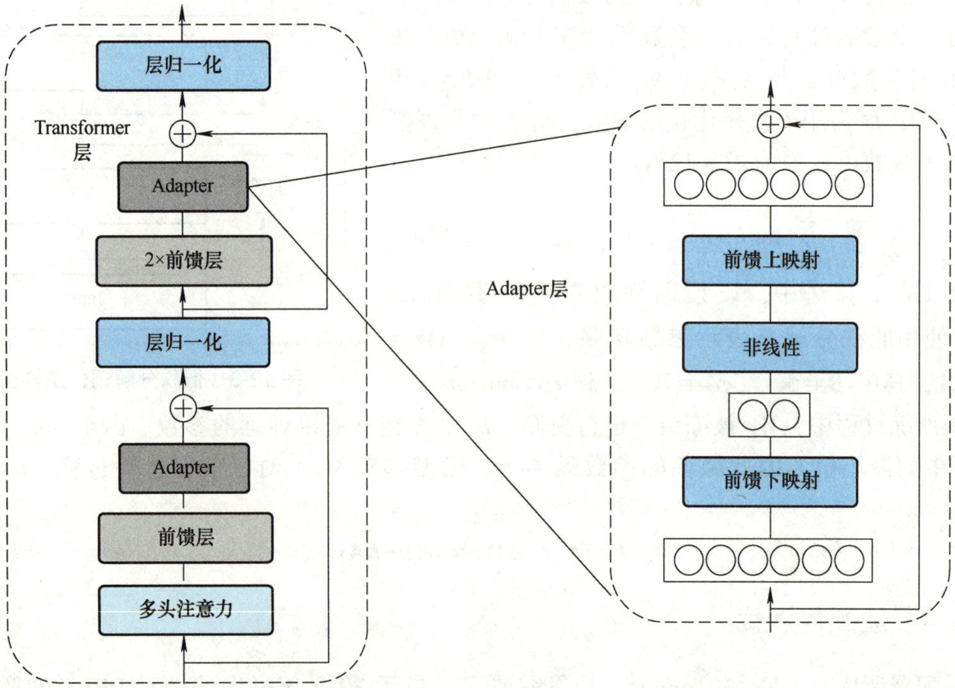

图 12-10　Transformer 集成 Adapter 模块

12.4　多模态语言大模型

大语言模型的输入为文本，输出也是文本。然而，现实世界中不只有文本信息，还有图像、音频、视频等多种模态的信息。多模态语言大模型就是可以处理多种模态输入的模型。本节将从模型架构、模型训练和模型实例这三个方面介绍多模态语言大模型。

12.4.1　模型架构

随着大语言模型的发展，其他模态的编码器和生成器也得到快速发展。如针对视觉模态的 ViT 编码器，Stable Diffusion 生成器，针对音频的 Cformer 编码器、AudioLDM-2 语音生成器等。多模态语言大模型的基本思想就是利用大型语言模型来处理多个模态的数据，充分发挥大型语言模型的强大推理能力和语言生成能力。因此，目前的多模态大语言模型往往采用并联式的框架。

如图 12-11 所示为多模态大模型的基本框架，该框架可以分成多模态理解与多模态生成两个阶段。其中，多模态理解阶段包括多模态编码器、多模态输入转换器和大模型主干三部分，多模态生成阶段包括多模态输出转换器和多模态生成器两个部分。下面对这五个部分进行详细介绍。

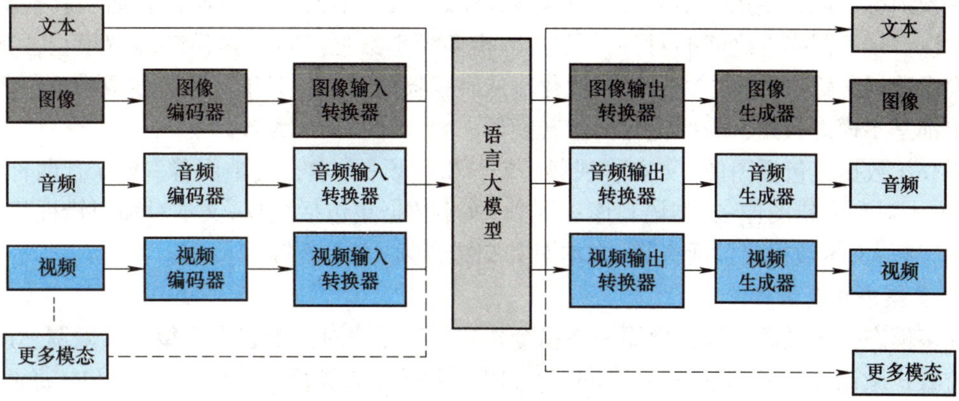

图 12-11　多模态大模型的框架

1. 多模态编码器

多模态编码器将多模态信息 I_X 映射到特征空间 F_X 中，不同的模态信息经常使用不同的编码。对于图像输入，通常可选的编码器包括：NFNet-F6、ViT、CLIP ViT 和 Eva-CLIP ViT；对于音频输入，常用的编码器为 Cformer、HuBERT、BEATs 和 Whisper；对于三维点云数据，常用的编码器为 ULIP-2 和 PointBERT；对于视频输入，通常是对视频均匀采样五帧，再输入到图像编码器中进行编码。此外，还可以使用 ImageBind 对多种模态数据进行统一编码。

2. 多模态输入转换器

输入转换器的作用是将经过编码器得到的特征向量对齐到大模型可以处理的文本向量空间中。对齐的特征作为提示词输入到语言大模型主干网络中。输入转换器网络的选择可以是 MLP，也可以是别的网络，比如 Crossattention、QFormer 和 PFormer。

3. 主干网络

主干网络是语言大模型，其输入为各模态数据经过编码器和输入转换器处理的数据，参与多模态任务的语义理解、推理和决策。它可以直接产生文本以及与多模态相关的信号词元 SX，用于指导多模态生成器生成多模态数据。常用的主干网络包括 Flan-T5、ChatGLM、UL2、Chinchilla、OPT、PaLM、LLaMA、LLaMA-2、Vicuna 等。

4. 转换器

输出转换器是将主干的信号投影到多模态特征空间，以便后续调用多模态生成器来生成多模态数据。该转换器可以使用的网络包括 Tiny Transformer、MLP。

5. 生成器

模态生成器用于生成不同模态的输出，通常采用预训练的扩散模型，将输出转换器层的输出作为条件输入，以生成多模态数据。常用的潜在扩散模型包括用于图像合成的 Stable Diffusion、用于视频合成的 Zeroscope 和用于音频合成的 AudioLDM-2。

12.4.2 多模态大模型训练

与语言大模型的训练类似，多模态大模型的训练也可以分为两个阶段：多模态预训练阶段和多模态指令调优阶段。下面对这两个阶段进行介绍。

1. 多模态预训练阶段

在预训练阶段，使用 X-Text 数据集对多模态大模型中的输入转换器和输出转换器进行训练，以实现不同模态之间的对齐，其中 X 指多模态数据。对于多模态理解模型，其输入为多模态数据，输出为文本，只需要优化输入转换器的参数；对于多模态生成模型，其输入和输出都是多模态数据，需要优化输入转换器、输出转换器的参数。

X-Text 数据集包括图像-文本、视频-文本和音频-文本，其中图像-文本有两种类型：图像-文本对和交错图像-文本语料库；视频-文本数据集包括视频-文本对和交错视频-文本语料；音频-文本数据集包括音频-文本对和交错音频-文本语料。

2. 多模态指令调优阶段

在多模态指令微调阶段，使用一组指令格式的数据集对多模态大模型进行微调。该阶段包括监督式微调（Supervised Fine-Tuning，SFT）和基于人类反馈的强化学习（Reinforcement Learning from Human Feedback，RLHF）来与人类的意图和偏好对齐，并增强多模态大模型的交互能力。监督式微调将部分预训练阶段的数据转换为指令感知格式，然后使用相同的优化目标对多模态大模型进行微调。监督式微调数据集可以构建为单回合问答或者多回合对话。在监督式微调之后，人类反馈的强化学习对模型进行进一步微调。

12.4.3 多模态语言大模型实例

近年来（2022—2023 年）多个组织或公司发布了多模态大模型，本章简短介绍其中 26 个模型。

（1）**Flamingo 模型**　该模型为视觉语言模型，可用于处理交错的视觉数据和文本，生成自由格式的文本作为输出。

（2）**BLIP-2 模型**　该模型介绍了一个资源效率更高的框架，包括轻型 Q-Former，可以使用自然语言提示进行零样本图像到文本的生成。

（3）**LLaVA**　将指令调优技术引入到多模态大模型领域中，使用 GPT4 生成遵循数据集的开源指令来训练多模态大模型。

（4）**MiniGPT-4 模型**　该模型只训练一个线性层，将预训练的视觉编码器与大语言模型对齐。

（5）**mPLUG-Owl 模型**　该模型提出一种模块化的训练框架，引入了视觉上下文。

（6）**X-LLM 模型**　该模型扩展到多种模态，包括音频，并显示出很强的可扩展性。

（7）**VideoChat 模型**　该模型首次提出面向视频理解对话的多模态大语言模型。

（8）**InstructBLIP 模型**　通过引入指令感知的视觉特征提取和相应的指令，实现了对灵活和多样化特征的提取。

（9）**PandaGPT 模型**　首次提出了一种通用模型，能够理解和执行跨六种不同模态的指令。

（10）**PaLI-X 模型**　通过混合多模态目标和无模型目标进行训练。

（11）**Video-LLaMA 模型**　引入了一个多分支跨模态预训练框架，使大语言模型能够同时处理视频的视觉和音频内容，并进行与人类的对话。

（12）**Video-ChatGPT 模型**　专门为视频对话设计的模型，通过整合空间-时间视觉表示，能够生成关于视频的讨论。

（13）**Shikra 模型**　针对多模态语言模型的参考对话而设计的简单而统一的预训练模型。

（14）**DLP 模型**　提出了利用 P-Former 来预测理想提示，通过在单模态句子数据集上进行训练，展示了单模态训练对增强多模态学习的可行性。

（15）**BuboGPT 模型**　通过学习共享的语义空间来全面理解多模态内容，探索了图像、文本和音频之间的细粒度关系。

（16）**ChatSpot 模型**　通过细调精确的参照指令，以增强多模态大语言模型与人类的交互。

（17）**Qwen-VL 模型**　在训练阶段允许输入多个图像，以提高其对视觉上下文的理解。

（18）**NExT-GPT 模型**　提出一种端到端的通用多模态大语言模型。

（19）**MiniGPT-5 模型**　是一个与逆向生成 token 与 Stable Diffusion 集成的多模态大语言模型。

（20）**LLaVA-1.5 模型**　在 LLaVA 框架上进行简单修改，增强了多模态理解能力。

（21）**MiniGPT-v2 模型**　设计为统一的界面，以支持多样化的视觉语言多任务学习，通过在每个任务中引入标识符，最终提高了学习效率。

（22）**CogVLM 模型**　通过在注意力和前馈层中引入可训练的视觉专家模块，实现了不同模态之间的深度融合，同时保留了在 NLP 下游任务上的性能。

（23）**DRESS 模型**　通过自然语言反馈增强与人类偏好的对齐，将条件强化学习算法扩展以集成非可微的自然语言反馈，训练模型根据反馈生成适当的响应。

（24）**X-InstructBLIP 模型**　引入了一种跨模态框架，其中的指令感知表示可扩展到支持大语言模型处理多种任务。

（25）**CoDi-2 模型**　通过多模态指令调优实现卓越的多模态生成能力。

（26）**VILA 模型**　检查视觉语言大模型预训练的设计选项，在逐步可控的比较中将大语言模型扩展到视觉语言大模型。

12.5　大语言模型驱动的智能体系统

智能体是指能够感知环境、做出决策并采取行动的智能体。智能体的概念由来已久，包括符号智能体、强化学习智能体等。然而，这些智能体泛化能力不够，无法实现像人类一样的智能。大语言模型具有很强的常识和泛化能力，因此相比于之前的智能体，大模型驱动的AI智能体具有更强的智能性，被认为是通向通用人工智能技术的重要途径，也是继大语言模型后新的研究热点。

12.5.1 AI Agent 架构

如图12-12所示为OpenAI研究人员提出的AI智能体框架，该框架以大语言模型作为智能体的大脑，同时融合记忆、规划和工具使用。

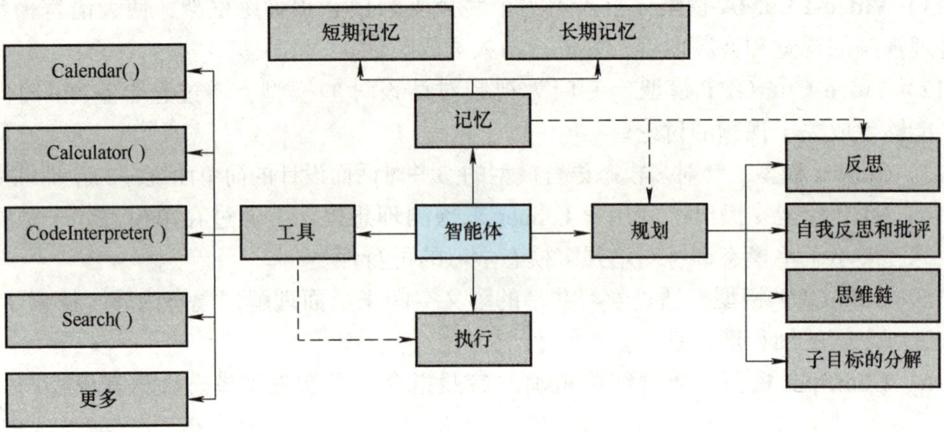

图12-12 AI智能体框架

规划部分往往涉及子目标的分解，即智能体将大的任务分解成为更小的子任务，从而实现复杂任务。对于复杂的推理，通过考虑中间推理过程，即思维链的形式来实现；当智能体无法通过一次决策解决问题时，智能体可以通过对当前错误决策进行反思或自反思，从而得到更好的决策。智能体可以通过输入关于上下文的短期记忆，也可以输入跨越多个周期的长期记忆来增强其决策能力。智能体可以使用外部的工具增强其解决问题的能力，比如使用外接的计算器、搜索引擎、专家知识库等。

12.5.2 推理关键技术

大语言模型具有丰富的知识储备，可以回答各种各样的问题，然而其推理能力不强，为了增强大模型的推理能力，研究人员提出各种各样的方法，这些方法可以分为提示词工程（Prompt Engineering）、模块增强（Module Enhancement）、心智理论（Theory of Mind）、微调（Fine-Tuning）。下面我们对这四个技术进行详细介绍。

1. 提示词工程

提示工程是指构造有效的提示词指导大模型产生符合要求的输出，包括基于学习的提示工程和任务指定的提示工程。其中典型工作包括思维链（Chain of Thought）和反思（Reflection）。

思维链是一种提示工具，帮助大语言模型进行复杂的推理和思考过程。在首次提出思维链的论文中，研究人员将该思维过程作为示例放在prompt中，从而引导大模型也按照类似的思维过程展开推理。思维链的创新点如下：

1）思维链将多步骤问题分解为多个中间步骤，这意味着可以为需要更多推理步骤的问题分配更多计算资源；

2）思维链提供了对模型行为的可解释窗口，提示它是如何得出最终答案的；

3）思维链推理可以用于数学应用问题、常识推理和符号操作等任务；

4）思维链序列的示例包含在少样本提示的示例中，可以很容易地在足够大的现成语言模型中引发思维链推理。

将思维过程作为示例实现思维链称为 Few-shot-CoT，后来学者们在此基础上又提出多种思维链方法。比如 Zero-Shot-CoT。Zero-Shot-CoT 的实现更简单，只需要在提示词中加入“Let's think step by step.”此外，将 CoT 技术的线形提示扩展成表格、树状、图状等格式又形成了 PoT、Tab-CoT、ToT 和 GoT-Rationale 技术。PoT 中的 P 是指 Program，即程序。其思想是对思维链中大模型有可能出错的计算问题让大模型生成编程语言在解释器中运行，以将复杂计算与模型的文本生成解耦。Tab-CoT 中的 Tab 是指 Tabular 表格。其思想是使大模型在每一步的推理中记录一个“|步数|子问题|过程|结果|”的推理表格，并让大模型在推理时从生成的表格中提取答案，从而增强大模型的推理能力。ToT 中的 T 是指 Tree，即思维树。其思想是将 CoT 的链式结构扩展为树形结构，让大模型在解决子问题时生成多个不同的答案选择。GoT 中的 G 是指 Graph，即思维图。包括对图进行操作和推理。

反思（Reflection）是大模型提升推理能力的重要机制。在很多推理任务中，大模型在第一次生成答案时，很难给出最佳输出，甚至会给出一个错误的答案。Reflection 的思想是根据错误答案的提示再生成一个更好的答案。具体而言，反思的思想是大模型将来自环境的二进制评价或者标量反馈转化为自然语言的文本，然后将这些文本作为上下文在新一轮对话中输送给大模型。

如图 12-13 所示为智能体反思框架，该框架是一个自我迭代的优化过程。首先，执行者通过大语言模型产生动作，与环境互动，得到初始轨迹。评估者根据评估模型对初始轨迹进行评估，得出分数。完成一轮后，大语言模型将评估分数通过反思得到反思词汇，反思词汇存储到长期记忆中，执行者根据长期记忆得出下一轮的动作决策。

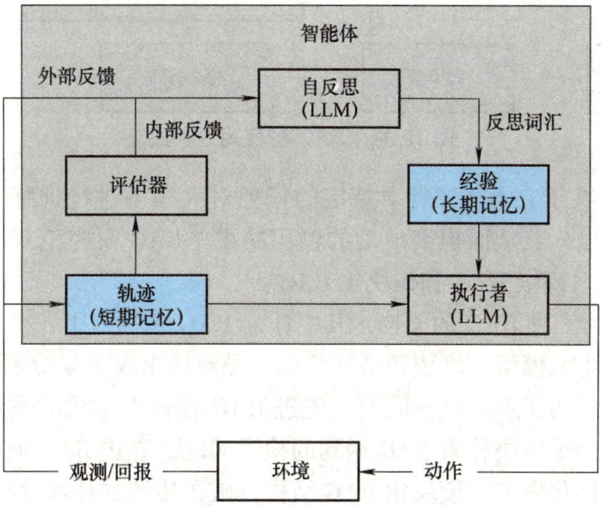

图 12-13　智能体反思框架

2. 模块增强

模块增强是指在策略推理过程中集成其他模块，比如存储了成功策略的记忆模块，可用来提取有用信息的外部知识库或专业数据库模块等。其中最重要的技术之一是检索增强生成（Retrieval-Augmented Generation，RAG）。RAG 将大模型内在知识和外部数据库融合，从而增强大模型的推理能力。

如图 12-14 所示为 RAG 的使用过程图包括五个阶段。下面分别对这五个阶段进行介绍：

（1）**知识文档的准备** 该阶段我们要准备好外部专家数据库，利用相关工具将知识源如 word 文档、TXT 文档、PDF 文档、图像或视频等转化为大语言模型可以理解的纯文本数据，并将这些数据进行文档切片，变成一个个文本块。

（2）**嵌入模型** 该阶段将文本转换为向量形式，嵌入模型包括 Word2Vec、BERT 或 GPT 等。

（3）**向量数据库** 将知识文档通过嵌入后的向量存储为向量数据库。

（4）**查询阶段** 在该阶段，用户的输入查询经过嵌入模型进行向量化处理，然后系统会在向量数据库中搜索与查询语义上相似的知识文本或历史对话记录，并以文本的形式反回。

（5）**生成回答阶段** 在该阶段，用户的提问和经过数据库检索返回的本文信息共同构成 prompt 输入到大语言模型中，等待大语言模型生成答案。

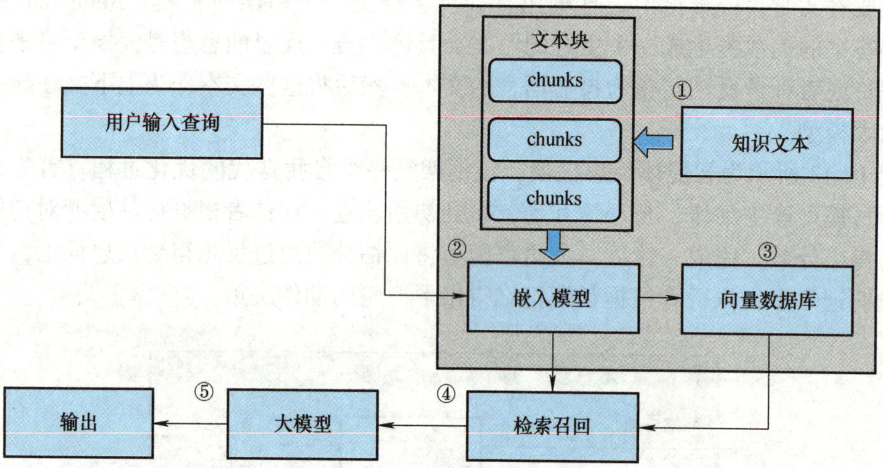

图 12-14 RAG 的使用过程图

RAG 的主要优势在于它不需要针对特定的任务对大模型进行训练。开发人员只需要添加外部知识库，丰富输入，从而提高模型的输出精度。RAG 研究范式不断发展，主要分为三种类型：朴素 RAG、高级 RAG 和模块化 RAG。

如图 12-15 所示为三种 RAG 的架构，其中朴素 RAG 包括索引、检索和生成。该架构的缺点是检索质量低、生成模型过度依赖增强信息，导致输出仅重复检索到的内容，而不提供新的价值或合成信息。为了解决这些问题，先进 RAG 在检索生成的质量方面，结合了检索前和检索后的方法。为了解决朴素 RAG 遇到的检索问题，先进 RAG 通过滑动窗口、细粒度分割和元数据等方法优化索引。模块化 RAG 结构打破了传统的朴素 RAG 索引、检索和生成框架，在整个过程中提供了更大的多样性和灵活性。具体表现是集成了各种方法来扩展功能模块，例如在相似性检索中加入搜索模块，并在检索器中应用微调方法。

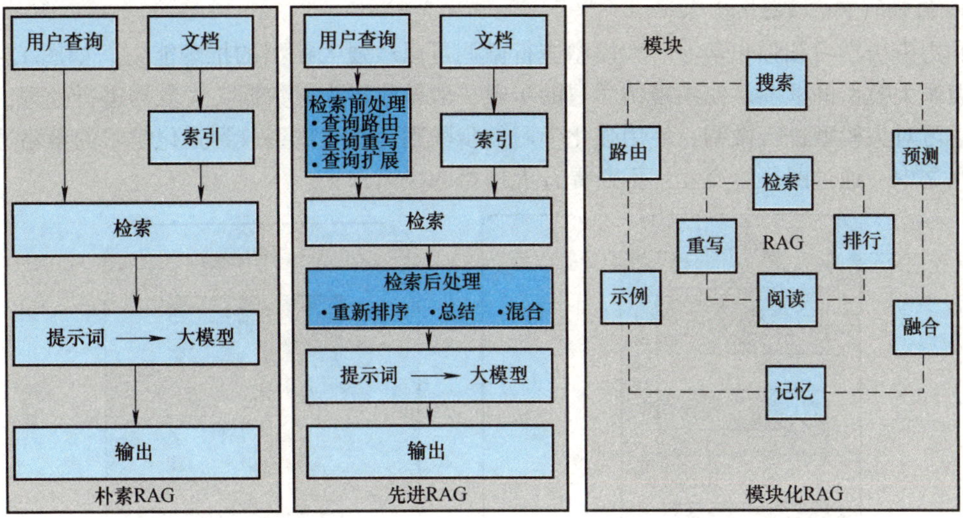

图 12-15 三种 RAG 架构图

3. 心智理论（Theory of Mind）

心智理论是指个体理解自己与他人的心理状态，并借此信息预测和理解他人行为的一种能力。在博弈系统中，推测对手的意图对于策略推理至关重要。因此在多智能体系统中，将心智理论与大模型结合可以有效提升智能体的推理水平。

如图 12-16 所示为基于一阶心智理论的 Suspicion-Agent 的实现框架。该框架的应用背景是德州扑克。智能体通过对手到当前牌局的动作推断出可能的手牌。例如，如果对手加注，那么对手可能有一手强牌。因此，Suspicion-Agent 可以调整自身的策略，当手握强牌时最大化收益，当手握弱牌时最小化损失。

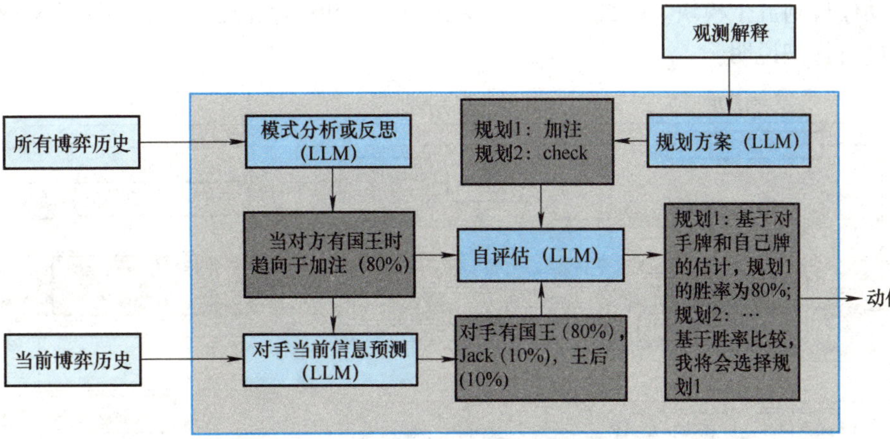

图 12-16 基于一阶心智理论的规划

为了预测对手的行动，Suspicion-Agent 首先引入了模式分析模块，即在这个过程中输入游戏历史牌局和游戏规则给大模型，提示大模型来分析对手的行为模式。当确定对手的行为模式后，大模型可以根据对当前牌局的观察来预测对手当前的手牌。有了这些预测，我们可以将其作为额外的输入，进一步扩充规划模块和评估模块，从而在考虑对手牌的情况下进一步提出更好的方案，并估计每个方案的胜率，进而更好地做出决策。

4. 微调（Fine-Tuning）

利用模仿学习和强化学习对大模型进行微调可以增强大模型的推理能力。如图 12-17 所示为微调大模型的框图。使用模仿学习的步骤一般是收集决策数据，对数据进行处理，利用监督学习对大模型进行微调。使用强化学习的步骤则是将大模型放到强化学习的策略迭代优化回路之中，通过跟环境交互，不断提升大模型的决策水平。

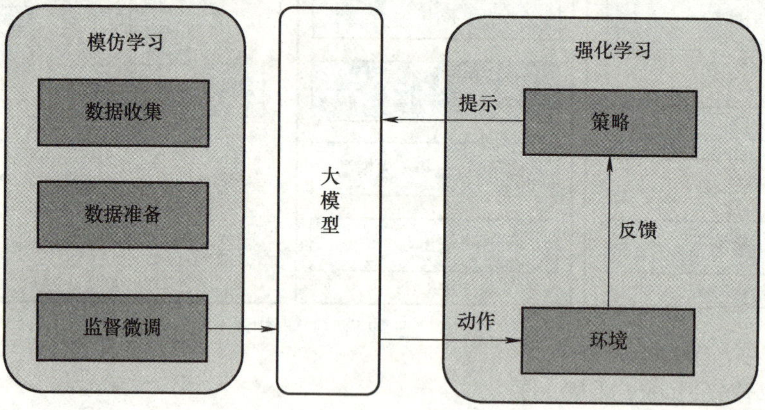

图 12-17　微调大模型

12.5.3　智能系统实例

正如图 12-12 所示，一个完整的智能系统往往包括感知、记忆、规划、工具利用、反思、动作执行、与环境交互等步骤。本节我们介绍 CRADLE 系统。该系统解决通用游戏的智能，其输入为计算机屏幕上的视频信息，通过内部推理输出电脑的键盘和鼠标命令。如图 12-18 所示为 CRADLE 智能系统的框架图。该系统包括信息收集、自反思、任务推断、技能管理和动作规划五个模块。除此之外还包括轨迹记忆和程序记忆。下面我们将对这几个模块的作用进行详细说明：

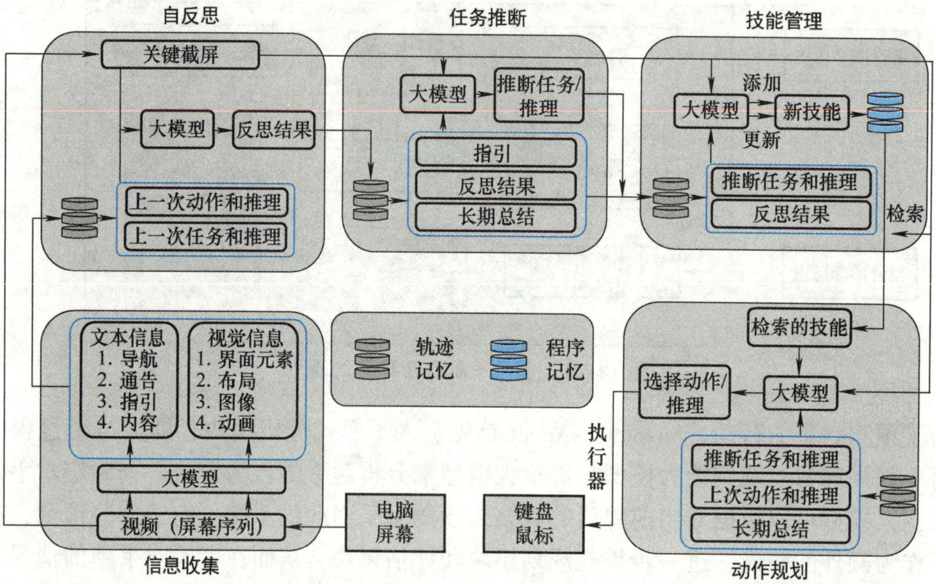

图 12-18　CRADLE 智能系统框架图

1. 信息收集模块　CRADLE 将上次执行动作后的视频记录作为输入，从中提取信息包括文本和视觉信息。文本信息通常包括内容、导航标签、通知和用于传递消息和指导用户的说明。另外，视觉信息包括布局、图像、动画和 UI 元素，以增强用户体验和界面设计。

2. 自反思模块　该模块评估当前的动作的执行是否成功以及任务是否完成。在此模块中，将上一次动作执行后的视频序列的关键屏幕截图与之前用于行动计划和推理任务的上下文输入到大模型中，大模型输出反思结果并存储到记忆中。

3. 任务推断模块　该模块分析当前情况，并推断出最适合当前时刻的任务。使用关键屏幕截图、过去经验的长期总结和最新的反思结果作为提示词让大模型估计当前要执行的最高优先级任务以及何时停止正在进行的任务、开始新的任务。

4. 技能管理模块　当一项新的任务被选择时，CRADLE 需要从程序记忆中检索有用的技能，更新技能或者生成新的技能来完成该任务。在 CRADLE 系统中，技能表示为代码函数。

5. 动作规划模块　为了完成给定的任务，大模型需要从技能集中选择恰当的技能，并根据推断的任务、最后的动作和长期总结，通过指定任务必要的参数（如持续时间、位置和目标），将这些技能实例化为一系列可执行的动作。这些动作被送到执行器用于与环境进行交互。

除了 CRADLE 系统，当前还有很多智能体系统被提出来解决各种各样的智能任务。AI 智能体正在快速发展，目前还处于百家争鸣、百花齐放的阶段。

本章小结

本章介绍了当前与大模型相关的内容，首先介绍了两类最典型的大语言模型 BERT 和 GPT，分别从模型架构、预训练及应用等不同的角度介绍了这两类大语言模型。接着介绍了四类常见的大模型微调方法，分别是 Prompt Tuning、Prefix Tuning、LoRA 和 Adapter；然后介绍了可以处理多源数据的多模态大模型；最后介绍了大模型作为核心组件所构建的 AI Agent 系统，并从提示词工程、模块增强、心智理论和微调四个方面介绍了大模型增强推理能力的关键技术，最后以 CRADLE 智能系统作为示例，介绍了一个完整的智能体系统的实现。

思考题与习题

1. 比较 BERT 模型和 GPT 模型的异同。
2. 比较 Prompt Tuning 与 Prefix Tuning 的相同点和不同点。
3. 比较 LoRA 与 Adapter 的相同点和不同点
4. 多模态大模型除了并行结构外还有哪些实现方式。
5. 在增强大模型推理关键技术中提示工程中，除了 CoT 和 Reflection，还有哪些技术。
6. 在智能系统实例中，除了 CRADLE 系统，请再调研一种智能系统的实现。

参考文献

[1] ZHANG A, LI M, LIPTON C Z, et al. 动手学深度学习 [M]. 北京: 人民邮电出版社, 2019.

[2] ZHANG D, YU Y, Li C, et al. Mm-llms: Recent advances in multimodal large language mod els [J]. ArXiv: 2401.13601, 2024.

[3] LESTER B, ALRFOU R, CONSTANT N. The power of scale for parameter-efficient prompt tuning [J]. ArXiv: 2104.08691, 2021.

[4] LI L, LIANG P. Prefix-tuning: Optimizing continuous prompts for generation [J]. ArXiv: 2101.00190, 2021.

[5] HU J, SHEN Y, WALLIS P, et al. Lora: Low-rank adaptation of large language models [J]. ArXiv: 2106.09685, 2021.

[6] HOULSBY N, GIURGIU A, JASTRZEBSKI S, et al. Parameter-efficient transfer learning for NLP [C]. International Conference on Machine Learning (ICML), 2019.

[7] ZHANG Z, YAO Y, ZHANG A, et al. Igniting language intelligence: The hitchhiker's guide from chain-of-thought reasoning to language agents [J]. ArXiv: 2311.11797, 2023.

[8] GAO Y, XIONG Y, GAO X, et al. Retrieval-augmented generation for large language models: A survey [J]. ArXiv: 2312.10997, 2023.

[9] ZHANG Y, MAO S, GE T, et al. LLM as a mastermind: A survey of strategic reasoning with large language models [J]. ArXiv: 2404.01230, 2024.

[10] HUANG C, CAO Y, WEN Y, et al. PokerGPT: An end-to-end lightweight solver for multi-player texas hold'em via large language model [J]. ArXiv: 2401.06781, 2024.

[11] TAN W, DING Z, ZHANG W, et al. Towards general computer control: A multimodal agent for red dead redemption ii as a case study [J]. ArXiv: 2403.03186, 2024.